CONTEXTUAL
DESIGN
DESIGN FOR LIFE

SECOND EDITION

# 情境交互设计

## 为生活而设计

（第二版）

[美] 凯伦·霍尔兹布拉特（Karen Holtzblatt）
休·拜尔（Hugh Beyer） 著

朱上上　贾璇　陈正捷　译

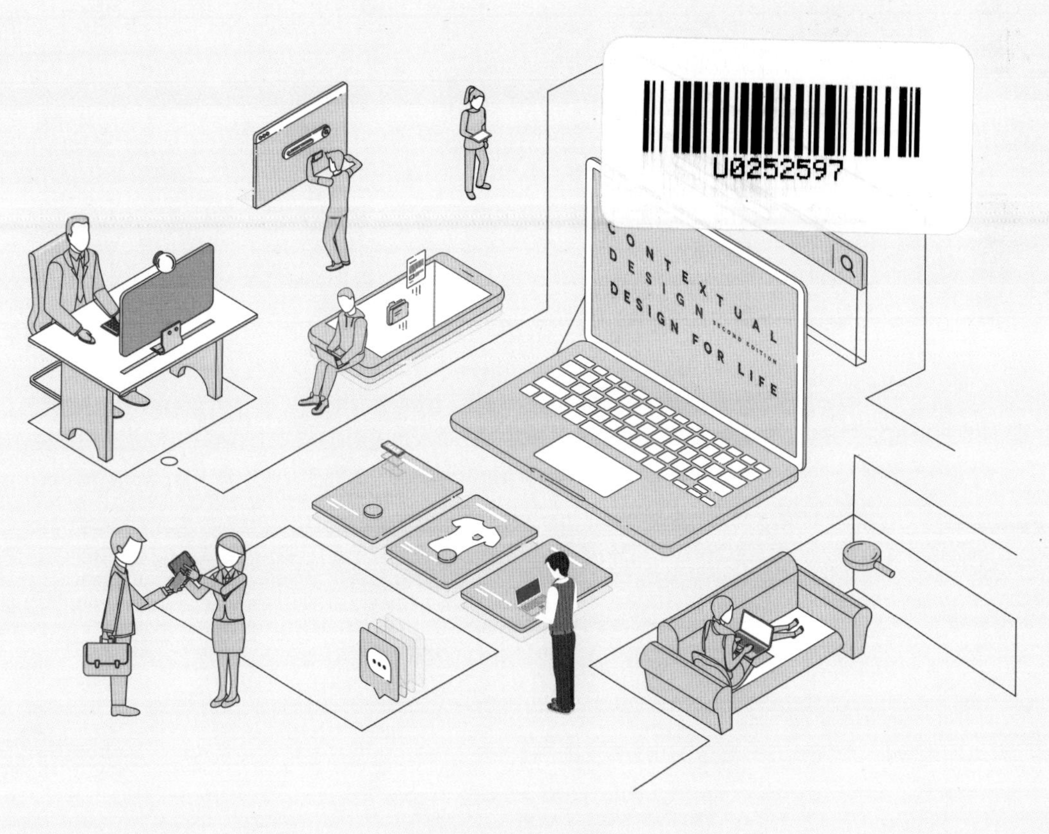




清華大學出版社
北京

北京市版权局著作权合同登记号　图字：01-2017-5189

ELSEVIER
Elsevier (Singapore) Pte Ltd.
3 Killiney Road, #08-01 Winsland House I, Singapore 239519
Tel: (65) 6349-0200; Fax: (65) 6733-1817

Contextual Design: Design for Life，Second Edition
Karen Holtzblatt, Hugh Beyer

ISBN-13: 9780128008942

This translation of Contextual Design: Design for Life，Second Edition by Karen Holtzblatt, Hugh Beyer was undertaken by Tsinghua University Press Ltd and is published by arrangement with Elsevier (Singapore) Pte Ltd.
Contextual Design: Design for Life，Second Edition by Karen Holtzblatt, Hugh Beyer 由清华大学出版社进行翻译，并根据清华大学出版社与爱思唯尔（新加坡）私人有限公司的协议约定出版。

《情境交互设计：为生活而设计》（第二版）（朱上上，贾璇，陈正捷译）
ISBN: 9787302513193

图书在版编目（CIP）数据

情境交互设计：为生活而设计（第二版）= Contextual Design: Design for Life, Second Edition /（美）凯伦·霍尔兹布拉特（Karen Holtzblatt），（美）休·拜尔（Hugh Beyer）著；朱上上，贾璇，陈正捷译. —北京：清华大学出版社，2019（2022.8 重印）

ISBN 978-7-302-51319-3

Ⅰ. ①情… Ⅱ. ①凯… ②休… ③朱… ④贾… ⑤陈… Ⅲ. ①人机界面－程序设计 Ⅳ. ①TP311.1

中国版本图书馆CIP数据核字（2018）第237448号

责任编辑：张　敏　李　晔
封面设计：杨玉兰
责任校对：徐俊伟
责任印制：宋　林

出版发行：清华大学出版社
网　　址：http://www.tup.com.cn，http://www.wqbook.com
地　　址：北京清华大学学研大厦A座　　邮　　编：100084
社 总 机：010-83470000　　邮　　购：010-62786544
投稿与读者服务：010-62776969，c-service@tup.tsinghua.edu.cn
质量反馈：010-62772015，zhiliang@tup.tsinghua.edu.cn
印 装 者：北京博海升彩色印刷有限公司
经　　销：全国新华书店
开　　本：170mm×240mm　　印　　张：25　　字　　数：458千字
版　　次：2019年1月第1版　　印　　次：2022年8月第 4 次印刷
印　　数：4501~5000
定　　价：128.00元

---

产品编号：074610-01

# 推　荐

在通用汽车公司，我们致力于把客户置于所有工作的中心。通过更好地了解我们的客户，情境化设计帮助我们推动创新，为客户今天的需要而设计。

Mike Hichme

通用汽车公司用户界面设计总监

如果您想去热带雨林，就需要一个向导。情境化设计就像 Autodesk 公司的指南，指导我们设计的方向。

Amar Hanspal

Autodesk 平台产品部门　高级副总裁

威科，致力于全球技术、软件和专业信息服务的公司，我们的核心价值观之一是专注于客户的成功。我们始终以客户为中心，将情境化设计作为我们的核心客户洞察技术之一。多年来，我们使用情境化设计技术作为推动创新的最佳实践，为我们的客户——涉及税收、会计、审计、法律、监管、卫生、政府、风险和合规业务领域，设计一流的产品。

Karen Abramson

荷兰威科集团　首席执行官

多年来，Holtzblatt 和 Beyer 作为人机交互领域的先锋，展示了计算机背景如何成为（并且有必要成为）分析和设计的焦点。本书传达了他们在情境化设计中所获得的理解和智慧，这种形式很容易被学生和设计从业人员理解。随着技术逐步延伸到移动便携和普适计算，它已被更新，以适应与计算机交互的新现实。它将作为下一代交互设计的指南和手册，由此也可以预期计算机系统的可用性和适当性有待继续改进。

Terry Winograd

斯坦福大学　计算机科学教授

# 学术界联合推荐

《情境交互设计：为生活而设计（第二版）》全面和翔实地介绍了如何围绕客户开展情境交互设计，如何理解客户，如何与客户沟通，以及如何建立情境化设计体验模型等。本书内容丰富，深入浅出，我向每一位设计师和相关专业的师生推荐此书。

徐迎庆
清华大学美术学院教授
清华大学未来实验室主任　博士

在虚拟与增强现实的交互设计中，情境是必不可少的考虑要素之一。作为一本非常经典的教科书与参考书，《情境交互设计：为生活而设计（第二版）》不管对于学生，还是科研人员，尤其是对于着重在增强与虚拟现实用户体验设计的从业人员，是必不可少的案头书籍。

杜本麟
La Trobe University 计算器学院院长
澳大利亚人机交互中心主任　教授
英国计算器学会会员
澳大利亚工程师协会会员

Holtzblatt 和 Beyer 是“以用户为中心的设计”的推动者和践行者。他们不仅有宝贵的实践经验，更不断将这些经验进行归纳和总结，为设计教育做出了重要的贡献。这本书的中文版由同样具有丰富设计实践和教学经验的朱上上教授团队翻译。强强合作，带给我们一本值得设计领域所有老师和学生仔细研读的好书。

孙凌云
浙江大学国际设计研究院副院长　教授

“情境化设计”是 UCD 方法论的核心之一，直指“场景”这一风靡互联网和制造业的术语。本书系统全面且深入浅出地介绍了情境化设计的流程与方法，从“生活”这一设计的本源出发，为用户体验创新提供了有效指引。

胡 飞

教授 博士生导师 青年长江学者

广东工业大学艺术与设计学院常务副院长

随着互联网、大数据和人工智能技术的发展，新技术与情境的互动活力将为新的社会形态提供源源不断的变革基因，我们的“人”将云化为“智能人”，人与技术、人与情境、人与社会的互动将发生深刻的变化。《情境交互设计：为生活而设计（第二版）》用数据思考，重新定义产品，重构生活情境，洞察内在的体验世界，为塑造良好的用户体验提供参考，值得细细体味，强力推荐！

罗仕鉴

博士 浙江大学教授 博士生导师

中国工业设计协会用户体验产业分会理事长

中国人工智能学会理事 智能 CAD 与数字艺术专委会秘书长

以用户情境为主的设计流程与思维模式，是设计资讯与思考研究室（DITL）获得不同领域国际大奖的秘密，从产品研发、用户体验到服务设计，都是建立在情境的探索、想象、验证的迭代中，本书充分地揭示这一过程的细节与技术，对于创意想象与产业转型都提供了很好的知识基础，所有新一代的创新实践者都应熟读此书。

唐玄辉

台湾科技大学设计系 DITL 教授 博导

在我刚接触交互设计领域时，有一种说不出的迷茫，所学的知识繁杂而缺乏体系。《情境交互设计：为生活而设计（第二版）》一书犹如迷雾中的灯塔，让我看到复杂表象之下有迹可循的规律，也更加坚信系统性思考的价值。在随后的工作和教学过程中，我都有意识地应用着书中所介绍的方法和思路，一直受益匪浅。

一名合格的交互设计师需要拥有的核心能力之一，是深刻理解用户需求的能力，而《情境交互设计：为生活而设计（第二版）》则是深度解读这一能力的经典之作。真正做到以用户为中心并非易事，用户的需求并不一定是某个简单的问题点，而可能有着各式各样的内在结构。书中所介绍的方法从不同的角度全面地揭示了这种内在结构，避免了“头痛医头，脚痛医脚”的尴尬。

本书的英文第一版至今还在我的书架上，时不时被我拿来查阅，或者跟学生和朋友分享其中的方法和思想。虽然距离第一版的出版已经过去近 20 年，我们与之交互的设备也发生了翻天覆地的变化，但真理的魅力就在于其内核不会随时代而改变。十分期待第二版的中文译本在国内出版，让我们在深刻理解需求的基础上，一起创造更多美妙的体验吧！

罗　涛
韩国国民大学科技设计专门研究院
交互设计实验室　助理教授

# 媒体联合推荐

设计师需要沉浸到用户使用的情境和生活之中，才能设计出真正“酷”的产品。这个道理虽然简单，但是真正要做到这一点需要科学的工具和方法来防止设计从“以用户为中心”变成“以我为中心”。本书总结的“酷”指标、团队设计等情境化设计的概念和框架一定会对有志于做出超酷产品的你大有帮助。

站酷网总编　纪晓亮

时至今日，产品的用户体验已经不满足于方便好用了，如何让用户觉得很酷，有成就感，得到身份认同，也是现在设计师们需要掌握的技能。这本书分享了“情境交互设计”这个方法，不仅适用于个人，更推荐设计团队学习，可以让用户体验更上一层楼。

优设主编　程　远

情景化设计是用户体验设计中重要的设计方法，这本书从数据收集到情景化模型，再从产品结构设计到实现与执行，作者把以用户为中心的设计方法拆分成 20 章详细讲解，其中把我们熟悉的一些工作方法打散重组，令人有耳目一新的感觉。随着未来互联网、车联网、物联网、大数据等技术的发展，我们的生活也逐步沉浸到这些技术中。用户体验设计方法将会越来越不可替代，也将成为主流设计方向。

UI 中国用户体验设计平台　创始人 & CEO　董景博

在搭建高楼的时候，人们会第一时间专注于它的外在：用了什么颜色的外墙，是否安装落地窗；却容易忽视内在的建筑结构——它们才是高楼拔地而起的依托。而情境化交互设计在生活中的重要性就好比建筑结构，悄无声息地让生活变得更好。

美丫科技创始人　优设网联合创始人　吴佩文

欲治水，必须找到水的源头。设计师欲满足用户需求，必须回到上游，回到产品使用的情境之中切身去感受问题所在。

超级美工公众号创始人　董　浩

# 团队联合推荐

设计的本质是创造美好，它给我们的生活带来便捷、舒适和愉悦；优秀的设计同时还创造着美感，看似感性的创造背后其实蕴藏着强大的逻辑法则。网易传媒以“匠人精神”为指导设计产品，旨在为用户带来严谨、客观、公正、有营养的新闻产品，通过态度传递媒体的温度，时刻以用户需求为产品核心。本书以情境设计为切入点为我们深度剖析隐藏在美好背后的方法论，诠释成就成功产品的必要条件及正确流程。

**网易传媒设计中心　总监　陈俊杰**

了解人的生活行为是情境化设计的重要设计依据。本书从为生活而设计出发，详细讲解了情境化设计的思路、方法，为广大设计师提供了宝贵的设计理论支持。

**网易传媒设计中心　经理　陈德进**

情境设计思维就是设计的灵魂，每个设计师都应该将其作为设计工作的最高指导原则。本书用近三十年时间沉淀的方法，一步一步带你学会如何运用这种思维，如果你缺乏共情的能力，那就静下心来读这本书吧！

**网易传媒设计中心高级交互主管　徐琳琳**

用数据驱动设计思维，提供最优的解决方案，让设计工作变得有章可循。人与人之间的差异也可以通过情境化设计进行更好的管理，从而设计出令人愉悦的产品。本书结合大量案例分析让设计从业者受益良多。

**网易传媒设计中心 产品设计组主管　张　伟**

# 友情推荐

“设计源于生活，设计造福生活。”了解生活是设计的第一步。“情景”是生活的一个片段，“同理心”是设计的立场。情景化设计就是基于这样的理念，从用户的角度出发但又超越了用户的视角。引领用户拓宽视野进入新领域，去品味、欣赏情景化设计的追梦世界。

情景化设计不仅仅是一个流程，更是一种工作态度。伴随着设计系统的复杂性急剧增大，唯有立足于用户的角度，对他们的动机、意图深入理解，对他们的自我形象有一个整体把握，才能确保繁而不乱。

清华大学出版社推出的《情境交互设计：为生活而设计（第二版）》展现了设计过程的每一个细节，通过实地考察、分析数据、建立模型来全面了解总体状况，在该模型的基础上进行设计构思，创造基于用户数据的产品概念以及针对概念开展用户验证和迭代，具有极强的操作性和指导性，它将是受到用户青睐的一部案头读物。

**华为终端 UX 创新设计总监　郝华奇**

解读设计与用户的真实关系，并展示了科学的流程与方法，可作为准则给设计师提供清晰的方向。

**5PLUS 联合创始人 CEO　冯　铁**

随着科技与生活的无限融合，生活的方方面面都存在着或大或小的“问题”，而产品的根本就是要改进或解决真实情境下的“问题”，让生活更简单和美好。

本书讲述了一整套严谨的以“用户为中心”的产品设计方法论，“问题源头”来自用户生活中的真实存在——用数据说话，“问题解决”是通过超“酷”的产品设计，最终达到解决问题的目的——用产品说话。

如何定位生活中真实的“问题”，如何科学地分析这些“问题”，又如何运用用户数据，洞察情境化的设计模型，再到团队协作，定义和研发出超“酷”体验的产品呢？ 本书给出了深入到人性层面的理论支持，多种情境化设计的方法和模型，还带有可实践的方法和步骤，值得精读并研习。

北京简豆科技有限公司 CEO　付立群

以用户为中心的设计思维被广大从业人员接受后，我欣喜地看到了这本介绍通过情景交互设计来使思维落地的书籍。在急于开始动手设计前，我们需要抬头看一看出发的方向，情景化交互设计提供了一个框架，指引着我们。

美味不用等 用户体验副总裁　贺　炜

随着人工智能、大数据和 5G 时代的到来，我们的 App 和 Web 应用会进一步从基础的 O2O，发展到更进一步的以用户样本为基础的全人工智能内容推荐模式。

本书阐述了如何通过情景化的研究分析来进行用户建模和用户需求分析，并且提供了切实可行的方案和案例。本书是一本集教学研用功能于一体的好书。

本书不但可以作为大学 UI 设计交互相关专业的参考用书，亦可作为国内互联网公司 UED 团队的日常工作指导用书。

上海优蝶教育科技有限公司　常丽（UEgood 雪姐）

有关交互设计的书籍很多，但是这本《情境交互设计：为生活而设计（第二版）》则独辟其径，为在校师生及设计相关的从业人员提供了教学级的指南和更系统的方法。书中详述的“酷”的用户体验、“为生活而设计”的理念，让你从更深层次去理解用户需求，重新设计生活。

UXPA 中国执行理事　李　鑫

情境交互设计顺应了内容时代、大数据、定制化场景下的个性用户需求，是以用户为中心，为产品定义用户专属场景设计的新模式。

腾讯高级设计师　郭　亮

这是一本非常系统的，关于数据与情感关系研究的工具书。阅读本书，我最大的体会就是，所谓的情景化设计，更像是一种科学化设计，像是感受、体会、洞察这些模糊的直觉经验，你都可以通过方法来获得。

相比克洛泰尔·拉帕耶的著作《文化密码》来说，《情境交互设计：为生活而设计（第二版）》这本书，给我提供了更为全面和深入的“用户行为”解读。

**《H5+ 移动营销设计宝典》作者苏杭（小呆）**

我曾经看过对情景交互设计最简单的案例：螺丝刀有各种种类，有大小，有匹配的形状，等等；只有找到需要使用的螺丝钉，判断尺寸，判断形状，才能找到合适的、顺手的螺丝刀。我们先要通过一些方法，清楚地了解需求，再通过设计让这个需求落地，才能将体验做到极致。书中对于情景交互设计进行了深入解析，从如何设计到如何落地执行都有详细的介绍，让我受益匪浅。

**平安信用卡设计部经理　陈　抒**

致所有与我们合作过的团队；致InContext的所有员工；致传授情境化设计知识的所有教师和他们的学生；致所有以用户为中心进行设计的行业！

# 目 录

# 致　谢

自首次开展咨询业务，我们就说过我们将经营公司直至自己失业——直到这个行业开始接受把用户数据放在设计过程首位，将对产品结构和用户体验的精心设计放在产品设计的首要地位。嗯，直到今日 InContext 依然存在，但我们的目标已经基本实现了，对用户体验设计领域的需求真实存在，公司也知道自己需要这个功能。不是每一个公司都有这项技能，也不是每一个产品或 IT 组织都掌握使用数据设计的能力，但他们知道这是产品设计的一部分。自 19 年前本书第一版发行以来，这些年里一直在发生着这些事情。

这种产业的变化只是一项草根运动发展的结果。我们为团队提供了一个有效的、可重复的过程。我们一直作为“以用户为中心的设计技术”和新技术的代言者，帮助团队创造“酷”的用户体验。但单凭我们的努力和表现永远都不可能改变一个行业。有很多大学使用我们的书作为教材或参考书，对此我们一直心怀谦卑并感到兴奋。也有很多公司雇佣我们帮助他们的团队学习这门技术，对此我们感到很幸运。很荣幸我们的研究被大家认可。但是，如果没有用户研究人员、用户界面设计师、营销人员、产品经理、主管，以及其他所有在实际项目中采取这些方法并使用它们的人，这个行业很难发生变化。我们对那些使用“情境化设计”，并帮助传播这个概念的学者和从业者表示最深切的感谢！我们知道您将流程调整为符合您的需求——这是预料中的事，但您已经接受了以用户为中心的设计核心。对于您信任我们的技术可以帮您提交出色的、成功的产品，我们表示深深的感谢！

如果没有一个准备好接受它的世界，以及准备教授它的教师，我们的工作便无法进行。如果没有 InContext 每一位员工多年来的出色工作，情境化设计也不可能取得这么多的变化和进步。我们作为团队一起完成项目，这些工作不断磨炼和挑战着情境化设计的过程。您今天读到的对于这些年来不断学习的反思——思考那些原有的技术，哪些有用，哪些不再有用；特别是那些有应用技术背景的人的工作经验和教训，他们在跨职能团队工作，经历从开发人员到用户体验专家的角色转变，参与的项目从桌面软件到消费品、汽车、移动应用、Web 应用程序和服务等。多年来，在现实世界的磨炼中，情境化设计技术不断调整与优化。感谢我们的教练和团队成员使它成了一个更好的方法。特别感谢 Nancy Fike、Dave Flotree、Wendy Fritzke、Larry Marturano、David Rondeau、Kelley Wagg、Shelley Wood、Eli Wylen 等，感谢他们所有的调整、教学以及和团队一起挑战的过程。

其中最大的一个变化是引入了“酷概念”，以及它们对支持人们跨平台生活与工作的成套产品和应用程序的设计的影响。“酷”项目，由 InContext 团队指挥，并且在与合作伙伴的合作过程中获得磨炼。这个概念的定型，以及在这本书中你所看到的新技术，在很大程度上取决于我们多年来与设计总监 David Rondeau 的合作。感谢你，David，没有你伟大的工作和协作，这一切就不会发生。

我们想请出我们的特别合伙人：Carol Farnsworth 和 Daniel Rosenberg，在我们合作完成 SAP 时带来了企业工作的“酷”概念，并开发了“酷”指标来说明其有效性和稳定性。

我们还想请出我们的特别合伙人 CMU（剑桥管理机构），正是它要求我们帮助其在大学里教授情境化设计。它们并不是我们唯一开展合作的大学，但多亏了 Bonnie John，使它们成为最早采取该方法的学校之一，并承诺教好该门课程，这是难能可贵的。他们的教学经验告诉我们该方法是如何被年轻的新兴专业所接受，并且影响了该方法的演变。

我们甚至不能说出所有教过情境化设计的教师的名字，也无法一一列举多年来我们所接触到的所有其他大学，如果没有你们，情境化设计就不会得到如此广泛的传播。感谢你们的信任，并讲授情境化设计的技巧。

回首这项工作的起源，我们要再次感谢：

John Whiteside，是他让 Karen 开始涉足这个行业。他很有先见之明，知道我们需要做一些新的事情来实现真正的产品转型。感谢数字设备公司的整个 SUE 小组，以及 Jonathan Grudin 和 Steve Poltrock，他们早早地就举起了“情境化设计”的旗帜。

特别感谢 SUE 小组的 Sandy Jones，Karen 的第一个合作伙伴，是她使有关数据的想法真正实现。

John Bennett，Karen 的第一个导师，是他把 Karen 带入 CHI（人机交互）社区，并帮助她写了第一篇得以发表的关于情境化视角的文章。

Lou Cohen，他向 Karen 介绍了关于质量的概念和流程——我们厚着脸皮偷了这个概念——让她做了第一个情境调查课程。

Larry Constantaine，我们咨询业务的导师，帮助我们学习写作、出版，并相信我们的工作。

Diane Cerra，我们的第一个编辑，感谢她的唠叨和鼓励，以及很棒的晚餐。

作为作者们美妙的伙伴关系和合作的一部分，本书再次写了一遍。这项工作的核心正是我们共同的声音——这一声音我们已经一起磨炼了超过 25 年。因此，我们可以写出彼此的思想。但我们希望您能理解，这本书离不开很多人的贡献和辛勤的努力。

感谢 Shelley Wood，他读了每一句话，让我们保持思路清晰和诚实，感谢 Kelley Wagg 和 InContext 的其他读者。

感谢 David Rondeau，他负责写了“互动模式”这一章，并且共创了这本书中使用的很多例子。

感谢马里兰大学的 Allison Druin 和 CMU 的 Jon Zimmerman，他们为本书写了部分篇章。

感谢我们的编辑，帮助我们的书得以面世。

最后，感谢我们的家人！在写这本书或磨炼工作的过程中忽视了你们，但你们始终对我们的工作表示支持和宽容。我们永远爱你们，感谢你们！

Karen Holtzblatt 和 Hugh Beyer

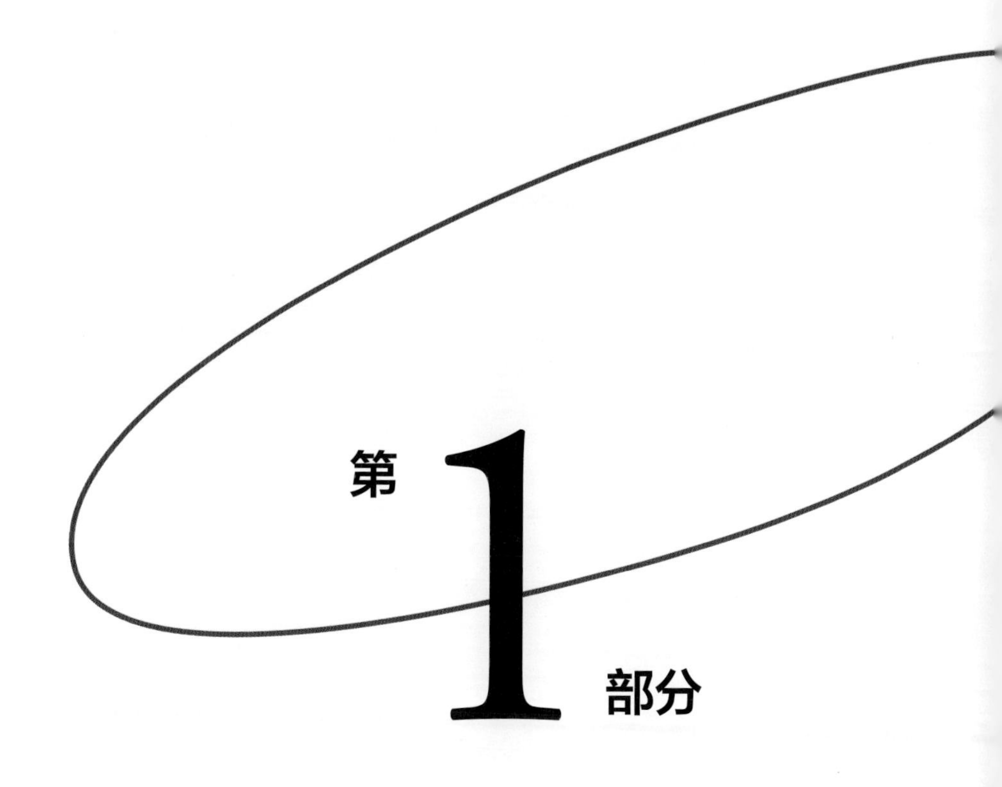


# 收集用户数据

# 第 1 章

# 引 言

情境化设计是一种以用户为中心的设计方法。它以深入的实地研究为基础，推动着设计的创新。情境化设计于 1988 年被首次提出，现已被广泛地应用于各行各业，并且在全世界各高校中被传授。它是一个完整的前端设计过程，是一种基于情境调查、广泛应用于行业标准的现场数据收集技术。情境化设计包括：分析和呈现用户数据、从数据驱动设计思维、设计具体的产品解决方案、与用户互动以优化设计方案等技术。随着触屏手机和其他永远在线、始终连接、总是随身携带的设备的发明，技术从根本上彻底地改变了人们的生活方式。因此，2013 年，我们重新设计了这种方法来对技术的发展做出响应。本书介绍了情境化设计领域的最新实践成果，这些成果能够帮助团队以适合于人们生活方式的技术进行设计。20 年前，我们写道：

"开发软件从来都不容易。但是在过去的 20 年中，对软件开发的要求变得越来越严格。曾经，使用计算机只是少数玻璃房内专家的特权，而现在，大街上的每个人都想要使用计算机来完成工作；曾经的计算机用户了解并热爱技术，而现在的用户，则希望他们的计算机像圆珠笔一样"隐形"（invisible），这样，他们就可以专注于自己的工作；曾经，应用程序只能支持单个、具体的任务（例如计算银行贷款复利），而现在，它们也许可以支持整个业务，小到某公司的电子邮件系统，大到与美联储的电子资金转移等。仅仅成为一名好的软件工程师已经不够了，要想在当今世界取得成功，开发人员必须知道如何将这些硬件或软件系统融入人们的日常生活。”

真正的移动计算从根本上改变了技术，使之融入生活——情境化设计也随之发生了演变

这些话直到现在仍然是正确的。但是在 20 年前，计算机没有真正实现可移动，笔记本电脑十分笨重，其使用受到极大的限制。当时，软件应用程序的使用需要有人坐在桌前，使用键盘和鼠标，甚至还需要一个专有的数据源，因此没法随处走动。当时没有互联网的支持，根本不可能以兆字节的速度向手持设备传输数据和视频。当时也没有面向消费者的应用程序。那时候，超级计算机的功能还不如现在的手机。没有在线购物，更别说像 YouTube 这样的视频媒体了，也没有一个搜索引擎能根据一个请求立刻搜到相关信息。那时我们还在阅读纸质书籍和报纸。游戏被装在一个盒子里。商业数据也是如此。换句话说，20 年前没有真正的、即时访问的可能性，因为当时这种技术还不存在，内容不可获取。即使是黑莓手机也是在几年后才出现的。我们无法获取所有的生活资讯，包括生活、工作以及娱乐活动相关的信息等。

### 术语：产品 VS 系统

我们使用“产品”一词来表示支持团队工作的任何技术系统。这可能是一个新的或增强型的消费产品或商业产品、一个网站、一个移动应用，或者是在网络平台上交付的所有这些套件。或者它也可能是一个 IT 系统，一种增强型的或者是在一个较大的系统中重新设计过的一套功能群，再或者是一套个性化的第三方产品。因此，无论你的团队在做什么，为了简便起见，尤其是当我们与商业人士或 IT 行业的专业人士谈论时，我们都将其称为“产品”。

那么在有限的情境中，“使系统适用于日常生活的结构”是什么意思呢？以用户为中心设计的历史至少反映了两件事情：

首先，传统的产品设计是由聪明的软件工程师来主导的，他想出一个好主意并创建它，然后努力为它创造市场。但即使是在那个年代，装有绿色屏幕的工业产品已经转变为能够支持普通人应用的产品。技术变得越来越复杂，用户界面和交互的方式不再只是简单的命令行。为普通用户设计变得至关重要——而不仅仅是为专家设计。早期的可用性专家意识到，仅仅通过制作更好的说明

文档来弥补产品的问题是行不通的。我们知道必须与用户合作。但是，当时最热门的新事物——可用性测试，并不是创造更好的产品的方法。可用性测试可以修正现有产品或概念产品中存在的 10%～12% 的问题，但是它不能揭示什么才能真正提升和改变人们的生活。

其次，为设计活动创造空间的需求驱动了以用户为中心的设计[1]。产品或商业系统被定义为一系列的需求，为从事设计工作的开发人员提供需求特征列表。当时，没有专业设计人士的概念，设计也不是独立活动。产品就是一个列表；收集需求的目的就是将它们添加到列表中。在软件开发中，"设计"是指代码结构的设计。即使在今天，"设计"通常仅仅指的是用户界面的外观设计。

随着工业趋向于转为支持人们日常工作的工具，我们作为"以用户为中心的设计"的领头者，认识到需要一种更系统的方法来进行产品设计。我们意识到工程师思考世界、产品和活动的方式，并不是普通人思考和工作的方式。

设计自身是一项活动，需要有关注的重点

让我们来见证一下早期的文字处理软件：通过段落、脚注、标题等类似的文字处理"元素"来完成文档处理。一份文案是数据库中各元素的集合。文本编辑的行为被编码为元素的属性。只需要通过改变几个属性，一个脚注就可以在页面上移动。这不是任何撰写者所期待的软件！

对于我们来说，设计总是意味着如何改善生活品质。今天，用户体验（User Experience，UX）的总体概念指的是一系列的活动，包括研究、交互设计和视觉设计，所有这些活动的目的都是为人们设计"对"的产品。产品定义和规范是设计的核心。

情境化设计帮助团队了解如何改善生活品质

20 年前，情境化设计的含义是：首先了解你的用户，然后设计出一个适合你想要支持的任务的产品。不要根据预先的目的生成功能列表，那会使工程师产生先入为主的想法。适合于生活意味着为一个连贯的任务而设计。

情境化设计已经被广泛应用于设计商业产品和系统、网站、移动设备、移动应用、医疗设备、消费产品和电子产品、汽车电子产品、商业信息产品、客户关系管理系统（CRM）、制造系统以及更多

1　在本书第一版中，我们将情境化设计作为一个以用户为中心的设计流程来介绍。我们使用"用户"的称呼是为了从品质意识上强调：那是指所有使用产品的人，无论他们是否购买了该产品。随着时间的流逝，"以用户为中心的设计"变成了约定俗成的术语，这里的"用户"一词一般是指买方或者是 IT 系统内部业务的需求者。

的行业中。但是，这些产品都没有从根本上改变人们在日常生活中使用技术的方式。以任务为中心的设计过程依然可以很好地支持这些产品的设计。这些设计活动只需要坐在计算机前就可以完成。即使我们将它应用到“所见即所得”的网页设计上、在线零售商店和社交媒体中，我们仍然坐在计算机前，只要有一定的空间支持，就可以完成这个任务。

在 2007—2008 年，iPhone 和 Android 把微型计算机交到了每个人手中，科技在生活中的作用发生了翻天覆地的变化。它们推动了正在进行中的一些转变：Google 告诉我们，在几秒钟内、在任何地点、无须晦涩难懂的查询语言，任何问题都可以得到回答。Facebook 和 Twitter 告诉我们，只要有需要，就可以联系到别人。此外，iPhone、Android 和平板电脑将整个世界联系到了一起——我们的朋友、商店、书籍、新闻和图片，我们想要创造的东西和我们工作所需要的东西——都在我们的手掌中、手腕上，只需一个点击即可。不再需要开机——几乎不需要任何装机、登录或准备。那就是我和我的工作、我和我的生活——而且它们之间越来越没什么太多的区别。

挑战：从设计任务转向为生活而设计

当然，技术与人交互的方式也发生了根本性的改变。技术现在只是一个附属品——每时每刻、几乎无处不在。现在，人们用他们拥有的每一点时间来充实他们的生活，随时随地，跨越多个平台。成功的产品开发团队不再只关注如何在一个固定位置上完成单个任务。现在，团队必须为生活而设计：产品如何融入日常生活中的所有使用场景。

正如本书第一版所说的，产品必须适应于日常生活——但现在我们必须要了解整个生活。仅仅关注任务是不够的。今天，用户的活动被分解为一些小动作，分布在不同的时间、空间、位置和设备上。所以每项任务都必须被设计，以确保不会阻碍人们的活动，而是顺利地伴随着他们的一生。

为了支持为生活而设计，情境化设计必须做出改变，以帮助团队收集与生活相关的数据，以及如何在日常生活中从事目标活动。本书以现有技术为依托，再次介绍情境化设计；整合了过去 20 年的经验教训；并结合新的数据收集方法，分析、构思和设计，从而使产品团队能够更有效地为生活而设计。

情境化设计适用于所有产品和所有开发方法

情境化设计是一个循序渐进的过程，它收集实地数据，并使用数据来设计包含技术组件在内的所有类型的产品。情境化设计有三个阶段：首先，团队将自己沉浸在用户生活当中，通过实地考察、分析数据、建立模型来展示整个市场的总体状况；然后，利用该模型驱动设计构思，基于用户数据创造新产品概念；最后，深化产品概念设计，包括具体的用户界面和行为，并通过用户验证与迭代。情境化设计可用于创建、优化或扩展延伸现有的产品理念，开拓新的市场，或者是推动长期的产品路线图。它可以驱动相关设计，以支持跨平台的目标活动。它可以，也已经被用于需求和软件开发过程的一部分，包括 Agile 在内。因为它解决了为生活而设计的问题，可以帮助你向用户传递快乐或“酷”的感觉，这一点将在稍后做出解释。情境化设计以三项原则作为指导，这些原则将贯穿于整本书之中：

- 为生活而设计，而不只是解决单个任务或活动；
- 沉浸于用户的世界，以调整直觉、聚焦设计构思；
- 团队设计，因为在现实生活中，总是需要团队一起合作，共同设计，以达成一致。

本章将介绍这些核心原则，并对情境化设计技术进行综述。本书将贯彻这些原则，并介绍与正在讨论的进程部分相关的其他设计原则。

## 1.1 为生活而设计：“酷”项目

情境化设计是由实现产品的目的驱动的，这通常是更大规模实践的一部分，它应用于使用其他工具和手工工艺的情境之中，以传递用户整体生活和工作的价值。产品设计是对用户的生活和工作的重新设计，给予更多的技术可能性——为用户设计一个新的、更好的生活方式，实现他们的目标，接触到那些对他们而言重要的人，并通过引入更好的产品来完成他们的活动。随着触屏手机、平板电脑和其他设备不断地渗入我们的生活，深入理解用户的需求变得更加迫切。

> 产品设计就是与技术打交道，重新设计生活

自 20 世纪 80 年代后期以来，关于设计人员必须要了解任务活动的情境的思想经受住了时间的考验。因此，情境化设计引入了一系列模型——图表和图片，每一个模型都展现了用户生活情境的一部分。这些初始的情境化设计模型成功地将设计工作的重点放在了理解任务活动的背景上。它们显示了产品使用的环境，展示了用户活动的结构，揭示了市场中的关键问题所在。

> 变革性的产品必须支持在跨时间、跨地点和跨设备上使用

这些传统的情境化设计模型依然是有价值的；第 8

章将描述几个最重要的传统情境化设计模型。如果要为生活而设计，就必须将生活理解为使用情境，这种情境与传统的产品使用情境非常不同。家庭和工作之间不再有明确的界限——人们试图使工作融入整个生活。工作可以在路上、飞机上、餐厅的桌子上，以及在小联盟游戏中完成。另外，个人生活也已经融入工作之中——人们可能会在写作、阅读或填写表格等工作之时购买剧院的门票。他们可能会在会议期间回复确认的信息，然后在保持电话通话时在线完成购买。也有人可能会在在家吃早餐时开始一项工作任务，在上班路上等待红灯时通过触屏手机继续该项工作，最后在办公室的计算机上专心地开展工作。以前的产品的使用都是单一情境的，而在今天，我们可以在多个不同情境中完成任务，这些情境可以是跨时间、跨地点和跨设备的。

现在，成功的设计远远超过了我们对“认知负荷”或“任务步骤”的理解——这些词曾经都是上一代“以用户为中心的设计”中流行的术语。变革性的产品帮助我们完成生活中该做的事，庆祝我们取得的成就，联系那些对我们而言重要的人，展现我们身份的核心要素，并创造出惊喜和愉悦的瞬间——所有这些愿望都可以存在于一个产品中，如同魔术一样，没有麻烦，也不需要学习如何使用。这是一个很高的要求，意味着设计师必须要比以往任何时候都更理解人们更宽泛的生活背景。

iPhone 和 Android 手机刚出现的时候，InContext 就注意到出现了类似于平常性的、非技术性的操作方式，人们感觉到它们从根本上改变了先前的技术。人们会说“这太酷了！”我们发现在与人类相关的技术中，产生了一些根本性的变化，我们想要去理解它。所以我们启动了自己的“酷”项目，希望可以揭示“酷”的用户体验的核心。

“酷”概念说明了为什么人们会爱上自己的设备

我们进行了实地访谈，和 60 多位 15 ～ 60 岁的消费者谈论了对他们来讲是什么使事情变得酷。我们要求受访者向我们展示一些包含技术组件的、他们认为酷的产品。然后谈论了他们的经历，观察他们是如何使用这些产品的，并和他们讨论这些产品如何改变了他们的生活。我们没有试图为他们定义“酷”。相反，我们通过让他们向我们展示他们认为很酷的产品来定义“酷”。接下来，我们与 30 名企业工人进行了访谈，看看相同的体验会不会发生在工人身上——结果确实是的。我们对这些数据进行了分析，从中产生了七个“酷概念”，用于指导我们创造“酷”的用户体验。

为了验证这些概念并为之创建指标，我们与 SAP 进行了合作。

“酷”的指标涉及一组 40 个问题，在全球邀请了超过 2000 人对这些问题进行了验证[1]。该指标可以区分不同类型的消费者、商业软件以及设备的“酷”的区别。它可以用于比较竞争对手的数据，或者是将重点放在初步的市场研究上面。它可以在每一轮产品迭代之间使用，以了解团队在开发新产品以及用户测试时是如何去做的。它可以在实验室中，也可以在现实生活中工作，并伴随着大量的用户调查。最重要的是，这项研究为“酷概念”提供了定量验证：它们确实反映了用户体验的关键要素，并确定了“酷”体验的重要设计原则。借助这些工具，情境化设计可以帮助团队将工作目标转移到设计中的“酷”上面。

成功的产品必须在生活中和使用中让用户感受到快乐

那么，什么会让事情变得更酷呢？“酷”项目显示：今天，成功的产品可以传递生活中的快乐。快乐不仅仅是满足感，不仅仅是一个“好的用户体验”。快乐是因为“酷”的产品利用我们将要解释的特定方法，增强了人类的核心动机。“酷”概念确定了需要为生活设计什么，以及当设计产品时，什么是使用户体验到那是变革性产品或觉得产品“酷”的核心。我们根据“酷”概念重新定义了情境化设计，以帮助团队为快乐而设计，并收集了能够创造人类快乐体验所需要的数据。

“酷”概念被分解成两部分。

### 1. “酷”概念其一

生活的快乐之轮（见图 1.1）整合了四个部分的“酷”概念，定义了“酷”产品是如何触及人类的核心动机的。快乐之轮的四大“酷”概念显示了产品设计应该从哪几个方面来提升生活中的乐趣，如何使我们的生活变得更精彩、更充实。生活的快乐之轮描述了产品如何提升用户的生活质量，为用户创造快乐。

生活中快乐的每个方面都可以被明确地设计

图 1.1 生活的快乐之轮

1 Holtzblatt，Karen，Farnsworth，Carol，Held，Theo，Held and Pai，Shantanu. 商业中的酷：“酷”的衡量。摘自第三届 DUXU（2014）国际会议，2014 年 6 月 22 日至 27 日 HCI 国际会议论文集的第四部分。

**1）成就感**

使用户有能力无论在何时、何地、任何平台，都可以实现他们生活、工作和个人的所有意图。帮助用户进行有用的或有趣的活动来填满他们的“碎片时间”，使生命的乐趣不可阻挡。由于用户有时候思想可能会不集中，那么我们可以通过设计将用户的注意力分散到多个活动之中。

成就感是生活的快乐之轮中“酷”体验的主要动力来源。

**2）联系**

增加用户真实关系中的亲密感和协作。帮助他们频繁沟通，谈论和分享共同的兴趣和爱好，并且在每个人追求各自生活的同时，发现一些可以共同完成的事。在商业关系中，也能像个人感情一样，培养出真正的联系。无论是对于线上或个人之间的兴趣社区，如果能支持人们频繁联系、提供谈话内容、促进共享活动等，就可以产生真正的关系和联系感。

联系通常不如成就感重要，除非产品的主要目的是人与人之间的联系。

**3）身份认同**

支撑用户的核心自我意识，使他们能够通过所做的事情和对别人表现的方式，来表达自我意识。确定与产品所支持的活动相关联的核心身份元素，并提供那些能够提升用户自我意识的产品。如果人们正在应对新的身份特征，请通过其他人喜欢他们做什么的案例，或通过与朋友或可信赖的同事沟通，以确定他们的行为、选择和价值观是否合适，从而帮助他们创建这种身份特征。

以个人身份为核心的那些支持活动成功的特征，提升了产品整体的“酷”体验。

**4）感知觉**

通过颜色、声音、动作和动画为用户带来快乐时光。今天的用户希望现代设计美学可以利用适当的刺激、图形和动画来增强互动，创造出可以让用户产生愉悦的产品。但不要添加多余的或令人分心的图形或动画——这样只会使用户感到烦恼，实际上会减少“酷”的感觉。

感知觉可以增强产品“酷”的感觉，但不是“酷”的主要动力，除非该产品的价值就是传递感官愉悦，如游戏、娱乐产品和音乐等。

### 2. “酷”概念其二

“产品使用的快乐三角”中的三个“酷”概念（见图 1.2）展示了产品设计本身如何通过创造“魔术”时刻，或消除人们预期的使用技术的麻烦，来增加（或减少）使用的乐趣。“产品使用的快乐三角”描述了使用产品所产生的影响。

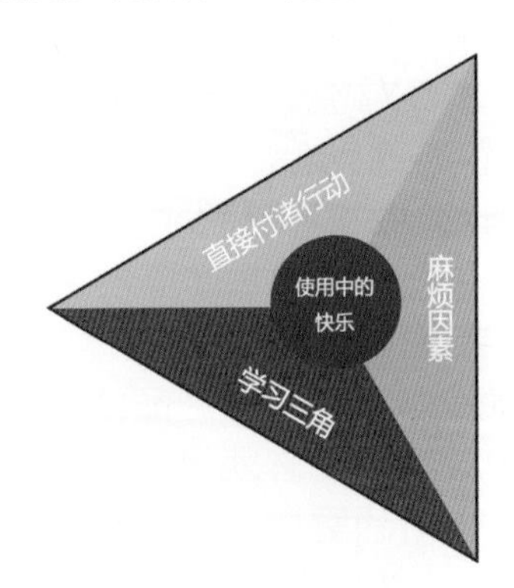


图 1.2　产品使用的快乐三角

**1）直接付诸行动**

为核心意图提供即时的、简单的实现方式：我在考虑什么是我想要的，然后得到它——不用思考，没有计算，也不需要做决定。它像魔术一样，就这样发生了。请帮我思考——不需要我提出要求，就给我想要的，就像潘多拉 TV 的音乐服务那样。在我没有方向或方向不明确的时候，直接给我想要的结果。

在“产品使用的快乐三角”的“酷”概念中，直接付诸行动对用户使用产品的快乐程度所产生的影响最大。直接付诸行动要求的不仅仅是更少的点击和更好的可用性，它还要求真正的即时行动，以便在短时间内实现意图。

**2）麻烦因素**

消除产品中的所有不便，如安装、插件、登录、框架、自定义和技术麻烦。通过消除所有影响产品顺利使用的故障和不便，以创造快乐。一个曾经“足够好”的用户体验已经不够好了。用户不再容忍技术的麻烦；如果某项新功能不能即时付诸行动，那么这个新功能将不再有价值。

麻烦因素整合了“酷”指标中的直接付诸行动，为创造产品使用时的快乐创建了一个非常有效的设计重点。

**3）学习三角**

将新工具的交互方式建立在已知的交互模式和自然的交互方式上，如触摸和声音，将学习工具所需要的时间尽可能减少到零。给用户一些小提示。降低复杂性；减少用户必须掌握东西的数量，以及用户使用该产品必须去的地方。避免增加设计操作和选项的复杂性。让产品的使用非常直接，不需要任何学习。

以活动融入整个生活的方式进行设计——包括工作和个人生活

“酷”项目揭示了优秀的用户交互和用户界面设计不再仅仅是“还不错”的——它们可以确定产品是否“酷”，是否有价值，是否值得购买。但是，即使一个产品有很酷的概念，但如果它不能“直接付诸行动”，那么也会让人觉得不够酷。

“酷”项目告诉我们：酷概念与商业产品或 IT 解决方案一样都是真实的，是为消费者提供商业产品的。术语“商业产品消费化”描述了用户的期望值是如何在消费产品的驱动下，创造商业产品需求量的上升的。商业产品也必须为生活而设计：在合适的地点和合适的时间，适应生活的需要，能联系到那些重要的人物，使用户能发挥其专业特性，并提供适当的感官乐趣——而且，可以直接付诸行动而没有麻烦。即使对于高科技产品也是如此——每个人都一样，无论他掌握多少技术，具有什么样的价值观，都期待着“酷”的用户体验。

体验模型帮助你为人类的核心动机而设计

那么，什么是为生活而设计？我们必须对我们的目标活动进行设计，使其适应于人们的生活旅程：不可阻挡的生活节奏。但是，为生活而设计也意味着如果希望产品体验变得更酷，那么必须设计更宽泛的体验。为生活而设计意味着在进行产品设计时，必须采用整个人和整个生命的视角。

源自于“酷”项目的见解，要求对情境化设计本身进行调整。设计团队需要在更宽泛的生活维度上，以及关于用户的整个生活是如何融合在一起等方面。认识和收集新的关于人类核心动机和行为的数据，所以我们扩展了情境化设计来收集更宽泛的关于整个生活体验的数据，并添加了新的模型来描述这些观点。我们将这些新模型称为“体验模型”，以强调它们在突出生活体验方面的作用，并将其与传统的情境化设计模型区分开来。我们还增加了设计原则和构思活动，以确保设计团队的设计思维聚焦在正确的维度上，保证项目的成功。

## 1.2 沉浸感：调整直觉和设计思维

情境化设计是围绕着一系列沉浸式的体验来构建的，团队成员和利益相关者应时刻立足于用户的生活之中。20 年前，工程技术人员提出了工程驱动设计的方法，他们设计产品确实需要这种方法——但可悲的是，到今天这种现象在一些公司中仍然存在。这些工程师们很少与用户接触，不懂得欣赏那些他们为之设计的人们的生活和挑战。工程师们生成一系列他们想要的或来自于市场营销中的功能列表，然后构建他们所认为的最好的产品。无论是工程师、产品经理、设计师，还是我们今天所面对的许多角色中的任何一个，这种在没有真正了解用户活动的情况下就想出要建什么的过程，只能依赖于对生产产品的个人和团队的直觉上的信心。

当产品主要来自于内心直觉时，我们称之为“从‘我’出发的设计”。你可以分辨出你和你的团队是否正在从“我”出发进行设计，它们听起来会像是这样：

“我喜欢这个功能——这对我来说真的很有用。”
“我不认为那种方式是最好的——我喜欢这种方式。”
“我们根本不需要这个功能——我想我们需要这样去做。”

不要从“我”出发进行设计——设计应源自于丰富的用户数据

从“我”出发进行设计的团队把重点放在“这正是我想要的”上。一旦团队脱离了用户的生活，他们只能通过自己的个人经验来指导设计。抛开以用户为中心的设计过程，所有团队都凭自己与工具的互动、客户关系、对销售投诉的了解、与竞品的互动，以及他们自己所喜欢的工具的体验等，来进行交互设计。

没有深入的用户研究数据，团队将依据他们所认为的合理的解决方案来进行设计——基于自己的直觉来设计。但是，团队中没有人能够很好地代表用户。他们知道得太多，太爱技术，无法为大众而设计。并且，他们对具体的工作领域知之甚少，无法获取准确的设计细节。由于技术已完全嵌入到用户的生活之中；由于需要深入了解科技和生活之间的相互关系；并且由于必须跨平台进行整体设计，所以现在比以往任何时候，了解用户的整个生活和动机都显得更为重要。

整体的解决方案不会来自于一组特征列表

产品团队也不可能通过一些零件清单来完成整体的设计。工程师和产品经理都爱列清单。清单更容易被组织、检查和进行结果审查——但是列清单永远不能产生整体设计。驾驶员在驾驶途中被分心之前，能够容忍多少次、多大程度的干扰？医生需要快速回答哪些问题——哪些问题需要深入研究？多功能大型应用程序和用于监控、快速决策、即时信息的相关应用程序之间有什么相互作用？如果想要找到前面提出的问题的正确答案，团队需要沉浸在用户的日常生活之中，以一系列的设计做出回应。

想要真正地为客户设计，团队必须沉浸在他们所要设计的用户的生活环境之中。在这种方式中，我们刻意修正团队的直觉力，以反映用户的真实生活。这扭转了“从‘我’出发进行设计”的状况，使团队变得“现实”。因此，情境化设计包括一系列明确定义的沉浸式活动。

沉浸式事件使团队踏上用户走过的路

这种“沉浸”遍布整个过程。情境化设计技术将团队融入用户的世界之中，使他们有机会反思，做出回应——然后重新沉浸入用户的生活，让团队扎根于其中。这些沉浸式体验的第一个活动是情境调查实地访谈，设计师进入用户的生活与工作环境中，直接了解用户的世界是什么样的。然后，其他的沉浸式体验使团队不断接触到相关的数据，系统地转变了团队和利益相关者的直觉力。面对相关市场的真实数据，便很容易理解用户喜欢的特征以及用户的实际需求。

通过定义良好的公共流程，收集明确的、清楚的用户数据，确保了数据是可信的，避免了关于什么最适合用户的争论。这并不是关于我喜欢什么和你喜欢什么的问题——两个不同意见的团队成员可以回到用户数据上，并根据他们实际发现的内容进行论证。可以根据数据来检查初始的设计，以确保其涵盖所有的要点。当与利益相关者交流时，可以根据他们观察到的用户问题来确定设计元素。

沉浸式数据通过调整直觉来防范特征的细微变化

沉浸式也防止了在其他情况下几乎不可避免地增加“可能有用”或可能“对我有意义”的特征出现。而且它确保在必须做出快速决策时，工程师的直觉力由于反复沉浸于用户数据而进行了调整，自然能反映出用户的观点。在这种情况下，情境化设计也调整了团队的集体直觉力。他们可以通过对用户生活的深刻理解来进行讨论和设计。

但是有些人坚信，一些好的、具有创意的想法从来不会来自与客户的交流，这是怎么回事呢？那么，创新来自于何方呢？我们将在第 3 部分中更多地谈论创新，但任何发明的核心是产品为人们所带来的价值。一旦产品能够传递价值，帮助人们过上更好的生活，使他们的工作更愉快，它将占据整个市场。那么，团队如何发现这个价值呢？情境化设计使得发明者能够沉浸在潜在客户的现实生活中。然后，机会、开心、隐性“需求”、解决方案、用户烦恼和潜在的转型等便会脱颖而出，并吸引团队去进行创新。

我们发现工程师、设计师、用户研究人员，以及团队的所有成员都喜欢发明。如果你已经把自己的团队建设得很好，那么他们会知道什么是技术上可行的，什么是伟大的设计；他们知道他们设计的工具和原则。然后，当这些人沉浸在用户世界中，并通过与实地访谈获得的丰富数据进行互动，他们自然会利用他们的技能来重塑用户的生活。

所以，我们不用询问用户需要或想要什么，正如我们在第 1 部分中所讨论的。用户不是工程师和也不是设计师。用户不同于熟练的团队，他们不知道技术上会有什么可能性或者什么是好的设计。他们通常会说“让它像我目前的工具一样工作”，或者“让它更快”，或者“修复这个让我发疯的小功能”。可用性测试和快速原型依赖于用户的隐性知识，通过这些测试来调整现有产品或产品原型，但这些技术并不具备生产能力——它们不会引导新的产品设计的方向。

用户可能会提出功能需求，但他们不会将产品看作一个支持一系列连贯实践的整体系统。如果只听取用户需求，那么我们设计的产品将变得缺乏连贯性、功能过剩、相当复杂。正如我们将在第 4 部分讨论的那样，一个产品或产品系列需要被设计为一个连贯的系统，能够在用户的生活环境中顺利地工作。所以不要问你的用户想要什么——了解用户的生活，这样你就可以发明出足以改变他们生活的产品。情境化设计为你提供了系统的方法。

不要问你的用户想要什么，他们不可能告诉你

意义深远的创新来自于真正了解用户的团队集体知识、洞察力和直觉力。下面讨论情境化设计将要面临的第三个挑战，即团队合作的挑战。

## 1.3 团队设计

情境化设计是基于团队的。它利用跨职能团队，包括产品管理、营销、产品架构、UX 设计师（用户研究和用户界面）、视觉设计师、开发人员、服务设计师等，每个角色都具有特有的技能和见解，为用户共同创造正确有效的解决方案。情境化设计团队包含了利益相关者和其他团队成员，以确保从业务中获取收益，并确保该解决方案是公司能够成功交付的。

产品创新的现实是：需要许多人制造和运送产品。商业产品、IT 系统、汽车、医疗设备、游戏甚至应用程序等都需要许多人员协调工作。所有这些人都有助于促成设计需求的定义，并将这些需求转化为设计、设计规范和实施方案。

没有人可以独立设计出一个完整的产品——所以应当让团队工作

所有这些人都需要对用户需求和商定的产品解决

方案达成共识。达成共识不是“还不错”——达成共识是在合理的时间范围内将产品成功地推向市场的核心。产品通常不会因为技术不起作用，也不会是因为人们没有想出产品的功能而失败。产品不能上市，是因为人们不能达成共识。

达成共识的挑战不会因为只有小团队或者由于“一个大师”的产品开发理论而消失——“大师”理论是说你可以聘请一个聪明人，让他去完成所有这一切事情。但是，没有“一个大师”可以做到这一切。一旦有多人被要求合作去传递产品价值，那么他们必须从共同理解出发进行运作才能有效。产品开发总是在人们对问题和解决方案的共同理解的基础上，采取共同行动、协同工作才能开展。

人与人之间存在许多差异——情境化设计有助于更好地管理

不幸的是，人们有许多不同的特质，包括认知风格、文化、人际交往倾向以及个性怪癖等。如果没有定义好组织内的角色，相关规则没有被仔细地分离成独立模块、管理规则、组织结构，或不能通过有趣的户外活动来建立团队精神，那么将无法使人们更好地合作，处理问题。

一名部门经理在当地的一家酒店预订了几个房间，用于解决一个特别棘手的问题。他派5位资深建筑师住在该酒店，要求他们在一周之内提出解决方案，否则就将被解雇。他确实得到了想要的结果，但我们发现：如果有合理的工作流程，人们通常会更加快乐、更有创意，并且能更快地取得成果。对于工作流程，我们见到的典型反应是：即使是那些讨厌规范流程的人，也会说，“谢谢你，现在我终于知道该做什么了”。

这种组织上的挑战需要共同理解和协同行动，这是情境化设计中使用的许多技术的基础。我们不是针对产品开发的整个生命周期，但是我们可以通过使用清晰的、结构化的协同技术来帮助团队开始工作。本书将描述那些围绕一整套原则而建立的技术，正是这些原则使得面对面的创造性工作具有可行性。以下是构建情境化设计时需要考虑的一些核心事项。

**使用跨职能团队：**对问题的不同观点会产生多种不同的、创造性的解决方案。纳入不同的工作职能是获得不同观点的途径之一。

**管理人际关系：**不同的观点和人际关系差异将产生更具创造性的解决方案，但也会在房间中造成紧张气氛。通过结构化过程来管理，将紧张感引导到设计问题的解决上，而不是停留在参与者之间。

**创建一个富有创造力的团队文化：**清晰地阐明过程和团队规范

来培养创造力。团队文化不会自己产生，所以情境化设计包含了培养富有成效的团队文化的要素。

我们将在“解读会”一章中详细探讨这些要素。解读会是情境化设计中第一轮密集的设计会议。当你阅读下一章节时，你将看到它们开始出现在第一轮团队活动中。

## 1.4　情境化设计 2.0

本书的第一版介绍了情境化设计——一个完整的、以用户为中心的前端设计流程。本书介绍了第二版的情境化设计——随着现代技术、设备的使用以及设备能力的更新而优化升级后的情境化设计。使用情境化设计 2.0，不仅可以使产品更实用和具有创新性——同时也可以使它们具有变革性、更受人喜爱。如果用户说：“使用这个产品后，我再也不要用以前的产品了！”，那你就赢了。

> 情境化设计为团队具体描述了好的设计实践

我们在情境化设计中所做的大部分工作就是将好的设计师所做的隐性的事情明确化和公开化。情境化设计的每一部分分别反映了设计过程中的一个方面，不论是在个人头脑中非正式出现的设计过程还是作为明确的设计步骤中的一步。因此，情境化设计明确地定义了如何收集、解释有关人们如何生活和工作的数据，建立相关的数据模型，组织这些数据以便设计团队可以使用它来驱动设计思维。它包括了跨职能团队中管理人际关系的技术，使设计人员得以专注于数据的含义，使用新技术重新设计生活和工作中的解决方案。它组织设计思维会议，帮助团队构建潜在的产品，并确定验证所设计的产品是否符合实际需要的方法。使用表达清晰的、可传授的（teachable）技术，团队可以清楚地了解如何取得成功，以及如何调整这些技术以更好地适应某些特定的需求。

本书中将通过 5 个部分向您介绍情境化设计技术。每个部分首先有一章介绍该部分内容的问题和原则；接下来使用 2 章或 3 章的篇幅来描述该技术；最后一章是总结。

本书基本结构如下：

### 第 1 部分：收集用户数据

**第 1 章：** 引言。

**第 2 章：用户数据驱动的设计。** 以用户为中心的设计始于认识到所有创新都必须从了解用户入手，以解决现实世界中的问题。

好的设计需要深入了解用户的任务、动机、意图、策略和详细步骤，对他们是如何生活、他们依赖什么技术、对他们重要的人以及他们的自我形象等有一个整体把握。要深入了解这些知识，最好的方式是通过实地调查，并且必须结合观察和访谈两种形式：你不能仅仅向用户询问他们想要什么，也不能只是观察而不与他们交流。本章将以用户为中心的设计和现场调查作为情境化设计的重要起点展开讨论。

**第 3 章：情境调查的原则。**情境调查是情境化设计研究的核心领域。本章描述了情境调查的 4 个原则：情境化、伙伴关系、解读和焦点。我们讨论了“酷”概念是如何影响访谈情境的；介绍了如何组织访谈的结构，以及如何针对不同类型的项目定制访谈的内容。实地访谈是第一次沉浸式的活动，将设计师沉浸在用户的世界中。

**第 4 章：访谈解读会。**仅仅收集数据是不够的——我们需要在整个团队中分享见解，以便每个人都能看到存在的问题，并朝着共同的目标而努力。在情境化设计中，所有的设计活动都是基于团队来完成的，这样大家可以一起研究产生见解，共同进行设计。每一次访谈都通过解读会来捕获和分析数据，这样整个团队（或一个代表性的子团队）都可以看到数据，并找出其中的含义。这是第二轮的沉浸式活动，让整个团队都能体验到每一次访谈的内容。

本章将介绍解读会的结构、作用和过程。借此机会，我们还讨论了基于团队的设计，以及如何利用对团队合作的理解来定义一个有效的设计过程。

## 第 2 部分：揭示世界

**第 5 章：从数据到洞察：情境化设计模型。**仅仅是要求设计师走到现场去调查这一点，就已经是向前迈出了一大步。但是，当你到了现场时需要调查哪些重要内容，仍然是一个挑战。用户的世界是复杂的，充满了数以百万计的细节——其中一些细节对于任何设计问题都很重要，也有许多细节没什么用。多年来，从用户研究到整个产品团队的沟通，使每个人都可以看到重要的内容，已经成为一个越来越大的问题。情境化设计通常使用用户模型来进行沟通；而在情境化设计 2.0 中，我们扩展了这些模型来传达在设计中与技术高度相关的那些方面内容。本章将讨论如何描述用户数据，揭示整个市场中正在发生的有关问题。

**第 6 章：亲和图**。任何类型的人种学调查或定性数据都很难组织。这些数据是复杂的、非结构性的。组织该类数据最简单的方法，如某些分类方法，往往拒绝创新。如果将数据归类整理到已知的分类中，将如何获得新的见解？亲和图是一个从用户数据的细节中归纳出结构的过程。它从数以百计的个体数据笔记中归纳出单一的市场视角。构建亲和图是另一个沉浸式的活动，整个团队要一起来组织这些数据。本章介绍了什么是亲和图，以及如何构建一个亲和图来驱动设计洞察力。本章还引入了传达设计，它作为一项重要的技能来组织数据、推动创新。

**第 7 章：建立体验模型**。情境化设计 2.0 引入了一组新的模型，即源于对“酷”项目的见解的体验模型。“酷”项目定义了科技提高生活的 4 个方面：成就、关系、身份认同和感知觉。体验模型使团队的重点聚焦于这些概念，以确保团队在看到这 4 类相关数据时能识别它们，并以能够设计实现的方式来捕获这些数据。本章将依次研究每个体验模型，描述这些模型如何收集数据，如何在解读会中使用模型，以及如何基于个体用户的数据将数据整合到一个市场视图中。我们所涵盖的模型有：生命中的一天模型、身份模型、关系模型、协作模型和感知板。

**第 8 章：传统的情境化设计模型**。本书第一版中介绍的传统情境化设计模型仍然是可行的，并且依然可以提供洞察，但是我们已经很少使用其中的一部分模型。本章将讨论经常会使用的传统模型及其变体模型，如序列模型、源于文化模型的决策点模型、物理模型，以及角色模型。

## 第 3 部分：重塑生活：用用户数据来思考

**第 9 章：创造下一代产品概念**。技术比以往任何时候都能更好地融入日常生活；今天的设计师们正在通过创建一个“人类 - 技术系统”：一种通过产品和系统来增强生活和工作的方式，用于重新塑造我们的日常生活。该产品不再是一个大型的、独立的应用，而是一系列产品、应用程序和平台的集合，帮助我们完成一项活动。当熟练使用现代设计材料的跨职能团队沉浸在结构化的客户数据中时，成功的创新结果便出现了。他们自然而然地以新的方式重新整合实践、技术和设计的元素，以创建新产品概念的愿景。本章将介绍帮助团队不断创新的必要成分和过程。

**第 10 章：从数据到设计的桥梁：墙面研究**。创新的核心是沉浸在用户的世界之中。制作了亲和图和整合模型，揭示了洞察力和重要问题后，团队已准备好使用模型来驱动设计思维了。本章将描述“墙面研究”，在这个过程中团队将与整合数据进行交互，激发初始的设计思想。“墙面研究”是经过了时间考验的方法，用于确保收集的数据能够驱动创新。

**第 11 章：构思：愿景规划和酷清单**。好的产品设计能够确保用户生活品质的提升，使之更愉悦，并能保持连续性。确保有序生活的最佳方法是在讲述故事“引入新技术从而改变用户活动的方式”的背景下重塑技术。本章描述了愿景规划工作坊：一组以重塑生活为主题的故事讲述过程，而不关注技术解决方案。这个过程产生了一系列暗含新产品概念的愿景。然后，我们描述了一组很“酷”的想法清单，“酷”概念的原理就是用来磨炼和丰富这些新想法的。

## 第 4 部分：产品定义

**第 12 章：产品设计的挑战**。产品不仅仅是独立的工具，尤其是在当今这个时代。产品——甚至是手机应用程序——存在于一个以工具、流程、习惯和技术等组成的更大的生态系统之中。任何新产品都必须适应这个生态系统，同时以理想的方式来改善用户的生活。设计团队不仅要把用户的生活当作一个统一的整体，而且必须设计出连贯的、具有适当结构的产品，以最好地支持用户。本章介绍了产品详细设计的挑战，并介绍了情境化设计技术，帮助团队以一种与用户实践相一致的方式来查看和定义产品的结构。

**第 13 章：故事板**。故事板讲述人们将如何在我们设计的新系统中工作的故事，这有助于团队保持用户生活的连贯性。故事板如同定格电影，能够描述未来用户实践的场景。这些故事能够确保任务或活动更加有效——用户想做的事情可以得到支持，并且可以更加方便地、一步一步地顺利进行。故事板可以确保设计人员通过不同的活动、策略和局面进行思考，在实地调查数据中显示出这些活动、策略和局面非常重要，它们都与设计愿景息息相关。本章将描述故事板并讨论如何构建它们。

**第 14 章：用户工作场景设计**。故事板确保了任务和生活过程（flow of life）保持一致，但是它不保持系统的一致性和结构的合理性。新产品或者特征集必须具有合理的功能和结构，使得交互的方式更加自然。在这种情况下，情境化设计常常使用用户工作场景设计模型。用户工作场景设计是关于新产品的设计平面图，能够明确产品各部分的位置和功能，以及产品各部分之间的联系。

它从用户的角度来展示产品的各个部分，并帮助团队以结构化的方式来思考产品。本章将介绍用户工作场景设计，展示它是如何描述的，并从故事板入手阐述它的构建过程。

**第 15 章：交互模式**。用户工作场景设计阐述了新系统的结构，它不定义产品的外观和布局。与设计的各个方面一样，情境化设计首先要获取产品的高层次结构，然后再进入细节设计。互动模式可以帮助团队在考虑用户工作场景设计每部分的高层次结构时进行结构化的思考。我们给出了设计和布局的原则，以确保此界面结构能够适用于用户的活动，并定义了一个既现代又能保持产品连贯性的用户界面体系结构。我们讨论了设计师在团队中的重要性，以及如何更好地构建界面，但是不介绍详细的 UI 设计——因为市面上有很多关于这个主题的好书。

## 第 5 部分：使之成真

**第 16 章：产品实现**。在情境化设计中，我们通过对用户世界的深刻理解来推动产品概念和结构设计。一旦明确了用户工作场景设计和互动模式，我们就有了一个工作假设，即我们所思考的内容将为目标用户带来价值。但是我们还不知道这是否是真实的——我们有一个高层次的设计，但是可能还缺少一些低层次的细节。所有这一切最好通过对用户进行纸面原型访谈来测试和确定。此外，任何设计过程所产生的结果都可能会超过团队在合理的时间内能够传递的信息。本章将介绍使产品真正实现所需的步骤，并确定一个能够传递价值的产品的版本。为了做到这一点，团队需要与他们的用户进行验证和迭代设计，然后计划一个产品发布策略，传达产品的功能概念、产品的大小尺寸等。最后，我们将讨论如何建立和运行整体的情境化设计项目，并提供一些实用的建议和观点。

**第 17 章：验证设计**。测试是产品开发过程的重要组成部分，通常我们认为：问题发现得越早，解决问题的成本就越低。粗糙的纸面原型就是在没有编写代码之前用于测试关于交互结构和用户界面的初步构想。纸面原型，是一个众所周知的用纸完成的可用性测试方法。它成本低、支持新产品不断的迭代，并且忠实于用户，可为设计人员提供基于数据的解决分歧的方法。在原型环节中，用户和设计师将一起重新设计实验模型，以更好地适应用户的活动。在情境化设计中，我们整合了纸面原型、在线模型和运行代码的早期版本，以便在流程的每个阶段都能获得正确的反馈。本章中将介绍如何构建模型、使用纸面原型测试和解读数据，为下一轮测试优化设计方案。

**第 18 章：优先级和部署**。你的情境化设计项目将比第一版本产生一个更大型的设计。这是一件好事，因为新版情境化设计可以清楚地帮助你知道下一步将做什么。因此，每一个情境化设计项目都需要优化步骤。选择每一个版本的产品将要发布什么内容是设计和沟通的挑战——跨职能团队中还包括来自开发和市场营销的其他人员，大家必须对要发布的内容达成共识。如果以客户的真实价值为衡量基础，那么这时优化客户的工作是最有效的，它将在市场上掀起足够的波澜，并且在有限的时间内保证在技术上也是可行的，因此将它推向市场是值得的。本章将介绍如何将通过验证的用户工作场景设计划分为合理的几个版本，同时保持用户实践、界面设计和整体系统结构的一致性。随着协议的达成，不同的组织职能可以同步执行发布任务。

**第 19 章：项目规划与执行**。描述了情境化设计技术之后，我们回过头来讨论如何组织团队和项目以取得成功。本章将介绍如何设定项目的范围和重点，来反映企业使命和创新意愿。我们描述了如何整合团队，同时兼顾跨职能的角色和团队所需的领导，才能够确保设计的成功。我们描述了如何规划角色分工、访谈人数，如何在具有挑战的情况下收集数据，以及如何安排工作等。最后讨论了如何管理团队。这是一个非常实用的章节，它可以帮助你启动项目。

**第 20 章：总结**。在本书的最后一章，我们简要回顾了情境化设计的核心原则：沉浸式、为生活而设计、结构性思维和基于团队的设计。并对如何产生见解、思考未来进行了总结。

# 第 2 章

# 用户数据驱动的设计

情境化设计的第一阶段通过收集实地数据，并以团队形式开展解读会来指导团队。通过捕获问题并对每个人的体验进行建模，团队将记录稍后将被整合的数据，以构建覆盖整个用户群体的相关实践和体验的一个连贯的视图。本部分介绍了如何让团队参与并沉浸在用户的生活中，以获取最佳的设计数据。下面将介绍情境访谈和解读会。第 2 部分将讨论情境化设计模型。

以用户为中心的设计使我们认识到：想用技术改变生活，创造成功的设计，产品团队必须脚踏实地，以用户生活的相关细节为基础。为生活而设计告诉我们：只是了解任务已经不够了，我们收集的数据必须包括用户的核心动机，以及比以前更宽泛的生活活动——即便是满足工作用的产品。令人伤心的是，获取细节的过程是困难的。最好的方式是通过实地调查来收集数据：不论是为了数据的质量，还是为了能让团队沉浸在用户的生活之中。但进入实地调查需要花费大量时间，需要协调沟通，而且需要昂贵的费用。这里介绍了收集现场数据以驱动设计的动机，并展示了如何通过现场技术（如情境调查）产生详细的观察数据，这些数据对于创新设计至关重要。

*让团队以用户工作和生活的细节为基础*

## 2.1 设计数据的挑战

想象一下，产品像今天这样密切地融入用户的生活，意味着什么？手机播放着个性化设置的闹铃声：它告诉我是时候出发去赴我的下一个约会了。我触摸屏幕以查看详细信息。随着手指在屏幕上快速滑动，我可以看到今天余下时间的安排。再次触碰手机，马上就可以给我想要联系的人拨打电话。这仅仅是个应用程序而已。

所有的设计决策都是对用户生活做出的假设

每一次交互都是一个设计决策的结果，而且每一次交互都在一定程度上改变了我的生活。从高层次（我想让我的手机猜猜下一步我会去哪里、预计旅行时间、告诉我应该在什么时间离开？）到最低层次（滑动这个动作是查看余下时间安排的最简单直接的方式吗？），每个设计元素都与我的生活和行为的其中一个方面密切相关。这增加了设计的风险：每一个设计元素都有可能提高用户的生活质量或者是干扰用户生活，也可能会使得产品变得受人喜爱或令人烦恼。

这只是低层次的设计。我们如何决定首先应该设计什么样的产品或者建立什么样的应用程序？如何才能发现什么周边产品将扩大我们的市场？什么是最好的可以添加到现有产品、网站或IT应用程序中的下一代特征集？什么可以改善或降低人们的生活质量？什么可以让你从烦恼中获得快乐和解脱？什么样的产品会因为缺乏适应生活的能力而被抛弃？

同样，深入的数据同时预示了详细的设计决策和产品创新。它与市场营销、可用性、焦点小组和标准所要求收集的技术数据是截然不同的。“要求”这个词意味着有人提出这样的要求——这些人知道什么技术将会改变他们的生活，他们很清楚地了解自己的行为和体验，他们可以直接告诉团队问题出在哪里，而什么是令人愉悦的。

不要寻找用户的需求——要寻找未满足的欲望

标准需求技术为团队提供了多种方法向用户询问他们需要什么。但在当今的世界，设计就是发明。这取决于产品团队探索用户工作和生活的方式，并发现微小的和巨大的生活转型的机会。寻找“用户需求”是错误的。没有人知道他们需要一个随身听，直到随身听被发明出来；没有人知道他们会喜欢下载音乐，直到Napster使下载音乐变得很酷，而随后iTunes使下载音乐变得合法化；没有人知道他们会想要定制音乐，直到潘多拉使之成为可能。音乐产品不断推陈出新，满足了我们无法言明的渴望，我们对于音乐的体验也随之不断演变：随时随地可以即时访问我的音乐，再也没有任何困扰。

如果目标是创新设计，那么无论是针对全新的产品，还是现有的成功产品的升级版，设计方法都必须要超越需求、愿望清单、痛点和解决问题等想法。这些想法都会使设计师关注于解决具体的问题，而不是了解用户工作和生活的整体背景。即使考虑的是用户需求，也只会使团队把重心放在可被清晰地表达或识别的现有需求上。但是发明突破了我们未知的欲望的核心——因此设计师们需要的是数据，这些数据将使他们可以识别那些甚至连用户都没有意识到的机会。

想要在这个层次上进行设计，团队不仅需要用户的数据，而且需要洞察力；不仅仅探究事实，还需要理解这些事实。因此，任何以用户为中心的设计方法的第一个任务就是提供结构化的活动，收集可靠的、详细的用户数据，指导团队进行设计。这就是情境化设计中情境调查所起的作用。

情境调查可以帮助产品团队回答最基本的问题："我能做些什么来提升人们的生活质量，使他们能够轻松地做他们真正想要做的事？"。这个问题需要设计师在试图完成目标任务时，去理解用户生活中真正发生的事情：你想完成什么？你想做的事是否如此重要，以至于必须立刻去做？你想在截止日期前再处理这些琐碎的事情吗？你喜欢在哪里，可以投入多少时间和精力来完成这项任务？我们给你提供一个什么样的接口，可以让你做你需要做的，而不必强迫你去思考如何使用这个工具？

现代的产品在深层次上影响着人们的工作和生活，并与人类对话。为生活而设计，不仅需要对整个工作和生活的环境有深刻的理解，而且需要对人类的核心动机有深刻的认识。成功的设计意味着超越"认知负荷"或"任务步骤"的理解，这是用户体验（UX）领域中常见的两个概念。

设计师必须学会通过产品的功能或外观来了解产品或设备是如何提升用户的自我意识的：我是一名销售员——通过我的手机，我想让客户 24×7 小时都可以联系到我，这是我一直梦寐以求的；我是一个手工艺人——我通过手机上的相机和在线社交软件，我可以分享我伟大的作品，接受来自各方的赞誉。这些问题是使用情境中的一部分，设计师必须学会看到它们。

设计师还必须学会了解如何使产品增强人们与外界的联系：我可以通过文字或 Facebook 快速地与朋友联络上，所以我永远不会失去联系。即使是一个短暂的联系，也会增强我们的关系，并将彼此放在心里。我的社交意识——不要孤独——是我生命中重要的一部分。

作为一门学科，用户体验设计需要以一种新的方式来观察这个更大的完整的生活背景。我们需要在更宽泛的维度上认识和收集

> 影响我们的产品深深地触及了人类的核心动机，同时使生命得以运转

关于人类核心动机的新数据，考虑用户的生活、工作以及五彩缤纷的生活如何整合在一起，各方面如何互相适应等。在这个新的世界里，为单个任务而设计是远远不够的。相反，我们必须了解整个活动，了解活动如何适应生活中的各项安排，以及如何提升人们的幸福感，增加生活中的乐趣。

## 2.2 仅仅通过询问来获取设计数据是不够的

用户研究的挑战是：工作和生活的许多重要方面都是无形的，并非因为它们是隐藏的，而是因为没有人注意到它们。仅仅通过提问的方法，是无法发现工作和生活中这些隐藏的问题的。比如：

在一个持续多日的自行车旅行中，朋友们定期向待在家里的一位成员发送一些简单的文字告知他们的旅途经历。有谁意识到对于待在家中的朋友来说，尽管错过了这次旅行，但这些消息对他保持和朋友的联系有多重要？

一名正在记账的工作人员打电话给一位正在处理订单的朋友，八卦一项正在进行中的紧急订单。他的经理是否知道这个非正式的沟通正是能让公司按时完成这项紧急订单的唯一方法呢？

一个男人正在进行交易时，他的手机收到了关于该项账户交易的警报。我们能否理解，这在多大程度上满足了他随时都能清楚自己财务状况这一期望？

设计师使用的任何方法都必须揭示隐藏的数据：如用户工作和生活的哪些方面是习惯性的，不需要再思考它们；或者在当时的情况下是创造性的，以至于没有人想到过这些方面。

在一个诊所，某一道手续的申请总是需要使用一份绿色的表格。直到看到实际的表单，我们才发现，这份表格根本没人用——人们只是简单地在纸面上写下需要的内容。唯一重要的是它是纸，并且它是绿色的。

> 用户不看他们做了什么，所以他们无法告诉你！

传统的收集用户数据的方法会先提出假设：根据我们的提问，人们会说什么是重要的。但是，人们根本没有注意到他们是如何完成工作的，虽然他们做得很好。想想第一次学习驾驶的时候是多么困难：如何协调油门、方向盘和离合器（如果有的话），又笨拙又愚蠢。随着驾驶技术的提高，配合流畅了，对细节的关注也会越来越少，直到最后整个过程可以在无意识的情况下顺利进行。

现在，要教别人开车，你必须回忆驾驶的每一个步骤和细节，再教给对方；而所有这些对你来讲都已经一步到位，可以自动完成了。驾驶是一个简单的、显而易见的任务，人们如何知道日常工作的哪些方面是重要的？即使是用户也不会有意识地发现问题所在[1]：

一个新的手机用户发现，她的蓝牙耳机是一个困扰她很久的问题的完美解决方案。她的公寓手机信号非常差，只有一个地方可以接收信号。有了蓝牙耳机，打电话时，她可以把手机放在有信号的地方，自己在公寓里走来走去，永远不会失去信号。当然，在这之前，她从来没有想过这是她购买耳机的需求之一。

一般来说，"愿望清单"和其他用户请求的真实情况都是这样的；用户会专注于一个狭窄的点"X"，而理解产生需求的工作背景，将会产生更多的洞察力和更好的解决方案。用户的行为仿佛在问："对产品做一些什么样的简单的调整或添加，可以克服我在使用产品时遇到的问题？"；而设计师想知道的是："什么样的新概念或功能会使产品从根本上更适合人们手头的工作？"回答这个问题需要开放式的技术。

用户不仅忘记了他们所做的活动的细节，而且当他们使用的产品坏了，他们会先弄清楚周围环境，适应它们，然后就忘了他们是做了什么来克服一开始碰到的产品问题的：

> 用户让他们的生活正常运转——他们不会注意自己的工作环境是如何解决产品问题的

我们的用户打开了一个需要一些数据的在线表单；但是她没有使用表单中的工具来计算数字，而是在另外一个窗口中打开了一个电子表格，并使用其中的公式来计算。当问她为什么这么做时，她说："哦，在线的事情从来都不好用。我们只用电子表格。这简单多了。"

人们总是可以让他们的工作正常运转；他们克服技术难题，使用技术为生活服务。情境调查显示了：团队如何发现生活中所有这些隐性的方面，以便让它们能够被理解和设计。

收集产品需求不仅仅是向用户询问他们需要什么，这就像从海滩上收集鹅卵石一样困难。人们不能简单地询问设计需求，部分原因是人们不知道有什么技术可用，更多的是因为大多数人并不明白他们真正在做什么。人们对每天所做的事情变得习惯和无意识，所

> 情境化设计帮助你发现隐性实践，揭示创新的机会

---

1　Sommerville 等人在 1993 年描述了在空中交通管制中更为关键的领域，来理解难以表达清楚的程序的重要性；Goguen 在 1993 年评估了几项不同的技术在揭示难以言喻的需求方面的能力。

以他们通常无法明确地表达出他们的做法。人们可以笼统地说出他们是做什么的，也可以确定关键的问题；他们可以明白是什么让他们对使用的工具感到生气。但是他们通常不能提供关于他们所做工作的日常细节。他们无法描述内在的动机，例如需要表达特定的身份的需要或与他们关心的人有联系。他们很可能忘记了他们如何不得不通过对工作环境进行变通，来克服目前产品中存在的问题。对于为生活而设计来说，这种低层次的日常实践的细节至关重要。

## 2.3 深刻的见解来自于现场

如果设计人员不能仅仅通过向用户询问来获取有关于他们生活的详细数据，那么能通过传统的需求获取技术来获得相关数据吗？毕竟，大多数公司在开发产品时都会收集一些用户数据。开发人员 Sue 参加了一个用户的小组会议，并与他们进行了交谈；营销总监 Joe 在行业展会上进行了样品演示；项目经理 Mary 每个月至少与内部用户会面一次。这些是保持与用户联系的传统的、常用的方法。然而，它们并不会产生上述讨论的设计数据类型。他们不能真正洞察用户世界，并将这种洞察力纳入到产品设计之中。这值得我们花费几分钟时间来解释为什么会这样。

市场营销和设计的目标不同，需要不同的数据

由于市场营销和设计有着不同的目标，对于营销和产品管理有用的技术往往对设计人员并无用处。这些技术描述了市场的特征、设定了市场的范围，而不是描述其实践的结构。因此，它们得出的结果往往是定量的。当你想要扩大市场或分配开发资源时，这样问也许是有效的：“你预计明年在设备上花费多少钱？”然后再平均所有受访者的结果。这是你可以通过调查来回答的问题。而设计人员必须建立在更多的定性数据之上。“安排旅行意味着什么？人们会如何去做呢？”——这类问题的答案往往是对实践的描述，而不是任何类型的数据。即使有个别问题的答案看起来像是与数字有关——“你每天检查多少次电子邮件？”——这是有欺骗性的。对于设计师而言，真正的答案不是数字，而是“在每一个空闲的时刻——我希望随时可以看到我的电子邮件，并且希望我始终都待在我的社区中”。

情境化设计传达对实践的理解，而不是预先准备好的问题的答案

许多传统技术都事先假设你知道问题是什么。例如，调查和结构化访谈都是从一连串的问题开始的，这些问题明白或含蓄地推动调查员与用户的互动，并且预先定义了什么问题是重要的。但是一旦设计开始之后，就没有人知道问题是什么了。也没人知道什么

问题将会变得重要。也许客户满意度调查（一种营销技巧）报告说安装设备是最重要的问题。但安装会有什么问题（一个设计问题）？什么时候安装？由谁来安装？他们安装的时候可以提供什么信息？在众多替代方案中，哪一个是最好的？

这并不是说设计师不必担心人们会购买什么。只有在符合用户需求的市场背景下，花钱设计才有意义。使用预设问题的定量技术可以识别市场，并向设计师展示哪里是有趣的、值得探索的。但是，一旦市场营销技术确定了一个市场，并表明那里有钱可赚，设计师就必须深入了解目标市场中人们整个的生活和工作环境，以确定要设计什么。

定量和定性相结合的技术

理解市场需要一种定性技术，它探索用户活动，并且对人们做什么以及他们可能重视什么做出新探索。这些探索可能会引出新策略或产品概念，用于定位市场，以及向市场推销产品的新的市场信息。他们将确认：定性研究所确定的市场对公司来说是否真的有机会。然后，再次使用定量技术来确认想要支持的实践范围是否足够广泛，足以成为一个好的商业案例。市场营销和设计这两个学科，目标和技术互补，相互支持，由此产生一个完整的产品定义。[1]

其他传统技术也有类似的缺陷。另外两种常见的技术是焦点小组和聘请用户担任内部专家。但是，这两种方法都依赖于用户能够清楚地讲述工作和生活实践的细节——我们已经说过这是很困难的。此外，当用户从日常生活中脱离出来，并与他人一起待在一个会议室时，他们失去了日常生活的线索，很容易忘记他们真正做了什么——并且被房间里的群体动力所左右。焦点小组对于获得对新产品概念的本能反应是很棒的，但这并不是寻找不明确的机会的方法。同样，将专家用户置于设计团队时，她就脱离了正在进行的工作。而且，由于她的工作是无意识的，她的策略也是独特的，她可能会无意间限制团队关注的焦点，因为他们更加倾向于尊重专家用户的知识、观察力和看法。

对现有的设计进行迭代只能做出调整，不能产生创新

另一种常用的收集用户数据的方法是：从现有设计开始，在没有用户数据的情况下构建原型，或者在正在运行的系统上进行 A/B 测试来评估替代方案。产品一旦创造出来，就可以使用这些技术进行逐步改进，但它几乎不能激发新的发明创造。用户也许会说他们喜欢或不喜欢某事物；但是他们很难说出为什么，他们正在试图完成什么或者有什么功能是设计团队从未考虑到而对他们来说却

1　Hansen 于 1997 年报告了在初创企业中，不同的收集客户反馈的机制产生了不同的效果。

是更有价值的。团队可以调整他们的初始想法；他们无法发现他们不知道的内容，而正是这些内容可能会带来更多创新性的想法。

我们的工作是了解用户生活的细节，因为它与我们正在努力改造或改进的目标活动息息相关。问题是每个人都可以在高层次上告诉你他们做了什么，他们关心什么；但是没有一个用户或者专家，能够记住甚至了解自己行为的细节、潜在的情感、动机和隐藏的意图。如果创新是你的目标，而不仅仅是为了渐进式的改进，那么团队就必须要到现场进行实地调查。

## 2.4 作为团队来处理数据

团队只有体验和沉浸到用户的世界，才能深刻理解这个世界，从而引导创建和设计。实地考察是第一次沉浸式体验——但是仅限于访问者。我们如何将这些知识纳入团队其他成员的“直觉”中呢？我们如何确保收集到的丰富数据而不会迷失在电子邮件、旅行报告，或者是一系列关键的调查结果列表中呢？如果没有体验过用户的世界，团队的直觉也不会被修正，以反映用户的真实生活。如果没有办法快速捕捉到现场访谈的详细数据，一些细节可能会被丢失，有些细节的意义有可能会被忽视。

团队通过解读会调整他们的“直觉”

当与其他访谈的数据相关时，可能看起来不那么有趣的数据却可以揭示出市场中变革性的问题和机会。我们不仅要避免“从‘我’开始的设计”，从设计师的角度来看，我们还要避免只为一位用户设计。为了获得最大的市场影响力，我们也不希望设计人员仅仅从他们访谈的某一个用户得出新产品设计概念。当团队沉浸在整个目标市场的用户生活中时，洞察力就会自然而然地发生。我们的工作不仅仅是为设计提供最佳的数据，也是为了捕捉和组织这些数据，从而影响最终的产品设计。这是设计的第二个挑战——确保整个团队沉浸在目标市场的用户生活之中，深入了解用户的生活。

在这部分的最后一章，我们介绍了解读会，这是第一次设计会议。访谈者与其他团队成员分享他们在现场调查中收获的体验，这些团队成员将记录这些数据，将数据添加到亲和图和相关模型之中。解读会也是我们首次引入这种结构的设计会议，它可以帮助团队在面对具有不同技能、工作头衔和个性的成员时，能够有效地协同工作。解读会为后期的设计会议奠定了基础，并指导团队在结构化过程中，能够尽快完成工作，尽可能减少争论，并且会更加专注、更有创造力。

# 第 3 章

# 情境调查的原则

情境调查的核心前提很简单：走近用户，观察他们做你关心的活动，并与他们谈谈他们正在做的事。如果做到了这一点，自然能比以前更好地理解用户（见图 3.1）。

工作中、家中和汽车上。无论在何地，只要是在感兴趣的活动发生的地方都可以进行访谈。这是最基本的思路，但是我们发现人们通常都乐意有多一点指导。你应该在用户的网站上做什么？你应该注意什么？你是如何访谈的？除非你受过社会科学家或者人类学家的训练，否则进行一次实地访谈可能会令人望而生畏。结构化的情境化设计，使得产品经理、工程师、用户研究人员、业务分析师和 UX 设计师[1]——产品团队中的任何一个人——都可以成为收集用户数据的一员。

实地访谈的过程经历了 20 年的考验，基本原则始终没变。但是本书扩展了收集数据的重点和范围，以了解用户更为广泛的生活和核心的人类动机。我们将在本章介绍访谈的过程，并探讨扩展后的重点。

1 所有的这些角色都可以参与到情境化访谈。我们使用“访谈者”一词来指代他们所有人——而不仅仅是用户研究人员。让整个团队参与到实地访谈，比把所有数据收集工作都归于一个人或同一工作类型的人更加有效。沉浸在用户生活之中，是含蓄地和明确地深入理解用户需求的最佳方法。

图 3.1　不同生活情境中的情境化访谈

在情境化设计中，我们总是试图以人类最自然的交互方式为基础。在一长串规则的约束下行事是很困难的，也很不自然；相反，我们建议建立一个简单的、熟悉的关系模型。一系列的规则说："做所有这些事"——你就必须集中精力来遵循这些与被访谈者无关的规则。关系模型说"像这样"，——那么，如果你能保持适当的关系，你自然会采取适当的行动。[1]

在与用户交流时，采用与人交往的自然方式

访谈者可以使用许多不同的关系模型。有种正式的模型，如"科学家 / 被试"模型：我想要研究你，所以请你帮忙回答我的问题——你是否明白我为什么要问你并不重要。一种不太正式的模型，如"父母 / 孩子"模型：我会告诉你该做什么，而且你会这样做，因为你想要得到我的赞同（或者你会通过反抗来显示你的独立性）。每种模型都带来了不同的态度和行为。一名学生告诉老师他错了，可能是出于恭敬，也可能出于反叛。但是无论哪种情况，都不同于老师告诉学生他做错了。关系模型有两个方面，扮演一方者会倾向于让对方去扮演另外一方。找到一个对收集数据有用的关系模型，只要你扮演你的角色，你就可以拉动用户去扮演他们自己的角色。那么，什么是收集设计数据的好的关系模型呢？

## 3.1　师父 / 学徒模型

我们提供了一个好的现场访谈模型，那就是师父和学徒关系模型。总体而言，它体现了将要产生最高质量数据的态度和行为。正如学徒沉浸在师父的世界中一样，访谈者可以通过沉浸在用户的世界中学习，从最懂的人那里发现最重要的信息。

师父 / 学徒模型对研究者形成了一种调查的态度，对用户方则形成了一种公开和共享的态度。因此，那些没有人种学研究背景的人可以快速学会如何进行有效的访谈。

当你在用户开展活动时观察用户行为，学习起来会很容易

在这种情况下，用户作为师父，不必成为"天生的教师"；一名工匠师傅通常边做边教。这使得传授知识变得简单。用户可以一边开展活动，一边谈论他们正在做的事情；访谈者可以提问或讨论用户当前的行为。用户不必制作幻灯片来展示他们生活中的活动和情感。他们所要做的就是过好自己的生活，展现他们的动机和感受。例如，想想这个女人为她的家人所做的假期

1　Goffman 在 1959 年讨论了关系模型如何引导我们了解社会交往。

规划：

“我正在寻找能够让我的丈夫和孩子们都高兴的东西。看，我的丈夫会喜欢这个——一次苏格兰高尔夫之旅。但是我的孩子们怎么办呢？这里有一个乘船旅行——也许这个方案可行。有许多小孩的活动，而且我丈夫和我一直想要有乘船旅行……正确的选择对我来说真的很重要。我希望大家都有一段美好的时光！”

观察人们做什么相对比较直接。但是想要理解他们为什么这么做却是困难的。有些行为是多年经验积累的结果，有着微妙的动机；另一些行为则是习惯性的，对他们来讲再没有更好的理由了。像学徒一样，活动进行过程中正是从一堆无关紧要的内容中找到关键问题，并解释它们之间的差异的最佳时机。[1]

一位科学家在一系列艰苦的力学计算实验结束时，转身对我们说：“我想你会很惊讶我这么做。”他一想到这事，就会惊讶于自己的效率为何如此低下。

通过观察和讨论，调查揭示了人们为什么会做他们所做的事情

因为访谈者在场，并沉浸在用户的生活情境之中，他们看到了活动的步骤，知道什么对用户来说很重要，包括与之相关的情感。他们看到用户投入或受挫时强烈的情感；当产品使生活变得更便利时的满足感；作为表现很棒的专业人士的自豪感；以及在技术或生活方面的麻烦被消除时的解脱感。因为在现场，访谈者能够感受到用户的情感能量，并开始理解它。这是团队如何发现潜在需求和令人愉悦的关键，也是产品改变生活的核心机会。

用户边做事边谈论自己的活动，这样就很容易看到那些很难被发现的细节。用户采取的每一个行动和周围的每一个对象都可以帮助他们，描述正在做的事情的细节、他们的动机，甚至曾经发生过的与之相关的有趣的故事。

谈论他们真正在做的事，可以使用户避免泛泛而谈。而访谈者观察正在发生的事情，可以针对他们看到的内容提出问题，而不只是问一般性的问题。

一名医生说，他常常阅读专业以外的杂志，因为其中经常有他感兴趣的信息。他如何判断哪些是感兴趣的内容？“哦，我只是浏览了一下文章的标题。”这说得并不很具体。但是当他被要求去做这件事时，他会说：“看，这篇文章讲的是我开的药的另一

1 迈克尔•波拉尼（Polanyi）1958 年在芝加哥大学出版社出版的《个人知识》一书中，论述了在不同时期，人们可以讨论什么样的隐性知识。

种用法。我会阅读它的。这里有一篇文章，是关于我经常使用的一个设备的操作流程。那里可能有好东西……”

当用户没在做某项活动的时候，他根本无法描述这个活动。关于用户如何完成任务的部分记忆与他们使用的对象混淆了，所以如果没有那些对象和活动的情境，他们真的不知道自己做了什么。

秘书无法描述她是如何制作月度报告的。但是当她被要求创建报告时，她找出了最近的一份报告，并开始在上面做部分填写和修改——老的报告是她制作下一份报告的范本。

情境调查是压缩了时间的学徒期

产品团队不能花费一个星期的时间去学习单个用户在做的事，他们也不需要这么做。在当前活动的基础上，用户可以回忆上次发生的类似事件，来讲述故事。做这项活动自然会引发最近发生的相似事件的回忆。[1]

我们聊天的时候，一位财务经理在手机上收到了股票交易警报。这使他想起了最近在他观看球赛时，他已经收到过一次 PayPal 交易的警报。但他知道最近他没有做任何交易，所以他拨打了银行电话，发现这是一起欺诈事件，并且立即得到了解决。

总之，用户和研究人员可以一起详细回顾过去的事件，关注真正发生的事情。这些回顾性调查扩展了实地访谈可以做到的时间范围。

设计的线索就隐藏在日常生活的细节之中

访谈者有机会观察一组用户的同一个行为，或一个用户的多个行为。某一次事件可能会被认为是一个特殊的行动；但多次重复这项活动则揭示了一种模式，并对完成任务的策略提出了建议——这是可以直接用于新产品设计的难以清晰表达的策略。通常恰好看到这些策略是很难得的，因为用户日常的行为通常都是平凡的。但是通过注意一些重复性的细节，可以揭示日常生活的结构。

一名企业工作人员在午饭时用智能手机检查并快速回复了电子邮件，安排了一些约会，并查看了少量信息。我们发现，他在早餐时、下班前、在晚上都会做同样的事——我们还看到其他用户也在做同样的事情。在工作日或晚上的主要活动之前，检查小事务和小事情似乎都是可能发生的。

1　Orr 描述了在现代的产品经理中传播知识的这样一个故事，类似的故事在 Orr 身上也发生过。工作中的故事——像会诊一样讲故事．计算机支持的协同工作会议论文集 .1986（12）p3-5. 得克萨斯州，奥斯汀。

设计团队将这一策略命名为“清除障碍（以准备开始新的工作）”，反映出人们在进入一段密集性活动之前，需要先解决那些为了保持生活正常运转所要做的小事。一旦该策略被发现并命名，团队就可以为它而设计了。

找到使生活运转的策略——然后去设计它

总的来说，师徒关系使日常生活中丰富的细节得到观察和讨论。它引导访谈者和用户远离高层次的抽象问题。它表明了一种调查的态度：注意细节和谦逊。它认识到用户是关于他们自己活动的唯一真正的专家。访谈者表现得像学徒一样，观察、探索，并让用户教会他们的生活方式。这种关系模型允许用户让访谈者自然地了解自己的生活，就像他们完成每天的活动一样。在用户的真实生活中扎根，有助于访谈者放弃那些与现实不符的先入为主的想法。采用师父 / 学徒关系模型是访谈者最佳的出发点——如果它能适应以下几条原则。

## 3.2 情境调查的四项原则

学徒期是一个很好的起点，但它仅仅只是一个起点。与学徒不同的是，访谈者不是为了学习用户的活动而学习；当然，他们沉浸于用户的世界，以追求用科技来改造它。如果为了学习在实地访谈时如何行动，学徒模型是一个好的模型。当与情境调查的原则相结合时，谦逊自然的调查态度可以为你的项目收集到高质量的数据。

情境调查根据设计团队的需求量身定制学徒生活

在情境化设计项目中，由跨职能团队开展工作。无论在用户工作还是生活的地方，都要进行一对一的、持续 1.5 ～ 2 小时的实地访谈，重点关注项目范围内重要的实践方面。指导情境访谈的有四个原则：情境化、伙伴关系、解读和焦点。每一个原则分别定义了交互的一个方面。并且，它们允许基本的学徒模型被塑造成某个设计问题的特定需求。我们将依次介绍每一个原则，以及如何使用这些原则。

### 3.2.1 情境化

进入用户世界，获取最佳数据

情境化原则要求我们：到用户所在的地方，观察他们做了什么。[1] 这是情境调查的第一个，也是最基本的一个要求。现实生活中丰富多彩的一切都是跟随着用户的，可以唤起用户的记忆，进行学习和查询。用

1 Whiteside 和 Wixon 在 1988 年提出。

户在执行任务的过程中拨打了一个电话：她是通过非正式的专家网络来获得任务的帮助的吗？她会在埋头工作时获得突破吗？有人停下来在表格上签名，这名用户在该审批流程中的角色是什么？

所以，请尽可能地接近活动。理想的情况是：在活动开展时，自己也能身体力行。这样访谈者就可以观察目标活动是如何适应日常生活环境的。他们将看到一个活动如何适应于用户的时间和地点；使用什么平台、产品或设备；人们如何协作或协调以完成工作；以及政策或组织结构如何影响人们所做的事情。访谈者将通过语言和非语言的方式，揭示驱动体验的核心动机：这项活动对于人们生活的意义。但是，获得这些丰富的数据需要真实而具体的活动实例，在人们生活中展现出来。

如果访谈者注意把握三个关键，那么在现场情境中将收集到真实的、详细的数据。这三个关键分别是：我们的目的是收集持续的体验，而不是汇总数据；我们需要具体数据而不是抽象数据；亲身感受到的动机，而不是报告。我们将依次介绍这三个关键点的特点。

通过观察实际活动的开展来避免汇总数据

**（1）汇总数据与持续体验**。人们从小就被教会了总结。如果你问一个朋友关于她上周看的一部电影，她并不会叙述整个情节。她会给出她的整体印象、一两个亮点，以及令她印象最深刻或最令人厌恶的事情。（不要问一个七岁孩子这样的问题，他们还没有学会总结，他们会令人难以置信地很详细地告诉你这部电影的整个情节。）让人们告诉你有关他们对新产品的体验，他们也会给出同样的答案：产品的整体印象，以及一两件他们认为特别好或特别坏的事。事实上，他们很难说出好的东西为什么重要，以及坏的东西怎么妨碍了他们。

但是，如果你在那里看到了活动发生的过程，就会看到所有这些细节，并能够与用户谈论真正发生的事情。现实永远不是总结。

**（2）抽象数据与具体数据**。人类喜欢抽象。将许多类似的事件聚在一起，比准确地得到某个具体事例的所有细节要容易得多。因为一次抽象的过程组合了类似的事件，它掩饰了所有使每个事件独特的细节。由于产品是为许多用户而设计的，所以产品团队需要抽象所有用户的体验。如果产品团队从抽象开始，然后再次抽象以覆盖所有用户，那么很难设计出对真实的用户真正有用的产品。所以访谈者需要意识到用户正在抽象的信号，并将其带回到真实生活中。

通过重返真实的事物和事件来避免抽象

如果用户习惯向后仰，望着天花板，那么他几乎总是以抽象的方式交谈。他不允许周围的现实扰乱他大脑中构建好的概念。当人们在谈论自己真实的体验时会向前倾，无论是在工作中，还是指着他正在谈论的事情的表述。用户使用概括性的词汇是另一个信号。如果用户说“一般”“我们常常”“在我们公司”……此时她表述的正是抽象概念。现在时态的陈述通常都是抽象的。“在我们团队中，我们会……”这是一个抽象；“当时我们正……”这是介绍了真正的体验。详细描述最近过去的事例是真实的，而设想未来的事例却并非如此。

如果用户开始迷失在抽象中，就把他们拉回到真实的活动中去。“你最后一次做那件事是什么时候？你能告诉我吗？”每次你这样做，就再次强调了这些重要的具体数据，并且使得下次获取具体数据变得更加容易。如果用户说：“我通常会通过查看消息来开始这一天。”你可以问：“你今天早上要做什么？你能开始了吗？”

如果在用户从事目标活动时你无法在场，那么可以使用两种办法来获得具体数据。一是通过实物：用户在进行活动时创建和使用的东西。如果用户说：“我们通常会通过电子邮件来获取报告，”那么，你可以问：“你有一份吗？ 我可以看一下吗？”

通过详细地重演近期事件来跨越时间限制

另一个选择是回顾性报告。它复原了最近所发生的事情的完整故事。重述过去的事件很难，因为大部分的情境已经丢失了。人们自动会对当时的事做个总结，而遗漏必要的细节。大多数人会从中间段开始讲故事，跳过之前的步骤。访谈者的工作是倾听并抓住用户遗漏的内容，并针对遗漏的部分提一些问题。将调查的重点放在用户一步一步的行动上，向用户展示出我们想要了解的详细程度。请按顺序提问，以帮助用户回忆。

车主（U）与访谈员（I）谈论他是如何处理在另一个城市旅行的。

**U**：我早上就出发了，并使用 GPS 为我导航，让我可以顺利到达第一个目的地。

**I**：你输入的地址？

**U**：没错。

**I**：你在哪里找到的地址？ 你手机上有吗？

**U**：是的，但我实际上前一天晚上才输入地址信息。

**I**：前一天晚上？

**U**：对。在我旅行之前，我会输入我将要去的所有目的地。

**I**：你的意思是保存到收藏夹？

**U**：不，我只是输入它们，就像我将要去那里一样，然后我退出了。这就是我前一晚上所做的事。然后，我出发当天，这些目的地都还在那里，这样我很容易把它们选出来。[ 他展示了最近的目的地列表 ]。

**I**：所以你不必删除它们。

**U**：对，他们只是从列表的底部消失了。我可能永远不会再去这些地方，所以如果我把它们输入了收藏夹，那么将来我还得删除它们。

**I**：好的。那前一天晚上，你是从哪里得到地址的？

**U**：我的第一个地址来自于一个客户，他一直在和我们做生意，所以我从手机上的联系人那里得到了。

**I**：我可以看看吗？

通过探索正在进行的活动来保持数据的具体性

访谈者始终都在聆听，等待听到她认为可能发生的步骤，一旦用户跳过了这些步骤，访谈者支持用户回头找回这些步骤。在这个过程中，用户会使用可用的物品来刺激记忆，在脑海中回顾每一个步骤。如果不打断或干扰他，他会回忆起更多信息，而且信息越来越准确，这样他就能简单地讲述这个故事。使用回顾性方法，访谈者可以复原过去的事件，并且还可以更多地了解正在进行中的事件。

如果故事的结尾还没有发生，那么了解这一部分活动最可靠的方法就是：在回顾性报告中找到之前已经完成的类似事件，找出在这一环节所做的事。你可以问“下一步你会做什么？”要求用户补充完成这些事情；回顾过去的案例可以使用户保持具体的信息。

回顾性报告可用于收集更长时间范围内发生的活动的数据，或者收集同一活动多个案例的数据。这些基于实例的回顾，让我们以更丰富的视角来观察目标任务是如何在人们生活中展开的。

情感指向重要的故事和动机

**真实体验的动机与报告**。因为研究人员沉浸在用户的真实生活之中，他们可以感受到用户在谈论或做某项活动时的感觉和情感。如果被问及“你对这个（产品、活动或事件）感觉如何”，当脱离情境的时候，用户很容易把它当成一个报告来回答。他们只会说出他们自以为的感受，而没有任何伴随着实际行动和思想的内在情感反应。这种情感背景与用户的具体行动一样，需要有具体的数据，对于收集与“酷”概念相关的数据非常重要。比如，当人们正在经历对他们来说很重要、并且关乎他们的身份的事情时，在他们言语中的自豪或鄙视感自然会体现出来。关于感觉的数据，存在于他们明显表露出来的感官愉悦中。当身份和情感相匹配时，它看上去可能就像衣冠楚楚的驾驶员面对他的凯迪拉克的灯光时的反应：

他指着他的新凯迪拉克前灯上的垂直LED说："它们看起来显得很敏锐。其他高档车前灯上虽然也有LED，但是它们看起来很笨拙。"针对他的言语中流露出来的情感，访谈者说："就是说灯光对你来说真的很重要——你看起来对品味很敏感。""哦，是的，"用户说，"我关心我身边的事情，以及我的形象。我永远不会有那些像其他的灯一样看起来很糟糕的东西！我就是为了它的车灯买了这辆车。"

当你想要找到产品的酷元素时，对用户来讲真正重要的东西与他的自我感觉紧密相连——所以它在情感深处是显而易见的。访谈者在用户有强烈感觉时必须在场去发现（uncover）它。这样，我们可以探索，去了解是什么激发了这种感觉，或找到其核心动机。但如果访谈者只收集了一些报告和一些总结，那么就会错过真正重要的东西。

情境原则是获取好数据的关键：去目标活动正在发生的地方，观察它，体会用户的感受，并在它发生的时候谈论它。无论是通过活动进行还是一步步地回忆近期发生的特定事件，都必须以用户的具体行动为基础。请探索情感能量去找出它的起源和动机。不要让用户对他们的世界进行总结、抽象或报告；那样会删除太多真实的、重要的数据。通过这种方法，访谈者就可以获得他们为生活而设计所需的数据。

### 3.2.2 伙伴关系

伙伴关系创造了共同的追求

伙伴关系的原则创造了用户和访谈者之间的协作关系，以了解用户的生活。那个真正了解自己生活的人就是生活在其中的人，所以情境调查创造了一个环境，让访谈者可以和用户一起探索用户的活动，他们都影响着探索的方向。

让用户带着你去洞察他们的世界

John Kellerman

Attorney at Law

在一个关于设计师如何使用页面布局的访谈中，观察到用户先在页面上输入文本，选择文本并移动它。然后他在一行文本周围创建一个框，将其向下移动，直到框的顶部与文本线的底部对齐，再移动另一行文本，直到该文本和框的底部对齐。最后他删除了框。

以下是我们探究的洞察：

**访谈者**：我能再看一遍吗？

**用户**：什么？

**访谈者**：你刚刚用选框做了什么。

**用户**：哦，我只是用它来定位这些文字。这框本身不重要。

**访谈者**：但是你为什么要用框呢？

**用户**：看，我希望这个空白处的高度与这行文字中的小写字母的高度完全相同。所以我画框来确定高度。（他边重复做动作边解释，比原来做得更慢了）然后我把它拖下来，它会告诉我们下一行文本应该放哪儿。

**访谈者**：你为什么想要这么精确的间距？

**用户**：这是为了使页面看起来更加平衡。你希望所有的线条与页面上其他内容之间有一些规律性的关系。我们很难知道它是否真的有用，只是希望这样做可以使整个页面看起来更加干净。

**访谈者**：就像你在页面上放的每一件东西都为其他东西确定了一个合适的地方。

**用户**：没错。每件东西都会影响其他东西，你不能总是去为每件东西重新定位。

我们是在 20 世纪 90 年代收集的这些数据，这位用户展示了当时的页面布局策略，而这些页面布局工具今天已不复存在。现在的工具有帮助定位的功能，但你仍然可以看到用户在屏幕上测量距离。那么现在这些工具少了点什么呢？

*在观察和探索之间交替*

**退出和返回**。上述案例解释了情境调查中的交互模式。用户全神贯注于他们的活动中；访谈者忙于观察细节，寻找行为模式和结构，思考用户行为背后的原因。有时候，访谈者可能会看到一些不合适的，或者能够说明活动的某个方面结构的东西，这时访谈者会打断用户活动来谈论它。这会导致行动中断，用户和访谈者都从活动中退出，来讨论访谈者看到的内容。这个中断创造了一个独立的时间段来思考实践——就在它刚刚发生的时候。用户在行动过程中被中断，这时可以说清楚他们在做什么，为什么这样做。作为旁观者，访谈者可以指出用户可能没有注意到的或是想当然的行为。

谈话结束后，访谈者指导用户回到他们刚才正在进行的活动中，访谈者也回去进行观察。这种退出和返回是情境调查的基本模式：在开展活动时进行观察，穿插对刚刚发生事件的讨论。

通过注意活动的细节和模式，访谈者也教会了用户如何关注细节和模式。在访谈过程中，用户对自己的行为变得敏感起来。访谈的问题揭示了用户活动的结构，他们开始思考自己的行为。有时候，用户也开始学会中断自己的行为，来告诉访谈者可能错过的活动的某些方面。由于访谈过程中的退出和返回，真正的伙伴关系发展起来，访谈者和用户共同探究用户生活的活动。

*分享新的设计想法，获取即时反馈*

由于访谈者也是产品设计师，当他们沉浸在用户的世界中时，很自然地会产生设计灵感。用户正处于新的设计想法所支持的活动之中，没有比这能更好地了解这个想法是否有效的时机了。如果新想法可行，访谈者现在既了解了活动的需求，也获得了潜在的解决方案。如果反馈的结果是新想法不可行，那么说明他还没有真正了解这个问题。与用户分享设计师最初的、未成形的想法，可以让他们改变团队的初步想法，使得产品的目的和结构发生根本性变化成为可能。此外，设计构思也向用户提出建议使用什么技术来完成该项活动。用户可以了解如何将技术应用于他们的问题中——他们也可以开始发明了。但是请注意：情境调查应该调查用户的生活。快速回到对项目至关重要的活动中，或许你会发现自己正在情境之外讨论设计的可能性。

**避免其他的关系模型**。采用师父 / 学徒关系模型中的态度和行为可以确保获得最佳数据。但是有时候，访谈者可能会陷入更为熟悉的关系模型之中。以下是一些常见的陷阱。

*你来到这里的目的不是为了得到一个问题清单*

**访谈者 / 受访者**：访谈者和用户的表现好像要填写一份问卷。你提了一个问题，用户回答问题，然后开始沉默。你开始着急访谈能否顺利进行，然后提出另一个问题，用户再回答，然后再次沉默。访谈就这样持续着。问题不再与正在进行的活动相关，因为实际的活动已经停止了。最好的补救办法是请用户采取下一步行动，从而有效地缩短这个“提问 / 回答”互动的时间。

*你不是来这里帮助用户学习如何使用产品的*

**专家 / 新人**：无论喜欢与否，你都会带着“专家”的光环开始你的工作。你是设计产品师，拥有所有相关的技术知识。你必须努力让用户把你当作学徒。所以在访谈开始时，要使用户明白访谈的期望值。解释清楚你在那里的目的是为了聆听和观察他们的活动，因为只有他们了解自己的行为。你不是去那里帮助他们解决问题或回答问题的。

然后，如果用户请求你的帮助（或者也可能是你自己忘了自己来这里的目的，自愿去帮助），应该坦率地走出专家角色，告诉用户：“如果我现在花时间帮助你，那我永远都不会明白我们的产品存在的问题。为什么你不继续进行，就当作我不在这里一样？到最后，我会回答所有剩下的问题。”但是如果用户卡住了，无法继续进行你想要看的活动，那就给他们一个提示使活动进行下去。

访谈的目的是管闲事

**客人 / 主人**：因为这是用户的工作场所，而用户是陌生人，所以访谈者很容易表现得像个客人。客人有礼貌，不太爱管闲事。主人考虑周到，并设法满足客人的需要，使他感觉舒适。如果你觉得自己像个客人，那么你会知道客人 / 主人的关系已经开始形成了。快速建立伙伴关系，有利于调查的顺利进行。还有对文化的敏感性问题——如在某些文化中，用户不喝咖啡就会感到不舒服，那么就给他一杯咖啡，然后迅速开始观察他们的现实生活，否则就会浪费你所有的访谈时间。

好管闲事是好的访谈的一部分。一场好的现场访谈感觉就像人们在飞机上建立起来的亲密关系一样，邻座可能会告诉对方私人的事情。既然用户已经同意进行现场访谈了，那么请让他们帮忙。靠近他们；看看他们在干什么；问问题；尽可能多问。这样你们就可以在调查中建立真正的伙伴关系。很快就会有用户过来说：“过来看看这个。”

伙伴关系将师徒关系转变为共同探究、共同发现的关系。它保持了师徒关系中密切的工作关系，同时平衡了师徒之间的权力失衡。它邀请用户共同进行调查。这使得亲密关系中，允许好奇心、诚实和好的数据的存在。

### 3.2.3 解读

我们带回家的“数据”总是代表着我们对所看到的事物的观点

仅仅带回观察的结果是不够的。需要通过解读会来解读观察的意义，它说明了用户的行为和体验，以及这些行为和体验如何揭示活动的结构。用于描述收集来的设计数据的典型术语——“数据收集”或“需求获取”——表明了研究人员到现场去寻找关于下一步该做什么的有价值的线索，就像在海滩上收集贝壳一样。当我们来到现场时，不仅仅收集关于人们在做什么的数据，还必须对这些事实做出准确的解读。我们必须收集数据的意义。“解读”原则说：良好的事实只是一个起点；好的产品设计实际上是建立在设计师对这些事实的解读之上的。这里有一个例子。

事实：会计师事务所精力充沛的管理合伙人有一个客户，她有关于折旧的问题。这位合伙人使用 Google 以及他们的财务信息工具对这个问题进行了一些研究，然后将其交给一个职员来处理。

为什么在移交问题之前自己要先做一些研究？下面是对这个事实可能意味着什么的一些解读。

（1）她不信任她的职员。她希望自己先得到正确的答案，然后再让她的员工进行充分的研究，并写下来。

（2）她计划自己做这项工作，但是发现实际情况比她预期的要复杂得多，于是，当事情开始变得比她预想的要多时，她就把它移交出去了。

（3）她很好奇；她想了解这个问题，而不只是把工作交给职员去做。

如果（1）是正确的，那么我们可能需要更好的方式来对员工的工作质量进行检查；（2）建议以一个简单的方法来打包正在进行的工作，并将其交给别人去完成；（3）建议在没有强有力的工具来作为参考资料和引用来源时，一种快速探索、快速获取答案的方法。

哪种设计是最好的？这取决于哪个解释是正确的：只有事实没办法让设计者做出选择。（实际上，通过与用户的讨论，得知（3）才是正确的答案）。但是采取设计行动意味着选择哪一种解读来说明事实。这个解读将驱动设计决策。

> 设计思想是由观察激发的一系列推理的最终产物

解读的过程就是将事实变成与设计师意图相关的行为的一系列推理。根据事实，也就是观察到的事件，设计师提出假设来初步解释事实的含义或事实背后的真正意图。这个假设对设计有暗示作用，很可能会演变为具体的设计构思。在任何时间、任何人提出设计构思的建议的时候，推理都可能会发生。通常推理发生得如此之快，以致于只有最后的想法是明确的。但整条推理链必须对将要投入产品的设计理念有效。

> 设计建立在对事实的解读的基础之上，那么这个解读最好是正确的

设计是建立在对事实的解读之上的——这些事实可能是观察到的行为或情感。对于任何事实，必须准确解读。你与用户共享解读的同时也验证了解读是否准确。

**分享你的解读。**如果重要的是对数据的解读，那么必须确保解读是正确的，因此你必须与用户分享你的解读。分享你所认为的用户行为的潜在动机、他们表现出来的情感以及你观察到的任何策略。分享你所理解的他们想要完成、准备如何去完成的想法。如果他们能回忆起他们刚刚经历的事，让他们修正

你的理解。分享你的解读并请用户修正这些解读，你会获得更加可靠的数据。事实上，这是获取可靠数据的唯一途径；如果不立即与用户进行确认，那么你将无法修正至少有部分被捏造的理解。

探索情感力量和动机，与数据解读有着同样的过程：去感受情感的力量；对它的起因做出假设；分享该假设，让用户来验证或提供更好的解释。通过这次讨论，你将了解用户对产品或情境的核心动机和感受。而且，如果你仔细分辨喜悦的来源，你就会看到将“酷”的用户体验融入产品之中的机会。

正如我们在“伙伴关系”部分所讨论的一样，在你思考的时候分享设计思想。分享设计思想可以通过向后追溯推理链来深入了解用户的生活。如果这个设计构思不合适，那么推理中的某个环节可能是错误的。探索并讨论为什么你的想法不起作用，以发现你对用户活动的误解。

当用户以愿望清单的形式向你介绍设计思想时，我们应该以相同的方式来探索，以发现用户产生愿望的情景。理解这些基本的工作和生活环境，这使设计团队可以更灵活地应对现实问题，而不是尝试去实现数百个用户请求。通常，一旦你理解了这些愿望背后的动机，就可以用一个解决方案去处理多个看起来不同的需求。

与用户分享数据解读不会产生偏差

不愿意分享偏离数据的解读？你真的可以通过与用户分享来检查解读是否正确？用户是否会倾向于同意你说的话呢？不——事实上，生活在其中的人很难同意错误的解释。对他们来说，这根本不是假设，因为他们正处于活动之中。这是他们正在经历的一个体验。不合适的陈述就像一个疥疮；他们认为这种描述不符合他们的内在体验，所以他们做了改述：

我们看着销售人员如何安排他的车，说：“这就像一个旅行办公室。”他回答说：“呃，像是一张旅行桌。”

两者之间的区别很小但是很真实，在人们找到精确的特征描述之前，他们都会感到不舒服。当我们离开时，还有人跑过来和我们交流，以确保其中一些微小的点是正确的。

分享解读让用户看到了自己的生活

最后，由于用户通常看不到自己的生活结构，所以你的解读也给他们提出了建议：有什么是他们需要注意的。比起解读分享，开放式问题几乎不能对用户在思考活动方面提供指导，导致他们缺乏洞察力。

由于用户在当时就对解读做出了回应，所以可以精确地对其进

用户对解读进行精细微调

行微调。用户通常会对上述的重点进行细微的修改，这样会使解读更加确切。他们可以这样做，是因为他们有一个出发点，可以与他们实际拥有的经验进行比较，并调整它，而不是从零开始。

我们对开发项目经理说："你的行为像一个主程序员。"他说："是的，除了我没有看代码之外。我觉得更像质量评估员。"

**倾听"不"**。访谈者的假设很可能是错误的，他们的解读也可能是错误的，所以如果他们要设计出能反映用户真实生活的东西，那么必须纠正错误的理解。访谈者必须全力以赴去倾听用户真正的想法。用户可能想说"不"，但出于礼貌可能不直接说出"不"。以下有一些用户间接说"不"的方式：

"啊？"——这意味着这个解读是如此离谱，以至于与用户所想的没有明显的联系。

"嗯……也可以。"——这意味着"不"。因为如果解读很接近，用户通常会立即做出回应。停下来短暂的思考意味着他们试图使之成为他们的体验，但是却不能。

"是的，但……"，或"是的，而且……"——需要仔细聆听"但"或"而且"之后的内容。如果这是一个新的想法，那么这才是正确的解读，而你的是错误的。如果它是建立在你的想法上，那么可以确认这是在一个扭曲的信息之上添加了点内容。

用户通常有以下几种方式来说"是"：当他们意识到你的话与他们的体验相符合时，冲你眨眨眼；或者直截了当地说"是"，就好像整个观点都是显而易见的；或者他们几乎总是在你说的话的基础上做详细说明，即使他们所做的一切都包含在自己说的话里。

在情境调查中，访谈者需要交谈！

所有这些都意味着，在情境调查中，访谈者需要交谈。他们需要说出他们的解读、他们的设计构思，以及他们对用户感受的理解。对于那些接受了其他数据采集方法培训的人来说，这可能是不舒服的，但有必要确保你有一个可信的解读。

### 3.2.4 焦点

项目焦点告诉设计师在数量繁多的可用细节中，需要注意哪些细节，这些细节对手头的设计问题很重要。在开始项目之前，团队定义需要解决的问题、受影响的用户、重要的用户活动和任务，以及相关的情境和地点。这个项目通过情境化设计和酷概念扩展并完善了工作和生活实践的核心焦点。它指导用户访谈的方式，以及设计师在访谈过程中应该注意的内容。

访谈的重点定义了访谈者在访谈过程中应采取的观点。他们应该注意什么？活动或其周边环境的哪些方面是重要的，哪些方面不重要？如果没有问题清单，访谈者应该如何引导谈话呢？学徒学习师父所知道的知识，由师父来决定什么是重要的。但是访谈者不一样，他们需要与项目相关的数据。“焦点”原则给访谈者提供了一种方法，将谈话停留在有用的主题上，而不用从用户手上完全拿走控制权。“焦点”以朋友间交流的方式来引导访谈。朋友们关心的话题也是他们花时间谈论的主题。如果有谁提出了其他人不关心的话题，自然不会引起太多关注。同样，如果访谈者与用户分享项目的重点，又特别关注与这一重点相关的事情，那么用户自然会关注到这一点，这样用户和访谈者最终能够共同主导谈话的主题。

清晰的焦点引导谈话内容

有一个焦点是不可避免的——每个人都会有焦点，整个生活历程决定了他们会注意到什么，不会注意什么。他们关注的焦点来自于个性和专业的兴趣、对项目重要性的初步理解，以及在该领域中他们认为正确的事情。让我们来看看三位访谈者与房主谈论她的电视和娱乐系统：

一位访谈者刚刚买了一套家庭影院，看到用户是如何布置自己的房间，来收看电视和听音乐的。

另一位访谈者熟悉音频技术，注意到扬声器和放大器的品牌，以及房主是如何连接它们的。

第三名访谈者深入了解移动技术，注意到用户对于在房子以及房子周围不同地方听音乐的解决方法。

每位访谈者看到了娱乐系统的不同方面，所有这些都是“真实”的，因为它们本身确实都是真实的。但每个访谈者关注的不同侧重点揭示了不同的细节。第三名访谈者看到了家庭中更大的娱乐环境，但是他注意到连接问题了吗？焦点给予访谈者一个了解用户生活的框架。具有多名不同工作职能和经验的成员，自然可以建立多个焦点。因此，团队往往能比任何一个人看到更多的东西。

**设定项目焦点**。为了在共享的调查中推动团队发展，团队需要对项目内容达成共识：一个共享的初始焦点。项目焦点将指导如何安排用户访谈，以及设计师在访谈过程中应该注意的内容。

焦点揭示相关细节

明确定义项目的焦点。它告诉团队要注意什么——在繁多的细节中，什么是手头的设计问题的重点。在开展项目之前，团队定义了要解决的问题、受影响的用户、相关的活动和任务。为生活而设计拓宽了每个项目的重点范围，以及相关的情况和地点。

项目焦点定义了团队需要找出什么是将要设计的特定产品、需要解决的特定问题，从特定角度了解市场，或重新设计包含技术在内的服务或流程。项目重点不同于项目目标，如："将产品移植到我们的新平台""为我们的产品创建移动应用"或"定义下一个功能集"。这些可能是关于项目任务的组织声明，但是他们并没有说如何获得正确的数据。团队需要确定他们必须要理解的行为和经验，来完成公司的任务。项目焦点在公司任务的范围内，从用户行为的角度阐明了该项目的内容。明确的项目范围和焦点确保所有的访谈者都在探索与项目有关的经验和活动。我们将在第 19 章更多地讨论项目的范围和重点相关的内容。

为生活而设计拓展了项目的焦点

由于情境化设计和酷概念赋予了对工作和生活实践的关注，项目的焦点也随之得到扩展和完善。情境化设计模型（将在下一节中描述）通过揭示生活中的设计问题，拓宽了团队关注的焦点，不再仅仅是单个任务的设计。为酷概念而设计，仅仅关注任务的步骤、当前产品的可用性问题或当前客户的抱怨等，是远远不够的。因此，我们将定义体验模型，用于表达"生活的快乐之轮"中的酷概念问题。这些模型促使团队看到目标活动如何适应生活的整个过程，包括生活结构和用户的核心动机。它们扩宽了团队观点，扩展了团队收集的数据。

体验模型目前已发展为新版的情境化设计。最初的情境化设计模型是结构模型，侧重于任务和实践的细节——这些细节依然很重要。它们在"快乐三角"（直接、麻烦和学习三角形）中给出了一些很"酷"的概念，并推动团队研究与工具本身有关的交互和反应的细节。但是无助于解释"生命中的快乐之轮"的概念。

因此，由"酷项目"焦点增强的项目焦点成了引导访谈的初始视角。根据项目的目标和要研究的活动的性质，团队选择一组适合解决问题的情境化设计模型。这些模型包括体验模型和老的结构模型，将收集更多更具体的数据。

焦点隐藏了意想不到的内容

每个访谈者也会带来他们个人的关注点——他们对目标活动和用户的信念，以及他们的职业观察方式——这两者都可能是无意识的。实际的访谈焦点融合了来自所有团队成员的不同关注点。他们的工作就是通过参与者和访谈获取的事实来形成焦点，从而反映出真正对项目重要的内容。

**焦点的揭示和隐藏。**如果焦点在它所涵盖的范围内揭示了细节，往往也隐藏了用户世界中其他的某些方面。注意房间布局的人自然会注意到家庭娱乐系统是否限制了布局；而从来没有考虑过室内设计的人，则只有在引起他的注意力的时候才会注意到这一点。同时，第一个访谈者忽视了为什么家庭活动室不是整个的娱乐环境所在——这对设计问题来说可能同样重要。第一访谈者的焦点揭示了与房间布局有关的丰富细节；但是他该如何拓宽他的注意力，去了解生活实践的其他方面呢？

内在情感指导如何访谈

在情境化设计中，我们试图刻意扩展焦点，打破初始的假设。为了在访谈中拓展焦点，情境化设计明确了内部触发因素，帮助访谈者认识到其初始的焦点不符合用户的现实生活，于是他们将继续进行探索，以拓宽他们对用户生活的理解。这鼓励访谈者有意识地创造一个范式转移，而不仅仅是确认他们的预期。内部触发因素在机会出现时，及时提醒访谈者打破常规范式，拓宽初始焦点。它们之所以能行得通，是因为自己的直觉告诉了你在访谈中发生了什么，以及应该如何采取行动来解决这个问题。

**惊喜与矛盾：**用户说了或者做了某些你认为是“错”的事。这些事情，你认为没有人会做、是不同寻常的。或者你认为那只是随机发生的，他们没有什么特别的理由去做这些事情。这些反应中的任何一个都有可能是危险的信号。这意味着你现在正在使用预先的假设来掩盖用户告诉你的或表现出来的内容。你倾向于认为它们是无关紧要的，暂且不管它们。解决这个问题的办法就是停止预先假设，转而去关注用户实际上做了什么。应该采取如下态度：没有任何人会毫无理由地做某项特别的事——如果你认为这是没有理由的（即使用户告诉你这是没有理由的），那么你还没有理解“它是有意义的”这一观点。你还应采取如下态度：任何人做的事都不是独一无二的——它总是能够代表某类重要的用户，如果不弄清楚发生了什么，那么他们的需求将得不到满足。应该像学徒一样，他们总是会认为一个看似无意义的行动，背后也许隐藏着一个关键的秘密。探索意想不到的事情，看看你发现了什么。

**点头表示赞同：**用户说出一些与你的假设完全吻合的东西时，你点头表示赞同。这与第一个触发器相违背，是个棘手的问题。你点头时在做什么？你在暗示你所听到的用户的话与你的经历相符，所以你认为你身上发生的一切事情和你感觉到的一切，对于用户来说也是正确的。这是一个安全的假设吗？不！相反，我们应采取“一切都是新的”的态度，就好像以前从未见过它。学徒从来不会假设师父没有更多可教的内容。参与者的经历真的是相同的吗？你可以在解读会上说出来，并找出答案。或者你也可以让他们的世界变得陌生：他们为什么这样做？是什么激励他们这样去做？尝试寻找范式转变——寻求不同于你的期望的方式。

*不要请领域专家来解释你所看到的场景，应该询问用户*

**你所不知道的：** 用户说了一些你不理解的技术，或者正在解释某些东西，而你就是不懂。怎么办？你要承认你不懂吗？在办公室里稍微研究一下这个话题会不会更容易呢？不！请承认你的无知。请用户返回去一步一步地描述他们正在做的事情。记住你是学徒，你不需要知道所有答案。这是个摆脱专家角色的好机会。你在那里学习，你可以学到一些你不懂的活动和技术。没有任何人能够比这个人更好地告诉你在他身上发生了什么。即使用户也没有真正理解，他们的知识程度和错误信息对于设计来说可能也是有价值的。而且，如果你不问，那么随着对话的继续进行，你会越来越不知所措。

**情感在哪里：** 当你在房间里感受到积极或消极的情绪力量时，这是一个需要注意和值得探索的信号。用户的情绪反应揭示了他们真正关心的内容——在你所提供的产品中，他们在乎的是什么。不要以为你了解用户情感的来源。请提供你的解读，以便及时响应并发现它实际的来源。

**用户：** 护士说：“大多数预留区块在一周前就发下去了。除了史密斯医生，他前天才发下去的。”（她的脸耷拉下来，闭紧了嘴唇。）

**访谈者：** “哦，他有特殊的待遇吗？”

**用户：** “是的。他很特殊。”（她试图抑制她的不满。）

**访谈者：** “那么如果一个医生足够‘特殊’，他们可以有自己的规则？”

**用户：** “是的。”

**访谈者：** “我敢打赌，这会让你更加为难。”

**用户：** “我们与这种‘特殊’生活在一起，我们的工作就是让一切正常工作。”

每个人都有一套关于产品价值、使用和创造快乐或“酷”的设想；就按照它们的样子来处理，进入这些设想。“酷”概念提供了一种观察情绪的结构，但同时提出了它们的设想——尽管有一些已得到了广泛的验证。尽管它们也提供了一个框架来理解用户体验中可能发生的情况，但是除非你验证了你的解读，否则无法确定。所以，如果你看到、听到或感觉到用户的情绪，就去探索它们的源头，并利用它来扩展你的焦点。

从你自己的设想和偏见出发来设计产品很容易。打破你对产品应该是什么，以及它是如何工作的这些先入为主的观念，是最困难的设计任务之一。允许用户打破你的进入范式：从你自己的设想出发来设计的倾向。“焦点”原则使你意识到自己的假设。请关注触发点来揭示探索的机会，从而拓宽你的焦点。这就是如何为新产品设计找到新的亮点和机会。

挑战你的设想，而不是验证它们

## 3.3　情境访谈的结构

情境调查和酷概念的原则指导了访谈的设计。这些原则指出为了获得好的数据需要什么，但是设计问题和正在研究的活动的性质使得使用确切的程序受到限制。情境调查最常见的结构是情境访谈：持续 90 分钟～ 2 小时的一对一的互动，在这个过程中，用户可以在任何地方自然地进行自己的活动，而访谈者则与他们讨论他们在做什么和为什么这么做。在访谈过程中，访谈者收集为项目选择的情境化设计模型所要求的额外数据。这种情境调查结构已被广泛用于研究从办公室工作到购物、电视使用、汽车驾驶、移动设备、施工设备、洁净室芯片制造、工厂地板、医疗设备、手术室以及实时协作等，这里仅仅举了几个例子而已。事实上你需要为几乎任何项目类型收集现场数据。

每个访谈都有自己的节奏，这取决于活动和用户。但他们都共享一个结构，可以帮助访谈者和用户顺利完成访谈，而不会忘记他们应该做什么。每一次访谈都有四个部分。

在访谈的基本结构上做调整，使之适合于你的项目

### 3.3.1　开始：了解项目概况

你和用户需要互相适应。用平常的互动方式来进行访谈的第一部分有助于做到这一点。你先介绍自己和你的关注点，以便用户从一开始就知道什么是重要的，并且参与到调查中。你承诺对访谈的内容保密，并征得对任何形式记录的许可。向用户解释整个访谈将以他们以及他们的行为为主，你要依靠他们来帮你了解他们正在做什么，来纠正你的错误。向他们咨询对工具的意见（如果与项目相关的话），并概述他们生活的大背景，因为这与活动和那天要做的事情相关。接下来开始讨论身份元素，看看它们进展如何。

获取足够的概况，尽快进入情境数据

第一阶段了解的是概括性的数据，不是具体的数据，所以不用追究任何具体问题；相反，请观察它们是否出现在访谈主体中，然后当它们在情境中出现时进行深入追究。

你还可以了解活动如何适应于日常生活的一些细节问题，比如时间和地点。也许你会在一个闲适的时间开始进入到用户的“生命中的一天”，看看与目标活动相关的行为，包括地点、时间和用户使用的平台等。这“一天”的数据将在日后用于酷概念的“成就”中。这仅仅是收集这类数据的开始；你即将过渡到观察和讨论正在进行中的经历。但是回顾并询问发生在访谈开始之前的活动也是很自然的事。

在传统的访谈中，这一步骤应在 15 ～ 20 分钟内。如果要收集“生命中的一天”模型的数据，那么它可能会持续得久一点，但不会超过 30 分钟，否则你将无法获得所需的情境数据。

### 3.3.2 过渡

介绍情境访谈的新规则

在过渡阶段，为情境访谈制定新的规则：在你观察的同时，用户进行自己的活动；当你看到有趣的东西时，你会中断他 / 她的活动；如果这不是个合适的中断时间，他们可以让你等一会儿。任何人想要打破社会规范，最好先制定明确的社会交往新规则，以便每个人都知道该如何适当地行事。在这里，你要为情境访谈创建新的规则，所以你得说出新规则是什么。这大概需要花费 30 秒的时间，但这 30 秒很重要；如果不这样做，就有可能在整个时间段内只是做了些常规访谈。

### 3.3.3 适当的情境访谈法

观察并探究正在进行的活动

通过概况，你初步了解了用户的生活和工作，以及他们目前的情况。在这一点上，建议用户在你开始观察和解释时，开始进行其中一项活动（与项目焦点相关）。这是访谈的大部分内容。你当作学徒，观察用户、提出问题，并对行为的解释解读提出建议。分析物件并引出回顾性报告。保持用户的具体化，回到真实的实例中使用物件，并且当用户在对空描绘她所想象的东西时，将它画在纸上。寻找情绪力量，当你找到它时去探索它。寻找任务跨越时间和空间的方式，以及用户的设备是如何满足跨时空活动的。寻找联系以及瞬间的感觉。全程手写并详细记下笔记——不要依赖于录音或其他人来记录这一切。

带回使用过的物件的复制品

要“多管闲事”——在用户的一次电话交谈后，询问他电话的内容。如果用户去查看文件，那么越过她的肩膀看看文件的内容是什么。如果收到一条短信，也请问一下内容是什么。如果她走入大厅，就跟着她。如果有人来到门口，不好意思敲门，就让他们进来。当然，如果用户说她需要休息，那就让她休息一下。在访谈过程中，情境化、伙伴关系、解读和焦点原则始终指导你的互动。

### 情境访谈的结构

1. 介绍：传统访谈的步骤
- 介绍自己并展示你的关注点。
- 承诺保密。
- 了解用户的生活和目标活动的概况。
- 探索身份元素。
- 开始走进用户“生命中的一天”，观察与目标活动相关的用户行为，思考活动的地点、时间和使用平台 。
- 处理有关工具的意见。

2. 切换到情境访谈
- 将规则重置为观察和讨论，而不是提问 / 回答模式。

3. 观察与共同解读
- 做笔记。
- 跟随你的活动焦点。
- 跟随你的焦点选择模型。
- 寻找“酷”特性。
- 多管闲事。
- 中断也是一种数据。

注意：“酷”数据更具有追溯性。请立足于真实的故事和细节！

4. 总结
- 创建一个大型文件来解读你在用户生活情境中学到的关于活动的内容。
- 分享你粗糙的模型草图和“酷”的点。
- 问几个“友好的”问题。
- 感谢用户。

### 3.3.4 情境访谈中的“酷”概念

“酷”概念补充了访谈期间收集的数据。如上所述，我们指出了所需的数据类型以及访谈中收集的数据。在第 7 章中，当我们讨论体验模型时，将会详细介绍如何获取体验模型的数据。“设计三角形”概念中的数据处理就像使用产品的任何数据一样。这些数据使访谈者关注产品的交互设计，以及它是否支持直接地、无障碍地、无须学习的连贯意图。

**直接行动：**

- 用户不用思考就能马上理解整体的交互设计吗？
- 产品可以“替我思考”吗？“是否以行动的视角把一切都集中起来？”

**麻烦因素：**

- 该工具是如何移除麻烦或揭示麻烦的？
- 所有的不便、设置、插件、登录、盒子、定制以及技术麻烦是否都被清除了？

**学习三角形：**

- 学习是即时的还是不存在的？
- 该工具是否推动了行动，是否建立在现有技能之上？
- 是否有太多受排斥的复杂性？
- 有没有大幅度降低复杂性的可能性？

*在观察产品交互时探索使用数据的乐趣*

为了获得关于“快乐三角”相关的正确数据，需要在整个访谈中不断互动。访谈者密切关注与工具的互动，以找出直接行动、麻烦和学习三角形等的问题。参见上面给出的参考资料。在观察完后，停下来讨论交互对活动和工具体验的影响。寻找一些实例，如：什么是有用的、什么没用；什么能带来微笑，什么使人不快。当某个事物运行出色时，要注意那些不可思议的、令人惊讶的喜悦。注意在活动中，用户感到困惑时在哪里做了停顿，或者在哪里进行得很顺利——所有这些都表明了他们对工具设计的反应。

与用户谈谈他们对该工具的反应，因为它影响了项目焦点中的活动。花些时间观察他们如何使用他们喜欢的消费工具，了解是什么带给他们喜悦，即使你收集的数据与商业相关。

观察互动的细节和对互动的情绪反应是很困难的，你可能需要花15～20分钟进行访谈，集中精力获取这些与酷概念相关的数据。如果在访谈中没有出现这些数据，那么可以在访谈结束后再做这件事。

### 3.3.5 总结

分享你对用户生活和工作的最终解读

在访谈结束时，你有机会总结你对目标活动如何在用户的总体生活和动机中发挥作用的理解。回顾你的笔记，并总结你学到了什么。不用逐字复述所发生的事情；只要描述你在所观察到的活动中看到的、你认为重要的模式；他们在协作中担任的角色；以及你发现的身份元素等。如果没有上述内容，那么分享你在笔记本上绘制的关系模型和协作模型。确定人们在组织中可能扮演的角色；描述他们用来完成事情的主要策略；谈论什么是有效的，什么没有。你可以回顾"生命中的一天"的笔记来寻找新模式。这对用户来说是最后一次机会，帮你改正你的理解并使之更加具体，通常他们会给你15分钟的总结时间。

#### 与儿童一起，为儿童设计

Allison Druin，马里兰大学

针对儿童（0～13岁）的新技术的设计者们常常忘记年轻人并不是矮个子的成年人，而是完全不同的用户群体：他们的能力、行为模式和复杂性等方面的体验与成人完全不同。年轻人正在经历生理发育和认知上的变化，并且在遵循同龄人、父母、老师、社会工作者、医生或其他成年人所制定的规则的情况下，发展他们的情感。年轻人可能不理解为什么他们需要在虚拟和物质世界中保持安全，他们想要的只是探索的自由。设计师必须记住：6岁的孩子所需要的、想要的或可以完成的，与10或13岁的孩子相比有很大的差异。满足12岁以前的小孩的技术解决方案几乎不存在，因为孩子们在成长过程中需要不同的工具。

即使在了解年轻人的世界的过程中存在着复杂的挑战，设计师们可能仍然相信：从其他家长、老师甚至是自己身上获取信息，把数据转换成年轻人的需求就足够了，而不是与孩子们交谈、一起设计。有些设计师本身为人父母，有些可能是老师或者认识值得信赖的老师，而且所有的设计师曾经都是孩子，他们对学校、游戏和成长中的世界都存有记忆。

但是如今没有一个成年人能说他们在2016年时是个孩子，并清楚地记得当时的感觉：在踢足球的时候手机从口袋里掉出来，这是他们第三次打破手机屏幕了。如今的成年人可能不明白为什么在社交媒体上与中学朋友聊天如此重要；他们可能也无法理解为什么孩子们更愿意看YouTube频道而不是收听（收看）广播（电视）。孩子们是行动积极的、有社交能力的人，他们更希望能自己掌握何时消费和创造信息。

设计师需要更多地从儿童身上了解现在的儿童。一般来说，年轻人非常乐于助人，并且他们在技术方面的想法是非常诚实的。然而，由于年龄、能力和沟通偏好，较之于成年人，一些年轻人可能更愿意通过口头、视觉或身体语言，来分享他们的生活和对技术的偏好。在我们的工作中，会邀孩子们一起参与到用户研究和设计的过程。

在研究过程中，孩子们可以扮演几个角色，最常见的角色是用户。孩子们与技术互动，成年人可以观察、录像或测试儿童的技能。在孩子父母允许的情况下，成年研究人员可以在学校、玩耍时和在家中收集儿童的行为和体验的数据。在这种情况下，成年研究人员试图了解孩子的世界，以及现有技术或新技术对儿童用户的影响，从而可以设计出更好的技术。孩子的另一个角色是：作为测试者，他们尝试研究人员或行业专业人士研发的、尚未面世的技术原型。研究人员再次观察孩子们使用技术的过程，或请孩子们直接评论他们的体验。

孩子们也可以参与协同设计或影响设计本身。提供信息的孩子可能会被要求在设计草图或低技术原型上模拟输入。孩子们可以分享他们对世界的观察和解读，就像在研究背景下作为信息提供者的人类学家一样地使用技术。一旦技术开发完成，这些孩子可能再次用设备模拟输入和提供反馈。最后，孩子们可以担任设计合作伙伴的角色。在整个过程中，他们是平等的设计新技术的利益相关者。在成人的帮助下，孩子们创造出包含新点子的低技术模型，想象出一种可能的新技术的使用，或者作为团队在纸上描绘出一个点子。是的，如果设计师们和孩子们一起思考，就会产生一些奇怪的想法——他们经常提出魔术沙发、互动脚步、超级项链和魔术棒等想法。他们还可以帮助成人拓宽有时变得狭隘的视野来开发新技术，这不仅是为了工作，而是为了玩耍、创造力、沟通和灵活性。但是这些方法，尤其是与成年人一起设计的方法需要加以调整。尽可能使用更多具体的、实体的、原型化的工具，作为沟通和解决问题的桥梁。这些工具可以包括简单的艺术用品，如黏土、绳子、纸张、便签、标记等，与新技术的使用结合起来。这样就不会导致尴尬的沉默，可以将无趣的访谈转化为积极生动的讨论，获取成人和儿童的声音和想法。

通过将孩子纳入研究和设计过程，可以共同创造出惊人而重要的未知领域。[1]

## 3.3.6　量身定制访谈方案

为了获取以任务为中心的活动的合适数据，访谈者只需要观察执行任务的人员，并讨论正在发生的情况。回顾性报告可以帮助你了解比访谈的这 2 小时更长时间的活动。如果一个活动由多人完成，那么作为一个大型项目的一部分，请与此过程中从事不同工作职能的人进行访谈，以获得关于整个项目的完整画面。有些活动分几个阶段，例如，首先计划一个假期，接着到旅行地点，然后在那里做事情。在这种情况下，要针对每个阶段都开展访谈。而有些活动，如税务筹划等，是季节性的——你必须在正确的时间内收集数据。如果你正在设计服务，那么请看得更长远，不要局限于与你计划引入的技术或活动开展互动；相反，请查看服务传递过程中涉及的所有参与者和物理情境。为了得到最好的数据，请确保在正确的时间和合适的人在一起，就在他们做着正确的事情的时候。

一些项目焦点会带来改变数据收集方式的挑战。典型的软件产品支持消费者或企业通过上述的观察 - 解读结构就很容易学习。但面对其他有些情况时，访谈者可能需要做出一些调整。下面是一些例子：

*活动发生在何处、如何发生，将影响访谈的地点和方式*

**旅行**：计划对旅行的每个阶段进行访谈：旅行规划、到目的地途中、在目的地。旅行规划是常规的研究活动，运用传统的情境访谈也可以做得不错——只要你记住：这不仅仅是一项低下头、保持注意力的活动。这很可能是在一天中发生的一小部分事情，因此请使用“生命中的一天”的回顾性报告来看待这些小事件。计划到用户度假的目的地，与他们在一起，并尝试找到正在那里度假的用户。此外，使用回顾性报告更容易收集到类似的数据。除非有特定的理由本来就要去旅行，否则关于目的地旅游的回顾性报告可能已足够好了。

1　想要了解更多，请参考以下文献：（1）Fails J.A.，Guha M. L.，Druin A.（2013）. 让儿童参与新技术设计的方法和技巧 . 人机交互的基础与趋势，6（2），85-166.（2）Druin，A.（2011）. 儿童作为新技术的协同设计师：重视想象力，改造可能的事 . 青少年发展新方向：理论，实践与研究：青年作为媒体创作者，128，35-44.（3）Druin A.（2002）. 儿童在新技术设计中的作用 . 行为与信息技术，21（1），1-25.

**驾驶车辆**：从用户的家中开始，先在车边大致体验一下汽车。然后进去开车，在途中谈论你所关心的汽车的各个方面。做好长途和短途旅行的相关计划；如果是长途旅行，那么在2小时后可能需要派一辆车来把访谈者接走。

**购物**：首先，在用户家中观察他的在线购物活动。专注于研究或理解他们正在做的事，并针对最近几天的购物做回顾性报告。重新演示任何一单在线交易以获取详细的交互过程。然后去一家实体店买一件东西。或者，先从实体商店开始：在商店里与他们碰面，观察他们买东西时做些什么、移动信息的使用，以及有哪些交流。如果他们大部分的搜索是在家中进行的，那么回家完成最后的访谈。

**小组活动**：（如会议、医生预约、手术或某位老师的课）：如果没有干扰，那么这些团体性活动很难中断。所以要先确定关键人物做影子分析。先和他们进行一对一交谈，然后再观察活动中发生的事情。记录下你的观察和解读，但不要打扰他们。活动结束后，立即与你的用户一对一地简要交流刚才发生的事。

**施工设备**：这里的问题是车厢内通常只有一个座位。对于任何这一类无法陪伴用户的活动，请在他们开始活动的前一天，先向他们介绍项目焦点并进行传统访谈。在现场用摄像机拍摄活动，录制大约30分钟的录像带。然后在活动结束后与用户一起观看视频，并谈论体验。请用一个2～3小时的会议来完成这些事情。

**消费电子产品**：研究电视或音乐等消费电子产品时，请走进用户家里，观察人们用传统的方式使用他们的产品。但是这些设备的使用通常遍布整个房子，所以还要做一个“房间行走”。观察房子里的每一个房间，与用户谈论在每个房间内的体验，并讨论当家庭成员四处走动时，体验是如何变化的。在每个房间里，观察家庭成员使用目标产品的情况，或重演他们在前几天做的事——请他们为你再次做一次。“房间行走”创造了一个全方位讨论家庭生活体验的机会。

**儿童产品**：与孩子一起工作，为收集数据和做设计提出了新的挑战。我们请教了这个领域的专家艾莉森·德鲁恩（Allison Druin），在这里分享她的想法：

## 请自己收集数据

从真实用户那里收集现场数据是你永远不想折中的事情。真实数据是无法替代的，它使你的数据即时、可信，特别是在你的公司还不习惯实地访谈的情况下。

如果你的公司习惯于实地访谈，那么你接受该机制就好。如果没有，请做你必须做的：

- 跟着产品经理去拜访客户。和他们一起制定时间表，这样当他们与管理层进行“非常重要”的会议时，你就可以和工作人员一起进行用户访谈了。
- 参与服务台工作。为友好的和有兴趣的来电者提供参加公司新的“客户反馈计划”的机会，这恰好涉及到现场访谈的内容。
- 通过企业用户组或在线论坛工作。
- 在销售机构中找到支持者。根据我们的经验，对销售团队进行访谈通常无法产生成效。他们把注意力集中在销售数字上，访谈会分散他们的注意力，他们很担心销售过程被中断。但是如果你和某个销售人员交朋友，那么他或她可能会提供帮助。在某个销售任务完成后，再进去找他；见下一点。
- 与项目实施、入职或专业服务团队一起工作。许多业务系统都有一些入职或工作培训，为新客户介绍产品或提供服务。这是一个很好的时机，通过项目实施来帮助看到问题——并做一些情境调查。
- 利用个人网络。也许有亲戚或是朋友的朋友在做你所关注的工作。在 Facebook 上提出你的诉求。如果可能，去他们做这个活动的地方拜访他们；如果不能，也可以约到咖啡馆见面。
- 在 Craigslist 或用户常逛的其他网络社区上刊登广告。为访谈提供合理的报酬。
- 与专业招聘人员一起工作。你必须同意付给招聘人员酬劳，他们也会期望你给用户一定的报酬，但他们确实可以找到人。

不管你如何找到人，你需要做一些访谈。如果你正在处理一件较大产品中的一小部分，你会发现比预期要做的访谈内容要多得多——你需要了解整个过程，对产品系统其他部分的反馈等。你不想过于聚焦在某个关注点上，这很好。如果了解了整个产品情境，你会成为一个更好的设计师。

对于解读会，你可以自己来解读，但尽量不要这样。如果你的公司渴望得到关于用户的信息，那么会有人感到痛苦，也会有人强烈希望了解更多的内容。这是传播知识并开始建立共识的机会。因此，寻找其他可以参加解读会的人：产品经理、同一项目中另一位用户体验人员、友好的开发人员等。（作为工程师，开发人员希望看到一个基于体验的过程，他们的接受能力可能很强。）不要期盼一次大型的解读会——只要将人员组织起来，逐一解读每次访谈就好。这样你会培养出一批能在活动中找到价值的骨干队伍。

情境访谈结构构成了设计访谈情境的框架。设定项目重点，你会知道需要观察和讨论的内容，从而计划数据收集策略，以确保获得最佳数据，推动产品设计向前发展。总有一种方法能够用来获取所需的数据！

# 第 4 章

# 解读会

“我刚刚和 SXSW 的潜在客户交谈，他说他想要我们所谈论的这个功能——”

“但我只是去接服务电话，那家伙讨厌这个——我们应该做另外一件事——”

“不，我和一个大客户的副总裁谈过了，她说——”

这些是与用户交谈过的人说的话。每个人都学到了一些有用的东西。现在他们面临的困难是如何交流他们所学到的东西，协调来自不同的人的不同信息，并就用户真正需要什么达成一致。他们有一种反馈意见；对于它的意义或应该对它做些什么没有一个共同的理解。

情境访谈是第一个沉浸在用户世界中的体验，但是只有实际访谈者有这个机会。下一个挑战是以能融入团队思维方式的方法来捕捉数据。捕捉数据不是产品团队的主要问题——对用户的世界形成共识才是。

解读会使每个团队成员都有机会体验多次访谈

对于设计团队成员来说，仅了解他们访问并交谈过的一个个用户是不够的。如果团队要对提交的内容达成一致，那么所有团队成员都需要沉浸在每一位用户的世界中。这不是仅仅传达一些事实的问题，就像通常在旅行报告中做的那样。团队成员需要从内部欣赏用户的世界，就像他们在那里一样。

解读会是另一种身临其境的体验，为团队从深入用户访谈环节理解现场访谈数据提供背景知识，听取访谈的细节，顺着他们的进程获取见解和体验，捕获用户实践的细节以便于后期用于设计。

解读会通过会话和互相探讨，促成对用户活动的实际意义的共同理解。每个团队成员都要了解所有的用户，了解彼此的观点，也就是每个人看待问题的独特视角。他们可以互相探讨、互相学习各自看到的东西和对事物的理解。总之，团队对用户世界形成了丰富的理解，比一个人能提供的内容丰富得多。解读会可以使团队同时浸入用户的世界，并对项目的意义形成共识。

## 4.1 建立共同的理解

*共同理解给予团队一个共同的焦点*

解读会是一个结构化的小组会议，由访谈者和 2 ～ 5 名小组成员组成。访谈者谈论某次访谈中发生的事件。其余团队成员倾听、询问问题、绘制模型，并记录问题、解读和设计构思等。在讨论构建什么模型和需要记录什么时，团队将面对数据以及数据的意义，了解每个团队成员如何查看数据，并且形成对该用户的共同理解。

解读会是第一个也是典型的情境化设计会议，因此值得看看它究竟能提供什么具体的好处。情境设计被组织成一系列的设计会议，团队在这里处理数据，并共同发明、共同优化设计。所有的情境化设计会议都采用对团队工作有效的技术和方法。解读会是第一次设计会议，包含了以下这些技术：

**（1）更好的数据：**因为每个人都会问访谈者问题，因此访谈者想起的内容比他自己想到的要多。按照事件发生的过程有序地提问，促使他回忆起他不知道自己还记得的细节。

**（2）书面记录见解：**让一个人做记录员，在出现关键点的时候及时捕获它。在解读会结束时，该用户的活动已经描述为模型，团队的见解、设计构思和问题都可以在线获取。没有人需要花费更多的时间来撰写或分析这次用户访谈。不在场的人可以阅读模型和笔记来了解所讨论的内容。

*一个明确的合作方式可以帮助各种团队倾听、贡献和学习*

**（3）有效的跨职能合作：**解读会是一个由不同工作职能人员合作的讨论会，包括用户研究人员、UI 设计师、市场营销人员、开发人员、测试人员、流程或服务设计师，或是其他任何人。解读会为会议中的每个人分配了明确的任务和明确的角色。会议的重点不在于参与者和他们之间的差异，而在于数据。参与者可以针对一个模型或笔记是否准确地反映用户开展辩论，但不相互争论；也不争论人们的观点，唯一要讨论的内容就是根据数据来判断解读是否合理。这为新的团队和不同背景的人们提供了一个安全的环境来学着一起工作。不经意间也会评价每个参与者的独特贡献。

**（4）多个视角看问题：**每个团队成员由于各自的个人经历、当前的工作职能以及他们对项目焦点的理解，看待问题有着各自的关注点。比起独自一人，一个跨职能的设计团队总能在访谈中领会更多内容。出于这个原因，访谈者根本不过滤信息；他认为不相干的东西可能会被他人发现，从而揭示出一个非常重要的见解。任何一种预先消化过的访谈说明会，例如报告或演示等，都会使那些从访谈中提取的信息局限在某个人的观点上。

**（5）发展共享视角：**团队成员之间的公开讨论有助于他们学习和理解彼此的观点。通过听取每个人对数据的疑问和见解，每个团队成员都将自己的重点扩展到包括其他人的关注点上。人们提出的问题为新的调查思路和未来的访谈提供了新方向。团队走向问题的共同关注点，其中包括团队的特定问题。团队成员通过参与解读会来学习新的焦点；而不需要复杂的过程去重新定义焦点。

*条理清晰的会议是产生洞察力的有效途径*

**（6）沉浸在数据中：**很难对数据进行处理——在它刚出现的时候，想想它对设计来说意味着什么。对于一个团队成员来说，为了使新信息真正地成为他们世界观的一部分，需要的时候可以本能地拿出来使用，那么在一个单独的报告或演示的层面是不可能做到的。解读会通过提问和讨论来交互式地揭示数据。团队成员立即将其表现为模型，因此他们必须先在心里消化这些数据，而其他的所有人也必须深入理解这些数据以检查模型。而且因为每个人手头都有工作，所以注意力很难被转移。

## 4.2 解读会的结构

在进行中的面对面的会议中很难做创造性的工作。面对同一个项目，行业没有提供太多好的面对面合作的模型；相对比较容易，也更常见的做法是：将项目拆分成足够小的、个人可以独立完成的部分。但是如果每个人都独立工作，就没有办法利用多个视角，形成共同的发展方向也很难。使用结构化会议来解读实地调查中的数据有助于团队学会共同合作。解读会是情境化设计中第一个这样的结构化设计会议。

在解读会上，访谈者根据手写的笔记和记忆讲述访谈的故事。团队成员询问访谈相关的问题，找出访谈者可能忽略的细节，并

解读会使得共享随时可以发生

从他们自己的角度提供见解。一个人当记录员，在文档上做注释。其他参与者使用所选择的情境化设计模型，描述用户的生活和工作环境。当讨论激发起设计思想时，它们会被记录在笔记中。

以下是解读会的关键要素：

### 1. 参与的人员

安排产品团队中的所有人员至少参加一场解读会

整个产品团队（包括用户体验、营销、产品管理、专业服务、编辑、内容提供者、开发人员等）对于解读会来说通常太过庞大。但每个人都应该参与一部分的解读会并分享各自的观点，创造共同的理解。对于任何情境化设计项目，可以确定一个核心团队，由一小组人负责向前推进工作。这个核心团队应该有不同的工作职能，所以团队成员在解读会期间可以分享不同的观点。在时间表允许的情况下，组织其他团队成员轮换，使得整个团队都能参与到解读会中。通常只有一个用户体验的团队成员，在这种情况下，邀请产品团队的其他人成立核心团队，创建一种持续的方式，同时可以帮助用户体验（UX）人员传播沉浸式体验。利用会议形式来传播用户的知识，并建立与团队的关系。

富有成效的解读会通常包括 2 ～ 5 名成员，取决于捕获了多少情境化设计模型（如果有笔记就加上 1 个模型，2 或 3 个人够了；有 2 ～ 4 个模型的话需要 4 或 5 个人）。但第一次会议通常要求设计团队中的所有人参加，或者至少是整个核心团队。这么大的会议很难管理，因为有很多人想要发言；而让每个人都参加同一次会议是浪费资源。所以在初次会议让每个人都了解了初步情况之后，对于大团队来说，组织子团队进行访谈解读，最后再与更大的团队分享结果会更有效。每个子团队中应包含不同工作职能的人员，这样每次访谈都会带来不同的观点。不管怎样，开会千万不要超过 12 个人，否则将会很混乱。

### 2. 角色

给每个人一份工作，让他们参与进来

任何有效的会议都需要明确的角色来推动它向前发展。解读会由支撑会议结构的各个角色支持，所以每个人都知道该做什么，以及什么是适当的。这些角色还让会议中的每个人都做一些具体的事情，迫使每个人都要与数据打交道并处理数据。每个人都应该有一个明确的角色；如果你的人手少了，你就要扮演双重角色。

**（1）访谈者。** 访谈者是采访用户的人。他们是团队的信息提供者，按照事件发生的顺序描述发生的具体情况。正如我们试图让用户不要提供简要的信息一样，访谈者也没有概括。正如访谈者从用户那里提取回顾性报告一样，每当团队认为跳过了一步或漏掉了一个细节时，他们就会打断访谈者。在很多时候，就像团队在与访谈者访谈一样，以了解她在与用户的互动中所了解到的东西。为此，我们告诉访谈者不要在解读会之前讨论访谈的内容，避免他们对发生的事情进行总结。只要能在 24 ～ 48 小时内解读，你就能详细地重建访谈，所以不要等待！

当参与者看到空间是如何布局的时候，他们更容易设想访谈的样子。因此，即使物理模型不是将要整合的情境化设计模型之一，访谈者最好还是从绘制布局图开始。（我们将在第 8 章描述如何进行。）物理模型是一个简单的线条画，可帮助团队了解访谈者看到的内容，无论是在用户的车里面、办公室、家，或是用户所在的其他任何位置。一个高度概括的空间布局图可以说明一切和故事相关的内容，它比照片更好，照片包括了太多的细节，而忽略了空间的结构。如图 4.1 所示，展示了 20 世纪 90 年代的一个典型的办公室布局图，以及它给团队透露的信息。这个模型描绘了她的小隔间，展示了她是如何布置环境，使工作得以进行的。她的打字机放在过道上，收文篮放在门边。由于在开放式的小隔间工作，垂直书架的使用可以减少干扰。电话、通讯簿、日历都组合在一起，说明这些工具放在一起，可以方便用户与他人的沟通和协调。工作站周围的开放空间意味着要保持这个区域干净，这样她可以着手她的下一个任务。团队已经对模型进行了注释，以揭示这些特征，并标识了麻烦之处，例如打印机太远了。如果这是照片则太杂乱了，根本无法清晰地展示这些特征。

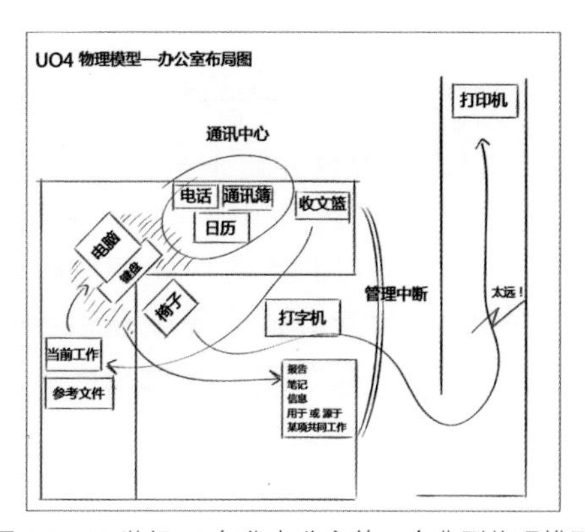


图 4.1　20 世纪 90 年代办公室的一个典型物理模型

**（2）记录员。** 记录员保存会议记录并在线展示，这样每个人都可以通过显示器或投影机看到它们。笔记记录了团队认为关键的观察、问题、引用，团队认为这对推动设计是至关重要的。笔记记录关键的实践问题、身份和文化的观察资料、工具和活动的成功与麻烦之处、任务模式、时间、地点和不同设备的使用、设计思想以及与项目相关的其他任何问题。之后，这些笔记便被转抄到便利贴上，用于构建亲和图。

这些笔记不会从情境化设计模型中复制信息，除非有对理解用户活动有影响的重要的问题或其他的见解。人口统计信息（例如，用户的年龄、工作时长、技能水平等）也不记入笔记中。如图 4.2 所示，用人口统计数据描述用户轮廓。该团队把用户代码 T05 分配给了该用户——05 表示用户代号，T 表示这是旅行者，而不是代理人或该项目访谈的其他任何角色。

> T05 一个医药信息公司的编辑：32 岁，女性。
> 大多数情况下都和她从事网页开发的男友一同旅行。
> 有一个 Droid Incredible 智能手机、iPad、iPod。携带 Windows 笔记本电脑上下班。使用 gChat、gDocs、AutoEurope.com、Delta.com、Google map、Yelp、AirBnB、Facebook 和 ShutterflyB。

图 4.2 用户概况

*边听边写，不要为了记录数据而放慢会议节奏*

团队经常需要帮助澄清他们的观点。记录员可能不得不用清晰简洁的语言来重新表达某个想法，只是因为有人间接地表达了想要捕捉它。一个好的记录员听到了团队正在试图表达的某个观点，清楚地指出见解或问题是什么，把它写下来，然后继续召开会议（见图 4.3）。（任何人听到潜在的问题都会做同样的事情——然后他们会谈论它，有人说“注意这个！”，记录员把它写下来，会议继续）。图 4.3 中的每条注释前面都有用户代码和注释号。这一部分注释展示了概念发展的过程：从洞察用户的方法到设计思维活动。这些注释在会议期间展示，以便所有人都能看到并纠正它们。它们是设计对话的永久记录，记录讨论的内容并用于亲和图的构建。

**（3）建模者。** 建模者在听到相关数据时，在活动挂图上绘制出情境化设计模型。当启动项目时，应决定哪些模型对你关注的重点最有用；这些将是你在解读会期间需要获取的信息（见第 2 部分）。每个模型从所有的访谈数据中捕捉自己需要的数据。不管发生什么事，建模者可以同步绘制模型。他们不会为了在某一点上达成一致而停止会议；除非有人认为建模者错了，需要提出问题。

建模者无须等待整个故事完成，只要听到 1 或 2 个模型相关的元素，就可以自在地将这些元素放到模型上——如果等到整个故事讲完、会议结束再绘制模型，就太慢了。如果在模型中发现了任何问题，建模者会提出来：比如序列模型的建模者无法填写开始活动的触发器，因为访谈者从来没有提起过，导致他无法记录，那么他会停下来提问。这是改进访谈数据的另一种方法。把每种模型型号分配给不同的人，必要时加倍投入人员。如果你人手不够，那么记录员可以加入到序列模型建模中。让人们轮流做不同的角色。

T05-77 在笔记本中记下可选择的酒店和汽车的价格。花了几个星期才得到最优惠的价格。
T05-78 她知道价格随时在变，所以她在一周内好几天、每天要看好几次来寻找最好的价格。
T05-79 最便宜的机票价格和最优惠的汽车价格不可兼得——那些机票价格便宜的地方，还车的费用就高。
T05-80 每当她计划去有她认识的人在的城市旅行，若她认为自己找到了一个好价钱，她就给他们发电子邮件询问。她估计当地人可能知道这是不是一笔好交易。
T05-81 航空公司的价格没有逻辑——与距离无关。需要专业知识才能知道一个行程是否是好交易，或者附近是否有更便宜的选择。
T05-82 对她来说，不断查看价格不是件麻烦事——她认为旅行计划很有趣。“我真的很喜欢。”
T05-83 DI：充分利用旅游规划的竞争性或趣味性——游戏化战略，得到最好的价钱，充分了解相关知识，把它找出来。

图 4.3 从解读会期间记录的在线笔记中提取的注释

制作模型的过程提高了从访谈中所获取的数据的质量。这些模型抓住了访谈者在回顾性报告中看到或发现的东西；它们让团队始终立足于具体可靠的数据。整个团队也可以看到被捕获的内容及其是否完整。

> 情境化设计模型将用户数据分解为不同的观点

模型将用户的世界分解成不同的观点，从而使团队能够以一种有形的、可共享的方式，清晰地看到用户世界的不同体验。在解读会期间建立模型，教会团队更全面地思考用户的世界，有助于提高后续访谈中收集的数据的质量。

**（4）主持人**。主持人是整个会议的组织者和管理者。任何会议都有主线对话，即本次会议讨论的主要目的。主持人保证会议聚焦于主线对话上。在解读会上，讨论的主线是：访谈中发生了什么，我们从中学到了什么？主持人使会议的节奏保持活跃；确保访谈者不会因为干扰而失去自己的节奏；确保所有的数据都能在某处被获取；并确保每

> 如果没有主持人，会议无法成功

个人都参与其中。主持人必须置身事外，这样他们才能看清楚正在发生的事情。太过介入其中的主持人必须将主持权移交给别人。

任何时候，只要有超过三人参加解读会，就应指定某人为主持人，你将从中获益。一定要明确地宣布该角色，即使是刚从主线对话中退下来的主持人，也要正式授权他主持会议！

使用会议技巧，使各成员不偏离主题

**（5）参与者**。每个参与者都要倾听访谈的故事，不理解时提出问题，并提出各自对数据的见解。他们提出解释，陈述意见，并建议设计构想。由于数据根据其特点被清楚地标示，这在某种程度上鼓励团队去思考数据的含义，与此同时，也推动团队产生设计构思。但更重要的是，这使得设计师可以停止思考这些构思并返回到数据之中。（这是促使会议向前推进的一个有用的技术：每当有人被卡在某一点上，都要以一种不会被遗忘的形式记下来，并在适当的时候拿出来用，这样这人才可以暂时将它放下，继续往前走。）最后，参与者查看这些模型以确保它们完整，并阅读在线笔记，以确保他们都同意这种书写的方式。

此外，帮助主持人，每个人都扮演“老鼠洞的守望者”：一旦有人意识到谈话偏离了主线，需要把对话拉回到焦点上来，他们就叫“老鼠洞”！然后每个人都回到访谈之中。老鼠洞的主意是管理团队的一部分。[1] 通过给这个概念取名，团队接受了老鼠洞的存在，而且知道这是浪费时间的。在没有明确这点的时候，团队中每个人都可以指出其他人离题了。而当有人说出“老鼠洞”的时候，人们会羞怯地笑，然后回到会议的主题，并不会辩解和生气。

### 3. 会议开展

解读会与访谈交替进行：访谈几个用户，解读这几次访谈；再多访谈几个，继续解读。这样一来，你就可以在访谈结束后尽快开展解读会，保持新鲜感，并且可以将你的发现应用到后续的访谈中。

让每个人都参与进来，并紧扣话题

如果会议在访谈当天或下一天进行，访谈者可以利用他们的手写笔记来进行会议。数据最好在 24 小时以内解释，最多不超过 48 小时。这样，只要有笔记，凭记忆就够了，访谈者足以记得发生的事情。如果解读会在访谈后一天都没有开，访谈者需要根据访谈录音来给笔记做注释。如果拖延时间超过 3 天，我们建议抄写笔记来帮助记忆，

1 我们注意到，有一群人根据《爱丽丝漫游仙境》中爱丽丝落下的洞穴来类推，认为这应该被称为“兔子洞”，而不是“老鼠洞”。

但这是痛苦的，也不做推荐，所以请马上开展解读会，这样就简单多了。

每个用户都分配了一个用户代码。你承诺为用户保密——此代码保证了用户的匿名性，用于笔记、所有模型以及所有讨论中。它被记录在受访者名单中，由团队保证它的私密性。

> 做到客观，保持轻松的节奏

访谈者首先简要介绍一下用户的工作职责或角色、公司类型以及任何人口统计信息。每个人物简介都被记录在独立的文件中，这样日后如果有人问“U10是秘书还是科学家？”时，很容易找到答案。访谈者画出访谈地点的物理模型以介绍访谈情境。对于访谈的其他内容，他参照笔记一行一行地往下解读。每个人都倾听、探索，发现用户生活的新见解。每当出现一个简要的见解、问题或设计想法时，就让人“把它记下来！”。

会议的基调是积极和专心的，往往会稍微有点混乱：访谈者正在试图讲述故事，每个人都在问他问题，两三个人正在画模型，打字机正在打字，同时主持人也在向大家提建议。会议的基调也是开放和互相信赖的，每个人都可以分享见解和设计思想，而不必停下来思考他们是否显得愚蠢或设计构思好不好。在这里，没有任何评估——只是抓住人们的想法和见解。如果有人认为一个点很重要，另一个不重要，不要卷入争论，只要记录下来就可以了。这只是另一条笔记而已。争论一条记录是重复了或是已经被记录过了所浪费的时间比再写一遍更多。我们将在亲和图过程中进行整理。

> 模型、洞察、设计构思是第一批可交付的成果

解读会通常持续2小时。项目的第一次解读会时间会比较长，之后针对特定的重点任务访谈的解读会时间可能会短一点。

在访谈结束时，团队需要几分钟的时间来整理。他们从这个用户捕获了洞察和学习的关键点。他们注意到这个用户的小插曲，深刻的、独特的故事，使得数据别有风味。它们充实着模型，确保没有漏掉要点。洞察被记录在线上与活动挂图上；小插曲则只记录在线上某处。同时，洞察和小插曲使得团队更容易谈论在访谈过程中学到的内容，快速回答一位持怀疑态度的经理的问题：“那么，你从这些花费不菲的现场考察中学到了什么？”

在一个具有创造性的解读会上，房间里的每个人都有工作要做，所以每个人都必须要处理数据并考虑其含义。这种结合倾听、探究、思考、绘画或写下数据含义的方式，将帮助团队沉浸在数据中，从而产生真实的理解和洞察力。在解读会结束时，所有参与

者都将“拥有”自己的数据，并融入他们对用户和项目的看法中。解读会可以节省时间——在解读会上处理完来自于这位用户的数据之后，不需要再处理更多的事或与他人分享数据。

我们行业有一种文化说，真正的工作不会在会议上发生。“又一个浪费时间的会议！”我们互相抱怨。然而，正是通过互相启发、相互激励，人们的工作才最富有创造性。通过几个人对同一用户的数据进行交叉检查，人们以最高的质量工作。解读会是一个追求创造性和质量的工作会议。它汇集了通常可能单独发生和按顺序发生的活动，并允许它们在团队工作中同时进行。这是一种有效的方法，将访谈转化为对项目有用的数据，以可保存、交流的形式记录，用于驱动设计。你会知道，当人们开始大声说话的时候，你的解读会就开始了，因为他们知道这是创造性设计开始的地方。

### 远程和在线的解读会

对于团队来说，所有成员都在一个房间里开解读会通常不太方便。一些协作工具使分布式解读会变得可行，而且不比面对面会议的效率低。但要确保核心团队先在一起开几次会议，使他们熟悉彼此和整个过程。然后他们可以远程工作，或者让临时的团队成员或利益相关者远程参加会议。为了使会议有效，要记住以下几点：

- 确保每个人都有事做，特别是那些独自在自己的位置上工作的人。这有助于使他们与谈话紧密相连。
- 使用在线会议工具或电话会议来共享会话。使用在线会议工具或通过协作文档工具（如 Google Docs）来共享文档。
- 在线记录亲和图笔记和一些模型，并在会话期间更新它们。一旦团队知道需要获取的内容，你可以在线保存这些模型，如身份、关系、生命中的一天、序列和决策点模型。
- 一些模型仍然必须被记录在纸上，但可以通过来回邮寄，或使用相机共享。协作模型和物理模型应该由某人在不独处的时候绘制。理想情况下，他们最好在访谈者那里绘制，这样访谈者可以随时检查模型的准确性。

## 4.3 团队合作

解读会是情境化设计中第一批密集的设计会议，所以这是一个在方便的时间来讨论如何设计有效的会议。很多设计工作都是在团队中进行的，意味着通过会议的形式进行；你的设计过程有多好，在很大程度上取决于会议计划得有多好。针对这一点，我们来谈谈设计有效会议的几条原则。

如果会议结构良好，有效的工作和创造力就会发生

### 1. 使用跨职能团队

每个参与产品开发的人都有自己的个人经历。我们每个人都自然地从自己的角度看到产品的某个方面。比如：营销部门会看到趋势和动机；开发人员看到功能的可能性（“修复这个”）和数据结构；可用性测试人员倾向于看到问题；UX 设计人员看到交互、页面布局和图形设计；数据建模师看到数据；商界人士看到业务问题；诸如此类。

那些需要协调来完成工作的人实际上并不生活在同一个体验世界里。然而，所有这些人的不同的观点对产品的最终成功来说都很重要。

与跨职能团队一起面对面地设计

受到戴明（Deming）的启发[1]，情境化设计始于跨职能团队。团队的工作不是监督项目或简单地回顾方向，而是一起面对需求和产品定位等实际工作。多年来我们了解到，坚定的共同理解的信念来自于真正的协同工作：各有专长的每个人接到的任务就是联合工作，而不是职责分工。每个人在一起工作，平等地参与到情境化设计的各个方面。因为他们都沉浸在相同的用户数据中，通过结构化的活动来制定产品方向，他们在合作发展对用户、机会和产品方向的共同理解时，自然会吸取对方的观点。随后，在同样的目标用户和产品设想的引导下，拥有一个共同的方向后，他们就可以独立行动，完成各自角色需要完成的工作。情境化设计建立“认同”之上，自然可以创建一个运作良好的团队。我们将在第 19 章谈论如何组建你的团队。

### 2. 构建设计会议的结构，使之具有创造力

公司知道为了生产产品，人们需要有效地合作。产品设计的核心是与人相处和合作的能力。与其他专业不同，工程和产品设计是每天都要聚在一起，共同完成工作的团队。但是，我们如何确保创造性的合作能够持续发生，尤其是在当人们普遍认为是浪费时间的会议上？

以我们的经验，实现对用户的共同理解和统一产品方向的最快、最好的方式是将负责人聚集到创造性

情境化设计是推动发明的一系列会议

1　戴明，爱德华兹 . 走出危机（Out of the Crisis）. 麻省理工学院出版社，2000.

的面对面会议中。在情境化设计中，团队聚在一起讨论、工作的时间正是工作最有效的时候，而不是单独在你自己的办公桌工作的时候。情境化设计是创造性会议的集合，这些会议整合在一起产生了一个成功的设计，同时管理着与人协同工作的进程。在情境化设计中，每个工作会议都有明确的流程和参与规则。具有任何背景和技能的人都可以参与，因为他们知道如何有效地推动工作。结构并不限制创造力——相反，它让人们变得更有创造力，这样他们不用花时间去思考如何运行这个过程、如何与房间里的人打交道以及如何影响会议的成果。

以下是构建创造性会议的一部分基本原则：

**选择一个流程并坚持下去。**企业内部典型的产品开发方法通常只提出了关于从需求到运输各个阶段的要点，但是很少有人就团队每天应该做些什么来完成工作进行沟通。即使采用更加结构化的流程，如 Agile，其需求和设计部分仍未定义，也是不明确的。情境化设计定义了这些相对松散部分的结构，因此它可以适合于任何方法。它提供了一个主干结构来指导团队工作。

持续讨论流程太浪费时间，请提前选择好会议流程

这是星期一的上午——你做的第一件事是什么？如果没有明确的过程要求，团队中的每个人，会根据各自的技能和前期的工作，开始一个互相影响、谈话、设计会议结构的过程，有时可能也会获取不同程度的成功。人们可能浪费大量时间在攻坚、形成、规范[1]以及猜想他们在做什么之上——每次有新人加入团队时，都要一遍又一遍地重复该过程。知道该做什么来完成工作可以减少混乱、摩擦和争论，并为创造性的、高效的设计活动开辟道路。无论是有经验的还是新成员，通过确定的流程，他们可以知道什么是预期的，以及如何通过共同努力来取得成功。

情境化设计是由一组创造性会议组成的前端设计，每个会议都有自己的结构。每次会议的核心是确定的流程、明确的职责和清晰的参与规则。会议结构包括：谁做什么、需要进行多长时间、何时决策、如何决策、优质的工作看起来怎样以及谁来做决策等。它建立在解决意见分歧的技术上，与风格各异的团队成员一起工作。

**了解并明确会议的目的。**这是一个简单的会议原则，但它是任何成功的创造性会议的核心。在情境化设计中，每一个创造性的会议都是为了某个特定的目的而召开的。它的结构只是为了达到这个目的。例如，解读会将人们聚在一起，听取一位用户的故事，并捕捉相关的信息——这就是全部。亲和图构建会议将人们聚在一

1 Tuckman、Bruce W. 小组发展序列 . 心理学报 . V63（6），1965 年 6 月，384-399.

起，将从研究中获取的数以百计的个人笔记，构建为不同的主题。视觉化会议旨在帮助团队使用数据来生成新的产品概念。每个人都知道他们在那里的目的和预期达到什么成果。

我们为每次会议确定“主线会话”来帮助完成这个过程，就像我们在解读会上所做的那样。当人们知道什么是主线，什么不是，则更容易集中注意力，也更容易在他们思绪漫游时召回到话题上来。

没有明确的目标或角色，团队会陷入困境

**分配角色、责任，明确参与会议的预期目标**。根据会议的目的，我们明确适当的角色、职责和程序。如果一个会议没有明确的结构，人们会认为没有人在“执行任务”。那么，他们要么在精神状态上做一检查，要么接管会议并强行推动会议运转。如果人们清楚地知道该做什么，那么每个人都会静下心来做这件事情。

在情境化设计中，每个会议都要明确完成工作所需的角色。这些不是工作角色——他们是会议的角色，可以由任何人扮演。通常我们轮流扮演不同的角色。解读会上，包括建模者、记录员、访谈者、参与者等角色。每个人都知道他们在做什么，所以会议始终能保持关注焦点，顺利完成工作。此外，当有新人加入会议或有人间歇性地参与进来，团队可以告诉他们会议规则，这样他们可以顺利地加入会议。

**将会话内容具体化**。许多年前，Lucy Suchma[1] 发现，当产品团队一起思考时，他们往往会停留在一些表象上——通常是一个图片或产品概念的抽象模型。有一个陈词滥调：伟大的思想来自于餐巾纸的背面——餐桌上的想法被记录下来，作为草图被画在餐巾纸的背面。为了帮助一群人专注于会议的内容，我们借用了这种自然的技术。所以在解读会上，把数据展示给所有人看，把亲和图建立在墙上，愿景规划被记录在活动挂图上，以此类推。

利用设计物件使团队对话聚焦

当与团队合作，尤其是出现产品概念时，必须避免出现“隔空谈话”——误解往往就是这样发生的。情境化设计中的物件记录了研究结果，并代表着团队的思想；任何未引起注意的东西都不是设计需要考虑的内容。当团队理解这一点时，他们就会意识到，一般性的谈话或单边的谈话不仅妨碍了共同的理解，而且从长远来看也无关紧要。因此团队成员开始关心他们的想法能否吸引大家的注意力，被捕捉在每次会议所产生的物件中。

综合起来，会议中的设计物件既代表了会话本身，又代表了会议结果。公开展示的各种会议物件，将会议参与者的注意力拉回

1 Suchman L. 计划和情境活动：人机沟通中的问题. 剑桥大学出版社，1987.

到主题上。他们关注于会议讨论的方向和行动。此外，如果设计构思用物质形式表现，那么它们可以保存在情境中。而且，一旦把设计构思物化后，它们就不再属于个人，而是属于团队了。这些物件和人际关系无关，成为了会议的焦点，使每个人富有创造力，并且不偏离轨道。当数据和构思都物化了的时候，它们生动地表达了自然发生的共同理解。在整个情境化设计中，我们都在寻找使用实物来支持创造性会议的方式。

指派主持、解决“过程检查”中的问题

**主持和自我监控**。任何创造性的会议都可能偏离轨道。有时，在我们教客户如何运行情境化设计会议之后，他们会打电话咨询，因为会议进展不顺利、人们争论不休、花费了太长时间，等等。我们首先会问，“你指派主持人了吗？”通常情况下，答案是“没有”。任何时候人们聚在一起，尤其是多于 3 或 4 个人时，最好能有人密切注意会议的过程。主持人要确保人们按照约定的规则行事，确保人们正在倾听，并且他们说的话够洪亮，能被人听得见，并提醒每个人注意过程进展。主持人的工作就是保持会议的正常进行。任何人都可以担任主持人，因为每个人都知道应该要做什么。但是在激动之下，人们不会注意到自己——所以我们指派一个主持人来为他们做这件事。

此外，角色和程序可能需要根据人员、公司和项目的需要进行调整。为了使会议流程可行，你必须在给定情境的情况下设计和优化该流程。所以我们制定了一个流程检查，如果需要，可以每天进行一次，至少每周应进行一次。即使是经验丰富的团队也可能会意识到他们已经变得太混乱了，需要进行流程检查。流程检查只是花一点时间来列出在会议中，哪些在正常运转，哪些不是——并且在不失去会议核心宗旨的前提下，设计并改善会议流程。然后团队尝试新的流程，并在后续工作中继续调整该流程。

一个团队空间保障持续的团队工作

**拥有空间**。传统的“以团队形式工作”意味着将设计问题分解成小部分，并将各部分分配给在小隔间中工作的各人。然后各成员检查彼此的工作，提出建议，并把问题反馈给该部分工作的“执行者”来解决。如今，由于地理屏障，远程团队更强化了这种任务分割。这可能导致过分强调特色的产品，因为每个工程师都会放大他那一部分工作，因为那是他必须关注的所有内容。其结果是不连贯的产品——就像形成产品子系统的各个组件，通过菜单栏连接在一起。

公司的组织架构也反映了这种工作方式——人们可以在哪里一起工作？个人有空间——但没有团队或产品的空间。开发人员最常见的工作环境是小隔间，这个区域对一个人工作来说足够大了，包括一张桌子和一台笔记本电脑。但是，几个人一起舒适地工作，这并不够，它没有墙面空间来支持团队工作。

一些公司淘汰了墙壁和小隔间，把所有人都放在一个开放空间里。没有了隔墙，人和人之间的距离更加接近，而白板墙可以帮助人们更容易、顺畅地交流。但是因为这个空间是开放的，人们需要集中注意力，所以不鼓励在桌边闲聊，而创造性的小组会议会破坏整个空间。

公司里确实存在会议室，但会议室的关键特点是按小时分配和预订。所以它只支持可以在短时间内完成的工作——最多半天——并且不允许任何东西留在房间里。因此每一次对话都必须从头开始；每一次会议都必须从展开所有设计图开始。

因此，如果我们想要共同努力——至少在建立对用户的共同理解和共享设计响应的关键阶段，我们建议团队有一个不需要清理的房间，并且他们可以继续返回工作。这样，流程、参与规则和空间可以帮助团队在一起工作得很好。

### 3. 管理人际关系

对大多数人来说，一起工作是一项新技能。在学校中很少得到团队合作方面的明确的指导，在工作中也很少。有效地一起工作意味着了解如何保持设计对话不偏离轨道；如何专注于工作的问题，而不是对方；如何应对每个人的个性；以及如何发现和解决分歧的根源。除非团队学会做到这一点，否则他们的设计将变得很糟糕，因为人们有一些处理分歧的模型，就是为了得到让人开心而损失设计的连贯性。

> 我们可以称自己为一个团队，但我们很少面对面地工作

一个人们处理纠纷的主要模型是讨价还价："我认为在这点上你错了。但是如果在对我来说真的很重要的另一件事上，你让我的话，这件事我让你。"讨价还价导致了产品的特点东拼西凑，没有一致的主题。而且，讨价还价导致团队中的每个人都减少了对设计的投入，因为每个人都不得不对至少一个他们认为是根本错误的决定做出妥协。

也有其他用于处理分歧的模型，但大多数都不能更好地发挥作用。如"折中模型"，它说："你说我们应该把所有东西都设计成对话框。我想把所有东西都设计成按钮。那么我们把这两种都做出来，这样大家都开心。"每个人都很高兴，除了用户，他们有十几种方式来操作每个功能，但没有明确的理由说明为什么是

这种方法而不是另一种。还有一种“大师模型”，它说：“大师很聪明，无所不知。我们都按大师说的做。”只可惜，虽然在技术架构、GUI 设计、用户工作实践、市场营销、项目规划以及开发产品需要的其他技能方面，大师的能力绝对可靠，但是大师的人数却微乎其微。

结构良好的设计会议通过在人们试图寻找如何有效地推进会议进程时，消除正在进行中的耍花招的行为，来管理人际关系。会议的目的是明确的，每个人都知道他们期望什么，并且对话是具体客观的。所有这些确保团队能够专注于会议的工作。再指派一个主持人来关注、监督这个过程，这样，许多人际间的摩擦也消失了。

计划解决人际关系中的问题，如意见分歧等

即使是这样，人际差异和个性仍然会发挥作用，妨碍工作向前推进。所以情境化设计定义了有助于管理人际关系的技术。它定义了根据数据，而不是通过争论或讨价还价来选择设计方案的程序。它有助于通过提高人们对于这些差异将如何帮助和妨碍工作的意识，来接受彼此之间的差异。它包括每个人都可以被听到和评价的方式，而不考虑个人风格、性别或文化等因素。情境化设计模型引入的这些人际关系技术，伴随着每次设计会议相关的角色和程序。

这里有指导这个过程的几个核心原则。但最基本的原则是让可能会阻碍进程的人际关系提前明确下来。这样每个人都会关注它，一旦发生这种情况，人们将它解释为一个已知的事件来进行管理，而不会导致人际关系的破裂。

随着人际差异意识的增强，人们可以自行监控和承受

**为行为命名以增强意识。** 一个像“主线会话”这样的概念被介绍给团队，让他们知道他们应该说些什么。主线会话是给行为命名的一个很好的例子，可以帮助人们管理他们的行为。任何可能阻碍顺畅交流的行为都可以被命名。在情境化设计的会议中，我们经常定义和命名认知方式，以及它们如何在设计的不同阶段发挥作用，比如：参与倾向（太少或太多）、团队领导技能以及对中断的期望（当它是可行的和不可行的时候）。我们通过给出行为的正面和负面属性的例子来讨论人际关系的风格——揭示在合适的时间、适当的情况下，各种风格的价值，以及它会如何产生负面影响。如果概念定义的是个人属性，如认知风格或参与倾向时，它允许人们自我认识。然后，我们为人们提供了以非对抗性的方式来衡量和管理自己的行为和他人的行为的方法：“丹，

你又在‘深究’了。我们现在不需要弄清楚每一个细节。你同意这个概念吗？”

快速行动，记下人们的问题，确保他们被听到了

**确保人们被听到。**设计会议上最大的抱怨是人们感到没人听到他们说的话。那些感觉没被听到的人要么一再地提出这个问题——让每个人都感到烦恼——要么索性不参加会议。所以情境化设计建立了很多方法，以确保人们说的都能被听见——最常见的是通过物理形式记录思想。我们从一份解读笔记、一个模型、与多个设计草图相关的设计理念或问题上，或者是在一个待解决的问题的“停车场”上来捕捉思想。这是另一个将对话具体化的应用范例——将设计思想具体化，不仅是为了记录它，使之富有成效；而且也是为了处理人际关系管理中最困难的问题之一。每个人都希望被倾听——情境化设计建立了富有成效的倾听的方法。

**提供一种处理问题行为的方法。**问题行为很少是由试图制造麻烦的人引起的。通常，他们只是处于正常的、无拘无束的自我状态。情境化设计介绍了识别、命名和处理这些行为的方法。例如，在解读会上，我们介绍了“老鼠洞守望者”（每个人都扮演了）的角色。“老鼠洞”是主线谈话以外的东西。“老鼠洞守望者”这一明确的共享角色传达了一种期望：即每个人都应该注意老鼠洞并指出它们，同时提醒每个人都要停留在焦点上。而且由于它是幽默的，它使得以前社会上不可接受的行为：公开地大声喊出人们的非生产性行为，变得缓和和合法化。我们鼓励被中断次数太多的人，要求团队让他们知道，以便他们能够建立自我意识——鼓励团队一起努力自我调节。有时会对安静的人们挥动旗帜或吹口哨，这样可以再次幽默地通过道具来帮助他们参与进来。我们开发了一系列人际技巧来处理中断，其中许多在本书中有描述。但不要停在那里，开始寻找这些问题，并开发自己的技巧！

有趣的技术和大量的工作帮助人们自然地投入工作并成长起来

**让人们投入工作。**人们不能忍受无聊或闲坐着等待轮到他们参加。如果因为房间里的人太多而没有足够的参与时间；如果这个过程要求他们只是坐着听；如果他们没有什么事做；或者如果分配给他们的任务与他们的兴趣和技能不匹配，他们自然会走神。当一个人在走神时，他们无法接收数据或设计，更容易产生破坏性的行为。情境化设计为会议中的每个人提供了工作和发言权。我们要确保小组规模够小，使得每个人都成为必要。通常，我们会把一个大团队分为 2 ～ 4 个人的小组，他们同时在同一个房间内工作。每个人都参与其中，而且有足够的事件，每个人都可以得到一个

与他们的技能相匹配的角色。

情境化设计创造了一种团队文化。在团队中，每个人都专注于明确的目标、角色和过程，意识到并有助于管理人与人之间的自然差异，从而使设计工作得以顺利进行。

#### 4. 设计有创造力的团队文化

情境化设计是关于创新的——创造新产品或新产品特性，以前人未想过的方式来服务于用户的需求。但无论过程有多好，创新取决于团队中的人。他们必须考虑到工具和创造性思考的自由，尽管他们的组织、人际关系和程序在他们的设计之路上设置了重重障碍。

创建明确的团队文化，来管理不同的技能和风格

情境化设计的核心是创造一种明确的设计创新的团队文化。情境化设计为需求和设计提供了一个基本过程，也提供了一个结构，让每个人都知道星期一上午该做什么，如何互相合作，如何调节人际关系等等。然后，它将流程和团队管理工具交给团队，以便他们能够适应和从中取得改进。在这种情况下，个人所拥有的国家或集团文化、性别或人际关系特征并不重要，工作会议文化将引导所有成员有效地参与其中。（而且，一个清晰的结构也使得远程工作更加容易）。

上面也提到了：支持创新团队的另一个方面是给团队一个空间。他们需要一个可以长时间聚在一起的地方，这样就可以弄乱他们的设计手绘图。创造力的空间被称为“沙盒”是有原因的——创造力确实需要一个地方。

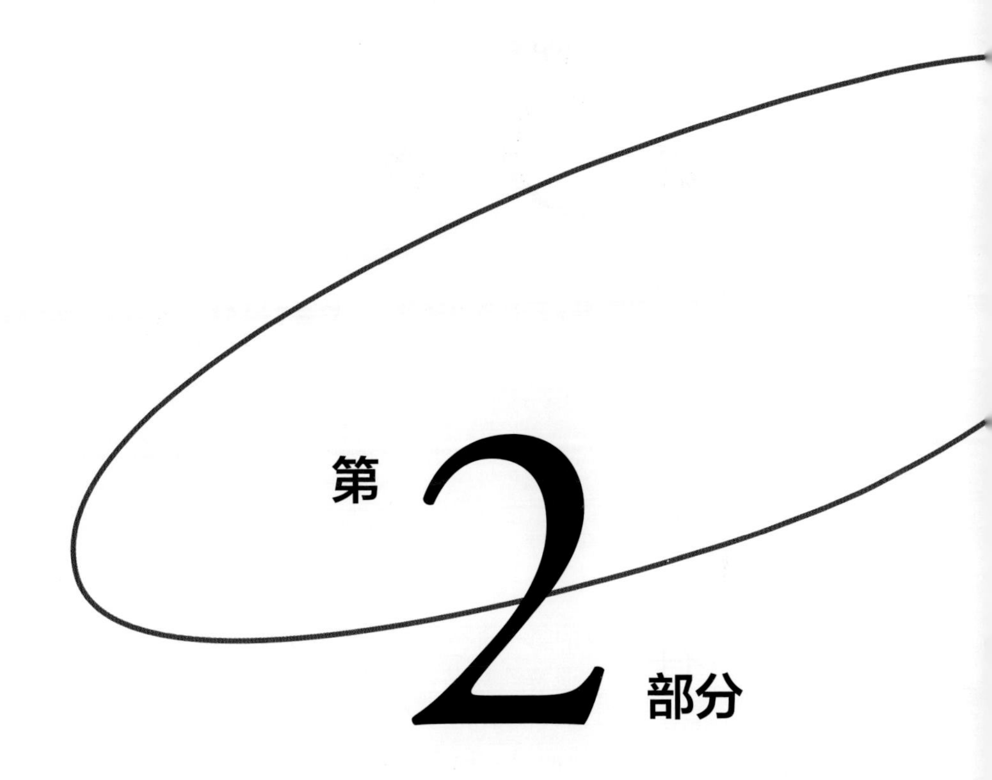

# 第2部分

# 揭示世界

# 第5章

# 从数据到洞察：情境化设计模型

在本书的第一部分，团队深入实地收集了用户生活的相关数据。在访谈解读环节，团队从访谈记录和情境化设计模型中获取关于一次访谈的数据。在这部分中，我们将主要介绍两种模型：描述为生活而设计所需数据的体验模型和表达任务情境的传统情境化设计模型。我们将讨论这些模型的力量，它们能够在设计团队和用户之间建立起一个密切关联的世界。另外，亲和图与情境化设计模型也将是你连接数据和设计的最佳工具。

生活是复杂且具体的，人物、地点、活动以及产品等元素填满了用户的生活，也使生活联结成为一个整体。那么，我们所支持的行为的边界是什么？生活中的哪些部分会对设计产生重要影响？又有哪些部分不会？外科医生可不可以在几台手术之间检查病历，你的产品何时为医生提供信息更合适？如果财务顾问在家中与快递员见面，这会与你的设计相关吗？如果你正在设计在线购物，需要去了解人们在线下商店中购物时有什么同伴吗？你会过多地专注于工具的缺点，以至于错过创造变革性产品的可能性吗？当你在构建商业工具时，是否应该关注用户喜欢的消费类应用软件呢？如果你想要“为生活而设计”，需要关注些什么呢？

## 5.1 模型揭示了重要的问题

情境化设计模型的目的是帮助团队了解什么是重要的，然后以此为依据设计出影响人们生活方式的解决方案。如果我跟你要一个杯子，你可以把它拿起来并交给我。但是，如果我问你对用户生活的理解，你能够清楚地告诉我吗？生活是无形的。理解具体情境中的用户行为是非常困难的一件事。当你走进用户的现实世界，你会接收到大量鱼龙混杂、不连贯的复杂信息。你可以尝试通过制作“需求列表”来为团队简化这些复杂的信息，但是，这张列表不能完整反映用户的生活与活动。简化复杂信息可以减轻理解数据的压力，但同时它也忽略了一些可能引起设计变革的重要信息。

情境化模型关注生活的重要方面

生活中隐藏着许多细节：我们在何时以及如何完成一项活动；我们为什么这样做；我们做了什么；谁和我们一起；我们在做这件事情的时候感觉如何；我们处在怎样的文化情境里，等等——这些隐藏细节构成了我们完整的一天，使得用户活动得以在生活中发挥它的作用。如何处理这些信息的复杂性，来帮助团队从整体上了解用户的生活，这将会是我们的挑战。如果处理得当，我们将会揭示用户的挑战、潜在的愉悦、失败的沟通和合作模式、潜在的期望，以及核心动力等。现在，你已经拥有了使用技术来重塑用户生活方式所需要理解的用户情境。

所以，我们如何使复杂的数据变得简单呢？还记得我们小时候读过的人体解剖学书籍吗？首先，在这本书的图中你会看到一个人的轮廓；然后，透明图纸会如幻灯片一般依次叠加骨骼、血液、神经系统等一系列人体结构，最后叠加成一个完整的个体。作为有机整体的概念来理解人体是复杂且凌乱的，但是那些书将人体分解成骨骼系统、神经系统和心血管系统等这样具有独立意义的子系统，引导我们分别理解各个子系统。通过理解所有的子系统，我们可以掌握整个身体，以及各部分之间的相互作用（见图 5.1）。

图 5.1　一本带有透明叠加图纸的解剖学书籍

对人体系统的整体认识，使人们得以掌握每个分系统及周围环境。这就使研究人员能够关注各个分系统，找到其结构和规律，发现它如何与其他系统相互作用，提出关于各系统的工作原理的假设，研究它们之间的生物化学作用，等等。由此，研究人员开发了一种全面的专业语言来描述人体系统内所发生的事——这就是医学术语。这种专业术语创造了一个全新的焦点，即一系列需要关注的事。例如，一旦你了解心室脉冲音产生的原理，就会去留意来自于身体其他部分发出的声音。医学术语为医生提供了一种新的方法，来解释所观察到的内容和理解的结构。当他们学到更多医学知识时，就能够描述更加复杂的人体结构。

正如语言帮助你了解到更多，模型也可以帮助你了解更多内容

语言能够创造一个焦点，但它不是中立的，它会引导你的想法。任何语言都是为了能简单清晰地表达某些概念。就好比艺术家们用色彩、形状、明暗语言来讲述天空；当然，气象学家也有一套描述天空的语言，但却与艺术家截然不同。哪种语言更好，取决于你目前关注的是美学还是天气。因此，语言可以揭示或隐藏一些信息：气象学家可以用很多词汇来描述云，这让他们能观察到更多有意义的天文现象。但他们是不是忘记了欣赏日落的美丽？所以，从这方面看来，语言结构是具有一定的限制性的。我们必须做到既能够使用它提供的观点，又能在它不适用时，主动打破这个语言结构[1]。

正如人体的生理系统，事物的复杂性可以通过框架被简化，并具有操作性。类似地，情境化设计模型为也设计活动提供了一个理解人类行为和体验的框架。任何实践活动都有框架结构，它把工作与生活目标连接在了一起。但是这个结构包含了很多方面。人们受文化、组织、物理位置和空间的影响，承担起各自的角色和责任，相互合作，把核心价值观和认知付诸实践。所以，我们需要从多个角度去看待生活。也就是说，我们需要多个模型，并且每个模型分别关注于工作和生活的不同方面。

每个模型都可以帮助团队拓展关注重点，使他们在解读数据时能够看到更多的细节。这只是一个出发点，团队成员们可以就此展开，设计创造出新的概念和独有的特色。20 年前，我们引入了传统的情境化设计模型，表达了设计任务的核心内容。

1 情境化设计是建立在“有意识的范式转移”基础之上，寻求可以打破用户原有假设的方法，以及帮助我们更多地了解用户世界的框架。这就是情境化设计的发展和变化的过程。请参见《科学革命的结构》中托马斯•库恩（Thomas S.Kuhn）对于范式转移的讨论。

- 流程模型：体现了由产品支持的工作流程中，多人合作承担的角色和职责；
- 文化模型：体现了一个产品得以成功的文化环境，对个人、团体或组织的影响；
- 物理模型：表达的是在特定空间中表现出来的活动的结构和流程，包括空间布局、用于活动的物品，以及为活动而采取的步骤；
- 序列模型：表示活动的步骤和目的，类似于任务分析；
- 构件模型：代表在活动中使用的构件的结构和使用模式，这些构件将可能被选用或淘汰。

除了在亲和图中发现的问题，这些模型还提供了关于目标任务所处情境的全方位视角。这些模型是我们了解用户生活的最基本的框架。而且，哪怕在 20 多年后的今天，这些模型都是能够满足任何项目的使用需求的。

体验模型揭示了生活中影响个人核心动机的新角度

但是，移动触屏设备使得人们的生活发生了剧烈的变化。技术越来越渗透到生活的方方面面，人们的工作和生活世界也在不断融合。而“酷概念”则扩展了理解用户的框架。为了支持对相关生活领域的研究，我们开发了新的数据收集技术和模型，并落实于新的设计实践。为了帮助团队去塑造“生活的快乐之轮”之中描述的生活情境，我们提出了体验模型。

- 成就：“生命中的一天模型”显示了用户在不同的地方完成目标活动的方式与行为、在每个地方做了什么、支持活动的各种设备以及每一处行为的具体内容；
- 关系：“关系模型”显示了用户生活中的重要关系，目标活动在这些关系中将如何展开，以及将对这些关系产生何种影响；
- 联系：“协作模型”（流程模型的一种变体），显示了访谈中发现的各种协作类型，其中包括与谁进行了沟通，他们预期实现的目标以及共享、完成或讨论的内容；
- 身份认同：“身份模型”显示了与目标活动相关的核心认同要素，包括在访谈中表现出来的自信、自尊和价值观；
- 感知板：“感知板”显示了基于访谈获取的关键数据，新产品应呈现给用户的关键的内在体验，将这些关键数据可视化，以帮助工业设计师和视觉设计师进行设计。

这些模型揭示了人类的行为和生活体验，展示了人们为了完成某项活动所付诸的行动，以及他们的责任和动机，也从更广义的物质环境和生活情感角度解读了这些活动。

通过这10个模型，我们极大地扩展了“用户世界”的研究视野。每个模型都有各自关注的焦点，并让团队从这个角度来开展研究。但是我们认识到，在实践中并不是每个模型都是项目所必需的，而处理10个模型对于一个高效的团队来说太多了。所以现在，当计划一个项目时，我们只选择与问题最相关的模型。

只使用适合于项目的模型

由于技术和实践的性质发生了很大的改变，许多传统的情境化设计模型仅对少数一些项目有效。正如：移动应用程序专注于解决于单一核心意图；而支持庞大复杂流程的大型企业应用程序正让位于功能聚焦的应用程序套件，并且有额外的应用程序来填补它们之间的鸿沟。企业系统的这些新功能根据具体目标活动被分为系列的“产品”。现在，企业更愿意以购买的方式来代替研发信息技术，因此，专注于过程和复杂合作的传统流程模型几乎不再使用。大多数的产品构件都可以在线获取，因此构件模型也已经几乎用不上了。再者，物理环境不再只是描述“单一”场所——活动可能会持续一整天，无论用户身处何处，因此与活动相关的不再是“单一”的物理环境。在一个有着持续增长的多元文化和远程协作特征的世界中，文化影响的扩散更容易在亲和图中表现出来。根据项目需要，所有的传统情境化设计模型依然可以各司其职，而我们开发的一些变体模型也很有用。但在目前的项目中，我们研究的焦点已经转移至新的模型、亲和图和序列模型。

我们将在第6章中讨论亲和图，在第7章中讨论各种体验模型，在第8章中讨论传统的情境化设计模型。我们将详细介绍每个模型，包括如何收集数据、解读数据、整合数据以构建模型等。我们还将依次讨论每个模型在什么情况下能发挥最大的作用。

要了解更多关于传统情境化设计模型的讨论，请访问 http://booksite.Elsevier.com/9780128008942，该网站中的第一本书可供参考。

## 5.2 图文表达：让你总揽全局

图表模型将人们的活动视为一个连贯的整体

所有情境化设计模型都是通过有形的图表把人类活动的结构、行为和体验可视化。图形化表达是设计开发人员常用的一种方法，无论是数据模型、对象模型、流程图，还是其他1000种建模技术中的任何一种，开发人员一直在使用图形来表达系统的不同方面，并且逐渐使它成为一门独立的技术。使抽象的概念具体化是团队设计日常工作的一部分。正如我们在第 4 章中所说，运用一个构件来描述团队的沟通过程，有助于把概念具体化，并促进团队更加清晰地进行互动和合作。如果你观察团队的工作，你会发现这些团队协作离不开构件的支持，人们通常将构件放置于关键的位置，讨论问题时会时不时地观察、更新或指向这些构件。数据模型只能表达数据——不能够充分地描述人的行为和体验，而情境化设计模型却可以做到。

为什么模型的图形化表达能够起到这样的作用呢？与文字语言不同，图形化表达可以让你在短时间内理解整个画面。文字语言必须阅读并解析：这不仅是一件困难烦琐的事情，而且必须依照阅读顺序读取信息，每一次获取的信息都非常有限。图形化表达可以让你快速浏览并理解全局信息，比文字表达更适合处理复杂问题。一张图形比一页文字有更好的外部表现力，让你更容易了解信息的内容。它可以通过表达每个部分与整体的关系，来体现整体的格局和结构。这对创意性的工作至关重要。一旦团队理解了用户生活中的目标活动，他们就可以制定对人们和项目目标有意义的发明和干预措施。如果缺乏对用户生活整体连贯的理解，我们获得的每个需求或问题可能是孤立的，或许只能推演出片面的解决方案。很难说一个问题的解决会不会产生新的问题，就像智能的手机系统对标准问题可以做出快速解答，但对于非标准的状况则很难处理。图形化表达支持系统性的思维，并有可能获得连贯性的设计反馈。

多个模型从多个视角来呈现用户

每个情境化设计模型都描述了用户生活某一方面的连贯的画面。团队可以通过系统地查看多个模型来综合理解整个实践活动，以一种有组织的方式揭示用户的生活。当人们构建“生命中的一天”模型来表达用户的整体生活情境后，就不会再过多地关注序列模型的步骤；当人们运用身份模型来唤起用户的核心动机和生活态度时，就不会只关心目标任务的内容了；当人们构建了关系模型和协作模型后，就不会忘记目标活动是建立在真实的关系和协作中的。这些模型为人们提供了关于用户世界复杂性的更容易理解的视图。

由于这些原因，我们使用图表模型来获取关于用户生活和实践的知识。这些图表模型能够提供关于目标活动的共同焦点，为团队提供一个直观具体的形式来记录和传达他们在用户访谈和观察中获得的信息。只要用户的活动是无形的和隐性的，图表模型就是描述、分享用户活动，以及验证最终设计方案是否真正解决问题的最好方法。模型可以使概念具体化，创造一个团队可以谈论和触摸的物理构件。团队可以利用这些模型记录项目的进展，与利益相关者、其他感兴趣的团队或成员之间分享信息，并作为设计思维的一种方式。

整合模型，提供定性数据

通过为活动提供连贯的、综合的视角，情境化设计模型为设计团队提供了处理定性数据的有效方法。任何定性技术（如实境调查）都会产生大量详细的用户知识。这种用户知识对产品设计至关重要，但不适合使用数据还原统计技术：你不能通过对 20 次用户访谈的数据进行平均来确定“典型”用户。图形模型提供了一个连贯的方式来构建所有这些具体数据，揭示底层的结构和体验，删除不相关的细节，并将重要的内容纳入设计的关注点。

这些模型本身就是用户研究人员、UX 设计师和产品团队的重要成果。它们提醒团队在现场观察到的信息；帮助不在现场的团队成员想象用户活动；它们是需求分析的源泉、新设计理念的起源，也是对现实用户世界的描述。因此，它们是判断用户是否做出某种行为或有何种感觉的仲裁者。

但最重要的是，正因为它们是物质的、可互动的，所以它们能够推动设计思维，亦是团队走向更具变革性、更系统化的产品概念的工具。当设计大师沉浸在以情境模型描述的用户世界中时，洞察就产生了。一旦有了对生活的全面描述，为生活而设计就变得更加简单了。当团队构建数据并使用它来驱动设计时，团队的认同是有必要的。

## 5.3 整合思维：归纳

值得注意的是，我们的产品和系统是完全可以设计成能够满足大多数用户的。当然，人们不会在行业间协调来确保他们的工作方式变得一致；不同的家庭和消费者也不会有同样的生活方式。但是，我们理所当然地认为能够创造出被不同用户接受的产品。产品不是为个人设计的；而是为整个用户群体设计的，也就是在目标市场（或企业的内部组织）中进行目标活动的目标用户。就像不同的人可以在百货公司购买适合自己的衣服，产品也可以同时为商业人士、普通消费者，甚至是跨行业和跨文化的消费者所使用。

因此，如果一个产品能够满足用户需求并使整个用户群体都感到满意，那是因为整个用户群体的某些行为方面是相似的：同样的安排、策略和意图或同样的个人动机、价值观和体验。一个设计应能够反映出目标活动的共性，并且允许个人差异的存在。但是，如何才能发现这些共性方面呢？又如何在表面上形形色色的用户行为和感觉中发现这些共性呢？可以如何描述这些共性，使得设计团队可以准确地获取这些共性信息呢？

没有人像他们自己认为的那样独一无二，市场也是如此

我们通过数据整合的方式进行处理，但人们往往很难相信它能起作用。例如，通常听到生产工具供应商们说："我们有数百万用户，他们以不同的方式使用我们的产品。但却没有一个是坐在办公室里的用户。"他们把自己置于一个停滞不前的立场——无法去理解这些活动中共同的那些方面。他们也无法找到一个用户群的共性任务和动机，如果这些共性和动机能得到很好的支持，将使产品具有市场优势。同样，他们也没有办法找到一个共同的活动流程，系列产品和应用程序可以成功地支持该流程。

不仅是供应商，其他人也都会说"用户是各不相同的"。正如：人们喜欢表现得与众不同；用户经常说的第一件事就是他与别人有何不同，来彰显他的独特。但是，使人们表现得与众不同的许多细节却与针对某个市场的产品设计本身无关，比如针对目标活动的通用模式、结构或体验等。正是这些共同的模式、结构和体验，使得通用软件成为可能。

例如，当我们第一次研究配置管理时，可以发现在一些公司里，配置管理已经成为一个非常正式的过程，专门设有"配置管理员"的职位，这些员工将决定配置内容，并确保配置的完成与测试。如今，小公司都很重视"最小的流程、持续整合和频繁发布"。在某个初创的网络交付软件公司，我们发现工程经理见人就说："记住，今晚我们的新功能就要上线了！丽莎，确保你的东西整合好了！阿尼尔现在开始测试！乔，把你的东西放好，我们明天需要整合它。"

有的公司认识到了他的作用，并将其正式列为一项工作；另外一些公司虽然没有正式承认这个角色，但会确保有人非正式地承担该项任务。这个角色是市场中共同工作结构的一部分；而以不同方式给角色分配工作则是细节差异。可以将产品结构化，以适应不同类型的组织，尽管它可能必须以不同的包装和销售方式来迎合不同用户的喜好。无论我们喜欢与否，都应考虑到工作人员或消费者的所有目标活动，他们做事的方式和原因，他们所使用的技术、秉持的观念和操作的内容，而且基本上不会有太大的变化。这就是为什么一小部分精心挑选的用户可以代表数百万市场的根本原因。

如果数据不能整合，那么你有不止一个市场

如果数据不能整合怎么办？[1]情境化设计模型展示了团队应该如何处理市场战略，以及如何根据相似性实践细分市场。如果得到的实践和体验数据是普遍通用的，那么它就可以用一套综合模型来表示。这些模型如何来识别差异性呢？例如针对不同的文化，它们展示了产品必须如何使用不同的包装销售给不同的人群。但是当一组模型不能解释所有用户时，就表明这里不止有一个市场。也就是说，在不同文化背景中用户的活动结构可能大不相同，以至于无法用单个产品来满足他们。

数据整合及其背后的思维过程是获得可信赖、可操作的市场观的关键。产品服务于整个市场，但我们只能通过与用户一对一的交流来了解他们。"整合"将所有这些用户集中到一个单一连贯的视图中，描述出所有用户的共性，并不舍弃用户间的关键性差异。整合的挑战往往是如何明确地、有目的地把隐性的、随意的和内在的用户知识显性化，即如何从特定的实例和事件中提炼出对整个目标人群的理解。

你无法从已知的概念中获得新洞察，所以你不得不去创造一个新的概念

所有整合都是归纳、推理的结果，"从特殊到一般，从已知到未知"。[2]整合的目的是得到关于用户及他们的行为和体验的新见解。你不可能通过将现有规则和概念应用于数据来产生新的见解——因为你将发现的都只是关于已知事物的更多细节而已。情境化设计中的整合是使用归纳法针对用户访谈中的许多实例进行提炼，并通过详细的观察从中发现隐藏的结构。通过这种方式，我们可以开发出与目标活动的市场特征相关的新概念、新模式和新见解。

定量技术可以通过数据约简（data reduction）的方法管理数据。例如，仅查看排在最顶部的搜索结果，但这些结构却掩盖了实际数据的丰富性。情境化设计并没有减少搜索结果——它只是将众多个人观察的数据综合为更高层次的见解。这种综合的方式通过归纳推理简化了数据的复杂性，使其简单易懂。我们首先从多个用户同时开始整合数据，这确保团队得以面对足够的数据来发现模式，并产生新的见解。大量的数据迫使团队需要将数据结构化，并对设计开发的主题提出挑战。如果我们根据预先的假设和分类

1 在过去 20 多年中，只有一个项目的数据未能成功整合。这位客户坚持认为，他们可以为消费者和在家工作的人员制造同样的产品。我们并不认为这是同一个市场，并且数据也是这样显示的——所有消费者数据可以被整合，所有小型家庭工作人员的数据也都被整合了。这两个市场明明白白地放在那里，分别被挂在墙面的挂图上。

2 T. Fowler. 归纳逻辑的要素 .3 版， Clarendon 出版社，牛津， 1876.

来对数据进行整理，那将不会发现我们意想不到的见解。这就是归纳推理的力量：将用户实例数据综合成有意义的要素，以揭示核心元素、体验和模式。这将会创造新的见解。

由于数据结构建立在详细的观察结果之上，所以数据整合自然地包容了用户之间的差异。逐个审视用户，设计者可能只能看到随机的差异；但是通过归纳推理，将许多用户的数据整合在一起，就可以揭示由于某个话题可能产生的差异性。有人喜欢在开始撰写论文之前先写一个提纲，而另一个人则只会说出自己的想法，我们可以理解，这些都是开始写作之前澄清思路的不同方法。用户数据的新变化可以在整合后的数据框架中被识别和定位——所以编写了大量粗糙的草稿又不断重写的那些人，也可以被认为是在寻找清晰的思路，只是方式不同而已。变化存在于更大的理解结构中。基于归纳推理的整合，为团队提供了一种分析复杂数据而不抛弃其复杂性的方法。

整合，让你寻找到市场中的通用模式，而不遗漏任何重要的变化

整合是一个探究的过程：查看特定用户的详细信息，分析每个细节对于项目的意义，并且适合于与其他用户的观察数据。当关键的见解从个人观察数据中冒出来时，我们会对用户数据进行分组和标记。尽管它在每种模型中的运用各不相同，但整合的思维过程都是同样的。当作为团队完成工作时，整合设计的过程就相当于一次沉浸式的体验：参与数据整合的团队成员将与数据密切交流，并以此为基础来了解用户的世界。

情境化设计的整合模型将复杂的定性数据整合为一组图形，揭示了整个目标市场的全貌。整合模型通过重构数据，将新的见解传达给负责创造的团队，以此来聚焦和驱动设计行为。

## 5.4　设计沟通：用数据驱动设计

多年来，我们一直在与传统的情境化设计模型和亲和图打交道。当我们开始设计生活中呈现的一些新数据的表达方式时，我们都会回头想想以前所学到的东西。这里展示的所有模型都是我们从客户的反馈和迭代中衍生出来的新的变体模型。那么，在这里我们学到了什么？

在那个由开发人员主导设计团队的年代，他们就是洞察力的来源，并且必须自己对数据进行综合处理。他们喜欢传统的情境化设计模型，因为所有数据细节都可用，未经过滤，而且其组织结构与他们擅长的数

为设计传达数据蕴含的意义是用户研究人员的核心能力

据表达模型极为相似。他们往往不愿意而且不信任那些新兴的用户研究人员为他们做这些工作。广受好评的亲和图拥有简单的层次框架，它将实际的数据点组织成一个可以获取细节的结构。流程模型看起来像是由气泡和箭头组成的数据流程图，开发人员可以利用它将调查技巧从数据建模直接转移到理解人的生活和活动之中。序列模型侧重于具体任务的分析；任务分析和流程图也被称为表单。一旦开发人员进入到构思人类行为模式的角色，他们很容易使用这些模型来组织用户数据。一点点地收集模型的意义是就他们的职责。

但是，用户体验领域已经成长为具有大学学位的行业，并且拥有许多面对用户的工作类型。由于技术的发展，使得产品得以越来越支持非技术型用户，消费品、网站等都内置了技术。因此，现在的需求和设计团队大都倾向于由内容专家、UI 设计师、用户研究人员、信息架构师、产品经理、营销人员和文案编辑人员等组成。开发人员和技术人员不再作为团队内收集和组织数据的主要力量。他们可能会基于数据提出一部分想法，但不再主导创意、构思过程。

新一代的设计师不习惯于使用数据流这样复杂的方式表达数据。他们期待着我们能够简化和聚焦研究结果；这对于管理人员也是如此。因此查看和操控所有数据的需求，让位给了组织数据结构，以便于对数据收集团队呈现的重要模式和见解一目了然。决策点模型，作为文化模式的一个变体，就是在其中逐渐成长起来的；它显示了人们在购买或生活中决策的影响因素。流程模型中捕获的数据逐渐发展为更多地关注工作小组、核心角色和离散过程，最终作为协作模型重新呈现在人们眼前。物理模型原用于描述汽车和住所，在其布局、颜色和故事内容推演中变得越来越丰满。随着时间的推移，我们不断优化原有的模型，以更好地满足现代跨功能设计团队的需求。

有意识地设计与数据沟通的方式，以激发创新思维

在设计“酷概念”所需的模型时，我们还研究了哪些模型最能刺激设计思维。这是很容易做到的，因为在“墙面研究”（将在第 3 部分详述）中，设计师在便利贴上写出想法，并将其贴在引发这个想法的模型上。如果一个模型收集的想法很少，那它显然无法进入设计师的头脑，也不会产生新的产品概念。因此，能够收集到设计构思的数量成为衡量模型是否成功的标准。亲和图总是能收集到最多的设计构思，所以我们研究了它的特点，以便在设计新模型时获得洞察力。其他模型，虽然仍然受到许多开发人员和设计师的青睐，但它们并没能通过设计构思的测试。这包括许多最初的情境化设

计模型，例如序列模型，人们利用它来引导场景方案，但却几乎不能激发出新产品概念[1]。当用户角色（persona）模型[2]越来越受欢迎，我们将它引入到我们的设计开发过程中，结果发现：尽管它提供了能够帮助团队聚焦的故事，但它也没有通过设计构想的测试。流程模型对于许多人来说太复杂了，很难使用。因此，我们的目标是创造出简单易用的模型，使它们能够自然而然地激发设计思维。

我们设计和重新设计了一些模型，并让团队不断地进行优化，直到激发出一定数量的设计构思。通过引入这些新模型和新方法，我们看到了团队产生设计概念的质量和范围都发生了的巨大变化。新的整合模型能够推动团队按照我们的意图来完整地考虑用户的生活，这样团队也就可以自然地针对整个用户生活和动机来产生设计构思。

这种演变揭示了传达设计的力量和绝对的必要性。有效的设计取决于用户体验（UX）专业人员在设计过程中能否使用人们可以理解的方式来传达用户数据和见解的能力。传达设计，即有意识地通过创造物件来传达用户数据，是设计的必经之路，也是所有UX 专业人员的重要技能。

基于传达设计的原则来表达用户数据

写这本书的时候，情境调查已经在大学里被传授二十多年。UX 小组现在已是科技型公司的标配。但是，UX 团队的创建，意味着所有关于用户的见解和深层的知识可能被锁定在该团队中。我们传达的不仅是一些知识，也是洞察和理解，感受用户的世界是创建数据和设计之间的桥梁的第一步。UX 专业人士面临的最大挑战是：如何使数据在设计构思过程中发挥作用，如何确保用户生活能够真正从最大限度上影响设计思维。这同样也是 UX 专业人员带给我们的最大问题：如何使产品团队从用户数据出发进行设计。

升级版的情境化设计整合模型旨在帮助团队轻松地消化用户知识。我们将好的传达设计的原则嵌入到整合模型中，以便你轻松运用。传达设计对于成功的构思至关重要，因为它是联系数据和设计之间桥梁的核心。传达设计有其运作的一套原则，我们将在讨论整合过程时再做出说明。以下先简要介绍其主要内容。

---

1　序列模型对于指导详细设计是最有效的：它能确保任务步骤和用户意图能得到有效处理。它所刺激的设计思维更倾向于低层次的修正，而不是产生大的产品概念或新的方向。序列模型对于详细设计很重要，但几乎不能收集到大的设计构想，除非我们强迫团队一步一步地往下走，不过，这将是无比乏味的。

2　库珀 • 艾伦（1999），《软件创新之路——冲破高技术营造的牢笼》（*the Inmates are Running the Asylum*），SAMS，ISBN 0-672-31，649-8。

- **有意义的结构**：设计图表结构，使其布局和颜色能够突显出实践的结构；将数据组织、简化为小型的模块。
- **故事化的语言**：使用简短直观的故事描绘用户体验，包括使用现实生活细节来阐述要点；结合真实事件，运用直接的语言，从情感和理智两方面吸引设计师的注意；不需要概括或抽象。
- **入口方式**：使用图形化的布局来引导读者的视线，并通过故事来引导读者的思考；使用设计问题和构思案例向读者提出关键问题。
- **互动**：在处理数据的过程中使用图表，使设计师可以操控数据，从而与数据交流，而不仅仅是被动地阅读数据。
- 新的体验模型是基于这些原则设计的，包括针对颜色、空白、图形元素的数量、文字长度和作品声音等内容提出参考。请随意复制和使用我们所做的模型。现在，我们对传统的情境化设计模型做了更新优化，使得传达和交流更有效。我们很多人平时使用的用户旅程图[1]就是传达设计的一个例子。

## 5.5 将模型付诸行动

在项目规划期间，团队就要确定在项目中将要使用哪些模型。所有项目都可以从亲和图获取相关的记录。大多数项目只需要“生命中的一天”模型、身份模型和序列模型，或许再加上关系模型或协作模型就够了。这些模型足以满足团队的所有设计对话。哪种模型最好，这取决于你正在设计的产品和项目的重点，当然，根据需要你可能还会另加一两个模型。例如，在展示汽车内部驾驶行为和体验时，物理模型就显得尤为重要；感知板为交通工具和电器行业的设计师带来了洞察力；决策点模型揭示了购物者的思维过程。模型的选择会影响到收集的数据和设计的范围，团队只能考虑到被描述了特征的用户世界。

在数据收集和解读的同时建立模型，建模不是一个孤立的过程

每种模型都意味着某些类型的数据必须在访谈现场中收集，并在解读数据期间获取。当我们描述模型的时候会详细介绍具体操作的过程。但请注意，建模是数据收集和数据解读相结合的过程，这两个过程不是独立的。模型最初是在访谈解读期间创建的。当访谈者复述故事时，建模人员听到相关的数据便会将其纳入模型中。

1 斯蒂芬 • 莫里茨 . 服务设计——一个不断发展的新领域 . 2005.

在访谈解读会中创建模型，使团队有可能以具体、开放、可触知的方式来描述和分析用户活动的各个方面。他们还会自动引导设计团队，让他们在现场观察到更多信息。

团队只要进行了 12 ～ 16 次的访谈，就可以开始初步的数据整合了。你可以根据需要，构建亲和图或情境化设计模型。如果项目计划要求做 16 次访谈甚至更少，那么就可以把数据整合放在最后来做。否则，这些初步的整合会使团队对余下访谈重新设立关注点，误入到那些表面看起来比较薄弱的区域。在解读完余下访谈后，团队将数据置入现有模型，进行适当的更改，并准备最终以图形方式表达。所有图表模型和亲和图都将放在网上，并以大幅面印刷后挂在墙上，供人们进行研究和构思。

在构建模型的章节中，我们将描述每个模型的数据收集、解读、整合以及传达设计的过程和实践。首先，让我们来看看如何构建亲和图。

# 第 6 章

# 亲 和 图

亲和图是组织现场数据的最简单方法。它将从访谈解读会上记录的笔记整理成层次结构，以揭示所有用户的常见问题和主题。亲和图展示了问题的范围：它能够在一张图上展示团队所关注的所有数据，包括用户生活中的问题、忧虑和关键要素等。它还有助于定义系统中的关键质量要求：可靠性、性能和硬件支持等。理论上，每个项目都应该建立亲和图。这应该是首先要建立的整合模型，因为亲和图可以兼容收集其他模型可能需要的数据，也可以引导整个整合思维过程。图 6.1 显示了来自于个人访谈（黄色便利贴）的记录和图片被分类组织成一个层次结构（蓝色、粉红色和绿色标签）。拍摄于访谈期间的照片在适当的时候被整合进亲和图。

图 6.1　构建中的亲和图

把所有的市场问题和机会放在一起

为了建立亲和图，将解读会上记录的来自于所有用户的笔记随机地写在黄色便利贴上。然后，团队用方便的方式将所有笔记分类整理出层次结构。根据记录笔记的数量和团队规模，建立亲和图一般需要 1.5 ～ 2 天的时间。这些便利贴将会被根据类别分组贴在墙上，以突出显示设计问题的特点；每组笔记只描述一个设计问题或一个关注点。每类问题需要控制在比较小的数据量，4 ～ 6 条笔记比较合适。在拥有大量数据的情况下，将每个类别控制在比较小的规模可以促使团队将一个关注点分解成若干个设计问题，最终得以找到更多的设计点以及更多的见解。这些类别不是预先设定好的，而是从数据中提取出来并且具体到数据的。最后，每个类别将用蓝色便利贴标注[1]，贴在黄色便利贴上方，以表示该组类别的要点。然后，这些蓝色标签又组织成更大的类别，被归纳为粉红色标签，而粉红色标签则再次被归入到绿色标签类别下，就这样形成了一个树状系统，呈现出整个项目主题。

20 世纪 70 年代，亲和图或 K-J 图方法在日本被列入“质量管理七大工具”之一[2]。从此，它便成了一种常用的工具。我们优化了这个过程，来处理工作量庞大的亲和图，通常情况下，访谈大概可以产生 1500 条便利贴。不过，我们还是会建议新手在首次处理亲和图时不要超过 500 张便利贴。在建立亲和图之前，我们需要有足够的用户访谈。这意味着通常我们需要采访 12 ～ 16 个用户，覆盖所有目标角色，涉及 3 ～ 5 种工作或生活环境，每个用户预期可以获得 50 ～ 100 条记录。我们期望在一天之内完成亲和图的制作，最坏的情况也必须在 2 ～ 3 天内集中精力完成。如果每位队员分配到 80 条用户记录甚至更少，是可以在一天之内完成的。如果项目计划收集更多的数据，首先要把已经完成的访谈内容做一个初步的数据整合，这样，团队可以在余下的访谈中进一步明确和聚焦需要收集的重要数据。然后，在接下来的 1 ～ 3 天内，完成余下的用户访谈，同时完成数据整理。

亲和图是组织大量非结构化数据的最佳方法

构建亲和图，是一个需要进程管理的团队任务，确保它能够在指定时间内完成。任何的拖拉对团队都是一种损失。如果你的团队很小，没有足够的人手，请邀请对设计有兴趣的人参与进来。你需要做任何该做的事，让他们尽快融入团队，甚至是订购比萨饼这样的小事。记住：项目经理和团队成员都在体验时间的流逝，而不是消耗工时。10 个人一起工作一两天看上去时间很短，而两个人工作一个星期却看起来时间很长，即使后者消耗的总时间是更少的。但是你不会获得与更多人合作时的那种群体的沉浸感、认同和宽阔的视野。这也就是我们为什么不在线建立亲和图的原因——数据太多、操作过多，而团队交流不足，难以实现高质量的结果，无论是对于亲和图，还是认同和沉浸感等，哪方面都一样。[3]

---

1 刚开始这个过程的时候，只有蓝色、绿色和粉红色的便签。在与团队合作时，这些颜色代表了抽象级别的意义，成为了模型的一部分，因此保留了这些颜色及其含义。无论你做什么项目，都将产生与亲和图的 3 个层次相一致的颜色。

2 M. Brassard. 记忆慢跑者 . GOAL / QPC. Methuen，MA，1989.

3 未来的某一天，在房间里可能真的会出现数字化的“墙壁”，那么我们将可以做到无纸化办公！但是在这个房间里的设计团队仍然可以分享他们的体验。

## 6.1 构建亲和图

禁止使用行业术语或专业词汇，促使人们重新思考那些已有的概念

亲和图是自下而上建立的。我们不会从“可用性问题”或“质量”等已知类别开始构建，它们只会让亲和图的构建变得毫无意义；如果每个记录条都在自己的“桶”里，那么到最后你也不见得会比以前知道得更多。相反，我们允许按照个人笔记所提示的内容来进行分类。我们有意识地禁止团队使用熟悉的类别，或是依据个人体验代替用户数据来作为分类的依据。我们甚至禁止团队使用太熟悉的语言——曾经，我们禁止配置管理组使用“版本”一词。“禁止使用术语”能够促使团队说明概念如何与项目焦点相关，并帮助他们以全新的视角来处理问题。图 6.2 为发布在网上的一个大型亲和图的片段，它显示了黄色便利贴如何从个人访谈的笔记中整理、组合为揭示了问题和主题的蓝色和粉红色的标签部分。请注意，这里的蓝色和粉红色部分反映了用户真实的心声。

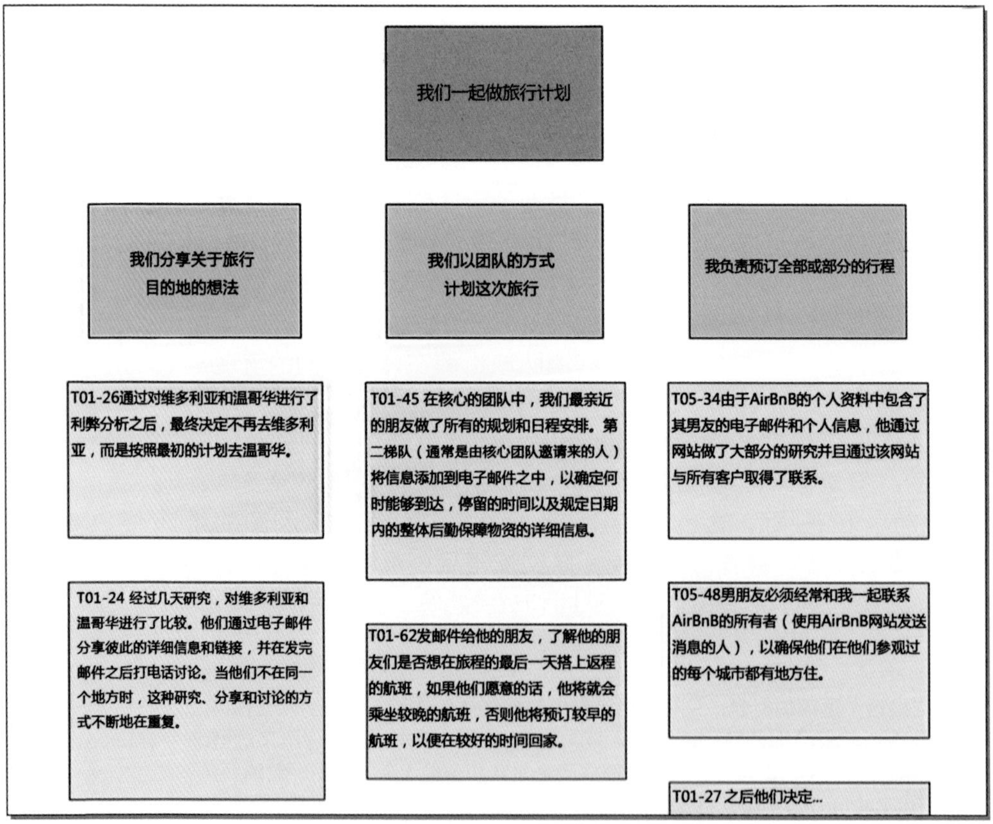

我们一起做旅行计划

我们分享关于旅行目的地的想法

我们以团队的方式计划这次旅行

我负责预订全部或部分的行程

T01-26通过对维多利亚和温哥华进行了利弊分析之后，最终决定不再去维多利亚，而是按照最初的计划去温哥华。

T01-24 经过几天研究，对维多利亚和温哥华进行了比较。他们通过电子邮件分享彼此的详细信息和链接，并在发完邮件之后打电话讨论。当他们不在同一个地方时，这种研究、分享和讨论的方式不断地在重复。

T01-45 在核心的团队中，我们最亲近的朋友做了所有的规划和日程安排。第二梯队（通常是由核心团队邀请来的人）将信息添加到电子邮件之中，以确定何时能够到达，停留的时间以及规定日期内的整体后勤保障物资的详细信息。

T01-62发邮件给他的朋友，了解他的朋友们是否想在旅程的最后一天搭上返程的航班，如果他们愿意的话，他将就会乘坐较晚的航班，否则他将预订较早的航班，以便在较好的时间回家。

T05-34由于AirBnB的个人资料中包含了其男友的电子邮件和个人信息，他通过网站做了大部分的研究并且通过该网站与所有客户取得了联系。

T05-48男朋友必须经常和我一起联系AirBnB的所有者（使用AirBnB网站发送消息的人），以确保他们在他们参观过的每个城市都有地方住。

T01-27之后他们决定...

图 6.2 一个大型亲和图的片段

探究每一条笔记的设计意义

亲和图的构建其实是一种纯粹的归纳推理过程。基本的过程是贴上一张便签，然后让大家查看手中的便签，寻找看上去与上一张意义类似的记录。找到后，将其贴到刚才那组便签之下。我们不需要知道同一组便签为什么会被聚在一起，但是我们确实推动了某种“亲和关系”的发生：如果两张便签表达了类似的内容（比如类似的意图、问题或事件），并且与团队的设计重点有关，那么它们就是有亲和关系的。因此，决定这些便签是否归在同一类，需要对笔记中的记录深入调查，并理解其代表的实际意义。当不清楚如何解读这些词语时，团队可以向访谈者求助，以检查该条记录的解读是否有效。

以下是根据笔记中记录的数据来推断实践意义的一些示例。每个例子给出了一些具体情境（团队将会了解的），并展示了如何从特定视角中观察数据，寻找重新设计实践和技术的意义。如果某位团队成员在解读会期间产生了相关的见解，那么它们将被各成员单独记录下来；亲和图的构建过程给了人们再次思考数据的机会。

这些笔记都是在针对人们假期规划的访谈中取得的。

> U07-39 她喜欢 Orbitz（旅程网），是因为 Orbitz 日期很灵活——提供了一个包括出发和返程日期的表格矩阵）。她可以看到每一个往返日期搭配的价格，并挑选最好的一个。

这条记录讨论了旅游网站（Orbitz）用户界面的一个特定功能，但是它隐藏了旅游计划蕴含的意义。当计划她的假期时，用户无法确定某个特定的出发和返程日期，可能受到行程、价格和其他因素的影响。事实上，度假计划中的许多决定都是不确定的，取决于度假过程中的方方面面。我们构建任何工具时，都需要采取这种灵活的、中立的态度来进行规划。

> T05-90 她说她的妈妈很少旅行，当 U5（用户编号）开始经常旅行时，妈妈为 U5 感到自豪：“你会去到所有想去的地方，看到所有想看的风景”。

这条记录暗示了与身份相关的价值观和体验，这条记录说的是母亲的态度，但也隐含了旅行者自己的态度。在亲和图中，这些代表了价值观，以及我们如何看待自己相关的记录将被组合到一起，以揭示主题。墙面上的这部分内容将用来揭示这些价值观，也是创建身份要素相关的数据，这将会在第 7 章中详述。这条记录告诉我们：冒险对母亲和女儿来说都是有价值的，母亲想鼓励女儿去做她不能做的事情。当团队从记录中寻找有意义的和关键的想法时，就可以把类似的笔记归在一起了。团队阅读分析笔记的意义，以及将每条笔记分类的方式是由项目的关注点决定的。每条笔记都可以从不同的角度来解读——如汽车的特性、寻找餐馆、提供搜索功能。一旦把它们放在一起，便指向了一个“酷”的概念（事实上，它们正是概念的来源）。当这些笔记整合在一起时，可以得出“为我思考”的建议，即：不需要问我就给我我想要的、无须搜索、免除设置。这种跨领域的分类方式，整合出了更高层次的用户原则。

这些记录将表达和丰富“酷概念”的含义

我喜欢立刻能获得当地的结果，而不必去问别人。

U6-40 她喜欢 Google，因为 Google 会为你首先提供附近的餐馆和商店列表。

U5-58 喜欢使用车里内置的 Zagat，它可以帮我在附近找到好的餐馆。

U4-60 他会使用车载地图中的图标功能，这可以帮助他找到附近的加油站。

简单地说，墙上的标签代表了用户的心声

现在，我们把类似主题的笔记收集在一起，并给了它们一个标签，来描述该组笔记代表的见解。一个好的类别标签可以陈述所有该组记录所反映的问题。可以用一个简洁的短语来概括该组笔记表达的内容。“用不同的方法寻找附近的东西”就不足以概括上述例子中的内容；它只说明了你通过阅读以上笔记知道了什么内容。“无须询问”陈述了一个重要原则，下面每条笔记为这条概括性标签提供了陈述性案例，同时也提供了支撑。一个好的标签可以表现出该设计问题的重要特征。标签是对详细数据的概括与总结，现在我们可以不必再阅读下面的笔记，有标签就足够了。所以，一个优质的标签很重要。

一个好的类别标签就如同用户与设计师的对话；简明直接的语言比第三人称语言更有影响力。标签不是一个句子，它是来自用户的简洁的、陈述性的个人信息。当标签能够代表用户心声时，整面墙就可以与设计团队“直接”交谈了，就像用户直接与设计师对话一般，标签就是连接这个沟通的桥梁。以下是一些好的一级标签的案例，它们都体现出了旅行计划是如何支撑人们之间的关系的：

这次旅行的规划是通向和拥有快乐的另一个机会。

我越接近他们，与他们沟通的方式就越多。

计划定期的旅行很重要，这让我们能够聚在一起。

像上述的第一级分组会被收集到更高层级的群组中。最终我们将用户数据分解为可管理的模块，呈现为层次性结构。我们在最高层次使用绿色便利贴，它可以描述令人关注的整个领域。在它下面是粉色便利贴，它定义了和它相关的某一领域的具体问题。蓝色的便利贴描述了问题的各个方面，在它下面的黄色便利贴记载了个人访谈记录，它用实例具体描述了蓝色便利贴上的内容。如果写得好的话，这些标签可以讲述一个用户故事、构建设计问题、识别具体的问题，并将与这个问题有关的一切信息组织在一起。在亲和图中，标签呈现的是新的信息，所有标签都表达了用户的心声。

我们将每个第一层次小组限制为 4 ～ 6 个便签条，促使团队深入观察，区分出更多不同的类别。这样也可以在群组标签中吸收更多的用户知识。请记住，这些标签是你的成果，它们将驱动你的设计思维，给你更多灵感。一般来说，亲和图中粉色便利贴标签下最多可包含 8 个蓝色的标签，而每个绿色标签下可以有 6 ～ 8 个粉色标签，太大的群组结构不足以保证设计师快速获取需要的信息。

*标签通过整合数据来揭示其内在含义*

完成之后，图中每个绿色部分讲述了一个关于用户生活的故事。它们提出了与项目关注点相关的特质，揭示了什么才是最重要的。正是通过这种方式，标签总结了那些用户洞察，并且驱动设计思维。例如，这里是某个亲和图的部分节选，它描述了如何通过旅行来支持“成就感”的酷概念。（为了简洁，跳过了最基础的用户记录，用彩色三角形来代表亲和图中的彩色标签）：

- 挑战是成就的一部分
  - 旅行提供了追求个人目标的机会
    - 旅行是一个机会，让我和我的家人可以继续在家里做的事情
    - 旅行给我机会和灵感，提升自我
    - 我在寻找一个 App，能将我的兴趣（比如食物）与旅行连接到一起
    - 我想学习新鲜事物，旅行 / 旅行计划能帮我做到这一点
  - 旅行本身能给我一种成就感
    - 达成一笔好交易让我感觉很棒
    - 我很享受计划旅行，并感到自豪
    - 找出最好的交易、计划最好的路线等，很有趣
  - 我会在乎记录我的成就
    - 我记录我去过的地方

- 我想要收集我所有的旅行照片
- 我喜欢收到关于我的评价与反馈

亲和图讲述了一个关于用户生活的故事

在这部分亲和图中，汇集来自于许多用户在不同情况下的数据，来讲述旅游故事和挑战的经历。当你分享数据或是在墙上浏览这些数据时，你可能觉得像是在读一个故事：“人们将旅行视为一种挑战，这是件好事。它让人有了实现个人目标、增进兴趣和成长的意识。克服旅行中的挑战本身就是有趣和有意义的。我为自己所做的一切感到自豪，并希望能与我的世界分享。”每个粉红色标签都概括了由下面的蓝色标签所描述的问题，这样一来，亲和图的每个部分都描述了一段连贯的故事，这样，整面墙把所有问题和观察资料汇集在一起，讲述一个关于用户群体的完整的故事。

亲和图中所有的标签全部来自于数据。它们聚在一起讲述了一个关于人们在市场中的实践和生活的故事。数据总是能表达目标活动的详细信息。但是随着“酷概念”的采用，这些数据还详细地描述了人们的生活、移动设备的使用、识别和动机。而“酷概念”使得团队关注感知觉、直接的交互工具、工具的麻烦和学习等方面的新的研究方法。因为这些不是传统的、面向任务的数据，所以在整合过程中很容易被错过。

**构建“亲和图”的指标：**

1. 当你已有多个用户的访谈记录时才能开始构建。
- 已访谈了大约一半的用户，或至少有4或5个用户300条左右的记录。
2. 从观察记录开始分类。
- 没有设计构思或问题，第一手资料构成了该类别的意义。
3. 每个蓝色标签（第1层级）下方记录的数量取决于亲和图的规模。
- 小于1000条记录：2～4条/组。
- 1000～1800条记录：4～6条/组。
- 超过1800条记录：6～10条/组（如果它们真的有很多重复的部分）。
4. 较高层级标签下的子标签。
- 粉红色标签（第二层级）下面有6～8个蓝色标签。
- 绿色标签（第三层级）下面有4～10个粉红色标签。
5. 如果拥有超过20个用户的访谈，就可以建立初步的亲和图了：
- 在10～16次用户访谈（或大约一半数量）后，开始建立初步的亲和图。

- 初步的亲和图应该是完整的，是宽而浅的：每个蓝色标签下只有 1 ～ 3 条个人的记录。
- 后续的访谈应该使现有群组变得更深，并且创造出新的标签。

## 标签指南

标签应该使读者易懂：

- 阅读蓝色标签以查看主题，而无须浏览单条记录
- 可以快速阅读，无须分析任何语句
- 专注于引发设计思想，而不是弄清楚语法

蓝色标签指南：

- 以突出关键点的方式描述数据
  - 应有一个关键点
  - 如果很容易找出共同的关键点，那就组合它们，——如果找不到，就将其分解
- 使用直接的语言概括观察结果，而不是分类
  - 好的方式：“直到我查出可用的住宿之前，我不确定目的地”
  - 不好的方式：“我如何选择住宿”——这将迫使我们查阅个人记录来寻找关键点
- 从用户的角度出发，与团队交谈
- 使用简明扼要的“海明威式”的陈述——简单、直接、未经装饰的短语、简洁的句式，不使用带从句的长句子
  - 不需要完整的句子
  - 在便利贴上手写短句，不超过两三行
  - 不要设计思想
    - “预订住宿太复杂”，而不是“我想要一个简单的方式来预订住宿”

粉色和绿色标签部分：

- 它们反映了调查结果的主题 / 类别，使用第一人称
- 例如，“我有很多种方法来决定该去哪里”

酷概念改变了传统的亲和图构建方式

因此，为了确保团队将情境化设计模型和构思方法所需要的数据都集成到一起，我们需要提出“为生活而设计”的问题。为了做到这一点，在建立亲和图前，我们建议团队从一系列与“酷概念”有关的初始绿色标签开始着手。这些标签相当于占位符，稍后可以通过组内的数据内容进行更改。所有有关目标任务的绿色标签自然会冒出来。

所以，我们不建议将预先定义绿色标签作为首要任务——这不能帮助团队突破其初步设想。但是，通过使用与“酷概念”相关的初始标签，我们可以帮助团队认识到重要数据并将其整合在一起。以下是我们建议的绿色标签，它们可以确保以生活作为设计的焦点：

- 我忙碌的生活。
- 与我重要的朋友联系。
- 定义我的私人生活和工作。
- 享受于工具给带给我的感官体验。
- 我的工具可以直接付诸行动。
- 我的工具很麻烦。
- 我必须学习如何使用我的工具。

这些类似于占位符的标签，使得团队更容易找到整合相关数据的方式。一个团队的项目焦点中可能没有所有的酷概念；如果是这样，那他们只会用与项目焦点相关的初始绿色标签。

亲和图的架构揭示了整合的核心过程：

（1）查看来自不同用户的个人访谈记录并且分类数据；

（2）突出显示与设计相关的关键特征；

（3）利用多层次抽象来标注群组的特性——在亲和图中，蓝色标签描述了群组的细节特征，粉色标签显示了由绿色标签所描述的一个完整的主题或故事区域的几个关键的方面；

（4）通过归纳推理来分组，揭示新的主题、角度和特征；

（5）将整体通过易于理解和浏览的结构来呈现。对于亲和图来说，这样的架构只是一个简单的层次结构。

*构建一个亲和图可以引导我们归纳推理，去寻找真正重要的主题*

一个优质的亲和图，可以让你很轻易地浏览全局，了解实践中的每一个问题，以及团队迄今为止分析出的一切信息，而所有这些都是与用户的实际情况密切相关的。没有比亲和图更好的方法可以快速地以更宽阔的视野来了解问题。这是整合过程中的第一个例子。

## 6.2 以团队方式构建亲和图

亲和图的构建是一个团队合作的过程。由多人合作整合数据是至关重要的，因为它可以确保及时完成该项工作。更重要的是，构建亲和图对那些没有亲临现场收集数据的人来说，也是一种沉浸式的体验。它帮助人们接近用户的生活，也自然地扩大了人们对用户生活的理解。通过归纳和整理，团队成员把数据构建成可以共享的结构，同时也认同了数据的含义。

对于任何组织流程来说，人们都需要了解其参与规则；清晰的组织结构有益于指导他们顺利地完成协作项目。我们了解了情境化设计是如何为访谈解读会提供这样一个结构的，也将为亲和图和其他的团队任务提供明确的结构。以下是构建亲和图的基本步骤[1]。

## 构建亲和图的步骤

### 一、准备工作

1. 在可打印的便利贴或 3×5 网格纸上打印用户访谈解读会期间记录的笔记，然后一一剪开使得每条记录都是便签条的大小。最好将记录着所有用户记录的便签条混在一起。

2. 按顺序打印所有的用户笔记，就像列表一样，以供参考。

3. 准备一面空着的墙，用优质的、厚而不透水的纸贴满整面墙，在上面建立亲和图。

### 二、上午

4. 给每个参与构建亲和图的人分配记录条，每人大约 8 ～ 10 条。

5. 一次上去一个人把记录条依次贴在墙上，并高声读出内容。所有记录条贴完之后，再换人上去继续。不要讨论贴在哪里——你可以自己做决定。

6. 继续这个正式的过程，直到墙面上有了大约 20 个分类。

7. 每个人都独立工作，直到所有的记录条在没有标签的情况下全部贴到墙上。这时，就像它们需要的一样，人们开始越来越注意到这些记录。

8. 人们自然地把围绕着某个主题的记录条都放在一起。工作时，他们会大声宣布把记录条贴在了哪里。

9. 记住，每个人都可以移动任何记录条来创建和重建分组，以容纳新数据。

### 下午（如果需要的话还有接下来的几天）

10. 在开始正式编写标签之前，可以用其他的任何颜色草拟“类型”标签，贴在初步的分组上，以便你知道各组分别在哪里。（我们把它倾斜地贴在墙上，这样我们就知道它们不是真的分类标签，不需要检查。）

11. 根据草拟的“类型”标签收集类似的笔记条。

12. 介绍标签并一起开始编写标签，将记录条数量过多的小组分解，编写真正的蓝色标签；在这过程中粉色标签自然就会显现出来。

---

1　参见 Holtzblatt et al.（2004 年 12 月 28 日）更详细地介绍了构建亲和图的步骤。

13. 将两人一组分配到墙面的每个部分，首先处理优先区域。每一组都只为自己部分的编写标签，并移走不属于他们的记录条。

14. 由于每一组都要继续添加更多的用户笔记，所以要将其分解，使每组中不超过 4 条记录条，或者是适合于亲和图规模的数量。

15. 添加粉红色和绿色的层级标签，组合子群组并保持结构紧密。

16. 检查所有群组和标签的质量，标注主要特征，确保每一层级标签使用了正确的语言。

在构建亲和图期间，我们鼓励团队成员之间一对一地讨论，以保持安静。这是共同探讨数据的机会，也可以互相激发编写标签的灵感。两人一组工作，可以讨论各自的见解，互相检查各自的想法。编写标签可以展现你的想法；如果有人不同意这样的分组结构，他们可能会调整记录条并重写标签。在某个组内增加记录条自然会影响本组标签所需要表达的内容。所有的数据实例都支持一种解释或其他解释，因此很容易改变一个组的焦点，除非你拆分群组来展现几个不同的特征。

运用团队的力量，共同构建亲和图

在创建、更改标签或分组前，人们无须达成共识。但如果两个人遇到了瓶颈，他们可以请别人来帮忙。永远不要停下来让全组人针对亲和图的任何一个部分做讨论！让两三个人迅速做出决策，然后继续向前推进。当各部分并行工作时，墙面上自然能更好地反映出项目的主题。绿色标签部分为独立的工作区域；让人员在各部分间流动起来，从而使得每一部分都可以获得多重思考。任何人对任何部分都不存在所有权，那只会造成问题，而不是我们所追求的目标。

利用构建亲和图的过程，来思考实践的新方法

让两人小组来做这项工作有助于避免思路局限在某件事情上（比如所有带有“酒店”一词的用户笔记，都被分在了一组中），而关注于整个活动。在各部分之间的流动可以让人们始终保持新鲜感来检查彼此的记录条和标签，从而确保清晰、适当的分组，并且可以看到一个故事正在被创建。当人们对某条笔记应放在哪里有争议时，他们会讨论他们看到的潜在问题。当人们不理解某条笔记时，他们会回顾解读会的笔记列表或直接向访谈者询问以寻找答案。如果一条笔记包含了两个关注点，那就将其分成两半或再记录一条。记住：亲和图从来都不是“完美的”。完美不是我们的目标；构建数据，使它可以驱动设计思维，这才是我们的目标。每个人都应该时刻关注着墙上的亲和图，看看它是如何处理项目焦点和商业问题的。

在流程规则内管理分歧

为了更好地管理团队，我们对分歧进行了严格的界定，正如我们在访谈解读会上所做的那样。不同的团队成员对同一条记录可能会有不同的理解。如果一条记录可以属于某个现有的蓝色标签，或者也可以创建新的群组；在这种情况下，请创建一个新的组和新的方向。洞察越多越好。很少会有一条记录出现在两个群组的情况；如果一个组中已经有两个足够好的记录条，那么就不需要再增加第三条，让它在别的地方产生新的洞察。一条记录可能适合好几个组——在这种情况下，你只需要选择最弱的组，通过添加记录条来加强它。如果团队成员在解读会上就有了洞察，但没有具体的记录条来支持它，那么，首先找到支持它的数据（记录条可能已被埋在其他类别中），然后再编写标签来支持它。但是，要知道，大多数时候，没有一条记录是缺它不可的。

在几天之内构建亲和图，也创造了一项团队活动，当然，将团队凝聚在一起对于产生新的洞察也很重要。过快地构建一个更小的亲和图，或者随着时间的推移逐步建立亲和图，会使团队成员在不得不处理下一个问题之前，将每个数据都纳入已知结构中；这将导致每一个关注点的同化，而不能促进范式转变。因此，团队必须要在一天的时间内就使用全新的方式来观察用户世界。

在一天内把数百个观察到的数据组织成一个连贯的故事

建立一个拥有 1500 条记录的庞大的亲和图足以令人筋疲力尽，所以知道如何处理分歧和个体差异很关键。这要用一整天时间来阅读和提炼数百个独立、琐碎的数据并使之相互匹配。这就像集中注意力、记忆游戏、再加上“将莎士比亚翻译成拉丁文”的组合一样：将记录中的每个词转化为潜在的实践问题；然后将该记录条与 5 分钟前看到的某条记录相匹配，还要记得它被贴在了哪里。每个人都在墙面前忙碌地工作，一边在墙前面来回走动，一边彼此讨论着记录条，并大声地向大组提出一般性的问题（如：“是谁访谈了 U4（用户编号）”）[1]。

当第一批记录条越来越多，而还没有确定标签时，有些人会觉得压力很大，也有人喜欢这种状态。但是，当墙面上的某一部分贴上标签时，那些讨厌它的人忽然发现压力消失了。现在这个任务是有界的，他们尽可以关注投入结构；有些人会成为很棒的写标签者；而有些人则擅长分类，但写不出好的标签。团队协作意味着能够依靠集体的优势，去弥补个体的弱点。没有什么项目会一帆风顺。但是，如果人们知道项目该期待什么，该做什么，我

1 要了解一个真实的亲和图构建案例，请点击这里：https://goo.gl/a4zvm4

们就可以对付它。

当团队完成工作后，他们会得到一个描述了所有用户数据的单一结构，这个“结构”组织了所有的知识和洞察，为下一步设计打下了坚实的基础。当他们看到亲和图完成的时候，每个人都会兴奋起来！

### 亲和图构建过程中的人员管理

构建亲和图对很多人来说不是一个容易的过程，在项目进程中，人们会有不同的反应，以下是一些指导方针（见表 6-1）。

表 6-1 人们的反应和建议

| 人们的反应 | 建议 |
| --- | --- |
| 亲和图中用户记录条庞大的数量和结构的欠缺让人压力很大。我们这些人能够组织亲和图中很有限的一部分，但构建出初始的分类群组太难了 | 1. 在项目开始之前谈论这个问题，让那些不知所措的人知道这种感觉是正常的。让他们放心，随着工作的进展，他们会发现这个过程将变得容易，在最后，当整面墙被组织起来时，他们将会得到他们想要的结构。<br>2. 向大家说明这种方式是组织记录条以建立亲和图的最快方式，而且它可以给人们提供更多的视角 |
| 有些人关心创造的亲和图是否“正确” | 让他们知道，整合亲和图的方法有很多，但你将使用的只有一个。这没关系——你的目的是通过找出关键特征来推动你对用户的理解。只要你的亲和图能激发你产生新的设计思想，这对你来说就是有好处的 |
| 有些人需要清除杂念，只关注自己那一部分的问题 | 他们可能无法与别人一起工作，因为与别人一起谈话和思考太难了。如果你有两个这样的人，建议把他们配对为一组，这样他们可以互不干扰地并行工作，有时还可以进行一些讨论 |
| 有些人老盯着墙面上“他们”做的那部分工作，当别人将其他记录条加入他们组或移动他们的记录条时，他们会感到沮丧 | 指导团队成员学会多人合作创建图表，没有任何人能让整个事情保持连贯一致。让他们相信会有好事发生。这就是如何使人快速在墙面前移动 |
| …… | …… |

## 6.3 设计传达与亲和图

一旦亲和图被建立、结构化，标注好标签，便是时候确保它准备好在构思环节中起作用了。因为团队总是喜欢使用亲和图，它是我们学习判断什么是真正适用于传达设计的黄金标准。下面让我们来了解一下它的特性。正如亲和图告诉我们这种归纳思维是整合的基础，它说明了优良传达设计的原则。

亲和图体现了优良传达设计的原则

**有意义的结构：**有意义的结构是一种可以被快速使用、理解和消费的结构，任何人都可以使用这个模型。亲和图呈现的这种层次结构，是所有行业都最熟悉的信息架构。如何组织这种层次结构对于成功至关重要。亲和图的结构包含了目标群体生活实践的完整故事。自上而下来看，它由绿色标签来表示故事的部分或章节。因此，亲和图通过易理解的块状内容来呈现市场上的关键问题。读者通读某个绿色标签群组，只关注该组所表达的内容。这有助于集中设计思维，并产生有针对性的设计思想。每个绿色标签都像是在说："看这里，思考一下这个问题——你将如何解决我的问题？"

每个绿色群组都由几大块组成——也就是"粉色群组"，等等。每一块内容都能引起你的设计思考。当信息在整体框架中合理地被分为几大块时（如亲和图的层次结构），人们自然就知道如何有条不紊地处理复杂数据而不会不知所措。绿色标签引导读者阅读数据，创造出自然的停顿点（如故事中的"章节"等）。它虽然积极引导人们的设计思维，但也将问题限制在可控范围之内。任何好的传达设计都必须有一个可识别的结构，将信息分块，可以引导读者系统地、自然地阅读整个模型中所描述的全部故事。

传达的结构令人不知所措还是容易理解

那么，是什么组成了一个好的亲和图？我们已经介绍了规模限制，每个分组规模不要过大；也给绿色标签设置了一个合理的秩序，让人们在不影响整体理解的基础上阅读数据。这样，任何人都可以从任何地方开始阅读——无论从哪里开始，都将最终讲述一个完整的故事。

标签及标签的语言也是至关重要的。如果它们过于冗长，人们就不得不停下来分析语句，这就影响了浏览的流畅性。但如果它们太简短而不明确，那将会迫使读者重读记录条，这也将破坏流畅性。又如果标签上的单词太多，人们则无法快速浏览。为了使读者同时获得故事的大概和细节，数据必须像小说一样被快速轻松地阅读，这样大脑才可以在阅读时自由地产生想法。在数据流动过程中的任何事情都有可能会阻碍设计思维的发展。

创建亲和图的最后一个步骤是检查分组的规模和顺序是否合理，即：最重要的主题是否表达明确，标签是否简短、清晰、易理解。

人们知道该如何理解故事——那就给他们一个故事吧

**故事语言：**人们热衷于讲述和消费故事。我们在石碑、穴壁、小说和报纸上写下自己的故事。我们通过分享故事来解释一些大原则。尽管我们可以抽象，但我们生来就知道如何以故事的形式安排内容。当我们看到一个抽象的概念时，也会自然地编出一些故事（或例子本身就是故事）来告诉自己抽象概念的含义。所以，如果我们希望人们能够轻松地理解数据，那么最好使用故事语言。

“理解框架”提供了一系列能够组织理解力的抽象概念。但如果没有故事作例子，那么这个抽象的概念就很难激发设计思维了，就像人们不知道抽象的概念应该如何在生活中发挥作用一样。或者更糟糕的是，这个概念还需要我们编造故事去填补空白。这使得设计师们只能依靠自己的体验编写故事，而不是依据市场数据。将数据输入设计师头脑中的最有力的方法，就是通过归纳推理找到它们的组织概念，然后以故事的形式说明这些概念。

亲和图中的标签使“分类组织、命名核心概念及讲述故事”这三件事情同步进行。它们使用第一人称语言来表达用户体验，因为刻意使用了简短、陈述性和简练的语言，所以很容易被人们理解。通过这种故事语言，设计师们从市场的声音中提炼出设计的核心概念。而所有这些故事都紧密联系实际数据，充实着抽象的概念，使之变得有血有肉。

亲和图中的故事语言能够激发设计思维，使设计师远离以“自我”为中心的设计。它为设计师提供了一种方式，只需通过“墙面研究”，就能够快速地沉浸在用户的生活中，这一点将在第 3 部分讨论。

通过数据结构帮助人们理解这份数据

**“入口”设计：**布满整面墙的基于复杂数据的大型图表容易给人造成压力。由于我们的目标是希望阅读者参与到数据之中，所以我们需要在图表结构中设计一个“入口”，也就是建立一条读者与数据的桥梁。每个整合模型都必须通过其结构和布局引导读者顺利地阅读数据，并且每个整合模型都要展现关于用户生活中某个方面的全貌。但是我们无法做到一眼就看完所有内容，而必须在图中移动，或至少是一次读其中一个部分。

亲和图通过分组提供了一种自然的“入口”。每个绿色标签都清楚明白地定义了将被处理的部分。这种层次结构告诉我们：蓝色标签定义了粉色标签；而粉色标签定义了绿色标签。在模型中，从一个绿色标签到下一个绿色标签的流动指引着阅读者的足迹，人们在绿色层级上就能找到自己最喜欢的那部分。这种“入口”的方式清晰明了。

这种“入口”方式不是仅仅由结构定义的。故事语言可以吸引读者，也欢迎他们进入调查、询问。亲和图精心设计和标记的层次结构是一种很好的方式，以可理解的形式来描述互不关联的观察。但其他模型也呈现对同一实践的其他观点。有些实践的结构并不能很好地体现在层次结构中。在接下来的章节中，我们将讨论每个模型的结构以及如何为它们创建一个“入口”。

与数据互动时，让人们有事可做

**互动**：即使是最佳的图表设计，它也不会自己表达数据的含义。如果将图表作为一个“大文件”来进行信息的传达，读者可能会看它一眼，或者认为它看起来很酷——但他们真的会参与到数据中来吗？他们会使用它吗？而这些数据能激发设计思维吗？为了确保数据能够被运用到设计中，你必须推动设计人员与数据进行交流——思考它、操纵它、与它对话，并对它做出反应。所以，无论是何种模型，对于互动的支持必须建立在其传达设计中。

第 3 部分描述的“墙面研究”就是我们要求人们在浏览模型时进行一些活动，作为与数据交流互动的步骤之一。阅读本身并不能确保他们使用数据进行设计。我们必须创建数据和设计之间的链接，以确保它能深入到设计师的意识中。

如果设计师被要求写下设计构思，来反映他们对亲和图中的标签的看法，那他们自然会基于数据开始设计。如果告诉他们，有一个更系统、更好的想法，是去回应一个粉红色或绿色标签，来处理整个主题，他们自然也就会摆脱针对单个笔记回应的“一次性的想法”。如果可以通过创造一个小小的竞争来获取更多、更系统的笔记，那也无伤大雅。

除了阅读之外，人们还需要做一些事情来帮助与数据互动。就像我们接下来要介绍的，我们要把这种交流互动植入所有整合模型的过程和结构之中。不过，这里有很多方法可以创建交互式活动来驱使设计人员进入数据。

传达设计搭建了数据与设计之间的桥梁

传达设计是数据与设计思维之间的桥梁的核心。所以，在交互过程中，我们要创建一个有意义的结构，使用故事语言，设置一个明显的“入口”。当你这样做的时候，其实你已经为设计构思做好了准备。

亲和图是一个极妙的教学工具。它教我们如何归纳、如何构建信息、如何突出特质，以及如何管理复杂信息等。如果做得好，这将是一个优秀的传达设计。现在来看一下其他模型，学习如何构建它们，以及它们是如何驱动设计思维的。

# 第7章

# 建立体验模型

几乎所有的项目都会受益于1～2种体验模型

情境化设计体验模型可以帮助团队收集、整合和使用与酷概念相关的数据。他们以“生活的快乐之轮”的多重视角展现了用户的生活结构。（“设计三角形”中的数据将会作为笔记收集并整合到亲和图中。）每个模型都能传达数据并突出团队的洞察力。它们建立在传达设计原则的基础上，为用户的生活体验呈现了一系列连贯的画面。我们将依次讨论每个体验模型，包括它们该何时使用。每个模型都有助于将团队聚焦在一个“酷概念”上。

**“生命中的一天”模型：**此模型支持收集“成就感”数据。它展示了人们如何在自己的世界中完成目标活动；他们在不同的地方做了什么；以及在那里完成任务和获取信息所使用的设备。它展示了我们在生命之旅中如何在家庭和工作之间更换角色。

**身份模型：**此模型反映了与身份相关的数据。它揭示了潜在目标人群的关键识别要素。它也可以反映出骄傲、自尊和价值观的来源。

**关系和协作模型：**这些模型描述了“联系”方面的数据。它们显示了人们在工作、家庭和生活中，如何与那些重要的人联系，这些联系如何与目标活动相关联。关系模型显示了活动是如何影响亲密关系的；协作模型则展示了协作是如何培养积极的合作关系和成就感的。

**感知板：**这个模型基于相关数据，揭示了那些能够吸引人们的审美及情感体验。它为工业设计师和视觉设计师定义了一系列可用的关键词和图像列表。

情境化设计体验模型有着与亲和图相似的指导原则：

（1）在现场访谈中收集适当的数据以供模型使用；

（2）在访谈解读会中，从初步模型结构中捕捉与之相关的关键故事点；

（3）将数据放进适当的、易理解的结构，以便沟通；

（4）通过归纳法来收集类似的观察数据，进行分组；

（5）为每个分组用概括的语言写上标签，对某些模型也可以采用口号的形式；

（6）设计“入口”；

（7）使用传达设计的原则检验，并调整最终的模型表达。

最后，像亲和图一样，在团队中采用参与规则，提高团队决策和团队合作的效率。用这种方式可以创造沉浸式体验和认同感。数据本身就是为生活而设计的关键。

我们来依次观察每个模型，分别讨论它们要收集的数据、如何解读数据、如何整合数据，以及如何以图表化方式呈现数据。请参阅 http://booksite. elsevier.com/9780128008942 中的 for Illustrator 文件，并用它来开启你的模型。

## 7.1　“生命中的一天”模型

“酷概念”中“成就感”的概念，重点关注收集有关目标活动如何适应日常生活结构的数据——这些任务如何在大段的和碎片化的时间内完成，使工作和生活在不同的地点、时间和平台中交织在一起。人们经常审视自己的世界，不断地发明创造，或是让生活变得有趣，以追求一个丰富圆满的人生。

> “生命中的一天”模型展示了目标活动如何融入用户的生活

为了能看到用户的这些想法，我们创建了“生命中的一天”模型。该模型用于呈现用户日常生活的整体结构，以及在技术支撑下，用户的活动如何适应于全天的时间安排。由于用户可以在任何时间、地点追求生活或完成工作，设计人员需要了解技术设备是如何在生活中支持目标活动的。“生命中的一天”模型将解决上述几个问题。如图 7.1 所示为关于旅行的“生命中的一天”模型，这个模型呈现了和旅行相关的三个主要的利益相关领域：旅行前在家里和工作中、到达度假地点的途中，以及旅行过程中的活动。每个领域都展示了活动内容、遇到的问题、访问的内容和设备使用情况等。

我们建议为每个项目建立“生命中的一天”模型。就像亲和图一样，它是一个基础模型。

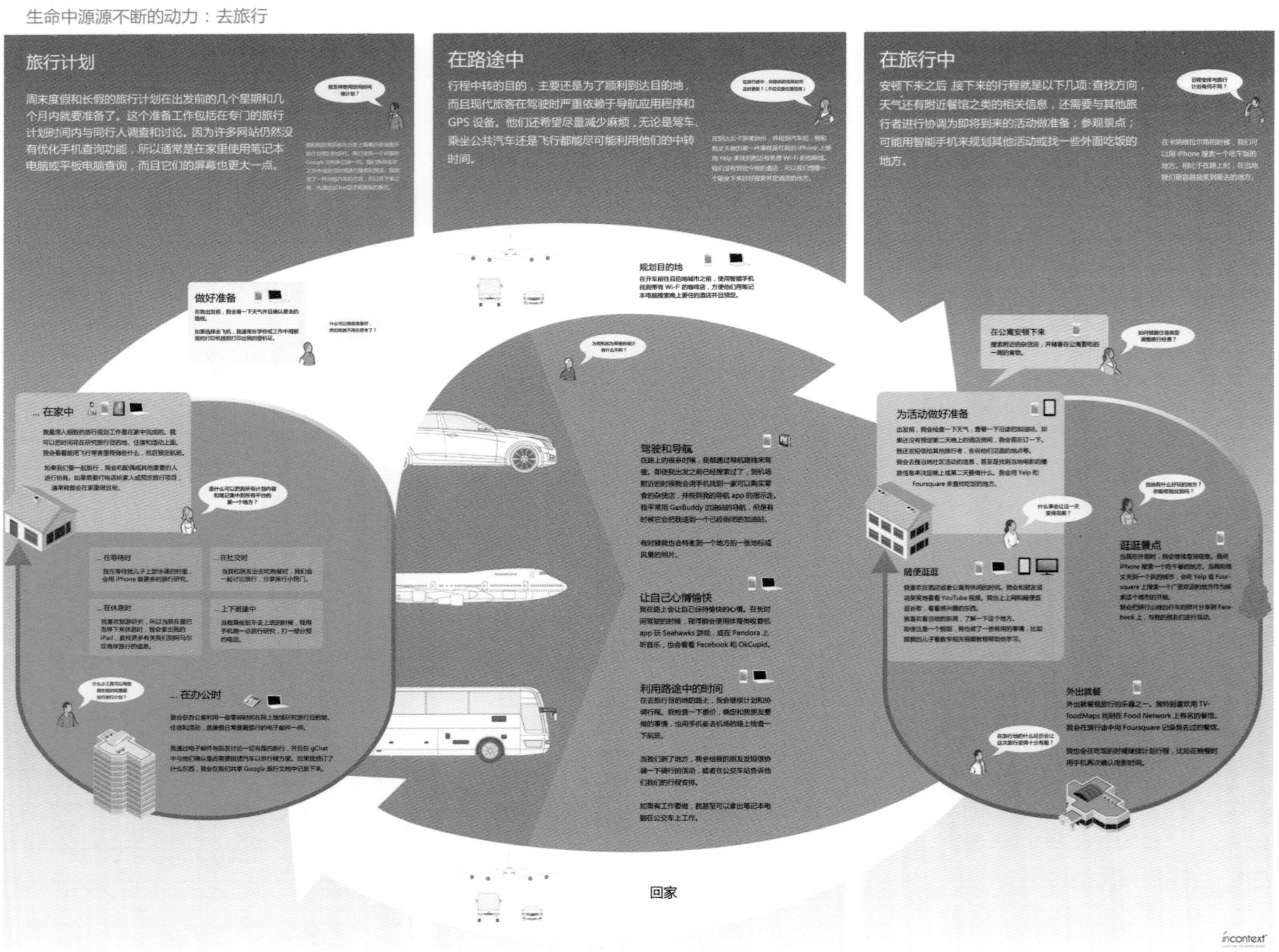

生命中源源不断的动力：去旅行

## 旅行计划

周末度假和长假的旅行计划在出发前的几个星期和几个月内就要准备了。这个准备工作包括在专门的旅行计划时间内与同行人调查和讨论。因为许多网站仍然没有优化手机查询功能，所以通常是在家里使用笔记本电脑或平板电脑查询，而且它们的屏幕也更大一点。

## 在路途中

行程中转的目的，主要还是为了顺利到达目的地，而且现代旅客在驾驶时严重依赖于导航应用程序和GPS 设备。他们还希望尽量减少麻烦，无论是驾车、乘坐公共汽车还是飞行都能尽可能利用他们的中转时间。

## 在旅行中

安顿下来之后，接下来的行程就是以下几项：查找方向，天气还有附近餐馆之类的相关信息，还需要与其他旅行者进行协调为即将到来的活动做准备；参观景点；可能用智能手机来规划其他活动或找一些外面吃饭的地方。

### 做好准备

在我出发前，我会看一下天气并且确认要走的路线。

如果选择坐飞机，我通常在学校或工作中用那里的打印机提前打印出我的登机证。

### ...在家中

我最深入细致的旅行规划工作是在家中完成的。我可以把时间花在研究旅行目的地、住宿和活动上面。我会看看能用飞行常客里程做些什么，然后预定航班。

如果我们要一起旅行，我会和配偶或其他重要的人进行协商。如果需要打电话给家人或预定旅行项目，通常我都会在家里做这些。

是什么可以把我所有计划内容和笔记集中到所有平台的某一个地方？

### ...在等待时

我在等待我儿子上游泳课的时候，会用 iPhone 做更多的旅行研究。

### ...在社交时

当我和朋友出去吃晚餐时，我们会一起讨论旅行，分享旅行小窍门。

### ...在休息时

我喜欢旅游研究，所以当我在星巴克停下来休息时，我会拿出我的 iPad，查找更多有关我们到阿马尔菲海岸旅行的信息。

### ...上下班途中

当我乘坐班车去上班的时候，我用手机做一点旅行研究，打一部分预约电话。

### ...在办公时

我会在办公室利用一些零碎时间在网上继续研究旅行目的地、住宿和活动，就像我日常查看旅行的电子邮件一样。

我通过电子邮件与朋友讨论一切有趣的旅行，并且在 gChat 中与他们确认是否需要租赁汽车以供行程方便。如果我预订了什么东西，我会在我们共享 Google 旅行文档中记录下来。

### 规划目的地

在开车前往目的地城市之前，使用智能手机找到带有 Wi-Fi 的咖啡店，方便他们用笔记本电脑搜索晚上要住的酒店并且预定。

### 驾驶和导航

在路上的很多时候，我都通过导航路线来驾驶。即使我出发之前已经搜索过了，到机场附近的时候我会用手机找到一家可以购买零食的杂货店，并按照我的导航 app 的指示走。我平常用 GasBuddy 加油站的导航，但是有时候它会把我送到一个已经倒闭的加油站。

有时候我也会特意到一个地方拍一张地标或风景的照片。

### 让自己心情愉快

我在路上会让自己保持愉快的心情。在长时间驾驶的时候，我可能会使用体育类收音机 app 玩 Seahawks 游戏，或在 Pandora 上听音乐，也会看看 Facebook 和 OkCupid。

### 利用路途中的时间

在去旅行目的地的路上，我会继续计划和协调行程。我检查一下票价，确定和我朋友要做的事情，也用手机在去机场的路上检查一下航班。

当我们到了地方，我会给我的朋友发短信协调一下骑行的活动，或者在公交车站告诉他们我们的行程安排。

如果有工作要做，我甚至可以拿出笔记本电脑在公交车上工作。

### 在公寓安顿下来

搜索附近的杂货店，并储备在公寓要吃的一周的食物。

如何根据住宿类型调整旅行经费？

### 为活动做好准备

出发前，我会检查一下天气，查看一下沿途的加油站。如果还没有预定第二天晚上的酒店房间，我会现在订一下。我还发短信给其他旅行者，告诉他们见面的地点等。我会去搜当地社区活动的信息，甚至是找到当地电影的播放信息来决定晚上或第二天要做什么。我会用 Yelp 和 Foursquare 来查找吃饭的地方。

什么事会让这一天变得完美？

### 随便逛逛

我喜欢在酒店或者公寓有休闲的时间。我会和朋友说说笑笑地看看 YouTube 视频。我也上上网和随便逛逛谷歌，看看感兴趣的东西。

我喜欢看当地的新闻，了解一下这个地方。

即使这是一个假期，我也做了一些有用的事情，比如跟我的儿子看数学相关视频教程帮助他学习。

当地有什么好玩的地方？你能帮我找到吗？

### 逛逛景点

当我在外面时，我会继续查询信息。我用 iPhone 搜索一个吃午餐的地方。当我和我丈夫到一个新的城市，会在 Yelp 或 Foursquare 上搜索一个广受欢迎的地方作为探索这个城市的开始。

我会把旅行山地自行车的照片分享到 Facebook 上，与我的朋友们进行互动。

### 外出就餐

外出就餐是旅行的乐趣之一。我特别喜欢用 TVfoodMaps 找到在 Food Network 上有名的餐馆。我会在旅行途中用 Foursquare 记录我去过的餐馆。

我也会在吃饭的时候继续计划行程，比如在晚餐时用手机再次确认电影时间。

在旅行地的什么经历会让这次旅行变得十分有趣？

回家

incontext

图 7.1 关于旅行的“生命中的一天”模型

### 7.1.1　采集现场数据

“生命中的一天”模型所需要的数据，是关于过去几天人们生活的回顾性数据，以及访谈中观察到的用户行为数据的整合。为了获取生活背景信息，我们从“成就感”的角度来聆听用户所说的和所做的事。听取他们的目标任务如何在时间、地点和设备上进行分配。如果某任务是在办公室完成的，那么，它有任何部分是在其他地方完成的吗？是在家里做的研究吗？他曾经在汽车、公交车、飞机上，或者在医生办公室里进行过电话协调吗？用户会在中途中断任务，让自己的精神休息一下吗？设计人员不能假设所有的任务都可以在一次专注的访谈中得到答案。

#### 情境访谈中体现的“成就感”

在全面了解生活中的活动后开始访谈，逐步深入了解整个活动是如何进行的。在此过程中，请注意观察和讨论以下内容：

- 他们做了什么，是如何做到的？
- 在哪里（地理位置）发生的？
- 在一天中的什么时间完成的？
- 它们持续了多长时间（片刻、几分钟或更长时间）？
- 人们如何消磨碎片时间——或者他们是否把主要的时间和精力花在了上面？
- 人们对这个任务有多关注；他们要求或期望投入多少关注？
- 他们使用了什么设备或应用程序？
- 在不同的时间段和不同的地点，他们访问了哪些信息？
- 他们与谁一起做的活动，为什么和那个人一起活动？

*详细回顾前几天的数据，构建“生命中的一天”模型*

关于访谈中的某些关键点，你可以通过让用户回忆过去的一天或某几天，讨论用户在当天发生的每一件事情，以及用户如何使用技术执行（或抑制）完成工作和生活任务的。可以使用日历、电子邮件、文本或其他工具来帮助回忆现实发生的事情，在此基础上展开讨论。要特别注意的是，当用户需要同时完成几项活动时，注意力如何被分解到各项活动，任务如何被分配到各时间段，目标活动如何在跨平台和移动设备上实施，以及在每一个点他们访问了什么内容等。

长时间的埋头工作几乎不会再发生了——如果他们曾经这样做过的话。我们要探究在类似于办公室工作的这一类长时间活动中人们如何受到干扰，或者是如何主动中断活动的；看看那些被认为繁重的或者不怎么重要的工作是如何在一天中一点一点地被完成的；技术通常会承担起一些烦琐的任务，尤其是那些必须做但看上去又不那么重要的短期任务（比如支付账单、制作时间表、旅行收据等）。如果你的目标任务并不繁杂，那它该如何协调这些活动呢？

只要有可能，就让用户重新在电子设备或应用程序上创建你们正在讨论的事件。结合提取回顾性报告的技术，产生一个基于真实事件的描述如何在全天使用技术的故事。在笔记本中按顺序记录所有的数据，注释相对应的时间点和使用的任务平台。例如，下方访谈中捕获的数据将直接用于“生命中的一天”模型，并且创建其他注释和模型。因此，可以使用“生命中的一天”回顾性报告来丰富所有数据。

**用户（U）**：昨天我正在做一个去加拿大的家庭旅行的研究。

**访谈员（I）**：是在什么地方做的呢？一个人做的吗？在你的电脑上做吗？能跟我说说这件事吗？

**U**：我坐在客厅的沙发上，喝着早餐咖啡，用我的笔记本电脑上网看看可能会去的地方，我们一直想去阿尔伯塔省。

**I**：和你妻子讨论过了吗？

**U**：我刚刚给她发了一些链接和图片，但是我不得不去上班了。这里有一些链接……

**I**：你在工作中做了什么和旅行计划相关的事吗？

**U**：我妻子将她查到的一些链接也发给了我，所以会议后我用手机看了看那些资料，也用短信交流了一些感觉不错的东西。我们真的需要一个适合家庭旅行的地方。

**I**：那天你们还做了什么关于旅行计划的事吗？

**U**：是的——孩子们睡觉后，我们抱着两台平板电脑坐在沙发上。我们两人各自寻找资料，但也会交流、分享我们发现的好东西，比如说：她发现一个很酷的公园的照片，想给我看。然后，我们开始一起寻找孩子们能玩的项目。

收集用户如何在不同的时间、地点和设备上完成目标活动的数据

从用户那里获取“生命中的一天”相关的信息，需要特别关注目标活动发生的时间和地点，以及用户全天的个人和工作活动的综合信息。当你从多个用户收集这种类型的数据时，将能够看到目标活动如何进入日常生活的一种模式。

### 7.1.2 在解读会期间捕捉数据

使用骨架模型收集相关的观察资料

“生命中的一天”模型表达了人们是如何在不同地方完成目标活动的。因此，典型的“生命中的一天”模型有一个核心结构，由和目标活动相关的各个场地组成。几乎所有的项目都会有合适的落脚点，如在家、工作及往来途中等。也可能会根据需要添加目标地点，例如，如果项目的重点是购物，你可能需要添加实体商店。可以从一个基本的骨架模型开始着手（见图 7.2），并在旁边标注上观察结果。就像亲和图一样，观察资料应该使用简洁明了、面向用户的语言。将模型制作成活动挂图或将记录直接写在活动挂图上，如图 7.3 所示。或者将模型的几个不同部分制作成图表放到网上。随着解读会上相关数据不断地出现，可能需要添加新的地点，这意味着来自不同用户的模型可能有着不同的位置信息。在整合过程中，这些用户之间的差异将被规范化和组织化。

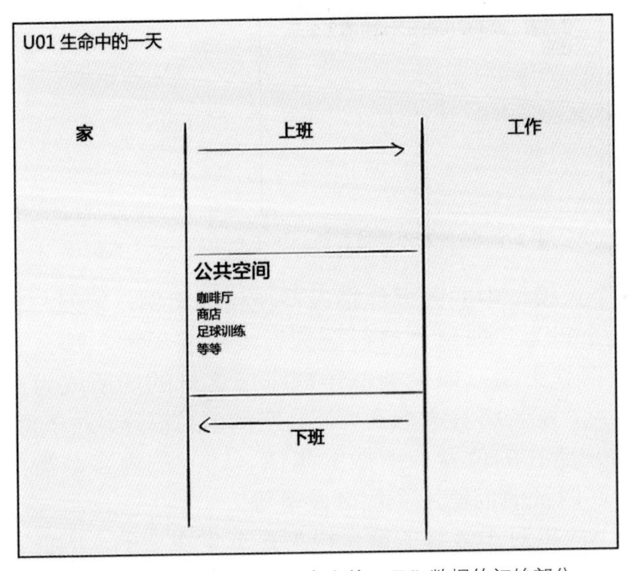


图 7.2 用于开始记录“生命中的一天”数据的初始部分

收集生活中的小故事，要真实的案例，而不是抽象的概念

在解读会期间，要持续关注用户在一天内所接触到的内容和使用的设备；注意观察用户会在何时与他人联系，如何与他人分享信息；标注用户使用设备的时间节点。在访谈解读会上，用户对于“生命中的一天”的回顾将是人们关注的重点，这样可以捕捉到大量相关的信息。更多的数据将会不断出现，所以我们要全神贯注地聆听，随时将信息添加到模型当中。

**生命中的一天 — Odessey(奥德赛) — U09**

| 准备出发 | 机场/飞行中 | 工作中 |
| --- | --- | --- |
| 在出发去旅行之前，他们在家里给所有的设备充电（平板、手机、笔记本电脑以及额外的电池）并且把电影传输到平板电脑上。<br>周六在家里的时候，提前打印好周日去旅游所需的登机票<br>在家打包好降噪耳机<br>发邮件给酒店办理提前入住 | 在手机上使用安全线路收听播客（在飞行中持续收听）<br>在长途的飞行中，在移动设备和平板电脑上观看电视节目<br>在机场酒吧的电视上观看足球赛<br>飞行中没有WiFi, 这让人很烦，本来想看球赛直播的 | 查询可能的航班，在台式机上，通过公司的旅行网页预定机票<br>和老板交流去哪里（面对面地）<br>提前几天打印好行程表<br>给餐厅发送电子邮件，预定座位（与同事聚餐）<br>-使用Outlook协调时间 |
| **巴塞罗那的酒店** | **公共空间(巴塞罗那)** | **巴塞罗那的会议** |
| 用酒店的电话给妻子打电话（BD：非常昂贵）<br>回家的前夜：使用笔记本电脑办理登机的手续（在机场打印登机证）<br>熬夜在酒店用笔记本电脑看MLB.COM上的游戏(购买高速的上网账号) | 观光时，使用公共的WiFi打开地图应用,了解在晚餐后如何步行返回酒店<br>观光，使用同事的手机访问Yelp并且找到用餐的餐厅<br>在街上，使用Google 翻译来查找单词<br>在餐厅，用手机上的相机拍摄展示的特色佳肴，而不是用西班牙语和服务生描述它 | 使用Facebook与妻子和孩子保持联系<br>使用纸和笔来做笔记——并保持手机满电<br>手机会经常收到关于会议的电子邮件等。 |

图 7.3　源自某次访谈获得的“生命中的一天”模型

用户个人模型中的数据包括设备使用的案例，以及与目标活动相关的每个行为。如果“旅行研究”发生在早上，那么它发生在家中的概率就更高；如果类似于咖啡店这样的场所成为目标活动发生的地点，那就将其添加在“公共空间”的部分。对于每个事件，要捕获用户所在的位置、所做的事情、访问的内容、需要耗费多少注意力，以及他们使用了什么设备等。

这些小故事对于最终的整合模型是非常重要的，因此不要对其进行任何抽象或概括，保留细节就好。通常一两行就足以表达一个小故事及其含义了。

### 7.1.3　整合“生命中的一天”模型

如何为模型选择最佳的用户真实故事，这揭示了团队的洞察力

“生命中的一天”模型通过图形化的形式，呈现了技术用于目标活动的方式，突出了团队的集体洞察力。团队从访谈解读会获取的“生命中的一天”模型中选出最佳故事，正是这些故事使用户的生活变得更加真

实。完成后，“生命中的一天”模型将通过一张大型的印刷图来传达用户的世界，讲述用户在不同的时间、地点和平台上做的事情。以旅游计划的“生命中的一天”模型为例（见图 7.1）。这是一个比以往项目更复杂的模型，但它也说明了相同的关键性原则。

这个模型组织为高层次结构，主要内容是与旅游活动相关的主要生活环境。观察图中的灰色矩形，可以看到整个实践的三大阶段：计划、在途中和旅行中。值得注意的是，其他大多数的“生命中的一天”模型不会有这样细致的阶段！通过这种方式来思考旅游规划是非常有效的。大多数项目并不由时间线来主导，但是通常它们仍然可能会在页面上占 3 或 4 个主要位置。

团队有个洞察，那就是旅行计划永远不会结束，即使是在旅行中，人们还要计划当天的晚餐和第二天的活动。模型中白色的大箭头标明了旅行的过程：到达一个地方，然后返回。人们在旅行中乘坐不同的交通工具，我们在箭头之间也标明了这些内容，来讲述人们在路上所发生的故事。

*每一个大型的图形元素都在讲述一个关于用户生活的连贯的故事*

每个灰色部分的图形讲述了在某个地方的某段时间内发生的故事。在家中做旅游计划，橙色气泡通过文字块描述了人们在家中的活动。同样，其他灰色部分告诉我们在路上和旅行中发生的重要故事。

就像亲和图一样，“生命中的一天”模型有几个层次。但它不是层次结构的，而是使用框架图形来理解目标活动。灰色矩形支撑起主要框架，它将模型分为 3 部分。每个部分都用独特的图形表示，例如图 7.4 中的橙色气泡，展示了旅行计划如何在不同的地点和不同的设备上适应于生活，与生活相协调。每个图形中依次包含着被分解到矩形文字框中的故事元素，这些故事对于理解该部分的问题是有必要的。每个文本框中的标签使读者能快速关注于该问题的重点。文本故事以段落形式组织，表达了团队想要强调的每个关键点。

这些分散在图形中的“问题气泡”，实际上是一种刺激机制，给模型提供了一种可接入的方式。

“生命中的一天”模型的力量在于：图形本身的结构和布局允许读者以一个全面的视角来理解目标活动，然后使用该框架，可以深入了解故事的细节。现在，让我们来讨论如何构建它。

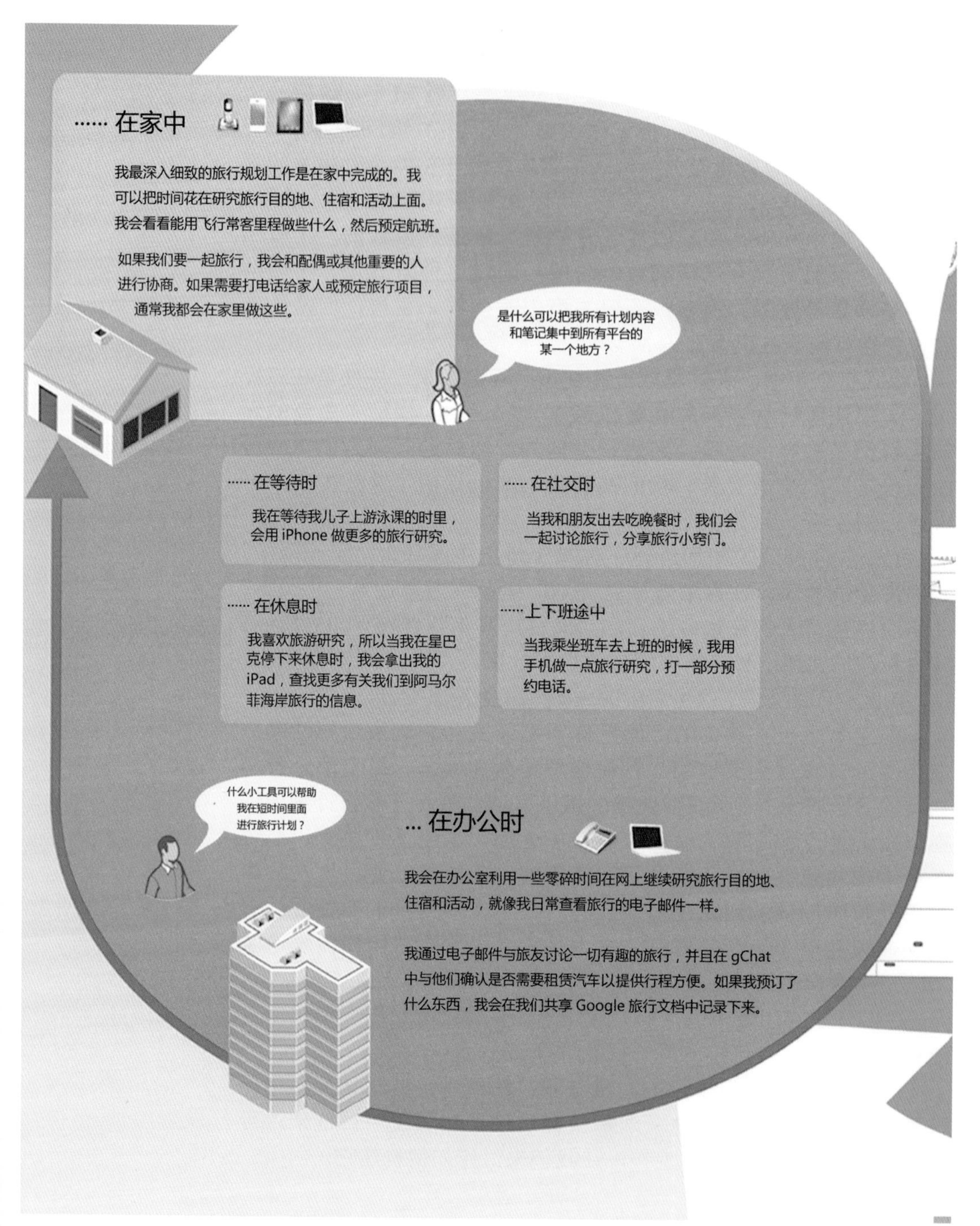


图 7.4 “生命中的一天”模型的一部分

> 图形的布局可能会有助于或阻碍设计思维

**创建图形框架**。整合的第一步，是定义一个用于收集个人故事数据的最佳框架。框架的内部因素会在用户访谈解读会和整合数据的过程中自然形成。为解读会选择一个初始框架，并让它随着你的理解而发展。当开始整合的时候，请先逐个查看各个用户模型，以便能快速识别关键的大型组织环境（如在家、往来途中以及工作等情境内容），从情境中获取潜在的内部元素（一天中的时间、地点、会议类型等）。这是你进入整合阶段的第一步。

精确的图形结构，可能会推动或阻碍你的设计思维，所以最重要的是要正确地设计它。上述模型的整体形式是我们的团队通过彻底迭代开发而来的，可以放心大胆地复制使用！当你所有的数据都符合我们提供的“在家中－往来途中－工作”框架时，那么恭喜你已经完成了。

**收集观察数据并放入框架**。一旦有了可行的框架，那就开始整合数据吧。在亲和图中，个人数据就是便利贴上的观察记录；但在“生命中的一天”模型中，数据是一天中发生在不同地点、时间或平台中的小型的集中活动。例如，在分析旅游计划时，我们看到一个用户在等待她儿子上游泳课的时间内，通过 iPhone 来查找潜在的旅行目的地。这是一个小型而独立的个人活动，很容易被打断，也较容易重新开始，这可能在一天中的很多时候都会发生。而这些，就是你需要写入模型的活动类型。

> 筛选6个细节和观察资料最丰富的个体模型入手

选择6组描述最详尽的个体模型为最佳故事——以最多的观察结果和每部分描写了最丰富的细节内容为标准，包括那些涉及与框架相关的所有部分内容的故事。然后，让一个小团队分块收集观察数据。对每个故事以及在哪里可以找到这个故事短短写几句提示，记在便利贴上，并将便利贴贴在框架中相关的位置。依次观察这几个模型，收集观察结果并写下来，将其张贴在框架上。或者也可以并行工作：给每个部分分配2或3人，让大家同时收集数据。

把这些故事组合在一起，会发现在框架内的某个区域可能会创建出子群组。例如，针对“在家中”这一区域，早上可能会发生好几个故事，那么我们就将这些故事收集到“在家中”部分。像咖啡店这样的实体场所可能会发生很多故事，将它们收录到“公共空间”部分的“咖啡店”中。用文字写明什么地方，而不是笼统地称之为“休闲场所”，因为这会将咖啡店与健身房的故事混淆在一起。“生命中的一天”模型需要唤起真实的生活，并存在于现实生活中，而不是抽象的所谓“休闲场所”！这些子群组可能代表目标任务发生的地理位置、具体时段和事件类型。

一旦收集并粗略地分组好这些故事后，检查一下余下的个体模型，把其中的好故事收集起来。然后，就要开始探索新的内部编组。你收集的这些故事，竞争对手也能会收集并建立到模型中——更重要的是，你能否在大框架内找到你所需要提升的关键特质。现在，你可以真正地开始讲述一段用户的生活故事和你的目标活动了。

什么是你的关键洞察？请有意识地选择需要传达的信息

**选择消息和故事**。一旦你收集了关键的观察资料，必须要决定你想要传达什么信息。数据告诉了你什么？哪一部分关键的故事片段是团队必须关注的？什么才是最好的故事？考虑各个场景（在家中、工作中、往返途中、公共空间等），在每个场景中选择一个最想说的故事。你不会保留所有数据——可以浏览所有数据，然后决定这些故事是否值得一提。这是新的或未知的信息吗？它有洞察力吗？它是否能说明该活动独特的一面？有特别之处吗？它的特点在别的地方有体现吗？它能否代表我们的关键战略？它能驱动设计思考吗？你正用这个模型来讲故事，所有故事的定义都取决于你的选择和取舍。

精挑细选——不要尝试把所有的细节都放入模型

把你的见解放在一起，详细定义每个关键地点的子结构以及你想讲述的故事。写一段文字来简单描述故事的每个片段，确定其位置和图形化的表现形式。用突显关键特质的标签来标注每个部分的故事，这有助于定义模型结构，并分块提供适量的信息。在旅行计划模型中，我们收集了关于“进行快速研究，来消磨等待时间”的观察资料。这个洞察（见图 7.4）被收录在橙色家庭气泡中标有“在等待时”的小矩形中。当时，我们选择了“在等待儿童游泳课期间搜索旅游资料”作为典型例子。标签将读者的注意力放在“对碎片化时间进行设计的需求”中，而典型的故事则暗示了某一类可能被支持的活动。我们没有尝试抽象或覆盖我们观察到的所有实例——相反，我们提供了一个典型案例，以生动活泼的例子与设计师交流，使设计师可以发自内心地理解该活动。

一旦洞察被确认并写成故事，就可以将它们贴在墙面大小的骨架模型上，组织到“生命中的一天”模型中。现在，你已准备好进行最终的传达设计了。

**传达设计**。可以套用“生命中的一天”模型的模板，但要针对你自己的故事和框架进行适当调整。请记住，传达设计的基本原理是建立在我们的图形之中的，经过我们的团队反复论证迭代得到的最佳方案。我们对图形的布局、结构、颜色、文字大小、图形元素说明的地方，以及其他驱动设计思考的元素进行了反复推敲和磨炼[1]。我们使用大胆的颜色（没有柔和的色彩）、白色的空间、每一部分中大小适中的故事文本框以及一些短语，来确保读者可以轻松地浏览模型。所有设计都是为了让团队更容易使用数据进行构思。

在传达设计中，少即是多。强迫自己反复雕琢你的信息，选择最好的故事。不要仅仅因为它发生了，就把故事的一切细节都讲出来。你正在"设计"头脑中数据的设计相关性。过多的信息是无用的。如果你的模型结构不够清楚，那么它就不能被称为真正的框架，无法帮助团队探究数据或激发设计思维。如果需要改变布局以修改核心位置，请确保不要改变太多，因为它们是目标活动的关键。

> 在传达设计中，少即是多。选择好数据，使之简练

介绍性的文字一般都写在灰色矩形的顶部，以提供相关的概述和与该部分相关的主要洞察（见图 7.5），使我们一眼就可以看出模型的那一部分内容是什么。同样，类似"橙色家庭气泡"这样的占主导地位的图形中也有文字介绍，来吸引读者的注意力。要尽量保持故事简短、精辟，直指要害。要无情地删掉那些只是有趣，而对设计完全无用的故事。

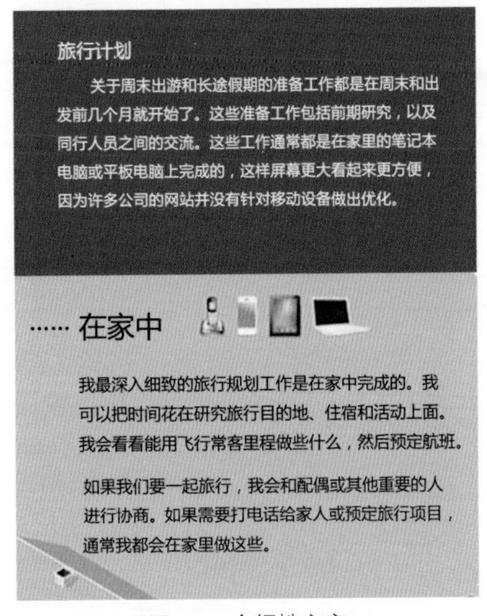


图 7.5　介绍性文字

1　"生命中的一天"模型，按从左到右的顺序讲述了用户从"在家中"到"往返途中"再到"工作中"的故事。对于中国、北美和其他许多国家来说，从左到右和顺时针移动的方向符合正常的阅读方向。但如果你的国家不适用该习惯，则可以根据需要调整模型阅读的方向。

当然，我们还要设计模型的“入口”。像亲和图一样，“生命中的一天”模型的图形化结构，通过图表来吸引读者，使他们能够在一个流程中了解故事。但是，为了帮助读者更好地进入数据，建立数据与设计之间联系的纽带，我们在整个图表中都嵌入了“设计问题”。关于这一点，可以参阅模型中的示例。为了创建这些问题，要先查看模型的每个部分并问问自己：这里有什么设计问题？团队需要考虑些什么？然后，写下这些可被回答的问题。记住这些不是设计构思——而是团队的挑战性问题（见图 7.6）。

图 7.6　模型中用来激发设计思维的问题

设计“问题气泡”，帮助读者找到参与到数据中的方式

这些问题使得设计师们在查看模型时，首先关注一个切入点——思考数据的意义，强调团队思考的设计问题。然后，设计师可以跳出最初的重点而去考虑其他的含义；如果他们愿意，这些问题完全可以被忽略。问题气泡为你展示了一些如何使用数据的例子。我们发现，这些问题的添加极大地增加了为每个模型生成设计构思的数量[1]。这些问题还支持与数据的交互。它们在读者浏览数据的同时也给了他们一个挑战，这将会帮助他们为后续的墙面研究创造出更多的设计构思。如图 7.7 所示，展示了适用于典型的企业或消费者的空白背景。

1　在情境化设计模型中，每个图表的最终设计都是由“愿景规划会议”中的用户反复迭代产生的。用户在早期使用后，我们曾经讨论了：哪些部分是有用的？而哪些没有用？参与者的困惑在哪里？什么样的模型激发了最多的设计构思？作为情境化设计标准部分的模型结构，已经经受住了检验并成功使用。

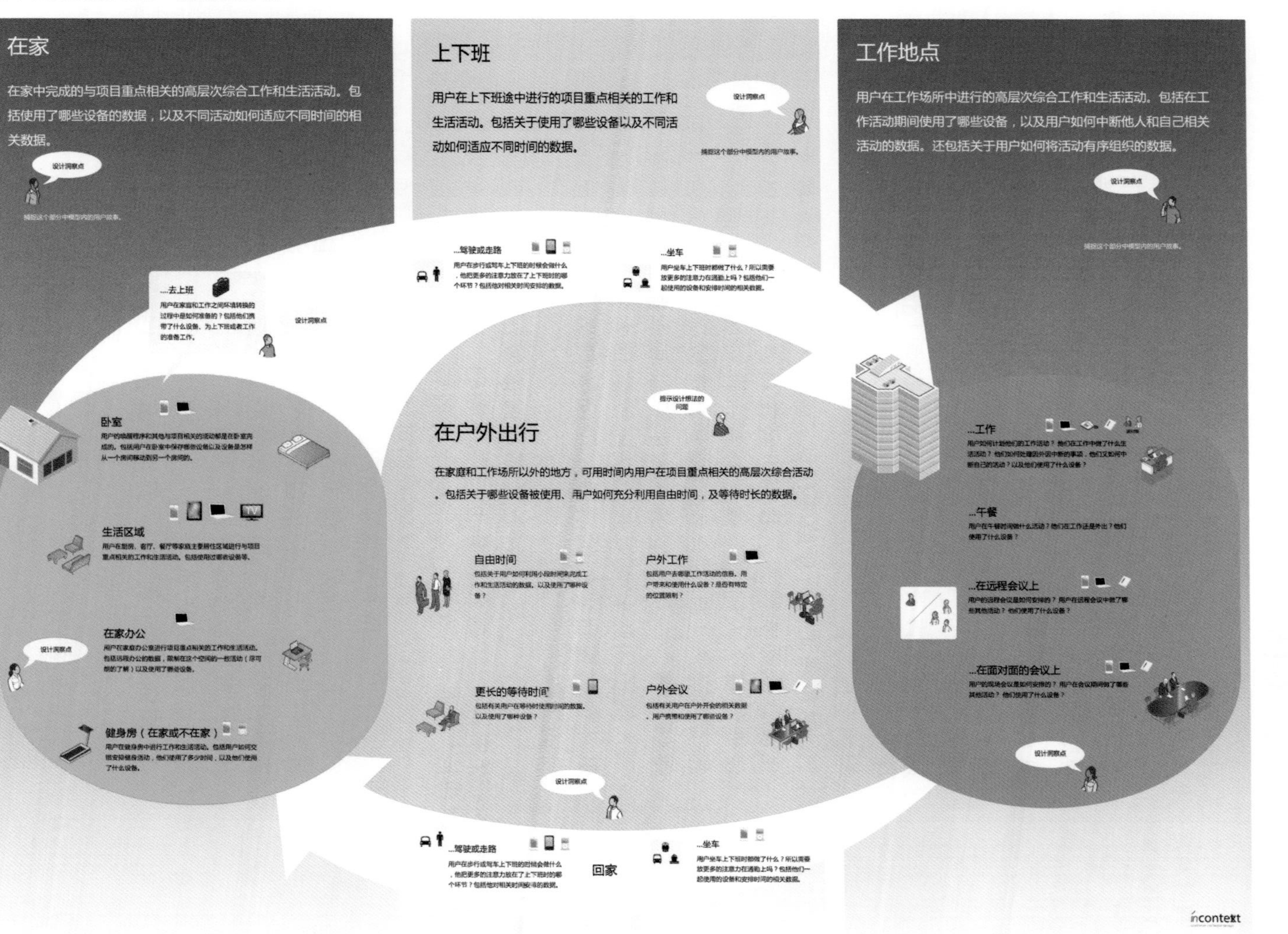


图 7.7　适用于许多商业产品的“留白”的模板

## 7.2 在团队中工作

同时构建多个模型，可以促进数据交流

如同构建亲和图，整合“生命中的一天”模型和所有其他的情境化设计体验模型一样，最好在同一空间内由一系列小组一起完成。至少在一开始，这非常有助于信息沟通。操作这些数据，将其构建为一系列用户洞察，为那些没有到现场访谈的人创造一个沉浸式的体验，因此这对于他们来说，可能是个很好的机会。可以将第一层框架中每个模型的构建工作分配给 2 或 3 人的子小组。或者，整个团队可以在一个模型中（例如“生命中的一天”模型）同步工作，再将关键位置案例的收集工作分配给子团队。无论哪种情况，所有的工作都将与他人分享，以随时调整想法和模型的呈现方式。

这种将工作分派给子团队，后续检验其工作的模式，是情境化设计的标准模式。我们也经常将各子团队的成员混在一起，使他们每个人对整个模型都有一种归属感。在同一个房间内一起工作会产生团队合作的感觉，可以轻松地交流、回答问题并得到反馈。一旦模型的基本的框架和洞察部分建立好之后，两三人的子团队就可以开始在不同的地方独立开展各自的工作。甚至根据整合协作的阶段，子团队成员也可以远程协作完成各自的工作。

将任务分解，依靠大家的力量来提高任务完成的质量

当每个人都知道该做什么、怎样做好工作时，工作将会进行得很顺利，这点可以参考实例，人们将以工作指标作为指导，并认为他们所做的事是重要的。尽管人们可能无法单独完成每项工作，他们中有人擅长写作、有人更擅长写标签或有人洞察力较强，但如果团队成员齐心协力，就不会有什么问题。精心设计工作流程，合理利用每个人的优势，扬长避短，这是情境化设计的核心。如果你让团队的所有人同时处理模型，则在几个小时内就可以完成首次整合任务。然后剩下的工作就可以移交给子团队来完成了。

当描述每个模型时，将会指出子团队是如何一起工作的。

## 7.3 身份模型

“身份认同”中的酷概念使我们专注于收集那些能够揭示骄傲、自我表现和核心价值观的来源的数据。这些都是与目标活动相关的人的核心身份元素。我们发现，当一个产品能够反映并增强认同感时，人们会体验到它更酷、更重要了；但当一个产品与自己的身份元素相违背（通常包括胜任感）时，人们是不会信任该产品的。了解这些身份元素，并设计出触动人们核心动机的用户体验，那将是非常有价值的。

找到你的身份元素，它们是你骄傲、自我表现和价值观的来源

为了能更加接近这个目标，我们创建了“身份模型”。该模型（见图 7.8）显示了市场中与目标活动相关的身份元素。这些是与用户个人身份认知相关的各个方面，与设计有着很大的关系。就好比：某位医生为自己的知识渊博感到自豪；某位顾客会比较看重自己达成了笔好交易；某个旅行计划者觉得为家庭中的每个人带来最好的旅行才叫成功；而一位销售人员如果能随叫随到才被认为可以胜任这项工作，等等。生命中的每个活动都有自己的一套身份元素。

当我们依靠技术作为生活的一部分时，产品如何影响我们的自我意识成了整个用户体验的核心。身份模型揭示了“自我”的众多方面，足以使设计师针对它们明确地进行设计。在模型中，通常确定 8 ～ 12 个身份元素来描述市场特征。当目标人数较少时，无法体现出所有的身份元素；而人数一多，就容易发生跟风的现象。但如果把他们整合在一起，就描述出了团队应该关注的核心要素。

我们建议每个项目都建立身份模型。就像“生命中的一天”模型一样，它是一个基础的大型图表类模型，能够有效地帮助人们明确市场和设计定位，传达信息。无论何时，如果一个项目想要有一个品牌化的目标，或者想要塑造目标市场中的用户，那么身份模型就是最好的解决办法。我们的团队也一直爱着它。

如图 7.8 所示的关于旅行的一个完整的身份模型，由“我是”“我计划”和“我喜欢”3 个部分组成。

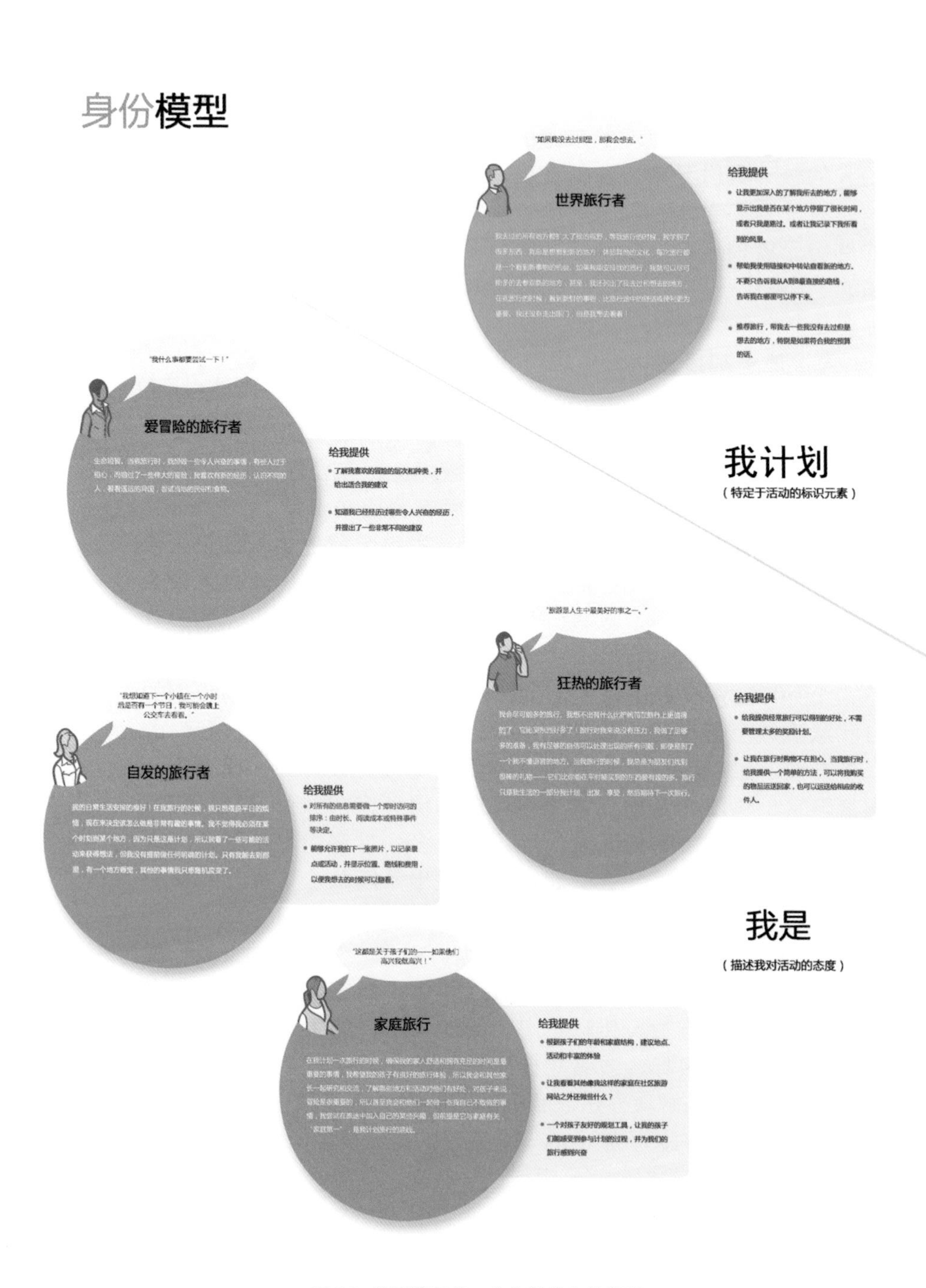


图 7.8 关于旅行的一个完整的身份模型

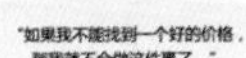

**交易达人**

我知道那里有很好的交易，计划我的行程，特别优惠和使用旅游点是很有意义的。我喜欢获得最佳交易的挑战，并有许多方法来找出可用的东西。订阅关于有趣的地方的打折信息可以帮助我发现一些有趣的东西。我知道我总是要为我的旅行省下很多钱。如果我感觉没有拿到一个好价格，对我来说可能会毁了这次旅行。

**给我提供**

- 显示出这类服务的平均价格，以显示与其他服务相比，我所节省的费用
- 告诉我所有时间最好的交易，这样我就能重温我的兴奋，我“打败”了一些东西。或许可以给那些在飞行、酒店、活动等方面获得最佳交易的人颁发“奖项”或“奖杯”。
- 当我尝试不同的航班、酒店、日期等的时候，给我看一下我旅行的费用总额。当我得到一个很好的价格时，提醒我一下。

“如果我去购物，我会在附近为我丈夫找一家博物馆——这样每个人玩得都很开心。”

**主计划者**

我喜欢为我的家人和朋友计划旅行。我喜欢管理我们的时间表和预算来获得最好的旅行体验的挑战。我收到关于旅行和书签的电子邮件，这些都是旅游信息的好地方，但我总是在寻找新的旅游贴士和信息来源。对我来说，每个人都有很好的时间，做他们真正想做的事情，这对我来说很重要。

**给我提供**

- 允许我创建多个“假设”的旅行变化，这样我就可以为我的旅行伙伴和我自己尝试不同的航班选择，住宿等。
- 允许我根据地点和时间进行搜索——所以如果我现在在这里，附近有什么可用的

“我不是一个游客。”

**文化海绵**

当我旅行的时候，我想要有真实的经历，而不是走了一路仅仅只是到麦当劳去吃点东西。我要根据我能参观的地方来决定旅行目的地和住宿。我喜欢在城市里漫步，并沉浸在所有的风景和声音中。我不想请导游，我更愿意自己去探索这个地方。如果我想要了解更多，就会去买一本旅游指南。

**给我提供**

- 告诉我一些常去的消遣场所和那些鲜有人知的地方
- 让我在参观主要景点的时候看起来不像是一个游客，给我提出一个文化转变的或是独特的地方视角来提升体验
- 对于任何街道或地点，给我一个周围环境的文化概述，包括历史、最近在当地媒体上提到的，以及发生在这里的事件

“我是个海滩人。”
“我得摆脱寒冷。”
“一切都是为了舒适，我们不要露营。”

**我的地方**

我知道我喜欢什么。如果我要去某个地方，我想要舒适，并且能够做我喜欢做的事情。当我选择目的地的时候，有些事情是没有商量余地的。我不介意每年去同一个地方，如果有我想要的。

**给我提供**

- 让我们设定对自己来说重要的标准：旅程舒适度、目的地气候、旅行距离和时间等，只显示符合我旅行标准的搜索结果。
- 让我看看其他人的旅行路线的评论，然后给他们竖起大拇指或拇指向下，就像潘多拉一样，让他们知道我喜欢什么

“我想拥有我自己的经历。”

**自我，我自己和我**

旅行是一种个人的体验，有太多的东西需要接受，我不想被别人分心。当你觉得你必须花同样的时间去看每件作品的时候，好像你就在那里一样，博物馆是最糟糕的，所以我宁愿一个人去。这也会更容易，我只需要担心我自己。

**给我提供**

- 在提出建议的时候，除了帮助我遇见其他的旅客，还要关注“单身旅行者”的体验。我很期待什么会丰富我的经验。
- 给我看一些交易、门票，以及那些不适合于团体但会给个人预留空间的热门餐厅。

**我喜欢**

**（描述我参与这项活动时喜欢的东西）**

图 7.8（续）

### 7.3.1 收集数据

*从访谈开始，从用户的角度思考身份问题*

身份模型使访谈者专注于揭示产品如何增强或减弱用户的自我意识。在许多活动中，用户的自我意识与他们所用或所做的事紧密相关，例如，我不只是在做手术——我是一名“医治者”；她的第一台平板电视很“酷”，是因为“那用我自己的钱买的”；她为自己的成年而感到骄傲；图书管理员喜欢亚马逊产品，因为它增强了她的业务能力：“我可以找到专业人员想要的任何绝版书。”

在任何活动中，人们都有一套支撑自我认知的身份元素。访谈者的工作就是找到这些元素，并把它们提升为用户意识。理解某一用户群体的身份元素后，设计师就能设计出不仅仅是可接受的产品，而是让人爱不释手的产品。

为了找出和身份模型相关的信息，请在访谈开始时就向用户介绍你对于身份元素的想法。如果用户难以表达清楚，那也别担心。当用户进行目标活动，特别是在情绪波动时，大多数的真实数据就会涌现出来。这种开门见山的对话会使用户对“身份”概念变得敏感，当这些元素显现出来时他们能清楚地意识到它。你可以看到“自豪感”，通常是自我感觉良好的迹象；或者他们觉得某个产品能够体现出独特的自我的迹象等等。这些可能是露骨的或温和的反应，都在表明用户的自我定位。

在情境访谈中，良好的刺激可以帮助我们顺利地从传统的访谈步骤中发现身份元素，下面有几个例子。

**普遍的：**“每个人都有不同的自我。当自我感觉最好的时候，可能会觉得自己就是上帝。但当事情妨碍我们成为最好的自己的时候，我们并不喜欢它。我们的工具可以帮助我们成就最好的自己。告诉我，你在做这件事时是如何看待你自己的？”

**旅行：**“作为旅行者，我们都有着探索自己的欲望。如果我们可以按照自己的感觉去计划和旅行，那么这趟旅程就会很舒服。有些人勇于不断冒险，而有些人则喜欢把旅行的一切都事先安排好。你有没有思考过，你在旅行或做旅行计划时是如何看待你自己的？”

**开车：**“汽车就像衣服——我们知道有些衣服就是我的菜，而其他的衣服则不像我。告诉我，你的车是如何展示你的？”

**购物：**“每个人都以不同的方式来购物。有些人就像是交易猎手，购物对他们来说就像是一场游戏；而有些人只是希望能够得到他们想要的。那么，你对购物有什么看法？”

### 在情境访谈中收集身份数据

在访谈者的初步介绍中，可以通过以下对话来激发被试对身份元素的意识：

- 我们都有不同的自我。当我们体会到最好的自己时，感觉很好；当工具使我们感觉糟糕时，我们不会喜欢它！
- 对于不同的活动，我们有着不同的身份元素。例如，在规划假期时，我们可能会把自己看成是规划大师或交易者。你是倾向于______？（目标活动）

访谈期间：

- 寻找“自豪感”的来源；
- 聆听产品如何增强或减弱自豪感、能力或幸福感；
- 了解产品如何帮助人们成就最好的自我，实现核心价值和作用；
- 尝试为身份元素命名；
- 随时随地讨论你的看法。

当你有几个例子或比喻可以用来描述用户行为时，这将会是有帮助的。一旦用户理解了“身份元素”的意义，他们就会开始谈论它。当你在访谈中看到他们的兴奋点、个人喜好或厌恶时，那么你已经接触到这些身份元素了。你可以分享你的理解，尝试去为这些身份元素命名，然后看看用户的反应，让他们自己来调整这些名字。以下是一位女性谈论她的假期的例子。

**U：**“我不是来旅游的。”“我想走当地人常走的路到某个地方去，与当地人聊天。我想知道这个地方的特殊历史，去看看别人没见过的景象。”

**I：**“你想让自己沉浸在当地的文化中？”“就像你是一个人类学家那样？”

**U：**“你太会分析了！”“我只想待在那里，沉浸到当地文化中间。”

**I：**“像一块文化海绵？”

**U：**“对，就是这样。”

每个人都有很多身份，如妈妈、爸爸、奶奶、老师、开发者、管理者等等，这是我们能意识到的。但是我们也有另外一套身份要素，与驾驶、购物、纳税，以及我们的职业等等相关。当你从多个用户收集这类数据时，你会看到那些能够描述目标市场的身份元素，并向你展示出你想要增强的体验。

> 每个人都有很多可被认知的元素，你只需要找出与目标活动相关的那些

### 7.3.2 在访谈解读会上捕捉数据

身份模型展现了一系列的身份元素。我们已经发现，这些要素通常分为 3 类：我做……、我是……，以及 1 或 2 个其他特定的人们的基本特征（见图 7.9）。

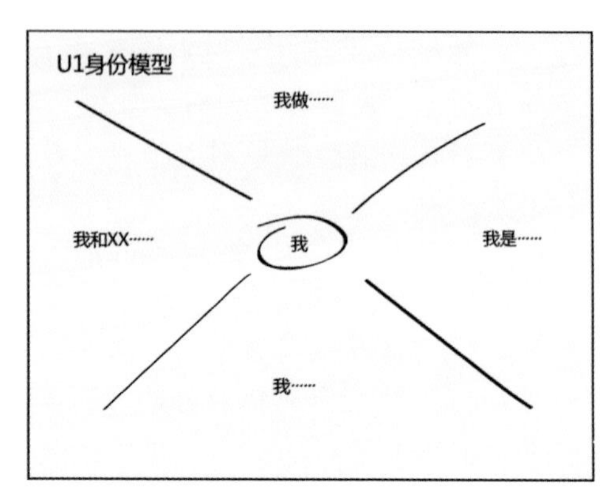


图 7.9 身份模型的一部分，准备好用于在解读会上捕获数据

- “我做……”是指与完成目标活动的工作有关的身份要素。你可以将其重新定义为更具体的名字——比如，与旅行有关的“我计划……”，可能出现在审计项目中的“我审核……”，或者与汽车项目有关的“我驾驶……”。
- “我是……”是指人们处理活动的方式。例如，在旅行中“我很爱冒险”；在执行审计任务时“我是审计专家”。这些身份元素可能超越了目标活动的范畴，但它反映了各行各业中的人的属性。
- 特定于项目的身份因素会从数据中浮现出来。“我喜欢”多次在旅行项目中被提及，因为人们会将自己的核心价值观体现在热爱的事情上。在审计工作中经常会出现“在我的公司中”这样的措辞，其身份元素可能与他们在公司内的重要作用有关；而对于开车来说，“汽车就是我”用得更顺。

解读会开始时，将身份模型的框架画在一张活动挂图上，并将其预先划分为可能的几个部分，也要为后续可能出现的事情留下空间。如果你猜测有第三种可能，那把它也放在模型中，充当占位符。

捕捉指向自豪感和价值观的短语和引述

当数据显示某种身份时，把它们写到模型上你感觉最合适的地方。写下这些短语，包括引用的和指向自豪感的。要确保每种情境都有足够的内容，使故事清楚明白，这对后期的整合至关重要：

- “旅途的一切能否顺利取决于我——因此顺利的旅途让我感觉很好！”
- “我的车上从未有过那些看起来愚蠢的 LED 前大灯。那不是我的菜。”
- “手术前两天，我检查了一下相关器具，确保一切准备就绪。我知道其他人也会检查，而且上周我也检查过了。无论如何我会再检查一次，这是我的职责。”
- “如果数字出了差错，那就是我的失职，所以我会再三检查它们。我不会让错误从我这里溜出去！”

> 要收集他们的感觉，而不是行为，因为身份元素都是体现在情感表现里的

要以这种方式表达，让它听起来就像你在谈论用户的身份特征，而不是他们所采取的行动。如果身份元素很明显，并且你可以轻而易举地为它命名，那么把它的名字记录下来。如果你觉得数据与身份有关，那么即使你还无法确定如何标识身份元素，也请先把它记录下来，但是不要勉强。你会在后续的访谈中确定其身份元素的。请记住，每个人都会在他们的行为中表现出自己的身份特征，不存在没有身份元素的人。除非你没有收集数据，或者没有仔细聆听他们的体验（见图 7.10）。

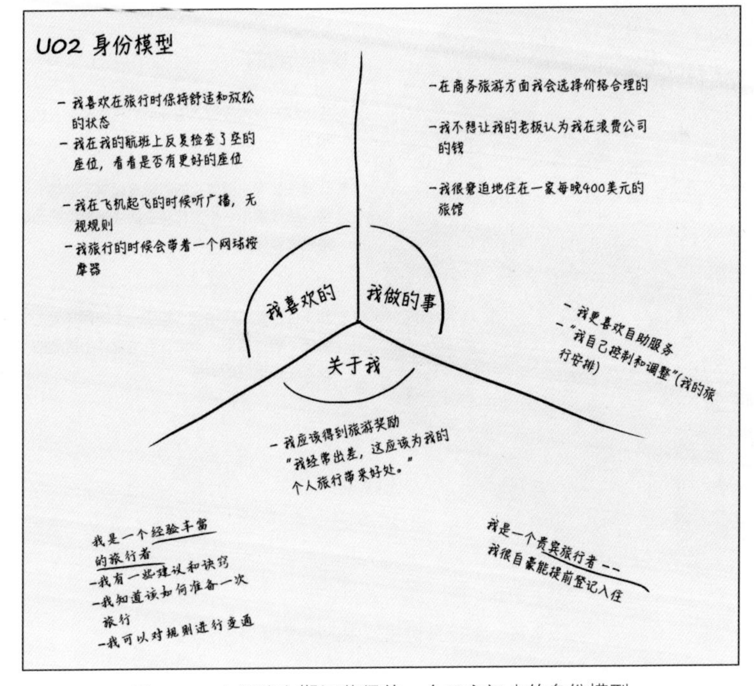


图 7.10 在解读会期间获得的一个用户初步的身份模型

### 7.3.3 整合身份模型

身份模型是由团队确认的身份元素的图形化表现。在用户访谈解读会期间，以收集和记录短语组合的方式来构建。让我们来看看旅行中的身份模型。

正如我们曾讨论过的那样，身份模型可分为 3 或 4 个部分，这是模型的顶层结构。每个部分的下一层结构就是那些身份元素本身。

我们以气泡图形中的小故事来描述身份元素。身份元素的名称是模型中最重要的元素，要能够唤起用户心中的共鸣。每个“气泡”的标题就像是一个“电梯游说”，它可以使读者立刻意识到这部分核心的身份元素。在这个模型中，我们使用“给我……”的设计理念，作为“入口”的设计。图 7.11 给出了旅行身份模型中的一个身份元素，将“给我……”的设计理念作为团队设计思维的出发点。请注意他们会如何直接回应关于“文化海绵”的特殊关注。

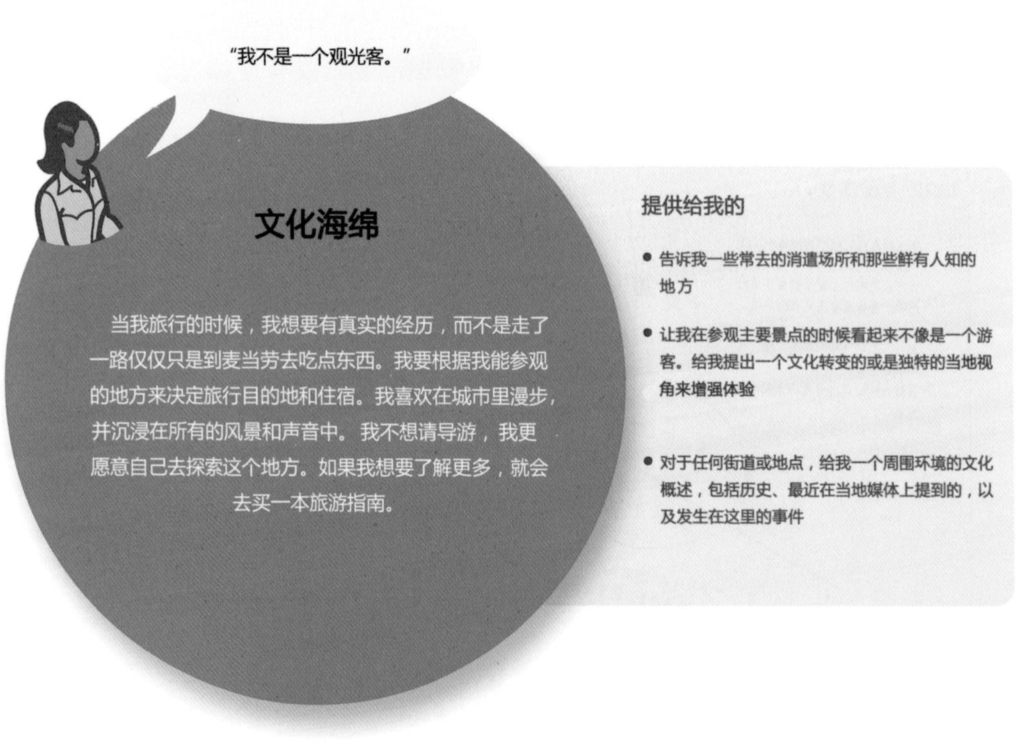

“我不是一个观光客。”

文化海绵

当我旅行的时候，我想要有真实的经历，而不是走了一路仅仅只是到麦当劳去吃点东西。我要根据我能参观的地方来决定旅行目的地和住宿。我喜欢在城市里漫步，并沉浸在所有的风景和声音中。我不想请导游，我更愿意自己去探索这个地方。如果我想要了解更多，就会去买一本旅游指南。

提供给我的

- 告诉我一些常去的消遣场所和那些鲜有人知的地方
- 让我在参观主要景点的时候看起来不像是一个游客。给我提出一个文化转变的或是独特的当地视角来增强体验
- 对于任何街道或地点，给我一个周围环境的文化概述，包括历史、最近在当地媒体上提到的，以及发生在这里的事件

图 7.11 旅行身份模型中的一个身份元素

**把观察结果归纳入潜在的身份要素中。**整合的目的，就是发现自我的各个方面，去共同创造一个新的身份元素。与其他模型一样，

身份模型的构建过程也是自下而上的，一系列记录了观察结果的群组，会根据不同主题和体验，再次整合在一起。不过，在访谈解读会期间，你可能已经把观察结果归纳在潜在要素之中，也许你也已经有了候选的名字。当然，在后续的过程中，也可能会不断涌现出新的要素。所以，一旦所有的访谈资料都进入到解读会，那么团队的工作量是十分巨大的。

身份模型的整合，就是收集相似的短语并为其元素命名的过程

要进行整合，首先要筛选出 6 个最详细的个体模型，就像“生命中的一天”模型那样。把所有模型分成几组，每组分配 2 或 3 人。从被指派的个体模型中查找有关认知身份的陈述，并找出共同的陈述。然后把这些类似的陈述组合在一起，给它们取个名字。分组时请记住，这些语句表达的是自我认知，而不是行为。他们应该以“我是……”这样的句子来描述潜在的身份元素，而不是啰唆的话，就像：“在旅行中我会在飞机上站起来”——不，这是一种行为，而不是自我认知的核心。“我不好意思在商务旅行时住 400 美元一晚的酒店，我不想浪费公司的钱”——这句话可能会有用。

当子团队对于身份元素的初始命名有争议时，就把那些候选的名字都写在便利贴上，并张贴在活动挂图上以供他人商议。在你的小组完成初步整合以后，后退一步并回顾一下，整合那些真正相似的，删掉那些无益于产生合理的、可管理的组合。身份元素应控制在 6 ～ 12 个以内，而且，它们都应该能够代表市场，并且可以挑战设计思维。

名称必须能够自然地唤起文字所描述的情感和价值观

**为身份元素命名**。现在团队需要为身份元素选择一个合适的名字。获得“正确”的名字，这是最难的一步。这个名字必须能唤起那些没有参加收集数据的人的内心体验。如果它唤起了错误的体验——不符合数据所表达的含义——那就不是好名字。这可不是逻辑学问题。这个名字承载着意义和情感，如果命名不准确，那么如果读者不阅读下面的文字就会产生误解。所以，获得“正确”的名字是一个极为关键的挑战。

查看那些构成身份元素分组的语句。想想如何用最好的名字，将人们的注意力集中在关于自豪感、能力和价值观的真实体验中，就像你在访谈中感受到的一样。再三阅读这些观察数据，直至你脑中跳出那个正确的词语。或者，通过头脑风暴，列出候选的名字以供大家参考。当正确的那个名字出现时，你自然会发现它；它会让你感觉到它就是你访谈的那些表现出身份元素的人。

好的命名听起来有点像标题。例如“文化海绵”，而不是像“喜欢访问其他文化”这样的动词短语。这里有一组来自于旅游项目的多

个用户的观察结果列表。那么，这个身份元素最好的名字是什么呢？

- 我喜欢做计划。
- 计划就像一种兴趣爱好，把计划做清楚很有趣！
- 我制作了一份电子表格，来记录每天该做的所有事情。
- 我收集了很多关于一年中去哪儿旅行的好想法。
- 我列出了最好的吃饭地点、最好的去处，以及去那里最好的方式。
- 我为我的朋友组织旅行。

"旅行规划师"这个名字，只描述了行为，但不能表达行为背后所隐含的情感[1]；"伟大的组织者"则过分强调了组织部分；"旅行向导"过分地降低了规划行为；"业余旅行代理人"则暗示了一个不太准确的服务元素。最后，我们选择了"规划大师"一词，"规划"一词可以唤起人们对组织能力的理解，而"大师"一词不仅意味着作为旅行向导的自豪感，而且也包含了作为旅行负责人的意义。它把该用户提升为大师，就像"武术黑带"一样。而且，"大师"这个词还传达了具有骄傲感的身份元素。

请小心挑选你的名字。你的用词是隐含的情感与价值观的有力传播者。它们与读者的内心体验产生共鸣，唤起他们自己的理解。请确定你用的词语能准确唤起读者的理解和感受。

把相似的元素归为一类，保持数量的平衡——每个部分的身份元素控制在2～5个

**把元素放入背景部分。**不断尝试身份元素的不同分组方式，来决定如何将它们放置在背景中。就像在粉色标签下收集蓝色便利贴一样，身份元素也必须适合它们所属的部分。"我是……"和"我做……"是模型中固定的两个部分，但是你必须要发现还有哪些额外的部分有用，以及如何为它们命名。每个部分至少需要两个身份元素。

在旅行的案例中，"我是……"意味着自我形象：一收到通知，我马上就可以动身去马丘比丘；或者，我的旅行是为了去体验那些别人无法处理的冒险；又或者，我为我们全家创造了一次开阔眼界的经历。

"我做……"直接与目标活动紧密相关。对于旅行来说，"我计划……"意味着我会如何安排计划。像一个规划大师一样，除了每个细节和各项选择之外，我还乐于享受调查的乐趣。或者让每个人的旅行都物超所值，花费最少的钱获得最大的满足。"在欧洲，每天花费5美元，对我来说并没有什么负担"——这是个交易达人，

1 对于本书第一版的读者来说，这是一个很好的例子，来区别流程模型中的角色名称和身份元素。"旅行规划师"是一个很好的角色名称。

这句话也会归在“我做……”之下。

当你找到了不符合“我是……”或“我做……”部分的元素时，模型的其他部分自然就出现了。在旅游项目中，我们找到了“文化海绵”元素。那么，它是表达自我认知的元素吗，就像其他“我是……”的元素一样？当然不是，但它与目标活动紧密相连。它表达了什么样的旅行符合用户自我意识与价值观。所以，我们将它与另两个和旅行相关的元素：“我想去的地方”和“自我、我自己、我”结合，创建一个新的分组——名为“我喜欢……”的部分模型，来谈论认同感是如何影响一个人期望的度假方式的。

现在，你已准备好绘制模型的各个部分，以及如何在合适的部分展示身份元素了。

**传达设计。**身份模型的图形化传达其实很简单。只需将你提取的元素和图表所需的其他部分放入我们的模板中，根据需要更改“气泡”的数量和位置就好了。它的难点在于书写故事文本和标签，它们需要能唤起你所期望的体验，并且吸引读者。

故事的叙述应该反映出身份元素驱动行为时的核心动机、价值观和具体细节。细节是由多个用户的信息组合而来的，这些用户就是身份元素的来源。图 7.11 展示了一个很好的例子。

从用户的视角，运用直截了当的个人语言直接与读者交谈。“我希望有真实的经历”。将用户真实的语言吸收到故事中：“我不是专程去吃麦当劳的。”要尽量使用情感语言：我喜欢这个，我永远不会这样做，我觉得这是极好的、令人激动的、使人振奋的。避免中立的、“客观”的官方语言，例如，“发现不同体验的用户更胜一筹”。这种语言并不能传达出用户的真实情感。

> 运用简洁而直接的语言，来描述用户的核心动机、价值观及相关行为

有了名字和文字叙述后，现在你需要一个标题。标题是团队对这个身份元素的关键洞察。它需要通过用户的口吻表达出来，总结用户对身份元素的情感。标题引导故事的阅读，它将设计师的目光集中在与“情感体验”最相关的方面。例如对于“文化海绵”来说：

“我不是旅游者。”

最后，再添加一个“入口”。其他的模型都可以利用设计问题来吸引设计师进入设计构思，但身份模型更为抽象，直接的建议可能更加有效，比如，给我这个；请为我那样做；等等。为每组身份元素内添加 2 或 3 个这样的设计建议。它们不必是伟大的想法，只要能反映真实数据即可。设计团队可能会喜爱或厌恶它们，但无论如何，他们会考虑这些设计建议如何与故事相关以及将如何

> 为情感而设计是困难的，“给我……”是如何开始的最好例子

驱动设计。请看图 7.12，它展示了访谈期间获取的关系信息，模型中设计构思是如何直接解决用户想要沉浸在当地文化中的愿望的。与用户距离的远近意味着他们之间的情感距离。访谈者和用户一起来分析用户生活中接触到的不同人的亲密程度。这个人所进行的与这项活动相关的动作和感受都记录于“气泡”中。

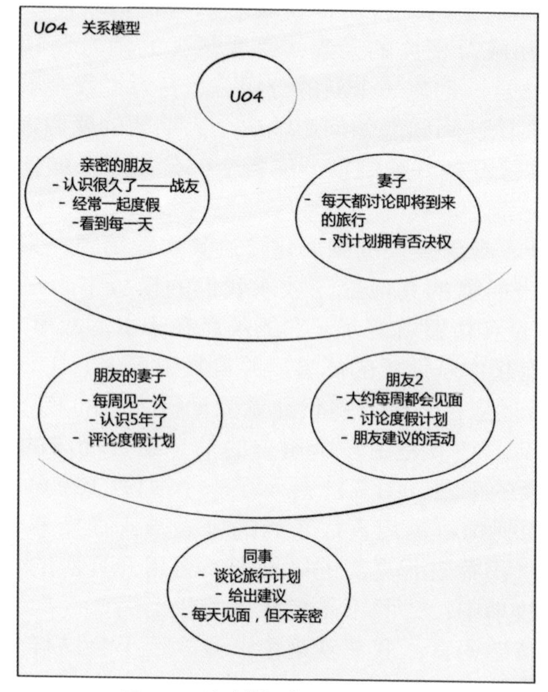


图 7.12　访谈期间获取的关系信息

## 7.4 构建关系

几乎任何活动都会牵涉到其他人。酷概念中的“关系”指的是，那种与人亲近的感觉，能轻易地让人感动，给人们带来欢乐。我们发现，“关系”有两个重要方面，不应该被混为一谈：用户生活中的真实关系，以及用户工作中的协作关系。工具可以增强或减弱这两种关系，当然也可以增加生活中与他人相处的乐趣。

> 关系模型展示了那些亲密的关系是如何交织在你的生活中的

关于“关系”的最初概念出现在消费者访谈中，产生在工作之外的生活中。我们发现，酷工具可以帮助人们与那些对自己重要的人联系，主要体现 3 个重要的维度：接触的频率、谈论的内容以及一起做的事情。“关系”的这 3 个维度，让我们感受到自己是朋友、家人和同事的生活的一部分。为了支持生活中的这些方面，我们创建了关系模型。

但是当我们研究企业的工作人员时，他们顺利协作的能力成了保证产品优良的另一个重要因素。在工作中，或者涉及多人的复杂活动中，沟通和协调都影响到能否与他人成功相处，共同合作达成目标。顺畅的沟通和协调，便于了解团队或同事的工作方式、感受团队的专业性，这些也有助于团队建立良好的合作关系，保证合作的成功。因此，我们创建了协作模型，来展示“关系”的另外几个方面。

总而言之，这两种模型都有助于增强团队与他人的联系。根据项目的实际情况，可以选用一种或同时使用两种模型。几乎任何商业工具都多多少少包含着协作关系。也几乎所有的消费者工具都能增强人们与生活中关键的人的联系。类似 Facebook 和 Pinterest 这样明确关注“关系”的在线社区都受益于这两种模型。当然，也有一些项目可能不需要这两种模型。例如，对那些与他人交互不占主导地位的驾驶员来讲，或许可以在亲和图中获取关系的重点。

协作模型说明了人们是如何保持联系和协作，以增加参与感

根据项目焦点，用到一或两个关系模型都是可以的，但是通常，在收集数据之前我们不能确定哪个更重要。所以可以使用关系模型和协作模型作为参考，它们将扩大你的视野，提供你所需要的数据，并找出人们之间的关系。接下来，我们将依次解释这些模型。

# 7.5　关系模型

## 7.5.1　收集数据

为了能为“用户生活真正中的关系”而设计，首先必须找到它们。对于关系模型，你需要倾听他人如何在用户生活中扮演一个角色，以及他们之间情感联系的程度。请分别从个人和专业两个角度，去看待这种关系对于目标活动的影响。一旦你收集到足够的信息，了解有些人对于目标活动的重要影响，就可以绘制用户的关系图了。让用户表达出与他人关系的密切程度，以及他人在其目标活动中扮演的角色；通过这些讨论，鼓励用户说出更多与他有关系的人。在访谈时通过不断地提醒，还会有更多的关联人显露出来。要特别注意的是，谁才是目标活动的中心？为什么？用户与他们一起做了什么？为什么他们在情感上如此重要？记录常规的内容、讨论的主题、交流的信息等。请关注他们一起做的活动。

请关注谁是活动的中心？为什么？又是什么加强了这些联系？

无论是面对面的或远程的互动方式都要记录下来。尝试找出为什么有些人对他们来说被认为是更亲近的。

### 在情境访谈中收集关系模型的数据

请关注参与到活动中的其他人。
- 这人是谁？他的作用是什么？
- 作为活动的一部分，用户与这人接触的频率？
- 用户与他人分享了哪些与活动相关的信息或谈话内容？
- 用户决策是如何受到他人影响的？
- 这个活动是如何促进大家一起做事的？

查看这人与用户的亲密程度或重要性程度。
- 分别与这项活动和用户的生活两方面相关的内容。
- 活动中的互动如何促进或损害这种关系？
- 请注意是什么有助于关系的密切程度（历史、频率、共同兴趣等）。

访谈时，你可以构建一个初步的关系模型。

与用户距离的远近意味着他们之间的情感距离。访谈者和用户一起来分析用户生活中接触到的不同人的亲密程度。这人所进行的与这项活动相关的动作和感受都记录于“气泡”中。

关系模型从各种目标活动支持的角度出发，显示了用户世界中重要的人。人们建立关系网络，并依靠他们在生活中获取支持、建议和帮助。关系模型呈现了这个网络。其核心背景结构反映了人们之间的关系体验，在访谈、解读会和整合期间都适用。

## 7.5.2 在访谈解读会上收集数据

无论你是否在访谈期间构建了初步的关系模型，你都会想把整个模型记录在一张大型的活动挂图上。这样一来，所有模型看起来都一样，整合它们就变得容易多了。编写模型的过程必然将带来更深入的探究、获取更多的数据，你需要进一步地思考与分析，而不是不真正去解读访谈者的数据，直接使用访谈者的初步模型[1]。

如果在访谈解读会期间用户的关系数据没有自然地浮现出来，

1 如果你的团队较为松散，你可以利用一个建立在关系结构上的文档在线收集数据。然后，你可能需要使用大号字体把这些文档打印出来，用于数据整合环节。如果只有个别成员需要远程参与，我们建议这位成员在纸面上记录数据，这样其他成员可以看到他做的工作并监控其质量。但是，很难监控多个在线模型和亲和图记录。

那么就把它放在最后。聊聊用户的关系网络，把所有出现在故事中的人按照亲密程度记录下来。你也可以寻求访谈者的帮助，因为他们直接与用户进行了交谈，最大限度地了解各人与用户之间的关系有多密切。如图 7.13 所示，关于人的活动和感受表达在气泡中，旁边补充了促进其亲密关系的原因。

寻找用户的关系数据——如果它没有自然地浮现出来，那么在访谈最后再做探究

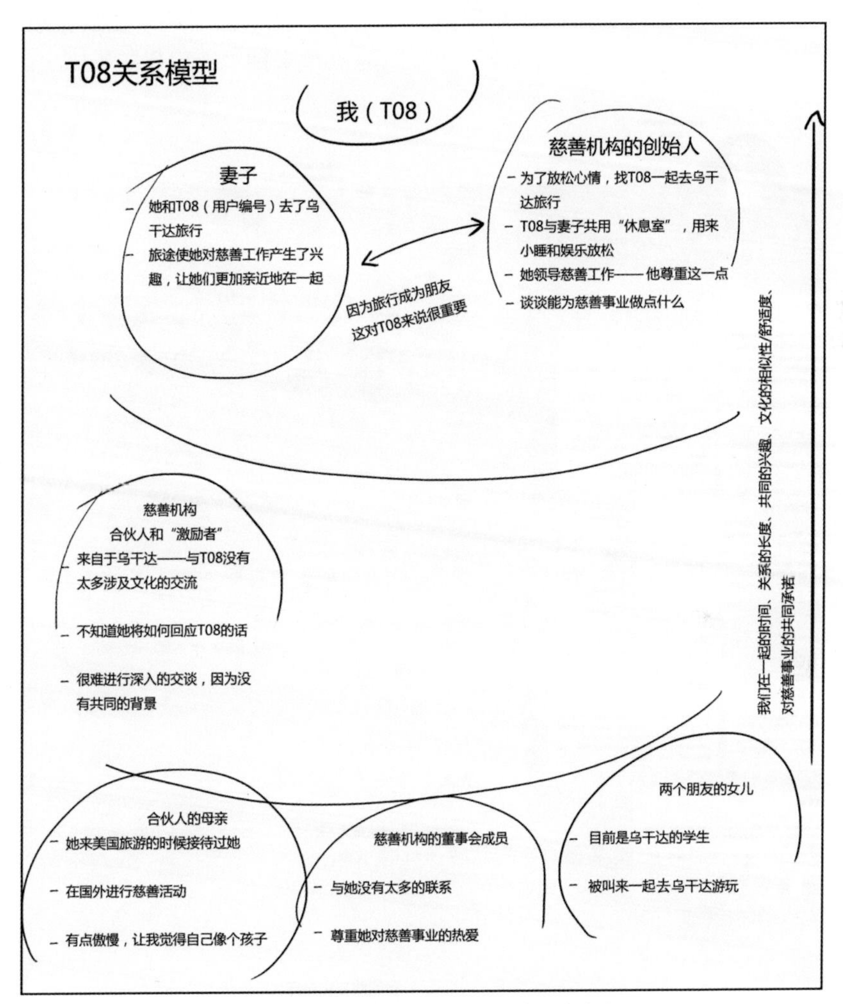


图 7.13　在访谈解读会期间收集的关系信息

## 7.5.3　整合关系模型

关系模型以图形化的方式呈现了用户与他人的关系层次，从整体上呈现了他们打交道的频率、交流的内容、一起做的事情，以

此来创建并维护他们之间的关系。其核心组织结构由 3 个关系层次构成，各层次都包含了主要关系和说明性的故事。那些模型中的个体会根据其相似关系被分组、命名、给予一个焦点标签。

清晰的结构、部分（section）和元素使得整合更加轻松

如图 7.14 所示，旅行中的关系模型呈现了在旅行中用户与交往最密切的人之间的小故事。左边概述性地介绍每一层次关系所关注的问题、活动和亲密关系的来源。指向右边的三角形定义了在此情境下影响关系密切程度的因素。“问题气泡”则提供了某种“入口”的方式。

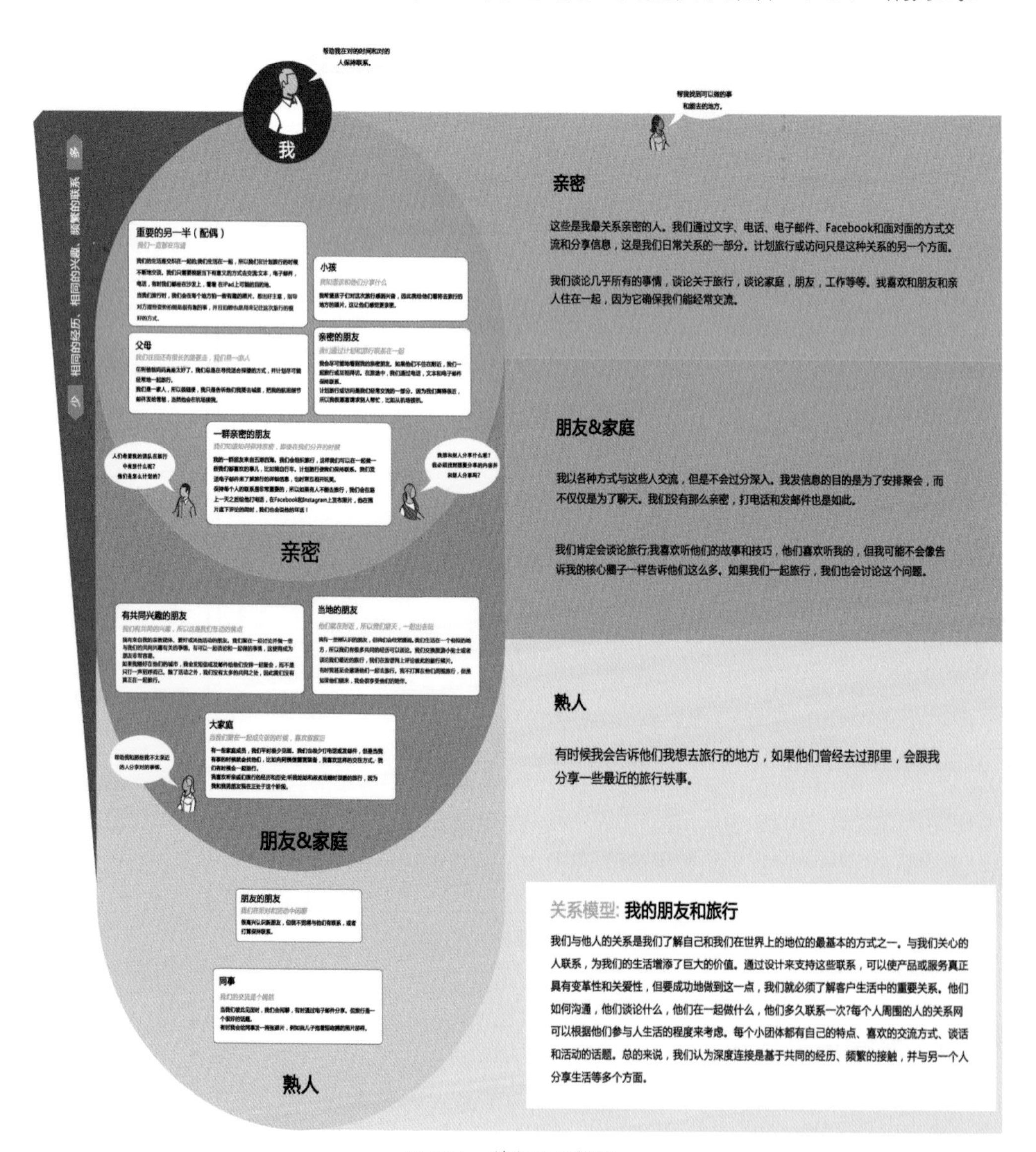


图 7.14　旅行关系模型

依据关系模型进行设计，能够促使团队了解目标活动中的各个参与者，以及如何更好地参与活动、支持他们，通过目标活动情境增强相互之间的联系。

与其他模型的构建方法类似，由小团队从用户访谈中筛选出大约 6 个内容丰富、有趣的个人关系模型开始整合。将模型中涉及的人分为 3 个层次：密友、朋友和熟人。偶尔在外围可能会出现第四个层次，他们只是某些条件的提供者，与用户没有真正的长期关系，但是你可能会想将他们作为故事的一部分记录下来。通常，公司会认为他们是某项活动的中心，而关系模型有助于推翻这个观点。也许有的个体模型里没有包含所有的 3 个层次，或者会更依赖于访谈时发生了什么。这些内容最终都会被整合到这 3 个层次中。

在每一层次的亲近关系中，确定和目标任务相关的重要关系

然后总览模型，确定可以整合的“气泡”（无论是个人还是团体的）。不要随意整合不同类型的关系。因为你描述的是关系，那么即使我从配偶和童年好友那里得到了同样的建议，在模型中也应该将他们的“气泡”模型分开。然而，对于一个童年好友和一个战友，如果他们与你都有很深厚的亲密关系，而且可以为你的目标任务提供建议，那么这两者的“气泡”就可以整合起来，可以被命名为“长期的朋友”。

为正在整合的关系模型中的“气泡” 收集故事，要能够显示出这些关系的本质。展示出导致这种亲近（或不亲近）关系的原因；呈现他们沟通的频率和沟通的方式（面对面、电子邮件、电话等）；还要展现他们谈论的内容，或是他们一起做的事情。通常我们关注与项目焦点相关的关系。

为每个“关系气泡”挑选最好的故事

浏览个体模型中同一层次的所有“气泡”，并写下能代表该层级关系特征的小故事，尽量使用用户的语言，就像他们正在谈论自己的生活，包括一些故事细节，使这段关系显得生动。然后为每个层次的“气泡”和介绍性文字添加一个标题。如图 7.15 所示，是什么创造了这一方面的亲密关系？查看模型左侧的数据，并收集关键元素。

亲密度的产生需要多种因素：
相同的经历、相同的兴趣、频繁的联系


图 7.15　向左的箭头表示请查看模型左侧的数据

添加问题以激发设计思维，这是设计的“入口”

从个体模型中得到的洞察，将会给模型最左边的三角地带提供信息——是什么促进了亲密关系？什么是导致区分亲密层次的因素？确定用户与他人或可信任的家人等一起进行活动的频率等因素，以区分不同的亲密层次。并将这些关键因素写在模型左侧的长条上。

最后，写出你的设计问题，每一层次 1 或 2 个就足够了。当完成模型整合后，还要分享、回顾和更新。然后，把它做成模板发布在网上，这样你的传达设计就完成啦（见图 7.16）。

图 7.16　关系模型中的一个作为“入口”的问题

## 7.6　协作模型

### 7.6.1　收集数据

协作模型揭示了人们在用户世界中是如何沟通和协调，从而完成活动的，通常要使用技术手段。当必要的信息伸手可得，或者人们之间随时可以达成协作时，“关系”的概念也突显了人类生活方式的转变。

呈现多人合作过程中完成某项任务时的沟通与协调

如果项目涉及重大合作，那么就需要建立协作模型了。当交流和信息必须在 3 个或更多人之间共享与合作时，这种表现方式就变得很重要。但如果所有的交流只涉及两人之间点对点的交流，则只需建立关系模型即可。即使共享是建立在用户与其他少数几个人之间，但他们并没有在一起完成某件事情，这样的数据也最好在关系模型中处理。协作模型揭示了当人们聚在一起来规划或共享活动，使协作变得越来越复杂时，将会出现怎么样的情况[1]。大多

1　协作模型是最初的流程模型的一个变体，但它更侧重于工作组或小组人员之间协作，共同完成某件事情。如果你熟悉流程模型，那么在这里可以使用流程模型的思维方式。

数诸如此类的项目最好选择一种关系模型来表达他们的用户实践。

如果是涉及复杂的协作活动，用户将会告诉你很多信息：谁是做什么的；谁给谁打电话或发邮件；谁与谁分享了什么；以及他们对这一切的感受等等。团队负责人会想知道每个人分配的任务，即使这是非正式的活动（如假期旅行）。经过组织的休闲活动或志愿活动也可以看起来像是个真正的协作活动。人们会为整个小组做好准备，制定好时间表和截止时间，并作为同伴随时相互提醒。这些都是协作模型要收集的核心数据。

> 最好的数据都藏在细节里——所以，收集所有数据，无论它们对协作有利或有弊

关于旅游项目的重点，人们会谈论和谁一起出游，如何发掘旅游地点以及餐饮、交通等他们可以一起做的有趣和必要的行动。我们注意到他们在旅游规划中承担了不同的任务。有的人负责整个活动，要与其他旅游者协调；而有些人则基本上只要和其他某一个人商量就够了。鼓励用户谈谈技术在整个活动中发挥的作用，是帮助还是阻碍人们分享重要信息或协调物资。这是你需要的数据，不论何时何地，都可帮助用户动动指尖就能更好地完成协作。如果你在访谈中听到这些数据，请把它们收集起来，以便接下来决定是否将它用于协作模型，或成为关系模型中的一个小故事。

### 在情境访谈中收集协作的数据

在任何时候，只要用户与其他人员有针对目标活动的交流：

- 发现人与人之间的沟通和协调，确定其交流的意图；
- 了解他们在为了完成工作而进行的合作中：谁做了什么；分享了什么；需要什么以及需要知道些什么；
- 记录他们在交流中使用的设备，以及合作时他们在哪里；
- 注意那些支持合作的信息体，无论是分享的、联合出品的还是个人使用的；
- 注意无论是在正式或非正式的项目，每个人在整个团队协作的过程中发挥的作用；
- 如果你建立了两种模型，那么协作模型中的每个人都应该同时存在于关系模型中，但反之不一定成立，与用户亲密的人不一定是与他协作完成复杂任务的人。

## 7.6.2 在访谈解读会上收集数据

协作模型所需要的实例贯穿于整个解读会中。获取那些与项目重点相关的协作数据并使其具有一定的复杂性。刚开始，你也许

不了解它的复杂性，只需要一出现协作信息就将它记录下来。之后，你可以决定其复杂性或洞察是否足以创建一个真正的协作模型。

为不同意图的每一个协作分别制作一个小的协作模型

收集数据的格式很简单：凡是有互动的每个人都会有一个“气泡”。人们之间所有的沟通都由“气泡”间的箭头来表示。在箭头上写下交流的内容，并记下他们所使用的工具（电子邮件、手机等）。在气泡中写下人们做了什么。保持每个模型为围绕核心意图的单一协作模型——这个协作可能会开展数日，但它依然是与他人一起解决的单一任务或单一问题。协作模型不关心人们交流的时间，只关心谁和谁交流了。因此，如果你的项目有多种意图，或拥有不同小组针对活动的不同部分分别进行协作，那么你将会需要多个协作模型。

如果你习惯采用这种方式来描述协作，那么你可以在现场访谈中就使用它。在笔记本上画出关于互动的小图样，并用这些图样与用户讨论，以获得关于协作的更多细节，例如，谁做了什么工作，做得怎么样。让用户与你一起调整并展开这些模型。在访谈解读会上，从同一受访者的访谈中捕获的两个“小型协作模型”，分别表示围绕两种意图开展的互动，它们看起来与访谈时建立的模型差不多（见图 7.17）。

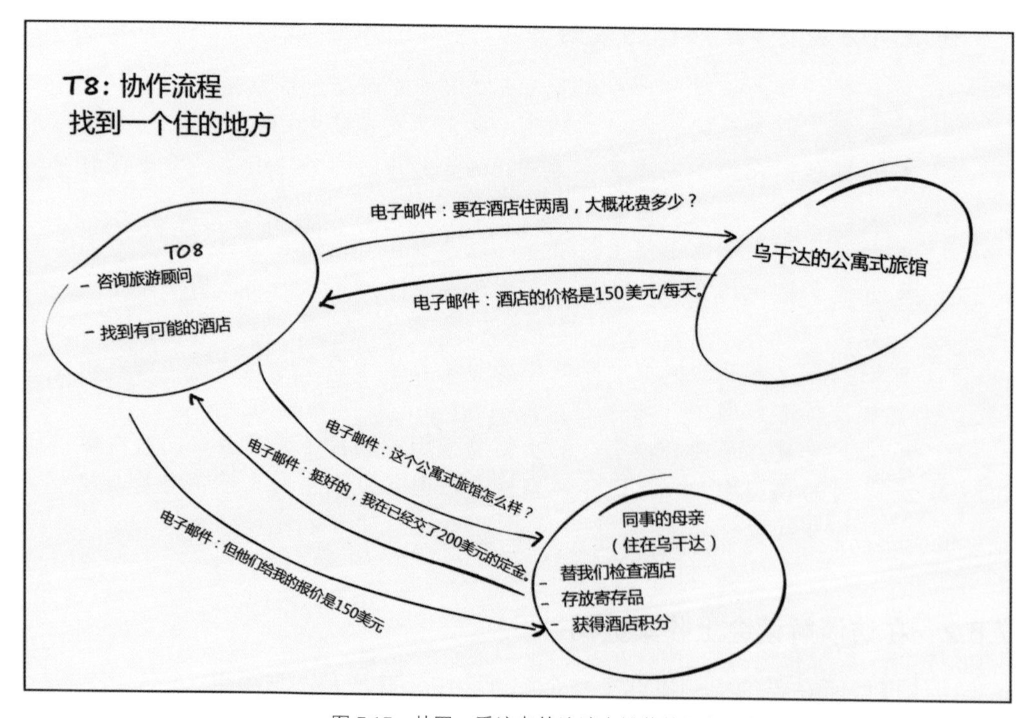

T8：协作流程
找到一个住的地方
电子邮件：要在酒店住两周，大概花费多少？
TO8
- 咨询旅游顾问
- 找到有可能的酒店
乌干达的公寓式旅馆
电子邮件：酒店的价格是150美元/每天。
电子邮件：这个公寓式旅馆怎么样？
电子邮件：挺好的，我在已经交了200美元的定金。
电子邮件：但他们给我的报价是150美元
同事的母亲
（住在乌干达）
- 替我们检查酒店
- 存放寄存品
- 获得酒店积分

图 7.17　从同一受访者的访谈中捕获的两个“小型协作模型”

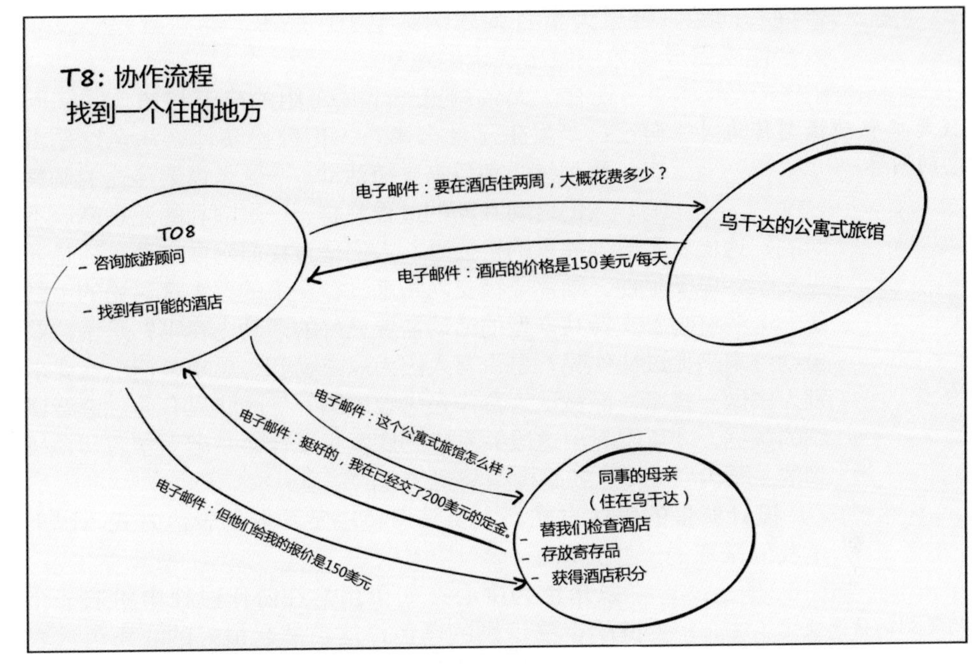
T8：协作流程
找到一个住的地方
TO8
- 咨询旅游顾问
- 找到有可能的酒店
电子邮件：要在酒店住两周，大概花费多少？
乌干达的公寓式旅馆
电子邮件：酒店的价格是150美元/每天。
电子邮件：这个公寓式旅馆怎么样？
电子邮件：挺好的，我在已经交了200美元的定金。
电子邮件：但他们给我的报价是150美元
同事的母亲
（住在乌干达）
- 替我们检查酒店
- 存放寄存品
- 获得酒店积分

图 7.17（续）

### 7.6.3　整合协作模型

> 仔细研究协作的复杂性，以决定是否为它建立协作模型

有了多个关于小型协作的图样后，你要决定它们是否需要整合。在某个项目中，如果协作是设计问题的核心且相当复杂，那就值得为它构建一个协作模型。大致浏览一下这些小图样，如果所有交流互动都发生在受访者和另一个人之间，那么这种协作就并不复杂。关系模型、“生命中的一天”模型或亲和图足够表达这些简单的协作。在这种情况下，小图样就成为这些模型的故事来源了。

一旦决定构建协作模型是有意义的之后：第一步（也是最困难的一步），就是找出团队想传达的关键洞察。不像我们讨论过的其他模型，协作模型没有一个适用于所有项目的一致、确定的结构。相反，必须设计它的结构去适应相关信息的传递。所以，首先要弄清楚团队的洞察，然后设计其背景框架，来传达协作关系。你可能会产生一个或多个（通常是 1 ～ 4 个）模型来传达关键信息。

**找到关键的协作活动并产生洞察。**首先将小图样分组放入按其核心意图分类的主要协作活动类别中。在访谈解读会期间，有可能会在一个模型上捕捉到包含多个意图的协作，那么，请把它们分开。确定每个主要的协作活动，并明确其核心信息。例如，旅行计划、管理客户关系、创建和终止交易、监督项目、处理客户

咨询和问题、经过大量咨询后购买电子产品等。这些都是涉及多人合作以完成任务或做出决定的活动。

寻找能够驱动模型传达信息的洞察

现在，大致浏览一下每个组的交流与协作，问问自己："发生了什么事？人们都扮演什么角色？是否有一系列核心角色来支持活动——这是需要传达的洞察吗？人们之间互动的过程怎样——是顺利的还是麻烦不断的？这代表了改善关系的机会吗？人们是直接面对面交谈，还是通过文字、电子邮件、图片或社交网络来进行交流的？大家讨论的主题是一个洞察吗？支持共享型的活动需要更好的活动内容吗？是否需要自动分享来促进协作呢？是否有人因为只是唠叨、恳求、请求或要求别人去做一些事，而被认为合作是失败的吗？"团队只有通过查看详细的数据，才可以看出这段关系中到底发生了什么。记下学习和领悟到的主要内容——这就是模型需要传达的信息。

**设计背景的表达方式**。主要信息将决定图形的表达方式。以下是我们采取的一些方法。

你收集到的信息决定了这个整合模型的背景结构

**以角色为中心**：如果用户在协作过程中扮演一个关键的、易识别的角色，这自然是最好的。角色代表着责任，是指作为团队成员，为了帮助团队完成任务执行某项工作。当人们组织起来去完成某项任务时，无论是在工作还是生活中，他们自然会扮演起不同角色，发挥出不同的作用。"你写第一稿，"他们说，"我会检查一遍的。"或者某个家庭成员承担起旅行计划的角色——家人们会把自己的喜好告诉她，并让她来完成这次计划。你访谈的人可能在工作或生活中起着重要作用。在生活中，诸如"旅行规划"等角色是完成活动的关键。在研究工作中，你可能访谈过具有相同"组织作用"的人，但这并不意味着他们都会以同样的方式进行工作。此外，为了完成工作，他们可能还会承担一些正式工作以外的角色。寻找这些正式或非正式的角色，他们是完成目标活动的关键。在每一种情况下，用户都会通过一个故事来讲述他们的角色是如何参与协作的。这些就是你想在模型中讲述的故事。

通常，你将拥有 1 ～ 4 个值得表达的核心角色。图 7.18 展示了我们为项目监督员设计的图表模型，项目监督员的任务是做好企业员工之间的协调工作，确保项目的各个方面同步进行。图表的主要信息都是关于监督的。该图表代表了监督员的内心体验和核心动机，他希望随时了解到关于团队的所有信息，同时也为团队和组织提供保障。这个图表呈现了监督员与他人之间的交流互动，以及个人移动设备和应用程序是如何支持整个协调工作的，但更侧重于讲述该角色在项目中的主导地位的故事。项目监督员是一个可能受到公司支持的关键角色。

# 项目监督员:我经常和我的团队保持联系

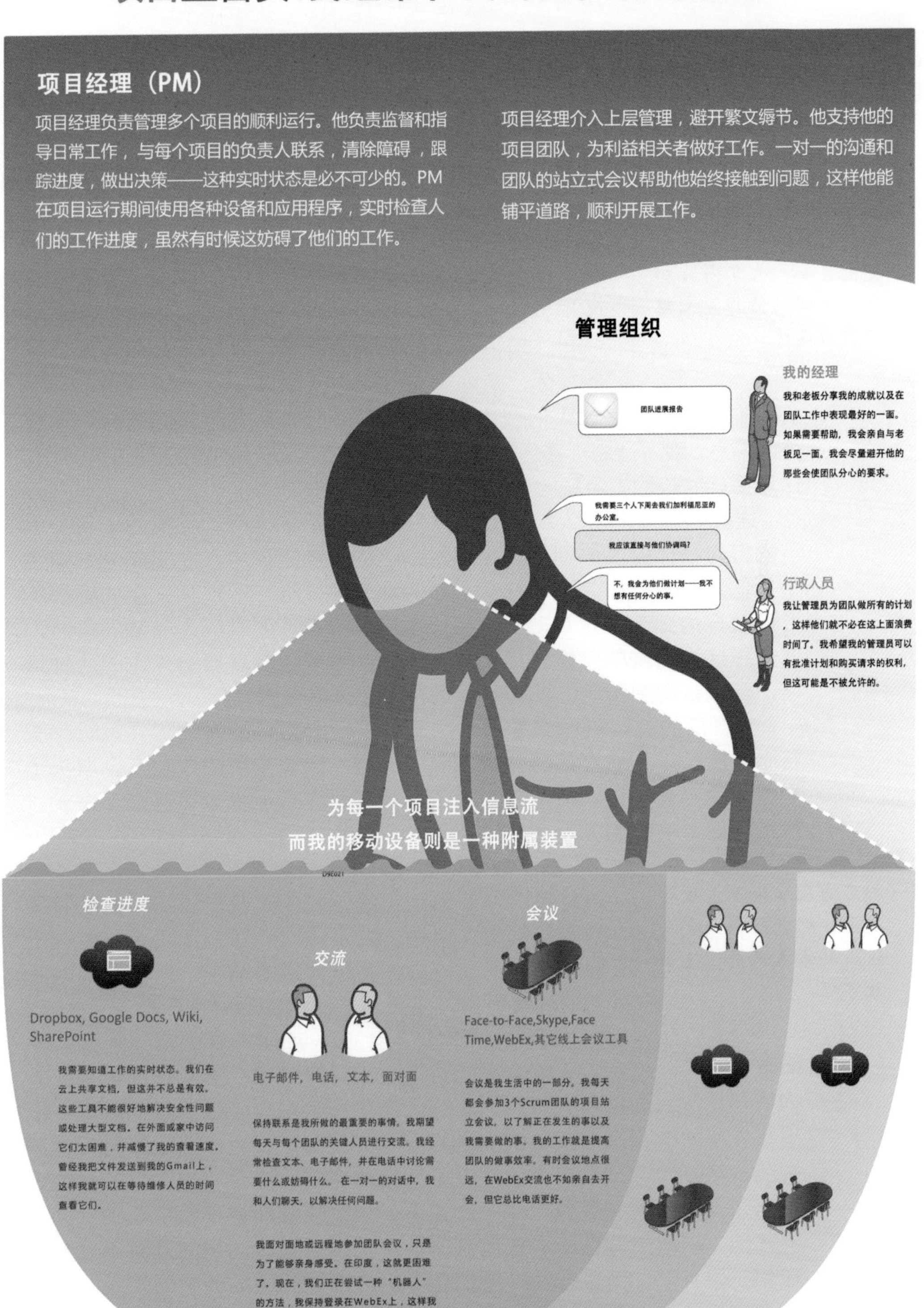


图 7.18　项目监督员角色模型

**以互动为中心：**以互动为中心的协作模型可能也包含了角色的概念，但你更多地会看到用户与他人具体的互动，以及这些人在任务中承担的角色，而这些是该模型所传达的信息的重要组成部分。以互动为中心的模型突出角色之间的互动，确保互动顺畅的内容，以及什么样的互动有效、什么样的互动无效等等。

突出策略、共享内容和角色之间的协作，来驱动重新设计

例如，创建旅游协作模型的团队发现，被大家指定的旅行规划者的角色是主导角色：他们为度假计划做相关调查，与家庭成员一起制定计划和优先选择的项目。我们发现的关键问题是：这个主导角色是可以共享的，意味着可以有多人来承担这个主导角色。团队面临的挑战是呈现人们使用的两种策略。但他们也意识到还有一条额外的信息，因为计划不会凭空产生。旅行计划涉及与其他角色的持续协调，这包括可信赖的旅游顾问、同行者和将要拜访的人。

这些洞察使得团队制作出了如图 7.19 所示的模型。它描述了两个角色的行为和体验，分别呈现在左右两边的彩色矩形中，中间部分则描述了他们之间的协作。沟通和对话“泡泡”通过标记区域和文字块组织，提供数据的细节。当互动的结构、本质、内容或困难成为关键洞察时，请选择这种格式的变体来描述整合模型。如果也存在履行角色的两种策略，那么就如图所示，把这些洞察整合起来就可以了。

整合后的旅行协作模型展示了旅行规划者角色的两个主要策略：旅行者（旅行规划者）和合作规划者。但是，由于角色的成功完全取决于与他人的沟通和协调，所以，我们选择了协作模型来表达其交互方式。旅行计划中关键的参与者都记录于中间部分。

如果协作从根本上被打破了，那就以一个令人信服的方式来讲述这个故事吧

**基于故事的整合。**协作模型展示了任务如何完成、角色和协作如何组织的方式，以及与协作相关的策略的全部框架。但是，关于协作问题的洞察也可能会出现其核心的交流协作不起作用的情况。所以，有时我们的洞察也可以是关于非协作性的交流互动。

我们的“审计”团队一直期待看到审计师和客户的真正协作。当然，人们会来回传递文件、打电话、了解情况等等；人们互相交流，但这些交流是如此令人沮丧和困难。所以，我们决定用漫画作为传达这一洞察的影响的最好方式。漫画可以生动而幽默地传达痛苦的感受。它可以使用实例来吸引读者的目光。这个“模型”的目的，是为了突出“机能失调”的协作关系。如果仅仅展示不断中断的互动，上述因“机能失调”而导致痛苦的信息就会丢失。这里的洞察不是关于任何一段互动，而是与该行业的整个工作方式相关。我们想给设计团队一个挑战：如何使任务各方乐于沟通协作，而不是工作生活在一种唠叨的环境中。你可以看到一组漫画（见图 7.20）。值得注意的是，那种“可理解”的方式仍然存在，但我们幽默地用一只狗来代替了。

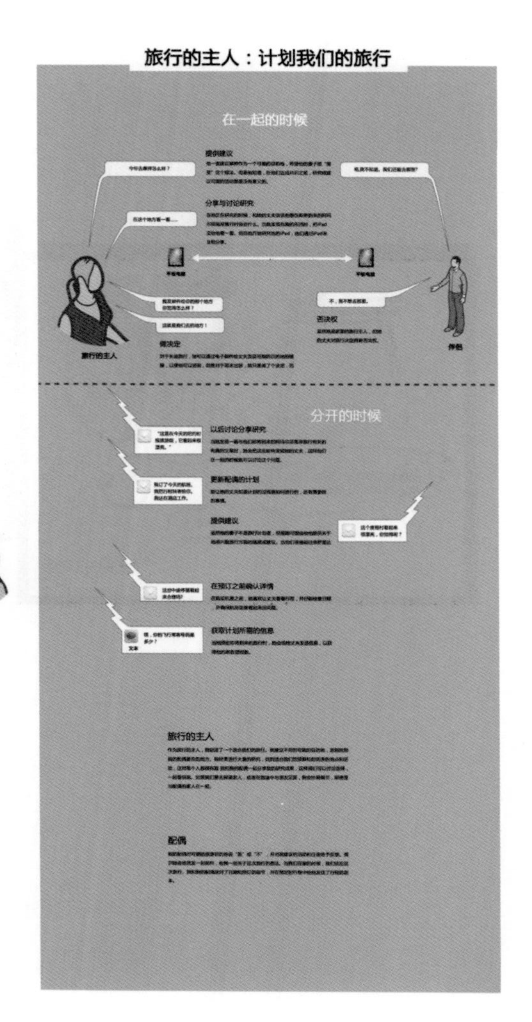


图 7.19 整合后的旅行协作模型

图 7.20　这组漫画描述了审计师和客户之间不协调的协作关系

就这么开始了……
你有没有看到我的电子邮件？
有什么问题吗？
邮件太多了！
我有空会看的……
哎！
我都没时间
去看邮件！
1.5周以后……
嘿!我星期一
会在那儿！
但我还没有收
到任何东西！
我知道我知道。
我会给你准备好的
……
数据堆积……
这是我的东西！
这里似乎没有贷款文件。
你有吗?
我讨厌这个唠叨的
伙伴。
他为什么不把这个
发给我？
让我看看……哦，我看到了！
我会把邮件转发给你。
时间就是金钱……
所以，你刚刚给了我一份你的贷款清单。
但是我需要一个完整的分析，包括所有的支付信息，还有
其他的一些细节，我不清楚你是否知道如何计算，但最好
按Excel形式。我昨天还问你要过它。
好吧，我必须要自己动手做了，这样
我们才能赶上最后期限。
这些我都知道！
但我不明白你想让我
做些什么！
我喜欢那些做事有条理并且友好的客户。
这不是那些好客户之一。
这也不是我要求的这些清单！
啊！！！
这要花费我好几天的时间！！！
我希望现在的客户明年还可以继续合作。
我一直在培训客户。
为什么我们在贷款部门的预算超过100万美元?
如果我们的工作是客户本应该做的，我们就会付钱
给他们。我不会舍不得出那部分钱的!！
人们也仅仅能直接读取文字的字面意思，那么系统又能做哪一步呢？

图 7.20（续）

所有模型的整合过程基本上都是类似的

**模型完成：**一旦团队确定了他们的主要洞察和整合的方法，“正确”的背景框架就会变得清晰明了，尽管这可能需要经过几次迭代。了解其结构以后，整合的过程就可以按照惯例进行：从个体模型中收集相关观察结果，将它们组合成有意义的子区域，为子区域命名，并撰写文本故事，或为每个区域提供相关示例。

最后，为那些“入口”方式创建标题和概述性文字，并提出设计问题。再加上好的图表设计，你已经完整地传达了这个故事。

## 7.7 感知板

感知板也可以帮助平面设计、视觉设计及工业设计从数据出发驱动设计

“感知”的酷概念强调，我们是感性的生物，我们喜欢提供刺激的产品：它们具有颜色、运动、质感和良好的美学设计。发展趋势和实践不断重新定义现代美学——任何产品都必须符合这些趋势才能被认为是“酷”的。

大多数关于商业和消费者产品的感受数据都可以收录进亲和图。但是，当产品的核心价值观在于传递某种感受，例如，环绕立体声电视、音乐、汽车设计等，情感就是产品想要传达的价值核心。那么，人们对于感知觉的观察将更加广泛，亲和图中也将会有很大一部分专注于产品的美学和内在体验。工业设计和视觉设计团队都将从创建感知板中受益。

### 7.7.1 收集、解读和运用亲和图中的数据

当某产品的主要使命是传递感官愉悦时，感官体验就会表现为强烈的情感，很容易被探测和感知：

当他启动凯迪拉克时按了一下喇叭，开心地咧嘴一笑。访谈者问道：“当你玩久了你不会觉得烦吗？”“根本不会，”用户微微一笑，“每天早上，这就是一个庆祝仪式。”

观察用户微笑和眨眼的动作，来收集感知觉方面的数据

对于大多数产品来讲，用户对它的感觉，就像朋友会面时的微笑或扮一个鬼脸。这种快乐的感觉揭示了一种情绪反应：一种喜悦或有趣的火花，或者是一种停下来享受美好的忘我时刻。我们甚至观察到用户会无意识地抚摸他们的产品，以此来表示对它的依恋。当你看到这一类的情感反应时，请谈论它并让用户做出回应。

**在情境访谈中寻找用户感受——它是极其微妙的**

留意用户的微笑
- 寻找欢乐和喜悦。
- 或者表示不悦的鬼脸。

寻找用户反应
- 收集相关的颜色、声音、动作和动画来支持用户的情绪。
- 这个动画是免费的吗？它是否增加了视觉上的复杂度？为什么不呢？

这种美学设计是否有效？
- 倾听用户的负面评论或表达。

对于典型的消费者和商业产品来说，感知数据可能难以识别——他们只专注于使用产品来满足生活需求，而不在意审美体验。但是缺乏美观、动画烦冗、界面笨拙、视觉复杂以及不和谐的色彩都会破坏人们对于产品的喜爱。所以，要去观察用户微小的反应，寻找出这些不良的因素。

如果你在访谈中没有收集到足够的关于感知觉的数据，尤其是当用户感知对项目很重要时，请在访谈结束前腾出 15 分钟，专门用于收集相关数据。

之后，在访谈解读会上，分享你对用户感受的洞察和记录，就像分享其他数据一样。这些记录信息被收录到亲和图中，最终会落到绿色部分上去。

### 7.7.2　创建感知板

感知板是由原来的“灵感展板”演变而来的

创建感知板是一种强有力的方式，敦促工业设计师或视觉设计师重视用户数据和团队洞察。这些设计师过去使用的大多数“灵感展板”都是从其预先的假设、开放式的头脑风暴、来自于营销环节的品牌信息以及其他渠道中创建的，并未包括客户数据。但是，如何使他们的“灵感展板”以用户为导向呢？

视觉设计或工业设计师通常会列出一系列关键词，收集相关的材料和图片，以引导他们的设计思维。这一系列关键词表达了他们希望产品能够唤起用户的内在体验。感知板作为一个用户驱动的灵感展板，其中收录的关键词列表，代表了团队相信通过设计能体现出来的最好的顾客价值。[1]

图 7.21 是一个旅行感知板，传达了关键的短语和视觉灵感，以帮助视觉设计和工业设计师创造客户群体所期望的那些情感体验。像我们所有整合的其他模型一样，它被分为若干个洞察，包含最高层次的标签。整合较低层次标签（如蓝色标签）上的词语，可以唤起较高层次（如粉色标签）的体验。然而，在感知板模型中，团队并不使用那些文字故事，而是收集一些能够引起情绪体验的图片，反映客户的体验和需求。这些图片被选择出来激发所需的情感，并传达给设计师。感知板主要聚焦于审美和情感信息，必须传达到设计作品中。

图 7.21 旅行感知板

1 为了开发“感知板”，我们与出色的 GM 团队合作，共享数据以及我们一直在讨论的设计传达原则。

图 7.21（续）

感知板是通过浏览整个亲和图，并寻找所有数据中隐含的情感主题而创建的——这当然也包括感知数据收集的那部分。当我们在浏览亲和图时，草草记下那些可以分享讨论的短语或主题。然后商定 4 ～ 8 个部分，提供给设计团队，用于为客户创造内心愉悦的体验。

浏览亲和图，收集设计问题和明确的观点，推动美学设计

就像命名身份元素一样，这些标签必须能唤起团队对产品的感觉。所以，这些词的选择很重要，必须仔细地筛选。然后，挑选这些照片进行匹配并开始布局。对于工业设计或视觉设计师来说，模型的“入口”就是这些列表和感知板本身。它已是行业中的一个众所周知的工具。

## 7.8 总结

所有情境化设计的体验模型都能帮助团队专注于“为生活而设计”所需的数据和观点。它们定义了一种方式使人们注重于“生命的快乐之轮”中的“酷概念”。使用这些模型，团队将沉浸在涉及目标活动的用户群体的整个生活体验中。这改变了他们以往依靠个人直觉而设计的习惯，并使他们做好了设计变革性新产品的准备。第 3 部分将讨论如何在设计构思中使用这些体验模型及情境化设计的传统模型。

体验模型以一种可信赖和易使用的形式传达着数据信息

下一章将讨论如何整合传统的情境化设计模型。

## 建立自己的模型

如果没有一个大型团队来帮助你完成所有的模型，那么对于小而灵活的团队来说花费大量时间制作做精美的演示文稿可能不值得。但是，无论团队规模如何，构建模型都会是很有价值的。可以根据你的问题来决定你想要的模型。

亲和图总是值得拥有的，但这是最难单独完成的。构建亲和图是有时间限制的，所以要邀请那些在这段时间内有空而且对主题感兴趣的人来参加。你可以提供比萨和其他好吃的东西，让整个过程变得轻松有趣。如果他们想留下来继续工作，这当然是可以的。即使每次 2 小时的帮助也是十分有价值的。

对于其他模型，你可以在活动挂图和白板上进行绘制。如果你有同事一起开解读会，那么如上文所述，请在解读会阶段画草图。如果没有，那么在向同事描述用户实践的时候画草图。或者，你自己来构建它们，然后在吃便当午餐的时候，与小组一起讨论和分析。当你向他们介绍时，请确保手中拿支笔。这样，当人们提出问题，或发现自己说出不在模型上的事情时，就可以随时记录下来了。

尽量把它作为一个轻松的内部讨论而不是什么正式的演示。你可以从同事们那里获取信任，尽管前期工作还比较粗糙，但很真实。交流时，随时在模型上做笔记，表明你正在倾听，并邀请每个人共同参与讨论用户实践。如果人们开始告诉你用户是如何工作的，那就赶快记下来，但要使用不同的颜色或写在模型的其他位置。讨论现场数据与围绕在组织周围的背景信息之间的差别，并谈谈你准备如何将它们作为未来访谈的焦点。这样，你不仅仅是在分享数据，还能从团队中获取更多的知识，也体现出在真实数据领域的共享价值。

当你没有找到一种自然的思维方式的时候，就构建模型吧。它将迫使你有组织地思考用户实践，而不受设计的影响。

# 第 8 章

# 传统的情境化设计模型

本书第 1 版中介绍了传统的情境化设计模型。正如我们在第 5 章中所说，最初的团队主要由开发人员组成，模型可以帮助他们理解任务的人文背景，通常是指商业环境。这些模型借用了建模方法中的视觉语言，所以开发人员很容易就能熟练地应用它们。而且，开发人员愿意详细地了解用户世界，并希望通过自己的语言与之交流。但是，这并不是一种专业的用户体验研究。

项目的焦点往往决定着对于模型的选择

但是，随着用户体验领域的成长，团队和沟通的方式发生了巨大变化。产品及产品范围也发生了较大的改变。我们使用的模型也变了。有些模型经过我们的不断迭代优化，已经变得更容易理解而且更聚焦；有些模型我们已经很少使用，但它们对某些项目仍然有用；还有些模型仍经常在用。这里将介绍一些传统的模型及其用途。有关传统模型的更多细节及其整合方式，请查阅网站 http://booksite.elsevier.com/9780128008942。

传统的情境化设计模型有：

**序列模型**是任务分析的基础。它捕捉了引发用户活动的原因、用户意图和活动步骤，无论它们是否涉及了技术。这些是深化详细设计的必要因素，所以，我们仍然经常使用它。

**文化模型**提取了影响特定人群目标活动的文化因素，包括正式或非正式的政策、在商业或法律上的影响力、人际关系的摩擦，以及影响选择的价值观等。它反映了人们在进行活动时受到的文化约束和得到的支持。在团队为 IT 系统项目描写内部组织结构时，文化模型是有重要价值的。今天，在亲和图或决策点模型中，我们通常会描述团队必须思考的文化方面。但我们不会在这里讨论那些经典的文化模型。

**决策点模型**着眼于影响关键决策的因素。在何时做决策是项目发展的关键，决策点模型对做决策前必须考虑的因素做了一个很好的总结。

**物理模型**关注目标任务所发生的环境的结构、作用及独特的见解。当设计诸如车身内部这样的物理环境时，或者当产品处于物理环境（例如，家用设备或电器）中并且与之交互时，或是当要设计存在于物理空间中（例如，零售环境）的服务或技术时，物理模型是很重要的。

**流程模型**通常用于描述那些类似于企业内部的复杂流程。它强调了多人协作时各人的角色和职责。现在，它仍旧适用于复杂的流程，并在优化流程的努力中带来新的洞察。但是，作为描述目标活动中的沟通与协作的一个选择，流程模型已被上一章讨论的协作模型取代。所以，此处不再赘述。

**构件模型**用于表示物理构件的结构和用法，例如表单等。由于大多数构件都能在网上查询到，所以现在我们很少使用这个模型。但如果你必须将纸制品用于产品时，可以考虑试试这个模型。我们不打算在这里讨论构件模型。

**角色模型（Personas）**并不是最初的情境化设计模型，但是它现在变得越来越流行了。它用于描述目标人群的行为、价值观和态度，塑造一组用户原型。我们将会讨论如何从快速情境化设计所获取的丰富翔实的数据中提炼角色模型[1]。我们将在下面介绍它们。

传统的情境化设计模型的整合方法，与亲和图和体验模型的指导原则大致相同：使用归纳和分组标签提炼出故事的框架，并整合进背景结构中，创建出一个具有良好传达性的图表模型。但是，因为产生和使用的时间较早，传统的传达设计比新的体验模型的元素更为基础。如果这些模型可以帮助设计师掌握数据，那么请随意使用它们，以创作出更加精彩的图形。我们将在下面讨论这些沿用至今的传统模型。

## 8.1 序列模型

序列模型是一种基本的任务分析方法，它能在任务进行时捕获用户的活动。许多团队用这些模型来指导详细设计。“序列”能

---

1 快速情境化设计：适用于角色模型的快速设计方法。

够帮助人们定义产品的使用场景，从而识别较低层次的可用性问题。它们不是“大型的图表”模型，不能像亲和图和体验模型那样开拓人们的创新思维。

*序列模型还原真实的产品使用场景*

序列代表了人们执行任务或落实想法的方式。任务中的步骤将会被按照时间的顺序逐步展开。用户执行任务的步骤并不是随意的，而是基于用户的潜在意图或习惯而发生的。环境中的某些事物或某些用户的内在体验都会成为触发其行为的因素。

“一个通勤人员开车上班，到达办公楼的停车场，但他没有马上下车。相反，他掏出手机，花费几分钟检查信息和 Facebook。对他来说，这是在开始工作之前的片刻休息，而且有助于他快速地处理问题。”

观察人们完成任务时采取的具体行动，能够了解到他们的策略、意图，以及任务中所使用的工具如何帮助或阻碍他们完成任务。了解用户真正的意图是提升实践的关键，可以重新设计、修改甚至删减任务的步骤，只要用户依然可以实现他们的意图。有一个意图是保持不变的：无论什么时代，无论距离的远近，人们都有着彼此交流的欲望。随着时间的推移，实现沟通意图的步骤和方式已经逐渐发生了变化：从手写信件到电子邮件、从座机到手机、从视频会议到 Skype 软件或即时聊天，等等。在收集、解读和整合序列时，我们的目的就是为了从这些步骤中找出隐含的核心意图。

*了解用户的意图是设计的关键所在*

我们的设计挑战在于：如何帮助用户更直接地实现意图，并认识到在此过程中技术的利弊。如果让医生在正式上班前可以在停车场就查看他的电子邮件和日历，看看当天的安排，这将会是非常棒的。但目前的电子医疗系统并不支持这样做，让医生心情愉悦的机会就这样被错过了。

### 8.1.1 收集数据

收集序列模型的数据其实很容易。只需注意项目重点的活动目标，并按开展的顺序逐步记下用户的行动。或者在用户描述回忆时，记录下你听到的步骤，并在旁边留下适当的空间写入自己的发现，以免搞乱了记录的顺序。请留意任务的整体意图和每一步的分目标。还要留意用户开始执行任务时的节点，看看是否可以找到事件的“触发器”。如果在实践中出现了任何问题，请放入一个闪电形状的故障标识。

请记住，在现实生活中，人们一般会以线性顺序做事情——不会循环，也没有替代的策略。这些将会在整合中显现出来。所以，按顺序记录下事情发生的经过。当然，如果你听到了完成同一件事情的其他方法，请在页面的边缘记录下来。

寻找每个步骤中的“触发点”、用户意图及故障

序列模型可以在任意层次的细节上做研究，从高层次的活动到整体任务的完成，乃至到特定用户界面的具体交互步骤等。对于新的产品概念或特征集，序列模型也可以捕获其行动层面上的步骤等。不过，它只能观察可用性层面上的操作，获取类似于“点击”这一类的行为数据。

### 8.1.2 在访谈解读会上捕捉数据

在访谈解读会期间，捕获序列数据是很简单的：就像你访谈时做的那样，记录下每一个步骤，把笔记放到大型挂图或文档中。但不要提前写上你的笔记，与团队讨论时再将它们记录到挂图上。与团队成员分享真实的数据，他们的提问与建议也可以触发你更多的记忆，识别出更多的意图和故障点。详情可参见图 8.1 中旅行计划的序列示例，显示了丈夫为妻子做的旅行计划。你可以在活动挂图或文档中记录这些，以供所有人查看。第 11 步中的 BD 表示“故障”，即用户执行任务过程中出现的问题或突发事件。

**U06 序列 1：计划家庭旅行**

1. 触发点：决定送给妻子一次家庭旅行作为生日礼物
2. 问妻子想去什么新地方（同意妻子寻找一个新的目的地）
3. 打开家庭 / 工作的台式电脑
4. 使用谷歌地图研究某个地方
5. 在罗卡维（他们常去的地方）开始搜索
6. 意图：查找酒店和附近的名胜古迹
7. 看到一个不错的公寓，而不是酒店
8. 决定在罗卡维搜索公寓
9. 找到一个看起来不错的地方
10. 用电子邮件把链接发给妻子
11. BD：链接发送失败，不得不再次发送
12. 妻子终于收到链接，立刻回复表示还不错
13. 用电子邮件和短信讨论更多细节
14. 通过面对面的讨论，敲定了这个地方
15. 意图：我们两个都同意之后再订房
16. 认为网站不可靠
17. 打电话到出租公寓的地方
18. 预订公寓
19. 旅行前夜：
20. 用谷歌地图研究旅行路线
21. 意图：看看有什么新的景点和新的路线
22. 决定使用他们熟悉的路线
23. 打印旅行指南

图 8.1 较高层次上的活动序列

请记住，这些步骤不会总是以完美的顺序出现，特别是在用户回顾性的访谈中。其中的事件“触发器”和意图可能需要进行一些讨论才能识别。如果访谈者与用户讨论了意图，那么很简单，把它们记录下来。否则，即使在访谈中没有直接理解用户意图，也可以从情境中很清晰地识别出用户意图。最终，访谈者将为用户是否真正有这个意图下定论。

### 8.1.3　整合数据

正如我们一直讨论的，每个情境化设计模型都是从自己的独特视角来分析用户实践的结构的。图 8.2 是整合后的序列模型的一部分，这足以说明如何通过层次和颜色来展现其结构。绿色长条标记了整个活动的几个主要部分；它包含了蓝色的整合步骤、粉色的意图和红色闪电标记的故障方块。蓝色方块上的步骤实际上是来自于个体序列模型的真实步骤。

- 序列的标题告诉我们它是什么。大多数项目中都包含了 2 ～ 8 个目标活动的序列，用来定义服务于整个目标活动的过程中人们做的事。
- 绿色长条指的是整个活动被分解成的几个“活动部分”，其下方一系列连续的小步骤是为了实现某个意图。第一个活动部分：“旅行想法的产生”代表了整个序列的事件触发器。
- 蓝色方块是整合步骤（或触发器）的分步描述。这些步骤的标签来自于同一活动中所有类似的用户观察结果，就像亲和图的蓝色标签一样。
- 粉红色标签代表了意图，就放置于在实现该意图的步骤方块旁边。意图也可以紧跟着活动——可以直接放置于绿色长条下。
- 带有闪电标识的方块，表明此步骤出现了故障。

序列模型的整合过程非常类似于亲和图。具体序列的分析揭示了构成各部分活动的系列用户动作（见图 8.3）。所以，如果分析图 8.1 中的序列，就可以看到其中的用户行为：

整合 4 ～ 6 个序列以获得模型的基本结构，然后再浏览其余的序列以作补充，这是有帮助的。在从这些序列找出所有的活动后，将它们以合理的顺序排列以反映相关数据。现在你已经准备好整合这些步骤了。

> 收集类似的观察，为步骤命名，然后按顺序排列

图 8.2　旅行计划序列的一部分

**U06 序列 1：计划家庭旅行**

这一序列的触发点

送给妻子一次家庭旅行作为生日礼物

活动 1：取得一致同意

问妻子想去什么新的地方（赞同妻子的想法）

活动 2：研究常去的目的地，寻找住宿地点

打开家庭 / 工作的台式机

使用谷歌地图研究某个地方

在罗卡维（他们住的地方）开始搜索

意图：查找酒店和附近的名胜古迹

找到一个不错的公寓，而不是酒店

决定在罗卡维搜索公寓

找到一个看起来不错的地方

活动 3：确认旅游伴侣的选择

用电子邮件把链接发给妻子

BD：链接发送失败，不得不再次发送

妻子终于收到链接，立刻回复表示不错

用电子邮件和短信讨论更多细节

面对面的讨论，确定这个地方

意图：在不确定我们都同意之前，不要订房

活动 4：确保旅游资源是可靠的

认为网站不可靠

打电话到出租公寓的地方

活动 5：预订旅行的住宿地点

预订公寓

活动 6：研究旅行路线

旅行前夜：

用谷歌地图研究旅行路线

意图：看看有什么新的景点和新的路线

决定使用他们熟悉的路线

打印旅行指南

图 8.3　来自于 U06 的真实序列模型

每次最好只处理单个活动，查看各个序列，将类似的具体步骤分组整合，概括为“抽象步骤”。写下“抽象步骤”，用来描述在该步骤中人们做的事情，如图 8.4 所示，内容基本一致的步骤可以整合在一起，并以此为基础整合步骤。

> 纵观几个不同个体的序列模型时，策略就出现了

整合每个绿色活动中的“抽象步骤”，包括其中的意图和故障，并将把它们添加到模型中。当你发现可以有不同方式去做某件事情的时候，这时就会出现几个分支。这意味着不同用户拥有不同策略，它们可能是基于意图的不同选择，也可能只是针对不同情况

的不同反映。如图 8.5 所示，这里使用了电子表格，所以这些策略是垂直分布的。但如果是在墙上操作的话，我们会使用便利贴水平地布置它们。

搜索一个地点，看看它是否符合我的需求。

U07-15看看小镇里是否有旅店，比缅因州旅店的床和早餐更好。

U05-6 搜索附近是否有足够的活动的活动项目，例如徒步旅行。

U06-5 在罗卡韦搜索住处，作为他们平常休息的地方。

图 8.4　一系列来自于不同序列的步骤

| 搜索当地活动 | BD：行程规划的应用程序总是崩溃，所以选择使用谷歌搜索 |
|---|---|
| 策略 1：输入搜索关键字，查找具体位置和相关活动 | 意图：找出活动的举办时间 |
| 策略 2：去旅游网站搜索（TripAdivisor） | 意图：从旅游的角度了解有关当地的基本信息 |
| 策略 3：去点评网站搜索（Yelp） | 意图：从可信的来源找出其他人的看法 |
| 策略 4：去票务网站搜索（Orbits） | 意图：找到价格最合适的酒店房间 |

图 8.5　正在整合的一个分支

为其他活动重复以上操作，检查其余的个体模型并添加其他数据。这样模型构建就算完成了！

如果是由几个小团队并行地收集序列数据，那么，可以让大家在一个房间内进行整合，以便工作时可以互相沟通、互相协调、共享数据。

### 8.1.4　传达设计

序列，即按顺序进行动作的步骤；设计序列模型意味着改变步骤，为人们提供更好的方式去实现意图。用类似于 Visio 这样的图形工具来制作的整合好的序列模型。你可以只展示抽象的步骤，或为每一步选择代表性的观察结果，这样可以在保持序列顺序的情况下，尽可能地带来真实体验。

序列模型可以指导较低水平的设计以获取合适的细节

大多数情况下，序列模型是一种设计工具，而不是激发新产品概念的东西。序列模型中的细节、意图和策略，对于故事板和详细设计来说都是良好的指南：

不要设计现在已经在运作的事情，要去克服那些目前没有做到的困难。要支持用户的每一个意图，即使需要新的方式或新的技术来实现。

序列模型中的细节层次有时会把团队压垮，但在你做具体的交互设计时，序列模型对于确保细节无误是非常有用的。

## 8.2　决策点模型

> 文化模型和决策点模型，像体验模型一样，展示了用户的情感和价值观

决策点模型已经取代了我们在本书第 1 版中介绍的文化模型。文化模型揭示了人类与群体之间的价值观、标准、约束、情感和权力关系，以及它们之间是如何混杂对人与活动产生影响的。它是传统情境化设计模型中唯一专注于情感，及不同的人或群体之间的相互影响的模型。文化的影响者也是设计时必须考虑的。

例如，在我们研究过的某个行业中，人们说他们从不在家工作——他们在繁忙的季节工作得特别辛苦，尽量避免把工作带回家。这是他们的文化价值观。但如果仔细观察他们的生活，发现并非如此：他们会在家里查收电子邮件，对关键请求做出回应，并准备好明天要使用的移动设备——他们只是认为自己什么也没做！了解这一点有助于我们的客户思考市场信息，以及在这样一个“否认使用”的文化里，什么样的移动设备才能够被接受。

在过去，我们会从文化模型中得到这些数据，但由于现在我们为生活而设计，这些数据就自然地出现在亲和图、“生命中的一天”模型中了，或者作为身份元素等等。由于新的模型可以捕捉用户的感觉、价值观、动机，以及这些对其行为的影响，所以文化模型就变得多余了。

今天，我们不经常使用文化模型[1]，但是会使用它的一个变体：决策点模型。公司想了解哪些问题会影响产品或服务的选择——购买产品还是购买服务？留在学校还是离开？选择哪种交付方式？在一个图表里集中所有的影响因素，这一定是很有趣的。

> 决策点模型呈现了那些影响选择的因素

决策点模型是一个非常简单的模型，有着简单的结构。模型的顶部是需要做出的决策；中心线左侧的影响因素积极推动人们做出选择，而右侧的因

---

1　公司内部的 IT 团队通常喜欢使用文化模型，因为它显示了用户需要面对的内部权力斗争、政策和其他用户需要处理的问题。此外，当与营销团队合作时，文化模型也会帮助他们得到市场消息。项目的焦点决定了什么模型适合你。请看 www.xxx，获取本书第 1 版的节选。

素则产生消极的影响。一旦公司知道了这些影响用户决策的因素，他们就可以设计出更好的产品、服务或市场信息等（见图 8.6）。

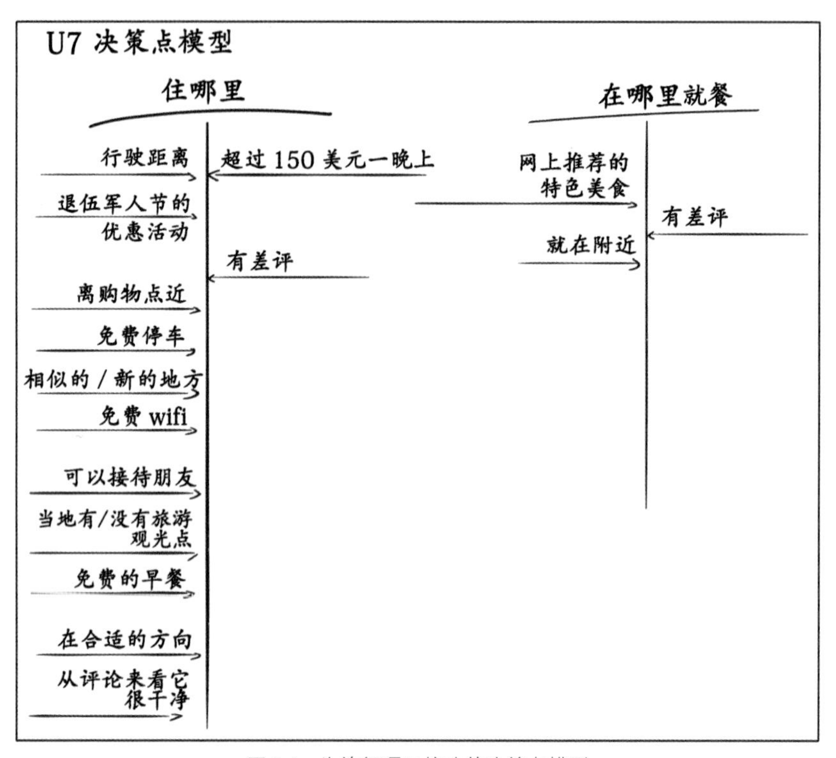


图 8.6　为旅行项目构建的决策点模型

收集那些影响因素，为它们命名，并挑选最重要的

决策点模型的构建和整合其实很简单：在访谈中收集能够影响选择的数据；在访谈解读会上，当故事中出现影响因素时及时捕捉它；然后整合这些影响因素，并把它们按顺序汇聚在一起；使用用户语言写一句话来概括影响因素，就像亲和图中的蓝色标签那样。如果模型中有太多的影响因素，选择出那些对团队来说最重要的，然后在线发布，这样就算完成了决策点模型的构建。如图 8.7 所示的整合决策点模型，其内容是关注人们如何选择保险。（我们在旅游项目中观察到的决策影响因素，没有足够说服力来保证做到全面的整合，所以我们提供了另一个模型以作补充；需要注意的是，我们只允许在亲和图中保存决策点数据。）

图 8.7　一个项目的整合决策点模型

## 8.3　物理模型

生活是发生在一个可以支持或阻碍活动完成的物理环境之中的。幸运的是，人是有适应性的。当他们待在汽车里、在商店里购物或者在办公空间工作时，他们会相应地调整活动，使其适应整体空间；并且他们也会重新安排空间以适应自己。所以，如果你想了解人们如何使用空间；如果你正在进行服务设计，需要了解空间、服务提供商、项目布局等以及它们对客户的影响，那么，请使用物理模型。

仔细想想人们用特有的方式来布置自己的汽车：手机放置在杯架或副驾驶座椅上，以及其他有插槽的地方；电线就这样挂下来充电；人们通常用手机做导航，盖住了汽车内置的导航仪，这也成为了放手机的好地方。图 8.8 呈现了人们是如何将东西放到在汽车内部空间里的。

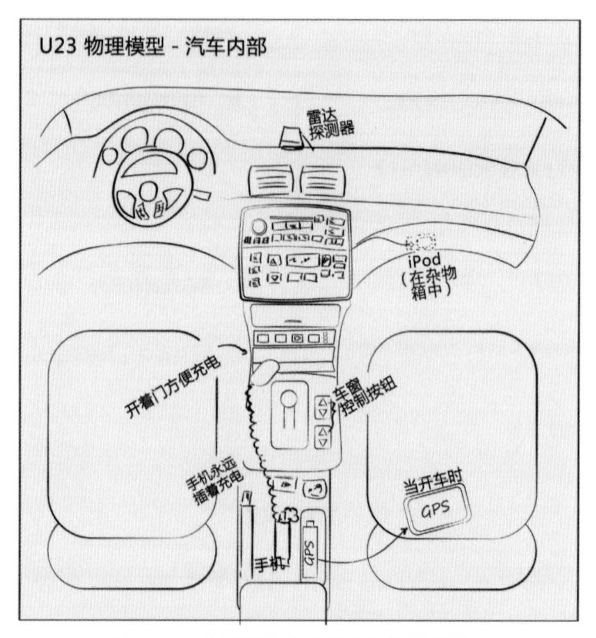


图 8.8　一个展示汽车内部布置的物理模型

项目焦点决定了你在物理模型中描述的内容

在杂货店，人们会根据本次购物之旅的意图、策略和消费观来选择购物通道，然后在环境中寻找合适的东西。例如，“我习惯在周边购买东西。我出去购买新鲜的蔬菜、肉类和面包——不吃不健康的包装食品。”或者，他们会让环境帮助自己完成某件事情——所以他们会在意大利面货架前闲逛，思考晚餐做些什么；如果做意大利面的话，可能还需要什么。而现在，商店之外有更多可用的资源。人们可以拍摄和发送照片（“这是你说的那个比萨酱吗？”）；或打电话给重要的人（“今晚吃意大利面如何？”）；或从谷歌获取相关信息（“这个牌子的食品真的是有机的吗？”）。

如果你正在研究服务人员的角色或者售货亭的作用，那么你将需要直接访问服务人员，或亲身到售货亭进行观察。然后，使用物理模型来呈现售货亭周围的活动。当然，售货员的存在会在一定程度上影响购物者的行为。

当空间的设计和使用是产品或服务的中心时，我们就创建物理模型。研究用户的活动空间以保证产品符合用户行为、工作环境和意图。研究用户组织和集聚空间的方式，可以改进空间、在网络上创建一个平行的在线空间等。研究服务员的活动和行为、对显示屏和仓储信息的反应，以及此空间中使用的技术等，可以让你从服务的角度全面了解真实的客户体验。

> 物理模型是零售服务设计必不可少的环节

物理模型捕获这些信息，它也是易于构建和整合的。在访谈中收集空间使用的信息，只需绘制一幅图来反映他们是如何使用物理环境的。在图中标注用户在哪里放置了什么东西，如何移动、组织这些东西以及售货员如何在这空间中走动等。在此过程中，还要寻找用户意图并做好标注。

在访谈解读会上，从表现用户工作场景设计的草图开始着手，正如第 4 章“访谈解读会”中所述介绍的。补充访谈时捕获的细节，在最后检查是否添加完整。

现在，你有一系列的个体模型可用来整合了。一如既往，选择 6 个最详细的个体模型开始整合。首先，你要找到其空间结构。在这 6 个模型中，总能找到一个自然的结构：汽车仪表板、座椅和汽车前排控制台；杂货店的通道和特殊区域；家庭或办公室里的房间和家具等。这些是你的物理空间区域，将它们列出来作为背景，来模拟真实的空间。

> 空间布局是你整合关键故事的背景框架

然后，仔细查看每个区域空间内所有的观察结果，回顾、比较、确定你的洞察。编写 1 或 2 个描述性语句作为该区域的概述，并且使用故事来说明每个区域发生的事情。（这与 DIL 的整合过程最为类似。）最后，退一步回顾一下整个模型，阐明你的见解和希望模型表达的信息。完善你的故事（就像在 DIL 中那样），增添颜色、小图片和挑战性的问题。最后把它发布在网上，这个模型就完成了。图 8.9 为一个整合后的汽车项目物理模型，它仅仅显示了故障——团队希望强调对于驾驶员来说，目前的内部空间设计中存在的问题。图 8.10 为一个购物项目的物理模型。在对每个模型都应用“基于故事的传达设计”之前，这个模型和汽车项目的模型都已经构建好了。但它们也都适合使用这种方法。尝试一下，看看这对你的团队能产生什么效果。

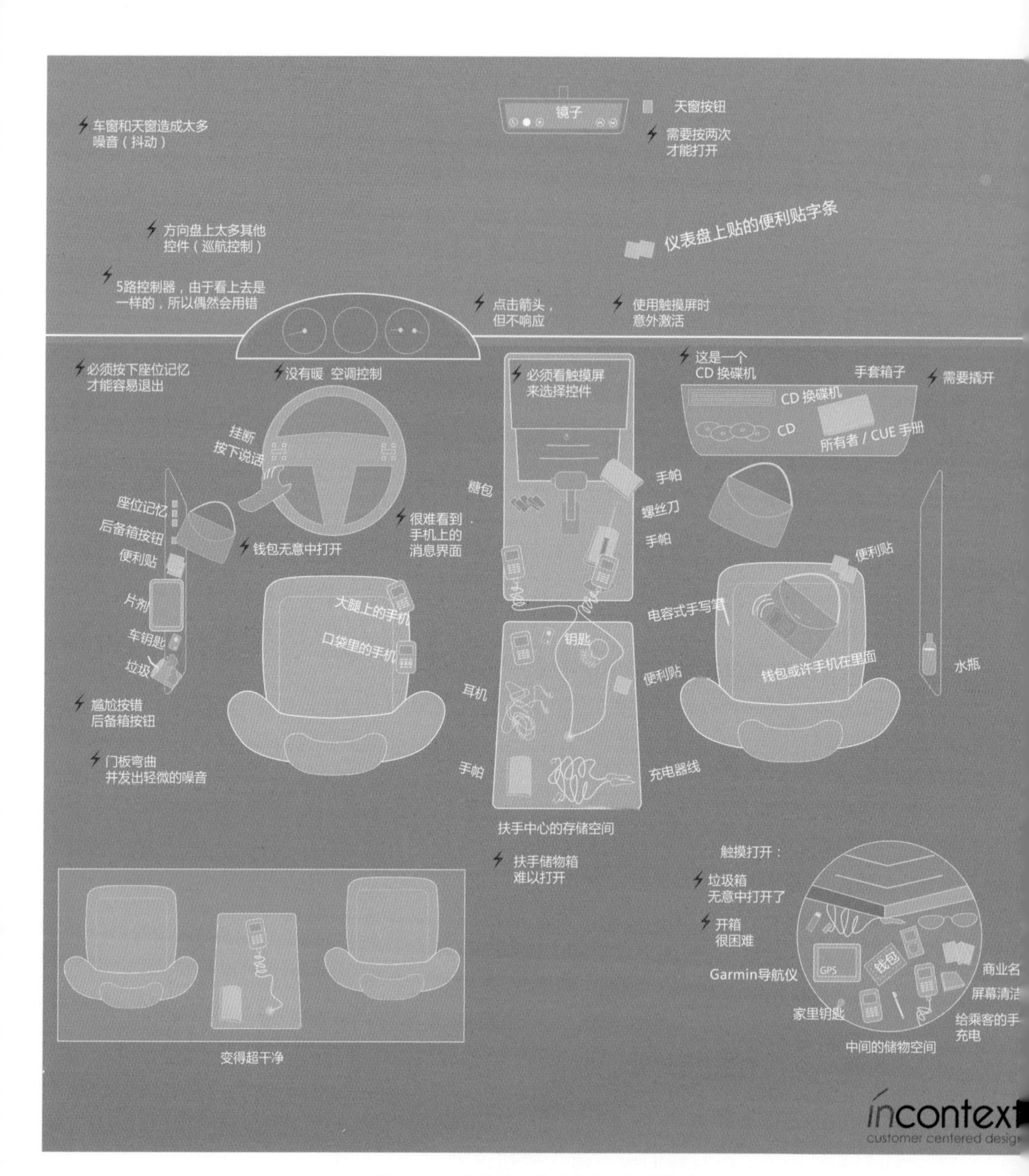


图 8.9　一个整合后的汽车项目物理模型

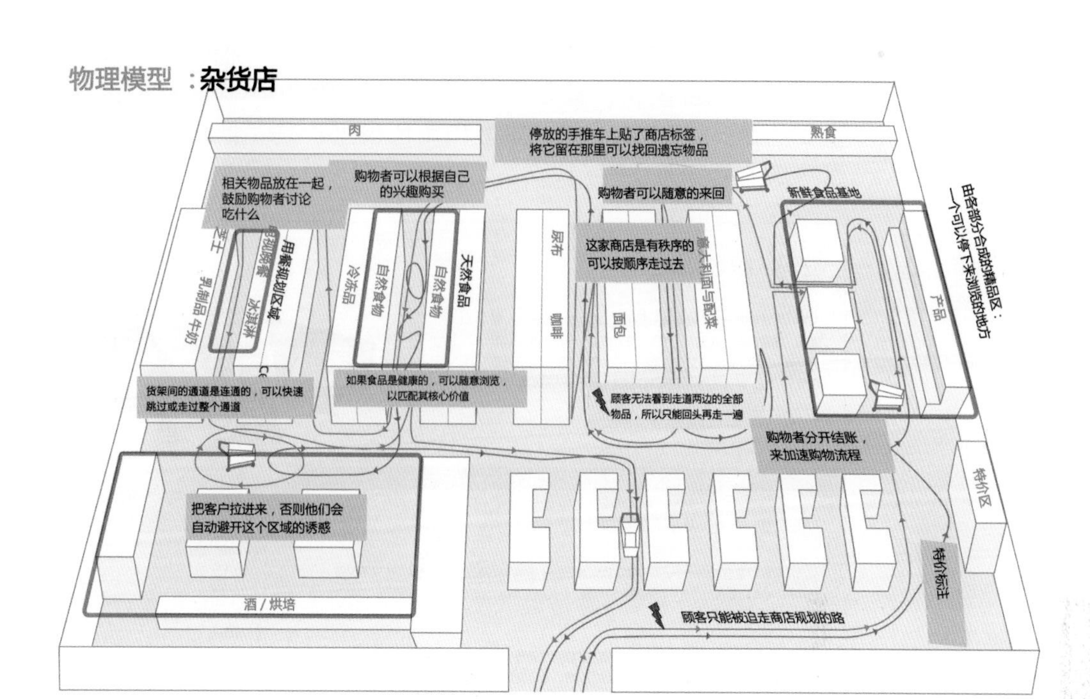


图 8.10　一个购物项目的物理模型

## 8.4　角色模型

角色模型[1]是以一种熟悉和易于理解的方式来呈现用户并对此进行交流的方式。角色模型提供了对用户的快速介绍，在团队之外也很容易分享。它给团队塑造了一个典型用户，帮助他们进行设计思考以及准确定位市场信息。多年以前，我们的团队就发现了它的价值。让我们简要回顾一下创建及使用角色模型的过程：有关更多细节，请参阅《快速情境化设计》一书[2]。

> 角色模型给团队带来了更广阔的市场和更多的设计可能性

角色模型描述了产品的典型用户，就像他们是一个真实的活生生的人。他们的数据集中呈现在一个页面上，一眼就可以浏览全貌。每个角色都有一个名字、介绍和照片，看上去显得很真实。角色模型的重点在于目标和关键任务，这样团队可以看到每种类型用户的动机。然后，通过一段叙述来提供关于用户如何完成任务的关键细节。图 8.11 中酷项目的例子，展示了年轻人对于酷工具的

1　库珀，艾伦 . 交互设计之路 .Sams——Pearson Education.2004.
2　Holtzblatt，K Et El. 快速情境化设计 . 2005. Morgan Kaufman. p181.

态度、价值观和行为。我们没有为“旅游项目”构建角色模型，是因为我们发现身份模型能够更好地帮助团队明确该项目设计的重要问题。同时建立身份模型和角色模型，是了解用户这两个方面特点的最佳方法。

艾玛：职场新人

艾玛认为自己是一个“很率真、爱社交、有创意、爱时尚、跟潮流、注重健康、有深度，并且在进入职业世界的过程中试图保持真实自我”的人。艾玛也意识到成为成年人的部分行为是慢慢变化的，购买选择变成东西的品质，而不是它的价格。

“我知道，酷的人并不需要炫耀什么。”

艾玛积极地为自己创造一个公众形象，所以会仔细考虑她所使用的设备。她说：“这不仅仅是你有 iPod 或者其他什么，而是整体的包装。”艾玛正在努力维持自己的独特形象，同时也适应她新的职场世界。

艾玛使用的手机完美地体现了她想法。她为工作买了黑莓手机，但是手机的双色配色太工业化，整体形象也太企业化了，失去了艾玛的个性。所以艾玛用黑色橡胶壳覆盖手机，试图调和它的外观和流线型界面，来更好地反映她的形象。但 iPhone 手机的功能可以立刻就让她感受到方便轻松，不像使用黑莓手机那样，即使在使用像 Facebook 这样的“酷”的应用程序时也觉得沉闷。所以黑莓笨重的互动并不能代表艾玛。

尽管如此一些小玩意儿不适合表现自己的公众形象，艾玛还是喜欢私下使用它们。例如，她的蓝牙耳机，可以让她在手机信号很差的公寓里自由走动，还能接受信号。对于艾玛来说，这款耳机“超酷也很可爱”。但艾玛绝不会在家以外使用这款耳机。她说：“使用蓝牙技术的人们正试图展示一个重要的形象，而这种形象却与他们的工作背道而驰。”

艾玛成为一名成年人的部分行为就是更谨慎、更高质量地购买东西。她最自豪的“成人行为”是购买了一台 42 吋平板电视。她做了产品研究，并询问朋友的建议，以确保她得到一个很好的交易过程和产品。购买前仔细考虑的行为，几乎改变了艾玛现在购买所有东西的方式。例如，她不是购买“便宜的，低值”的衣服，而是花很多钱购买优质的衣服。艾玛说，“我的新电视就是一个电子产品的可爱代表。”

cool 的特征
- 时尚的设计
- 即时互动
- 积极表达自我形象

生活清单
- 工作及上班来回的路程
- 跟上时事
- 保持联系 / 社交

设备 / 使用的技术
- 黑莓
- 平板电视
- 数码相机
- iPod
- 蓝牙耳机
- Windows 笔记本电脑（不是 MacBook）
- 上下班的好车

人口统计学数据
- 女性或男性
- 中期 20 年代
- 单身
- 租住在城市或郊区
- 中产阶级

图 8.11　来自于酷项目的角色模型

在情境化设计中，人物角色的数据是从用户访谈中提取的。这就意味着角色数据将可能具有无与伦比的深度和丰富性，你将拥有充足的故事和例子作为建立角色的基础。这对角色模型在设计过程是否有用是至关重要的。通常人们对角色模型的抱怨正是它们有时太过于粗略，不足以描述用户行为的动机。情境化设计项目中收集的所有数据都可用于角色模型构建。

## 8.4.1　整合角色模型的数据

如同情境化设计中的所有模型，我们自下而上地构建角色模型。首先，浏览各个用户，确定每个人的工作角色和关键特征。此处的关键特征应该与项目相关（例如他们所使用的设备、网站或你关心的产品）；你的角色构建也不应该过度受“人口统计学特征”左右，但是你得记录一些人口统计学特征的信息，来保证每个受访者处于人物角色的范围之内。如果你有很多用户资料，那就请标示出最有趣的、内容最丰富的几位用户。他们有助于为你的项目聚焦，并提供独特的视角，这一点很重要——可以让你专注于最有用的访谈资料，然后把其余的访谈当作补充。

现在，将用户分到几个潜在的角色小组：如果他们做同样的工作，对完成目标任务有着相似的态度和策略，那么这样的用户应该组合在一起。

一套好的角色集合，能够反映你所访谈的所有用户

每个项目的角色模型应控制在 4 ～ 8 个，过多的用户角色会扰乱你的设计关注点。每个角色应该有他与众不同的特征。你应该能够为你访谈的每一位用户确定一个主要的角色。一旦角色开始分割用户的特性，这时候你通常是在确定用户的身份元素，而不是角色本身。因此，不要将角色分得太细，你可以在同一个角色中表现出细微的变化。更不要受到人口统计学和市场细分理论的支配，你很可能会发现角色模型是如何跨过市场细分类型的。

随时整理分组，明确每个角色的核心属性，直到你拥有一套清晰的角色模型。给每个模型写一个标题，使它们能够呈现出各角色的关键差异。（例如，计划旅行的人可能会被分为“爱好策划者”和“单纯的组织者”的角色。）如果你不能提出明确的标题，或认为角色中的用户并非都适合这个标题，那么，之前你对角色模型的考虑可能不够清晰。在这种情况下，最好重新检查一下你的分组。

然后，为每个角色加入更多的细节。浏览角色模型中的每个用户访谈的数据，提取关键信息：用户的策略、意图、任务，援引他人的话和独特的故事等。这将是你编写故事的原始数据。

用数据里的细节去充实角色模型

列出角色模型中每个用户的关键目标、任务和人口统计信息。对于消费产品，你可能想要列出用户的态度和价值观；或者你也可能想要追踪他们的设备使用状况等。这份清单将在下一步中被淘汰，所以现在不用担心列表太短。目前，只要确保这些特征足够明确：能清楚说明用户想要实现的目标。每项任务都是为实现目标而采取的具体行动。

通常最简单的做法，就是基于一个主要的用户建立角色。使用此用户的基本信息作为描述的基础，再补充上其他用户的详细信

息，并尽量排除任何特殊性。主要用户应该有着丰富的访谈内容，并且能够覆盖该模型中几乎所有的用户。现在，开始着手选择主要用户吧。

终于开始编写实际的角色模型了。首先，要决定这个角色的性别，并给他 / 她一个名字。这要基于用户群的性别情况：如果所有的用户都是女性，就不要建立男性角色。对于名字，最好选择不引人注意的。我们通常会在名字上附上头衔，例如，“爱好策划者”哈丽特、“单纯的组织者”乔。

角色模型应该是宽泛的，它们可不像身份元素那样具体

从故事叙述开始，用 3 或 4 段语言概括角色的关键信息，就好像在写一个真实的人物那样。使用一些特定的故事来丰满人物的形象。写好了故事之后，就很容易想出 1 或 2 句摘要，引用一句有特点的用户“语录”。这句用户“语录”不一定是用户的原话，但是如果他们说得直截了当，那么你应该能理解他们的意思。例如，手术室中一位护士说：“病人掌控在医生手中，但医生掌控在我的手中。”这句话，非常像我们在身份模型中讨论的那样。

最后，为这个角色选择一张照片，并整理这些关于目标、任务、态度和人口统计学特征的清单，选择其中最重要的 3 ～ 5 个即可。对于人口统计信息，在模型中只需显示简单的用户群体年龄范围、头衔以及其他你关心的内容。这张照片应该具备你所看到的用户特征。

要记住，角色表达的是用户群体整体的生活特征，而不是单个的身份元素。根据我们的经验，尽管角色模型有助于设计师集中思维，它们无法在“墙面研究”环节激发出更多的设计构思。但是当它与其他模型配合使用时，它将成为为设计团队引入目标用户类型的有效方式。

## 8.5 模型的力量

模型有助于将设计思维集中在用户世界的一个方面

图形模型用图形形式生动地描绘用户群的生活和故事，它们有着强大的洞察力和驱动力，激发着你的设计思维。本部分呈现的每个模型——如亲和图、体验模型和传统模型——从不同视角观察着用户生活。总而言之，这些视角为你提供了一个全方位的世界，你的用户就在这里生活，做着那些你想支持的“目标活动”。

了解得越多，设计就会越好——你会发现新产品的机遇、新技术的挑战、你必须考虑的约束；如何在不破坏现有的实践模式下，

将技术融入用户现有的生活。退后一步，一起来看看这些模型，可以看到它们揭示了生活实践中的各个方面，并且相互之间彼此联系。它们将用户的整个世界传达给了所有需要这些数据的人。它们被一次次地重新利用、更新与优化，最重要的是，它们还能活生生地展示用户的生活。它们直接将用户现实世界的数据暴露给团队和利益相关者，它们是用数据驱动设计的最佳方式。

在本书的第 3 部分中，我们将看到如何使用这些模型来激发设计思维。

## 情境化设计和用户旅程地图

用户旅程地图是一种方便和受欢迎的沟通方式，可以在单个图表中传达大量关于用户体验的信息。它们类似于序列模型，但通常在更高层次上，覆盖从用户初始认识项目到参与完成项目的整个过程。

当用户的整个参与过程对设计都很重要时，需要建立用户旅程地图。通常情况下，这被用于销售过程，如网上购物，但这不是用户旅程地图唯一的用途。在设计服务或以服务为主的系统时，用户旅程地图可能也会发挥作用。当用户与系统互动紧密时，就像税务结算季大量使用的税务预算软件一样，旅程地图可以说明整个季度的故事，或者是某位客户在一个季度中使用系统的情况。

构建旅程地图的方式与其他模型相同。收集所有访谈的数据，显示出所有你关心的活动或系统接触点。仔细查看，确定整个过程中的关键阶段或里程碑式的事件。以线性方式展示这些触点，甚至可能还有循环和退出点。

最后，运用我们的设计传达的原则，确定模型的主要信息。划分出组织信息显示的几个主要的块（这些分块很可能就是你确定的关键阶段或里程碑）。在这些大块中，将信息组织成大小合适的 3 ～ 5 块，分别使用故事语言和用户小插曲来说明要点，并设计带有针对性的问题或建议的“入口”方式。用户旅程地图只是另一种基于真实用户数据的模型。因此，请使用与体验模型相同的原则来整合和呈现它。

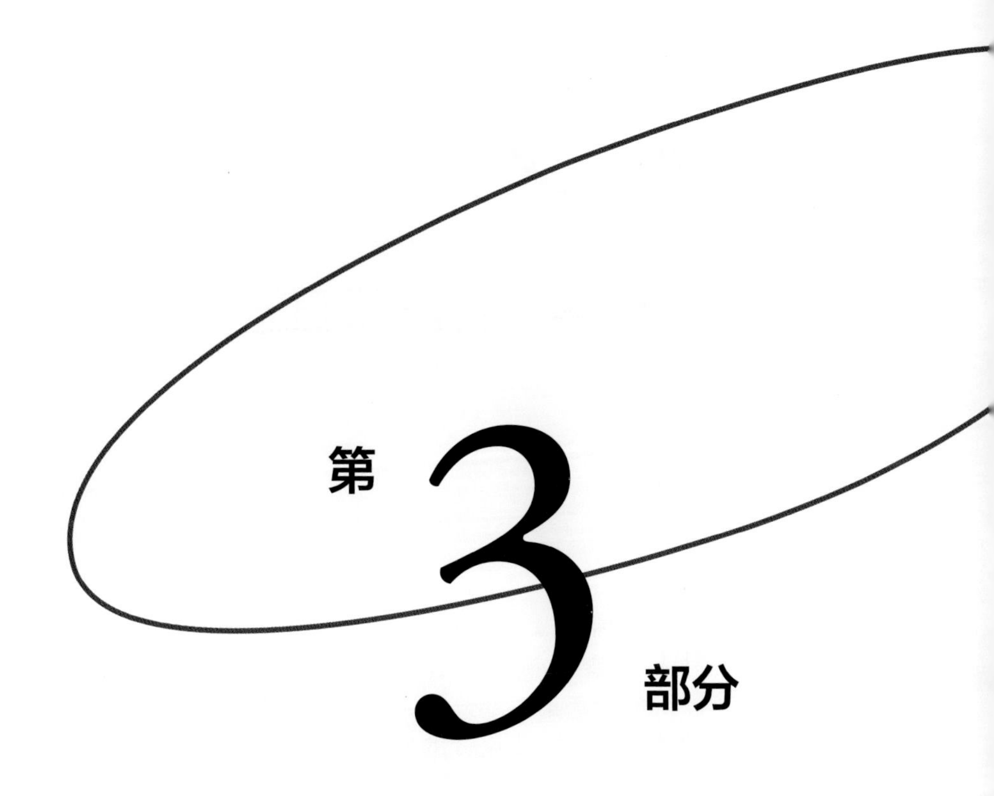


# 重塑生活：用用户数据来思考

# 第 9 章

# 创造下一代产品概念

在本书第 1 部分和第 2 部分，已经收集了现场数据，整合数据以查看市场模式，并在传达设计原则的指引下准备好模型，以供使用。第 3 部分将介绍通过深刻理解用户来创建新产品概念的技术。情境化设计的群体思维过程建立在沉浸式的用户数据之上，是激发创新观念并构建共同理解的最佳方式。

当设计团队发明产品时，他们不仅仅是将一些软件和硬件放在一起来做一个灵巧的小玩意儿。设计团队真正创造的是人们做事的一种新方式。如果你在设计一个商业产品，你希望能够通过提供一个新的、具有吸引力的工作方式或生活方式在市场上引起轰动。如果你正在构建一套内部系统，你会希望通过合理使用技术来改变商业模式。即使是效果最有限的最小的应用程序，也必须尽可能地适应用户更宽泛的生活范畴。

在今天，技术比以往任何时候都更加不可避免地融入人们的日常生活；没有技术的支持或者没有一些产品的持续性参与，我们几乎做不成任何事情。今天的设计师创建了人 - 技术系统——一种通过产品和系统来提升生活和工作质量的方式，真正地重塑了人们的生活。而且该产品不再是一个独立的大型应用程序，而是一系列产品、应用和平台，以帮助我们完成一项活动。另外，用户希望我们能够像创造“酷概念”一样，创造一个“酷体验”。那么，我们在公司里应当怎么做到这一切呢？

合作小组将产品的开发工作分配给不同的角色，每一个角色都着眼于解决自身的问题。工程师关心硬件和软件技术；用户体验专家关心良好的数据和交互设计；工业设计师关注外观和软件界面的视觉设计；产品经理考虑功能、发布和定价；市场营销人员关心如何向市场传递信息。然后，当公司安排不同的团队来开发上述平台的移动版本时，他们又要将这个过程重复一遍。

团队创建的是新的生活方式，不仅仅是产品

当然，这些都是交付产品的重要方面，但是由于涉及很多人员和组织职能，用户的整体体验很容易遭到破坏。所以，成功的创新不仅仅是重新设计实践，或者设计一个漂亮的产品。作为它的核心，这是一个组织问题：如何对正在开发的产品建立一个共同理解。

支持单一业务的 IT 部门，其优势在于他们与用户之间有更密切的联系。但是员工的期望是由他们的消费产品决定的——公司的工具必须达到产品的标准。大多数的公司都有面向客户的网站和应用程序；他们有自己的用户体验和设计小组。所以即使对于 IT 应用来说，在需要构建什么这一问题上达成共识，同样是一个必须解决的挑战。

任何设计团队都必须理解用户的世界，发现改变它的机会；创造一种用户将会需要的新的人 - 技术交互的实践方式；并设计一个解决方案，使组织内所有的部门都同意并能在其企业文化中实现。

成功的创新需要多人达成共识

但是任何产品都不会这么做。人们也许会认可同一个方向，但是这对于用户和商业来说是一个正确的方向吗？可以作为市场导向吗？今天的商业重视“跳出箱子外”的思维，产生一些别人没有想到的创新产品概念。对于商业产品，这可能成为主导市场的竞争优势。内部系统正在寻找能够改变业务的创新工作方式。创新这个词语被用在各种地方，但是它到底意味着什么呢？

## 9.1　实践创新

当 iPhone 出现时，它改变了游戏规则。每个人都在谈论这个产品，大家围在这个手机周围，只是为了看它的缩放、旋转、画面和游戏。其他科技公司也做出了反应：为了赢得商机，他们同样想要改变游戏规则。企业担心消费者期望值的转变意味着商业工具也要随之发生变化——他们希望商业工具也变得酷起来。我们交流过的每一个客户都希望能够创造一个“WOW”的体验。就好像在某一天苹果公司的老板醒来的时候说，让我们做一个 iPhone

吧——几个月之后，iPhone 真的出现了。

变革与创新来自于多年技术的成熟

让我们看一下实际都发生了些什么吧。我们发现，对于公司来说，任何创新的实现都需要一些先决条件。没有公司能够始终保持创新。即使是苹果公司也有遭遇滑铁卢的时候，例如牛顿掌上电脑、丽萨、MobileMe 等。但真正的问题是：当我们谈论创新时，到底指的是什么？我们的意思是在说：开发一种如阿帕网（ARPAnet）一般的新技术，它随着时间的推移而发生了巨大的变化，最终成就了今天的互联网——然而这些年来并没有产生有用的、可盈利的产品或服务？

最近有一些关于“互联网那些事”的议论，包括智能电网，它为事物创造了一种相互交流的“语言”。像阿帕网、智能电网、数字纸张、语音识别、无人驾驶汽车等，这些都是我们所说的基础创新。这份清单上的所有技术可能需要花费 20 年甚至更长的时间才能投入到日常使用之中。基础创新是一种新的核心技术，它可以创造出新材料，当这种新材料趋于稳定时，设计团队便可以将它应用在新产品开发之中。在这些新材料真正可靠、容易实现、没有麻烦、几乎不会给用户带来什么负担之前，我们不可以将它们运用于开发新产品之中——我们称之为实践创新。基础创新一旦完成，设计师便可以想出最好的办法，将其以合适的方式应用到人们的生活中去。没有人希望电力公司采取每小时断电 10 分钟的方式来节省能源，就像某次智能电网会议中所建议的那样。那么，如何正确地使用这些技术呢？语音输入技术经过数年的研究才真正可行，但是现在它已成了一种神奇的交互方式。在团队将技术应用于改变生活的实践创新之中前，还有很多工作要做。

真正的创新需要花费多年时间，别指望在一夜之间实现创新

所以，变革性的创新需要时间和耐心。苹果公司在 2007 年推出 iPhone，但其实它早在 1999 年就已经注册了 iPhone.org 域名。看上去 iPhone 似乎是突然冒出来的，但实际上这个过程相当漫长，包括了企业聚焦、设计、迭代以及等待成功的条件准备就绪等。那么，它在等待什么准备就绪呢？

iPhone 在等待着技术的完备。直到 2007 年，无线网络随处可见；智能手机被广泛使用；3G 网络在全球拥有了 2.95 亿注册用户；触摸屏技术于 1971 年问世，发展到今天已成熟可靠，广泛运用于公用电话亭、PDA、杂货店、GPS 设备和游戏之中。如果没有这些基础技术的成熟和广泛使用，就不会有 iPhone。

消费者同样也需要做好准备。人们曾经习惯于使用台式机从互联网上获取信息和服务；直到 2007 年，大多数人才准备好开始使

用手机收发电子邮件和短信（许多人使用的是黑莓手机）；来自零售、旅游、社交媒体、定位服务、音乐、流媒体视频等在线内容成为正常生活的一部分。直到这时消费者才准备好迎接这些新的事物。没有这些内容和服务，iPhone 也只是一个漂亮的盒子而已。

技术和内容的可用性已经成熟，能够应用于诸如 iPhone 这类手持设备中。但是，苹果公司还需要一种分销产品的方式和商业模式来把它卖出去；他们需要在分销和商业模式方面做好准备。为了达到目的，苹果公司运用自己成功的运营流程（见图 9.1）来设计和销售台式机，构建了应用程序开发者网络和苹果商店；苹果公司与 AT&T 建立了合作关系来分销手机、提供移动网络；并利用其现有的 iTunes 商店销售应用程序和音乐。苹果公司拥有了企业知识和完备的流程，让 iPhone 的出现成为现实——但这需要多年的时间才能到位。

创新只有在技术、消费者和商业模式都真正准备就绪时才会发生

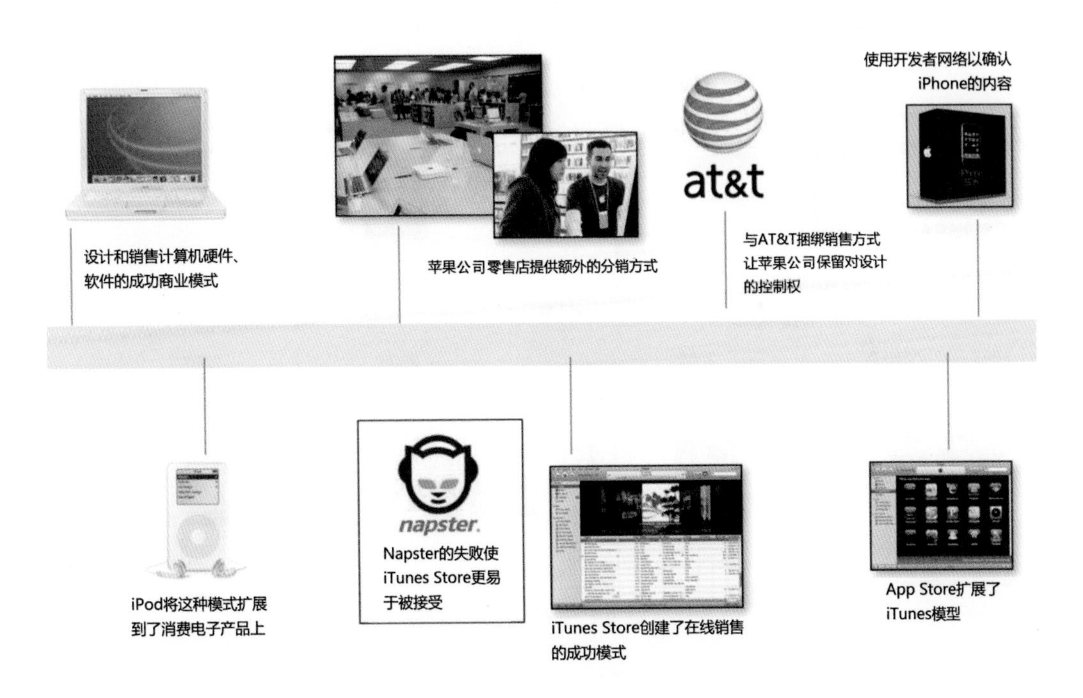


图 9.1 苹果公司创造了分销技术和关系网络，这对 iPhone 的成功至关重要

但最重要的是，iPhone 符合苹果公司现有的使命，也是苹果公司不断技术创新的成果。对于苹果公司来说，iPhone 并非无中生有，它只是苹果公司对于下一代产品的正确理解（见图 9.1）。为了实现这一目标，苹果公司必须保持对公司愿景的专注和承诺——他们

做到了。他们首先设想产品，然后在推动技术和内容发展的同时，将所有能利用的资源都运用到新产品之中。他们尝试了若干小型的可移动的产品，在经历了牛顿和 ROKR 产品的失败之后，终于在 iPod 上获得了成功。苹果公司学习、完善和借鉴了他们在音乐产品上的做法。他们已经有了 iTunes 商店，用户可以在这里购买音乐——只要将应用程序添加到 iTunes 商店中就好。他们已经有了与开发者共同开发软件的经验——应用程序只不过是不同的软件而已。对于苹果公司来说，iPhone 是他们的核心竞争产品。他们的愿景并不需要做出改变——这只是苹果公司的“下一个”正确的产品而已（见图 9.2）。

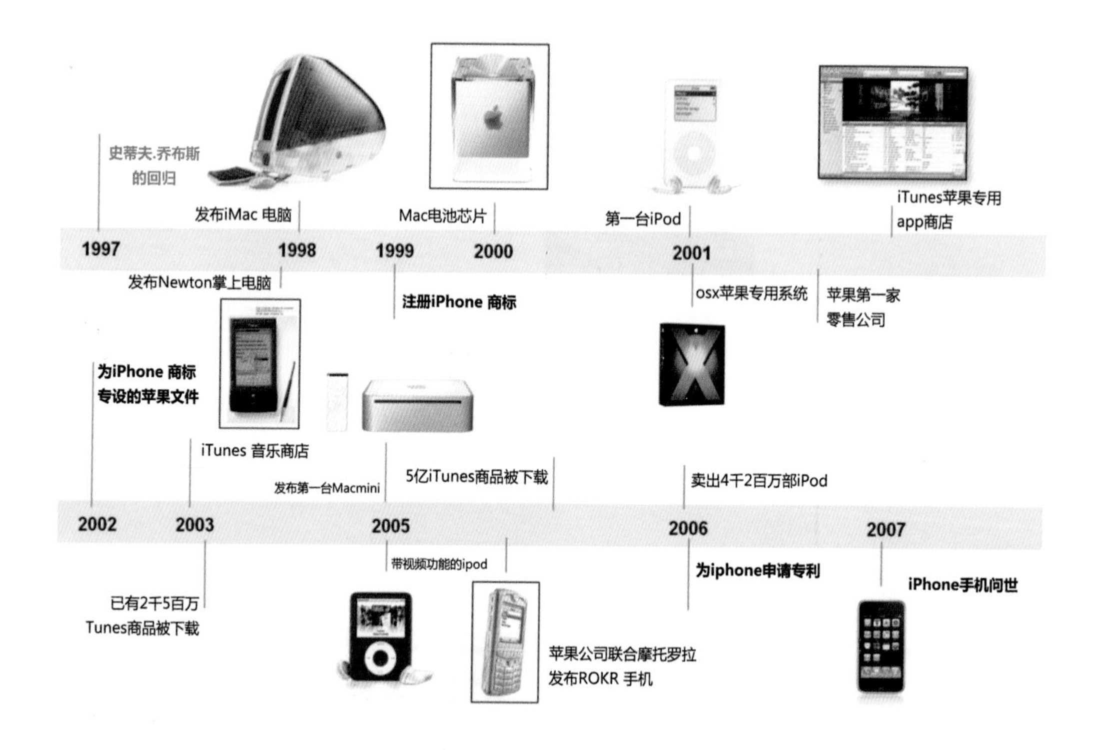


图 9.2 iPhone 出现之前，苹果产品的演变

那么一家公司该如何开发出改写“游戏规则”的产品呢？技术、市场、分销和完备的商业模式（见图 9.3）是先决条件。但还有一个关键因素——他们需要在用户实践中引入一些转变。变革性的产品会引导人们的生活或工作实践产生一些动态变化。（可能是一些有用的、引人注目的特性，如 iPhone 的捏（pinch）和旋转，但这些都是附加功能。他们本身并不能创造出变革性的创新。）—

旦基础元素到位，以“酷概念”之类的原则为依据的以用户为中心的设计便最终取得了成功。

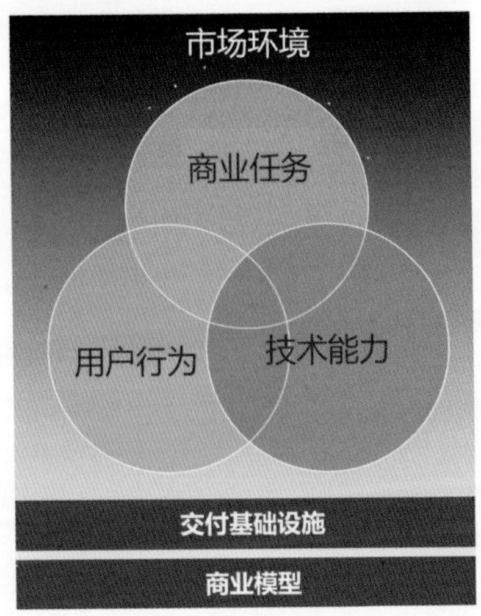


图 9.3　实践创新整合了用户呼声、商业使命和技术，创造出变革性的解决方案

实践创新是所有这些元素的总和。它涉及整个公司的文化和实践，而不仅仅是设计团队的工作。太多的公司总是谈论创新，他们想要改写行业的游戏规则，但其实他们并没有做好一切准备。无论他们有什么好的目标，都无法兑现承诺。

> 任何创新都必须符合企业的核心使命——否则就无法实现

我们已经看到了团队产生了真正的变革性想法——但是被一些琐事，或者是公司的核心任务中更重要的优先事项所掩盖了。例如，与我们合作的一家企业聘请我们帮助他们了解各项业务之间的关系。在 WebEx、SharePoint、Dropbox、Skype 或任何其他比电子邮件更复杂的协同技术之前，我们和团队就提出了所有支持这些业务合作的技术设想。这些年来这些技术都已经实现了，但不是被我们的客户实现的。这是为什么呢？该公司的重心是管理企业数据。所有这些元素离他们的关注点甚远，需要太多的新技术，并且需要新的业务和销售模式。因此，创新并不仅仅是提出一个伟大的想法——而是在考虑到实现公司使命、符合公司内员工的技术背景的前提下，提出一个可以付诸实施的伟大的想法。

实践创新取决于技术、市场、企业和商业是否准备就绪。这些是有意识的创新所需的更广阔的背景条件。但是，有了正确的用户数据、正确的团队技能和思维流程，你就可以有目的地进行创新，实现更酷的概念。

### 故事：用规划赢得市场

一家大型出版公司提交了大量的纸质报告。这些报告汇编了专业研究人员的调查结果，其中包括针对一个非常关键的商业问题的意见。网络曾鼓励发行商在线提供纸质产品。但是这些报告太庞大了——有数百页之多。他们提出“我们的客户是否需要在线的内容呢？”他们会放弃纸质产品从而接受电子解决方案吗？如果将它放在网上的话需要什么呢？这个报告是如此之大，能将它放在网上吗？在付诸实施之前，这个公司提出了一些很好的问题。

该公司思想开明的副总裁知道自己想带领公司走向什么方向，她明白必须建立软件部门，具备相应的能力才有可能使该报告上线。他们先根据自己所理解的用户的想法建立初步模型，在焦点小组中向用户展示这些初步模型。然而客户却告诉他们一切都搞错了。因此，他们找到了我们。

在2003年，没有竞争者有任何在线内容。我们在与团队合作的过程中，发现在纸质报告中出现的一些实际问题在网络上可以得到很好的解决：可以快速地在报告中查找信息；把最需要的信息呈现在顶部；通过内容布局的设计也可以简化浏览过程；还可以提供高亮显示和标记工具。使用情景化设计方式重塑产品，使得该公司能够兑现承诺并迅速占领市场。这并不是因为他们是第一个尝试这么做的（尽管事实的确如此），而是因为他们克服了纸质报告中存在的一些问题。与此同时，他们开发了新的商业模式、新的品牌和新的软件交付系统。他们开发了一个系统性的解决方案——因为他们致力于这个新的方向并为之规划。拥有正确的设计是至关重要的，但只有调整组织使之有序化才能取得成功。

## 9.2 用户数据驱动创新

与苹果公司实际所做的相反，关于如何创新的文化神话，就是某个聪明人登上山峰或进入车库，然后凭空发明出新的东西。我们甚至听说有一家公司故意让他们的工程师远离客户，因为他们不想扼杀创新。但是通过对一些优秀创意从何而来的研究，情况恰恰相反——与用户合作不仅不会扼杀创新，反而是创新最基本的先决条件。

成功的创新者沉浸在用户实践中

Dan Bricklin 在商学院上会计课时开发了第一款电子表格办公软件 VisiCalc[1]。他看到管理纸质表格相当乏味而且机械化，意识到凭借他对于计算机系统的了

1 H. Beyer，“Calling Down the Lightning”，IEEE Software. Vol（11），No.5，P106，1994.09

解，可以保持用户端的电子表格的形式，并利用计算机自动执行计算。WordPerfect 作为第一个现代的文字处理软件，当时它的发明者 Alan Aston 和 Bruce Bastian 正住在几位秘书的楼下，这些秘书是他们的客户。他们每天都会产生一些新的想法和代码，带上楼去给秘书们试用和评价。

没有一种创新是完全与过去脱节的

这些人不会按照用户的要求去创新——没有人要求他们做电子表格和文字处理器。正如我们在第 1 部分关于访谈的章节中讨论的，用户对于自己的日常工作并没有一个很好的、清楚的理解。他们专注于解决日常工作中的问题。此外，用户对于技术对他们有什么帮助了解甚少。因此，我们发现传统的创新者通常沉浸在潜在用户的文化之中，而不是针对明确的要求做出回应。创新者直接通过观察来发现问题，利用专业技术知识来发现用户可能会忽略的创新机会。通过沉浸在活动中，与用户进行交流、建立原型，并在现场与用户进行测试，创新者将这些想法变为真实的产品（我们将在第 5 部分详细讨论原型的作用）。

用户总是在日常使用的基础上来构想产品

电子表格和文字处理器这两个产品表明，没有任何创新是与之前完全脱节的，纸质表格为 VisCalc 提供了模型；在 WordPerfect 之前，编辑器和文字处理程序就已经存在了。在 Facebook 之前，大学里就流行着实体的“脸书”年鉴。在 iPod 之前，随身听就可以随身携带音乐到处走，再往前还有便携式收音机。优步（Uber）以出租车公司的模式向公众开放，并在现有的 GPS 技术和合理的安全措施的基础上建立了很棒的界面。还有很多类似的例子。深入用户世界，凭借着专业技能去发现可能性并实现它，就这样，发明家创造出了变革性的实用创新。

创新创造了新一类的产品，并抓住了（一段时间内）一个新的市场成功策略的核心意图、动机、挑战和存在于人们生活中的渴望。然而一旦到了用户手中，新技术就将以没人能预料得到的方式重塑他们的生活。电子表格已经超出了 20 世纪 80 年代的任何会计师的想象。今天的文字处理与用打字机创建文档几乎没有什么共同之处。优步创造了共享经济，而不仅仅是乘坐汽车。当人们接受一项新发明并开始探索它的可能性时，另一些人把该项发明看作是其他发明的典范，新的市场和生活的转变出现了[1]。新的实践

1　正是通过这一过程，产品占领了市场。早期的采纳者演示了产品的使用方式；随着产品的成熟，更容易被更大的市场所接受。艰苦的持续创新使产品适应市场，产品也更有希望获得成功。[ 参考：跨越鸿沟 ]

成为了日常生活的一部分，开始刺激下一代的设计师，并向他们发出挑战。

让团队沉浸在丰富的领域数据中，创造出革命性的产品

实践创新完全依赖于对人们生活的深刻理解。当设计师们深入目标人群的真实生活之中，点燃了灿烂的设计思想的火花，就在他们的脑海里瞬间激发。在情境化设计中，我们有意创造这种沉浸式的体验。当你收集现场数据、解读、建模和整理时，你已准备好正式的沉浸式过程。每一种整合模型都着眼于用户生活中的某个特定的方面。快速地逐个探索各个模型，自然而然地会将模型综合起来。团队每次只研究用户生活中一个连贯的方面，从而使人们生活的复杂性易于管理。依次讨论每个模型并通过与数据对话，刺激设计思想，同时促进对数据和初始设计方向的共同理解。

随着一组模型被调整用来传达对于设计意图的洞察力，团队可以快速连接到数据中。把生活看作一个整体，是什么让用户感觉到愉悦，或者是什么让用户受到挑战，这些自然而然地激发了新的可能性，促使那些有能力的人去实现它。

## 9.3 人是秘密武器的一部分

优秀的发明者自然也遵循我们在第 4 章对解读会的讨论中概述的推理链：从用户身上看到一个事实；发现这个事实为什么对人们如此重要；认识到技术对于当前形势的影响；将机会转化为具体的设计构思。数据中的设计思想往往都是不清晰的。这对于那些以用户为中心设计的新手来说，往往会成为绊脚石，他们有时会期待数据告诉他们该做什么。但事情不是这样运作的。特定的设计思想很少存在于数据之中；它们是团队根据数据所创建的发明。

团队必须了解现代设计材料，以创造创新产品

但是，只有在设计师明白什么技术可行的情况下，上面所说的才会变成真的。他们需要掌握相关领域的各种设计材料。用户数据或许可以提供灵感，但正是通过对设计材料的重新组合和运用才能创造出变革性的产品。设计材料包括一切可能与问题有关的内容：有关应用程序的知识、针对不同屏幕大小的响应式设计、在不同设备上呈现信息和功能的适当的范式、使用位置信息、跟踪用户行为、主动学习、机器学习、访问云数据以使用户数据可用、用户界面布局和图形设计趋势，以及为黄金时间做好准备的基础创新等——这些只是现如今成功产品所需要的一部分设计材料。

当技术发生变革——就像窗口 / 鼠标的发明，随后是网络，再

之后是智能手机上的触摸屏的出现，再是物联网成为现实——设计材料也随之发生了改变。设计师必须重新学习新的材料才能与时俱进。作为一个群体，我们也对现代事物产生了新的期望。反之，树状结构的图形界面（UI）曾经是创新性的，现在已经变得老旧过时。用户曾经通过填写表格来表达自己对应用程序的喜好，而现在他们希望产品能够从他们的行为中知道他们想要什么。如果设计师没有彻底了解各个层次上的设计材料，那他们无法创造出适合于市场的产品；他们必须沉浸在用户的世界中，这些想法和概念仿佛就在指尖，随时可得，这样不论在以现代标准为基础或者创建新标准时，他们都能创造性地对新发明做出反应。

创新的核心是将已知事物整合重组：以全新的方式将已知的实践、技术、设计方法等要素糅合在一起，去实现可能的愿景[1]。优秀的设计师从一个案例中获取概念进行整合转换应用到其他设计方案之中。iPod 只是一种 USB 存储棒，曾经广泛用于传输文件，但是现在变得更漂亮，而且界面很简单。游戏设计的原理也被运用于非游戏应用。有一个成功的网络管理工具的设计就是借鉴了视频游戏中的 UI 概念。如果团队不了解这些设计材料，那他就无法很好地完成工作。我们从客户身上看到了不止一个这样的案例。如果团队中没有熟练掌握现代设计方法并且训练有素的设计师，就没有办法做好交互设计；如果团队没有技术人员，就无法得到一个伟大的技术解决方案。因此，跨职能的创新团队是必不可少的。

创新是使用一定的技巧，对已知事物进行整合重组

这就是为什么在情境化设计中，需要跨职能的团队。当人们沉浸在用户数据中时，总是会从自己的领域、技能和经验的角度出发来观察和理解这些数据。而跨职能的团队成员的不同视角决定了他们所设想的产品概念。因此，团队成员的观点越丰富，设计的可能性就越多。你能得到什么样的产品取决于整个团队的专业背景。

对于设计团队来说，重要的不仅仅是软硬件的可能性。产品管理要考虑整个产品、发布和定价。市场营销要考虑包装的材质和原则、产品结构，以及如何与市场沟通。生产制造要考虑如何制造和运输实体产品。业务分析人员或流程设计师则思考如何完成工作的思维方式。服务设计师或流程重构师会以自己的视角着眼于整个解决方案，而不仅仅专注于技术视角。因此，营销人员与研发人员理解问题

运用多样化的知识和技能，获得创造性的反应

1　Temple Grandin 在她的《形象思维》一书中对这种重组创造做出了极好的描述。

的角度有差异；每个专业都有自己的观点和材料。成功的创新需要掌握支持项目重点的设计材料，从而确保项目的顺利进行。

## 多元化的团队意味着更好的设计

跨职能团队的创建一直是情境化设计的基础。多年来，我们一直在观察跨职能团队是如何带来更好的设计与创新的。

但是，综合不同性别、种族、性取向和文化的团队会怎么样呢？尤其是高科技公司都在努力争取拥有更多样化的人才的时候，这会带来什么样的影响？

有很多证据表明，创新和财务上的成功与人才的多样性成正比。如果您正与商业、学术界或政府部门中关心数字的管理人员合作——这些人都很关心数字——以下有几个例子可以用来向他们说明团队多样化的重要性。

- 麦肯锡公司的研究发现，性别和种族多元化在行业中排名前四分之一的公司，与排名中位数的企业相比，普遍有更高的经济回报。排名后四分之一的公司在统计上几乎不可能获得高于平均水平的回报。换句话说，多元化是一个竞争优势。从这一发现自然可以推断出：员工在其他如年龄分布、性取向和文化背景等各方面的多元化，也可以给企业带来优势。
- 据美国国家女性与信息中心（NCWIT）对 IT 专利的分析发现，混合性别小组被授予美国专利的数量比单一性别小组被授予专利数量要多 30% ～ 40%。这个分析在 2007 年和 2012 年进行过两次，得出的结论非常相似。
- 伦敦商学院研究了女性在专业工作团队中的影响，发现团队中最佳的男女比例为 50 : 50。这项研究得出结论：当创新处于主导地位时，企业应当尽量保证男女性别比例为 1 : 1。请注意这里的重点是男女比例相等。用他们的话来讲，只做表面文章对女性和团队都有负面的影响。
- 安永会计事务所的一项研究发现，多元化小组的表现通常要好于同质化的小组，并且这个差距相当明显。即使在同质化小组中成员的个人能力更强，上述结果依然是成立的。

当然，这项研究并没有说多元化团队中的队员很容易相处。相反，正是由于他们具有多元化的视角、态度和经验，让他们的工作变得如此高效，同时也让工作充满了挑战。因此，让我们回到情境化设计的另一个基石，它由一系列技术组成，旨在帮助人们作为一个团队共同工作。

除了一些功能性的角色，现在我们知道女性、男性以及其他各种群体对于生活和产品都有不同的观点。在设计团队中纳入如女性这样的弱势群体，能够带来更多具有创新性的成果[1]。难以想象有任何女性会发明出这样一种痛苦和尴尬的方式来做乳房 X 光检查——事实上也不是女性发明的[2]。但是，在出现更好的技术来取代它之前，我们只能使用这种技术，因为这是获得清晰图像的唯一途径。

团队中的每一个人都会带来自己的技能和观点，这会影响到最终的构思和交付的内容。创造性的设计来自于正确的人使用正确的技能，沉浸在情境化设计的数据中，帮助他们为一致的目标创造出新产品。通过讨论，团队成员在利用其技能和技术知识的同时，也了解了彼此的观点和知识。当整个团队与数据进行对话时，他们在头脑中将整个用户情境进行重新组合，并从各自的角度进行分析。那么当他们参与到团队愿景规划过程时，他们每个人都将帮助重塑技术以改善人们的生活。

## 9.4　为生活而设计的挑战

为生活而设计需要思考我们正在创造什么不同的事物

“酷概念”揭示了团队必须考虑的设计范围，并针对设计挑战提供自己的新视角。就像导演的对象从舞台剧转移到电影，再从电影转向动作捕捉技术，老式的讲述故事、视觉化，以及创造故事的方式不得不做出改变。早期的电影能做的就是把相机放在舞台前而已；随着导演不断探索新技术的可能性，拍摄电影的过程也不断发生演变。现在的场景是逐帧拍摄出来的，并经常与图形渲染一起使用。

同样，如果还将产品视为功能集合或者任务支持工具，将不会产生支持“酷概念”的产品，也无法重新设计人们的生活。为生活而设计并不仅仅意味着更多的设计任务，或者设计不同类型的产品。它也不意味着产品要覆盖到每个平台，或者是在手机上设置各种琐碎的功能，而将真正的工作留给电脑终端。为生活而设计需要一种新的思维方式，而不是仅仅停留在 20 世纪 90 年代以

1　Vivian Hunt，Dennis Layton，Sara Prince. 为什么多样性很重要 . 麦肯锡公司 . 2015.

2　Catherine Ashcroft 和 Anthony Breitzman. 谁发明了 IT ？妇女参与信息技术专利 . 美国国家妇女和信息中心 . 2012 年更新。1986 年 Patrick Panetta 和 Jack Wennet 发明了减压装置，直到今天，这仍然是乳房 X 光照相术的核心技术。

来一直推广的用户体验领域（也包括我们自己！）。

关注于传递某些时刻的价值——为时间而设计

为生活而设计揭示了人们生活的非结构化特性，因为人们整天会在多个平台上完成一些琐碎的工作和家务。为生活而设计还引入了“为时间而设计”的关注点——为活动时间和休息时间之间的“静寂时间”创造价值。另外，人们关心对他们来说重要的人、社团和他们的身份。他们喜欢能够提供视觉兴趣和乐趣的工具。那些只考虑活动和认知的设计师错过了让人们喜欢一件产品的“以任务为导向的设计”方法，尽管比面向特征的设计更好，但现在却错失了目标。

发明新的用户体验方法——“足够好”是不够的

但是，仅仅是为“生活的快乐之轮”而设计也是不够的。使用中的快乐是必不可少的：比如在瞬间完成任务的魔力、各种技术难题的消失，以及无须学习就能立即投入使用的工具等。对任何应用程序来说，“足够好”的用户界面不再是一个可接受的用户体验。如果产品不能在乍看之下和初次交互中传递价值，如果它以复杂和混乱的界面使生活更加麻烦，或者说它还需要一定的学习才能使用——那么它根本不会被采用。

巨大的单一应用程序或者网站的时代正在逐渐离去。现在再也不是将用户局限在某个应用程序里的时代了，应用程序不再囤积用户数据，而是与其他应用共享数据；不再在应用程序中增加很多功能，让它变得十分复杂，却几乎没有增加什么价值；也不再依靠老式的界面。“为生活而设计”意味着在需要的时候可以直接支持用户的意图；在多个平台上无缝切换；在最“聪明”的界面上工作。这是今天的设计团队所面临的挑战。你的市场可能还没有要求这么做，但是如果你第一个提出这个概念，市场将会被你改变。

为了实现这一点，设计师需要明确地支持和使用“酷概念”和体验模型来引导设计。我们发现，如果设计过程沉浸在用户数据之中，充分利用这些数据，那么这个团队的思维方式会奇迹般地转向为生活而设计的方向。

## 9.5 创造性设计的过程

数据是一种工具，它不支配设计

我们听到来自于设计团队的最大挑战就是如何使用他们收集的数据来驱动新产品概念。人们通常会陷入他们个人的奇思妙想中，例如最后一个大客户说的，增强型的数据库将必然成为下一代变革型产品。有些人希望数据能直接告诉他们该做什么，另一些人则担心数据会对他们造成太多限制。正如我们所说，数据是一种工具，它并不直接作用于或者限制产品开发过程。它创造了发明的情境。任何产品都必须适合于人们的生活结构，改善生活中的活动，满足生活的需要。例如，你正在设计的目标用户的生活与水相关，那么在其中的产品必须能浸在其中。设计过程需要引导你去研究数据，以便于发现增强用户旅程所需要的内容或者条件。

同时，由于产品开发需要多个具有不同组织职能的人进行协作，任何构思过程都必须帮助人们协同工作以产生产品构思。在小组中开展讨论和综合推理，避免争吵，在合理的时间内完成任务，都要归功于一个清晰的过程——需要执行的一系列明确的动作。这就是情境化设计。

> 好的思维过程开始于宽泛的数据，逐步深入到细节

本部分将介绍一种已经使用和磨炼了 20 年的构思过程。它建立在沉浸式的团队设计的原则之上，确保团队产生的结果有效，并且与用户的生活相关。成功的构思首先着眼于产生大范围的有效的想法，然后反复琢磨这些想法直到发现可行的方式——这一切通常都是以数据为导向的。第 3 部分将介绍推动总体概念和方向的创意构思的步骤：“墙面研究”“愿景规划”和“酷清单”。根据项目的范围，在 2 ～ 5 天内，团队可以生产一组由团队和数据对话所激发，经“酷概念”提炼的高层次产品概念。

第 10 章将描述“墙面研究”，即团队沉浸在整合后的数据中，并相应地产生初始设计构思。“墙面研究”是分享团队愿景的先决条件。这也是与利益相关者或者其他没有参与愿景规划，但同样可以从数据中获利的小组分享数据的一个很棒的方式。“墙面研究”的结果就是愿景规划小组必须初步解决的问题，也是可以用来开始创意的第一个“奇思妙想”。

第 11 章描述了“愿景规划”：在这里，团队将描述用户新生活的故事，将技术解决方案应用于他们的活动之中。在一系列的愿景中，团队解决了他们所认识到的问题。如果过快地达成一致，那么创意设计反而会受到限制。重要的是，团队必须广泛地思考，考虑若干种替代方案，甚至包括比较激进的解决方案，最后才汇集到一种解决方式。团队会开发多种解决方案，从用户情境的不同角度着手解决问题。这些不同的解决方案将被整合成一组高层次的产品概念，被团队确定为向前推进的方向。

一旦手中有了一组概念，接下来就可以讨论“酷清单”了。这

一个好的构思过程，通常在整合概念之前会探索多个不同的想法

一过程侧重于利用“酷概念”的原理来丰富产品的概念。随着每次处理一个“酷概念”，团队深化了设计，并基于数据为每一个概念添加了细节。其结果就是产生了一组高层次的、酷的，并能够适应于用户世界的产品概念。

通过清晰明确的流程，减少人际冲突

情境化设计构思技术使团队专注于在用户世界中畅想的技术——不是简单地生成一个可能的功能列表。这可以保证使技术适应于生活。设计过程中将这些步骤明确化是非常重要的。在这一点上，团队中的许多争论看起来像是关于功能的争论，例如，Sue 想要落实一个共享的在线场所，每个人都可以在这里分享自己的想法。Bob 认为这是在浪费时间，他们只要用邮件、短信或者谷歌文档就行了。Joe 想让主策划者控制整个设计过程，其他人只能提出自己的建议。其实，这不仅仅是关于功能的争论，它是关于什么是最自然、最成功的旅行计划过程，以及人们究竟看重什么的争论。这是在讨论到底哪一种人 - 技术系统是最好的。因此，试图通过讨论技术或者功能来解决这场争论都是徒劳的。

相反，情境化设计将团队沉浸到真实数据中去。情境化设计引导他们考虑所有可供使用的技术，并确保他们了解旅行者的基本意图和动机。结果，这些争论自然消失了——数据和酷概念揭示了到底什么对用户来说才是最有意义的。让团队有时间思考旅行计划的各个方面以及对设计的影响，使团队更容易进行对话设计，也使之更具创意。

这是情境化设计创新的目标：透过不同的体验模型，并看到关于实践的统一的画面；利用团队的视角和技能揭示问题；广泛探索开拓团队共同见解的多种可能性；应用“酷概念”来确保设计构思中包含了快乐元素；然后团队将准备好推敲细节，使之适用于个人、团队和业务。这样可以持续性地产生具有创造性的解决方案。有了正确的数据、合适的人和正确的过程，你的公司将具有实际的创新能力。

# 第 10 章

# 从数据到设计的桥梁：墙面研究

“墙面研究”旨在帮助团队探索数据及其对设计的影响。这是构思之前的潜心钻研的步骤，紧接在其后的就是愿景规划。情境化设计的过程就是将产品团队带进用户世界。“墙面研究”就是从数据到设计的桥梁；它解决了如何确保团队从用户世界出发，从生活体验出发来设计的问题。

让设计师根据数据进行发明并不是一件困难的事情。任何负责开发新产品的工程师、设计师、产品主管或者内容创建者一旦看到用户世界中的挑战和机会，自然会产生设计思想。这就是设计师的本质：总是在关注这个世界，并通过新的发明和技术来促进和改善生活。发明家自然会发明新事物。困难的是使整个团队参与到数据之中，并对此做出创造性的反应。

*墙面研究是将扩大后的团队沉浸在数据中的桥梁*

我们的挑战是让团队参与进来，自己掌握数据，并且在设计过程中能够一再回头研究这些数据。这就是为什么我们要花这么多时间来整合数据，以便于良好的沟通。墙面研究是你精心准备好的，这是数据的首次亮相。现在你会发现，在亲和图和其他整合模型中的传达设计将如何刺激设计思维。为了搭建设计与数据的桥梁，传达设计的最后一个原则是：与数据进行对话。

仅仅阅读数据并不能确保它能被设计师所吸收，它是内在化的，并调整设计师内心的感觉，以顺应用户的世界。它看起来似乎很简单以至于容易被忽略和拉开距离，也因为太简单以至于不会被写进报告、

*人们积极地与数据互动，同时消化吸收这些数据*

幻灯片和白皮书中。互动原则要求我们激励团队真正参与进数据研究过程——思考如何将团队吸引到数据中，这样他们就能处理数据并能看到数据的意义。这就是进入数据所描述的世界以及发布设计思想的全部内容。

墙面研究也给了个人通过写下设计构思来融入数据中的机会，并刺激他们的思考。很多情境化设计过程都是在小组会议中进行的，这样可以让人保持活跃，积极参与其中。相比之下，墙面研究允许个人独立思考，为团队体验做准备。任何个人活动都得益于明确的目标和期望。在浏览具有大量信息的亲和图和体验模型时，让团队成员做一些具体的事情可以帮助他们集中注意力。如果没有的话，他们可能会只是略读墙面上的文字而忽略一些信息。但是有一个明白的任务会让他们集中思考数据，并有组织地参与其中。这就是让他们根据数据来写下设计思想和模型上的挑战性问题的目的。然后，团队可以从自己经验和技能的角度在头脑中做出反应。这也是洞察和创造力产生的过程——就在与用户世界的接触之中。我们将结构化的用户数据组合成沉浸式的体验，从而为初始的构思创造条件；而不是徘徊在现实世界，等待一个伟大的想法的出现。

让团队沉浸在用户世界中，是设计思维过程中必不可少的第一步。不深入研究数据，就无法设想愿景——只有沉浸化的过程才能确保为目标市场而设计，而不是以“我”为中心的设计。

*任何提出愿景的人，都必须先沉浸在用户数据中*

根据模型的数量和所准备的数据规模，墙面研究大概需要 2 ～ 6 个小时的时间。亲和图和所有的模型都以大幅面打印，挂在一个大会议室的墙上。愿景规划团队和你邀请的利益相关者现在可以进入数据所描述的世界，将他们的设计构思贴到墙上，就贴在激发起他们的想法的数据旁边。这个交互的过程使团队成员关注于他们的设计思想如何对他们所观察的数据做出反应。在推进团队进程的过程中进入数据所描述的世界，带来了一个有时限的互动活动，使团队着重于创建新的产品概念以产生一个具体的成果。

墙面研究期间，我们不是在寻求成熟的设计解决方案，而是希望团队成员详细考虑数据，开始设想他们可能对这些数据做出的各种不同的反应。正如我们在访谈前就已经确定了重点一样，人们知道该关注什么，我们利用这些活动让团队的思维能力得以发挥。然后，通过讨论，我们开始为愿景中的解决方案创建一个共同的焦点。一旦团队成员理解和消化了用户数据，他们自然会发现解决主要问题的方案。

这是一个很好的点，可以将其他人吸引进来，不论他们是否参与了收集数据，或者是否参与到愿景规划中。邀请关键的利益相关者，例如管理人员或者相关的团队，他们同样会在数据中获益。外部群体同样可以浏览墙面，带走和自己的问题相关的洞察，这有助于两个团队的思考。如果数据收集和数据整合团队中没有包含工程师、产品经理或交互设计师，又或者承担其他关键职能的人员，那么你应当邀请更多元化的团队进入设计过程。他们可以在墙壁前边走边研究数据，并参与到愿景规划中。这是在负责开发设计产品的人员之间建立一个共同方向的最好的方式。

邀请产品的利益相关方来做墙面研究

例如，一个汽车设计团队收集了关于车辆内部的一切与工业设计、储物、内部布局、市场营销等等相关的广泛的数据。然后他们进行了多次墙面研究，邀请不同的团队去了解和学习他们的客户。这在整个组织中建立了共识，让每个人都有机会接触丰富的现场数据。所表现出来的知识深度赋予团队与内部其他团队之间的信任感。永远不要忘记，产品开发同时也是关于组织的管理过程，而墙面研究是一个很好的工具。

"墙面研究"是一个项目推进会，它介绍整个进程，并帮助人们有效地利用时间。会议开始时先为小组介绍项目焦点和被访谈的人员。如果你有人物角色，可以在这里展示出来。接着，团队开始研究亲和图，提出设计理念。在这个过程中团队可以列出一个清单，包括团队所学习的内容和他们提出的主要的设计思想。接下来，对每一个模型使用相同的过程介绍：介绍模型、提出设计思想、添加到清单之中。

总而言之，墙面研究在人与数据和其他事物之间建立了一个结构性的对话。每个人都可以发现用户世界中哪些是重要的，以及最初的设计方向是如何被激发的。对每个人来说，这都是一个很好的方式，让每个人都能在较高层次上理解团队的初始设计思维，而不用讨论任何细节，或承诺任何方向。处理更多的细节，达成共同的方向，那是第 11 章中愿景规划和"酷"清单所涵盖的内容。在做墙面研究的时候，房间里会产生大量的讨论——还会有很多人在边上交头接耳——所有的这些讨论都有助于团队朝着一个共同的方向推进。

墙面研究促进了人们、数据和彼此之间的对话

## 10.1　研究亲和图

亲和图是结构化的，用于讲述用户在生活中如何完成目标活动。

在整合过程中，你用层次结构来分类整理所有的个人笔记，有条理地陈述用户的活动和问题。研究亲和图使团队有机会去回顾和思考这个故事对于他们想要设计的产品来说意味着什么。这是团队第一次有机会一起看到完整的数据，并考虑如何用一致的设计解决方案来做出回应。

亲和图呈现了用户世界的故事

墙面研究就像是参观一个艺术博物馆——每个人都在默默感受并体验着数据，随时写下自己的设计想法。介绍完流程之后，由主持人负责随时提醒人们保持安静，确保每个人都能独立探索数据。每张亲和图被按自然顺序放置来讲述故事，但我们并不需要按顺序去研究它。人们可以分散开来去寻找吸引他们的绿色部分标签，然后在房间里随处走动。我们建议不要从工具类问题入手，那会把你限制在小的、一次性的工具修复问题上。所以最好是从基本的实践开始。来自于其他组的参与者可以直接研究亲和图中与他们关系最密切的部分，然后再研究墙面上的其他部分。看到关心的部分就会使他们提起兴趣；从那里，他们可以看到它是如何融入到更大的生活环境中去的。

参与者自上而下地阅读故事，从绿色标签开始，然后粉色，最后到蓝色，这样他们从一个问题的高层次概括性陈述开始，逐步深入到具体细节。在必要时他们阅读个人笔记来获取在蓝色标签中概述的例子和细节。每个人都遵循着自己的思路，建立自己对数据的理解，并在脑海中探索设计结果。因此大声讨论会影响各人的思考。如果参与者觉得有必要交谈，主持人可以将他们带到过道上，直到他们准备好继续研究墙面数据。

我们为每个参与者都发了一本 3 英寸 ×5 英寸的便利贴和一支蓝色的记号笔。一旦他们的头脑中涌现出设计构思，就把它写在便利贴上，并将其贴在生成设计构思的标签下面。他们也可以用绿色记号笔标记数据中的“漏洞”。“漏洞”记录了参与者希望得到的补充信息和问题，这可以在以后的访谈中得到回答。把它们写下来之后，参与者便暂时把它们放下，返回去继续阅读墙壁上的数据，并产生新的想法。这就是我们如何确保在不破坏整个流程的情况下获取个人关注的数据。

对于有些人来说，在刚开始看到这里或那里的蓝色标签时产生的设计构思可能又小又模糊。但是随着他们通过亲和图越来越深入地了解整个实践，他们自然地将各种话题组合在一起，并发展成面向以粉红色和绿色标签所描述的，解决用户世界中更大问题的设计想法。最终，他们可能会看到一个连贯的产品概念，能够解决墙面上的很多问题。他们都是收敛的思考者。他们把众多小的想法聚集成了更大的构思——但只限于从他们所理解的主题的角度来思考。另外一些人则可能将看到的每一块数据当作一个单独的挑战，创造出更多不同的设计思想——甚至可能针对每个标签提出若干个设计构想。他们没有看到这些构思之间的联系，只是发现了很多可能性。这两种发明者在团队中都很必要，这样才能全方位地解决设计挑战，最终设想出一致的产品愿景。

我们也尝试鼓励大家在思考时要具有战略性，不赞成针对个人笔记提出设计构想，这只能做些微小的修正，无法成为重要的新价值或市场转型的来源。我们还创造了一个游戏——我们对团队发出挑战，推动他们针对所有蓝色标签、所有粉色标签以及所有绿色标签中的问题来产生设计构思，促使他们有更宽的设计思路。通过尝试在绿色层面上思考事物，自然而然地跳出了惯性思维。我们给他们一个地方来解决亲和图中的所有问题，并将这作为一个终极挑战！我们发现每个人都喜欢这些小小的竞争和自我挑战。它有助于深入了解数据，再次形成从数据到设计的桥梁。

> 面临的挑战是如何用一个设计构想来解决所有的问题

最后，我们奉劝人们不要对墙面数据置之不理而直接去看别人的笔记，不要陷入他人的想法之中。但是如果有时间，那么在做第二次墙面研究时，人们可以阅读他人的笔记，看看别人对数据的反应——这可能会激发出更多的设计构思。

把设计构思写在墙上是一种很好的与数据交流的方式。它提供了一种从数据中激发初始设计思维的方法，能让每个人都觉得他们为设计做出了贡献，并使房间里的每一个人都能接触到关于用户世界的相同的表达方式。这样，每个人都接触到同样多的数据，无须讨论或解决分歧。数据决定用户是谁，用户在做什么。一旦你读遍了墙面上所有的数据，你也就知道了用户的世界。

> 墙面研究使每个人都对用户有了共同的理解

亲和图是从情境化设计通往设计思维的核心。每个项目都应该建立亲和图。这是在愿景规划前的第一步，也是为在后面查找和记住用于指导详细设计的数据时的重要参考。

## 10.2　制作列表：为创造力打造一个焦点

在研究完亲和图之后，团队需要及时记录理解到的内容和想法。由于刚刚深入研究完数据，团队很清楚地知道哪些想法是突出的，哪些是令人兴奋的。如果等一段时间后再来记录，人们就会忘记当时认为什么是重要的，以及该怎么去做的直觉。所以一旦研究完亲和图或者任一个模型之后，必须及时记录小组所了解到的内容。

*沉浸在数据中，为愿景规划创建团队的关注点*

我们列了两个清单。一个是问题列表，关于你对实践本质的观察，例如什么是被打断的、令人惊讶的，以及什么可能是一个机会。这个问题列表回答了一个问题，“如果这是用户的世界，我们必须处理、支持或解决什么问题来提高价值并改善他们的世界？”问题并不是一个设计构思或解决方案，而是我们在设计时必须考虑的实践。我们避免谈论“用户需求”，因为用户可能永远不会觉察到他们“需要”什么——相反，问题是团队对于数据中的重要内容的理解。

为了制作列表，主持人站在活动挂图前，无论团队中哪位成员走到墙边，向他们大喊，按照出现的顺序把这些内容写下来，除非他们说的实际上是一个解决方案。例如，“旅行者需要一个位置来存储他们的旅行想法”，这不是一个问题或者用户需求。这是一个设计构思。在这种情况下，主持人推动团队去搞清楚设计构思背后的问题，例如，“旅行者不断地通过电子邮件和短信给对方发送大量的链接，但是却忘了链接的内容”。可以有很多办法来解决这个问题。

记录下团队列出的所有问题直至没有问题，我们收获了群体的思想，并大声说出从各自的角度是如何看待这些想法的，从而达到分享的目的。这是为愿景规划获得共同关注点的最简单、最快捷的方法。每个人都表达了自己的想法，每件事都被记录下来，现在我们可以使用这个列表去指导愿景规划，与他人交流团队的见解。列表很快就能建成，每人大约 15 分钟就够了，因为他们都已经研究过墙壁上的数据，了解了其中的内容。

*墙上的设计构思只是为了开发创造力，并不承诺付诸实施*

在列出问题清单之后，用同样的方法列出那些奇思妙想。这是一个特别的设计想法清单。它不是简单地将团队写在亲和图和模型上的每个设计构思都重新写一遍；而是将那些脱口而出的、没有明确用途的想法重新记录一遍——它们甚至可能不是好想法。一些小的构思可能在研究墙面数据的过程中逐步成长，变成更大、更具战略性的设计思想。情境化设计鼓励团队不要过分依赖墙上的设计思想；不要把它们看作为一个改善型数据库。相反，要将它们看作创造性思维剩余的笔记——好的构思在愿景规划过程中是不会被遗忘的。

但是，我们确实需要一个好的出发点来设想我们的愿景——突发的奇思妙想可以激发创造性设计思维。所以我们列出了最具战略性、内容最广泛的设计思想的列表，这些想法记录了团队成员的想象力。这些奇思妙想可能是相互矛盾的，也可能是极端的，甚至超出公司能接受的范围——即使是这样，这些想法很可能推动新的思维方式。每一个想法都是一粒种子，是让团队详细阐述设计问题的整体方法的一个起点。一个突发的好想法可能是：

- 一个团队的承诺口号。例如，某个安装新的大型计算机系统的目标是："让计算机在 24 小时内运转起来"。
- 关于实践的比喻，例如，"实验室应该像联邦快递跟踪包裹那样，你总是能知道每一个实验的状态"或者"像游戏一样制定旅行计划"。
- 一个技术挑战："将一切流程自动化，永远不向客户索要单份文件"，这是保险部门需要的。
- 一个用户体验人员的挑战："把管理者的全部工作都放在手机上"。
- 一个商业挑战：对零售企业来说，"消除渠道孤岛！不管用户在哪里购物，在网上、在商店里或在手机上，他们应该获得一致的体验"。
- 一项数据挑战：每个代理商都应该有一套统一的数据系统，包括每个客户的所有信息。

> 突发奇想为愿景规划播下了种子

在列表中记录下最广泛、最系统的想法是一个简单的方法，能让团队分享那些激发他们的想法，而不用承诺构建任何东西，也无须争论谁的想法是最好的。在这个过程中，当人们提出自己的想法时，也会试图阐述这些想法，而阐述的时候其实就是在畅想愿景。现在，只需要建立一个清单，不用担心事情可能会重叠，或者被归类。有些团队成员倾向于提供小的、偶然的想法作为突发奇想，不要拒绝他们，你可以将他们的想法融合进大的、系统性的想法。例如，"你想让人们把喜欢的地方标出来吗？这是一个好主意，但它只是个单一功能——让我们把它作为整个设施的一部分，这样系统可以了解用户，追踪他们的偏好，并提供符合他们偏好的选项，就像潘多拉魔盒一样。"这使每个人都能被听到，并且能指导团队如何系统性地思考。

"突发奇想"列表让每个人都能知道其他人的想法来自哪里，每个人都能表达出令他们兴奋的是什么。这样，所有人都开始考虑这些想法可能意味着什么；团队非正式地交流，探索其中的可能性——所有这些都不用承诺，也不需要正式协议。这有助于团队为愿景规划做好准备。

清晰的数据处理过程有助于使每个人都变得有创造性

从数据到设计的桥梁不只是对个体设计者有效，它使整个团队一起面对一个共同的方向，不会过分地约束设计思维，也不会过快地聚焦到单一的解决方案。数据沉浸之后的清单制作是团队分享设计构思和创造焦点的好方法，而不需要对最重要的事情进行长久的争论。因为，列表只是从研究数据到设计的过程中的一个步骤，并且这一步骤能快速完成。一旦列表制作完成，就将拥有一系列问题和奇思妙想，可以参考它们来帮助和指导愿景规划，并且应用到以后的详细设计之中。

## 10.3 研究体验模型

在研究亲和图、制作列表之后，团队以相同的方式继续研究每一个情境化设计模型——体验模型和传统模型。交互的基本规则是一样的，但是由于每个模型的规模并非一样大，因此，一次只引入一两个模型，然后为每个模型分配一个小团队。如果有很多人，那么制作两个模型的副本是有帮助的，这样几个小组可以在同一时间内研究同一个模型。

每个模型都有助于保持实践的连贯性，因此可以获得更加广泛的设计思想

每个模型代表不同的观点，呈现出实践的不同维度。当人们逐个研究这些模型时，他们自然地将所有的维度整合成用户的一个立体画面。我们的传达设计利用导向型结构和独立的故事块来呈现信息，引导参与者在考虑到大背景的前提下，将每一块都看作一个整体。所有这些都有助于参与者针对整个问题进行思考，提出设计想法，而不仅仅是针对特定问题提出某个解决方案。此外，模型上的问题和“给我……”的标签呈现了读者可以应对的挑战——给参与者提供了一个“进入”的方式。

首先寻找高层次的问题和机会

在初始阶段，当团队仍在思考设计方向时，你正在寻找可能会影响整体方向的高层次的“重要”的问题。参与者阅读并讨论每个情境化设计模型时，他们自然会带入其他模型和亲和图中的问题。在墙面研究的过程中，起初针对个别问题提出的解决方案逐步编织在一起，形成了对用户整体情况的综合反应。

如果小团队在每个模型上都有足够的时间，请逐个制作模型的问题和奇思妙想列表。每个模型都引发了一系列不同的问题，并以不同的方式推动了设计思维。我们来看看每个情境化设计模型的独特视角。

### 10.3.1 生活中的一天：使技术与生活的地点、时间和环境相适应

“生活中的一天”模型驱使团队思考他们的解决方案将如何适应生活。它揭示了一天中用户所考虑的活动发生的所有时间和地点，并展示了活动当时用户所有可用的技术和连接。它有助于帮助团队摆脱思想的束缚，支持一个人坐在办公室的椅子上，聚精会神地与产品交互，没有任何干扰。它可以帮助人们处理可移动的、始终连接的生活现实。

让我们来看看整合后的旅行模型（见图 7.1）。该模型显示了一天的空闲时间内，用户在多个平台上制订旅行计划的情况，有时会关注旅行计划，也可能随时会被打断。关键的一点是，原本被浪费掉的静寂时间变得有用了。我们也看到这份计划是在旅行过程中发生的，而不是制订计划和执行计划的过程。相反，旅行过程会产生一些变化，需要不断地做出一些决策。任何设计都应该支持这种使用情境，因为它可以让用户快速学会和进入使用状态，尽管需要一定的注意力但操作足够简单，在中断时能保持用户操作所处的位置。

每个生活中的一天模型都讲述了一个故事：你的活动是如何在经历生活中所有活动的过程中完成的。因此，当你研究这一模型，尝试寻找洞察的时候，先向自己提几个问题：

> 介绍每个模型及其核心焦点，让人们知道要寻找的是什么

- 这些活动是在哪里发生的？活动可以在任何时间、任何地点进行吗？在支持这个活动时，必须考虑的总体背景是什么？
- 时间是怎么利用的？短时的关注和长时间的更多关注分别会发生什么？如何支持做出有意义的决定，取得一些进展，或者真的在瞬间就完成活动的一个步骤？
- 用户可以保持多长时间的注意力？那样会分散用户的注意力吗？每个地方的活动是否容易受到随机的干扰？你的设计可以让用户足够快速地进入活动，以至于在受到干扰的时候也不会影响进度吗？
- 当一个人度过一天时，他有什么较小的意图？它们如何被大量的行动和信息所支持？
- 有什么设备用于支持这些活动？它们是连接在一起的吗？屏幕有多大？有键盘吗？如何克服现有设备的限制？如何权衡设备独特的功能，例如手机上的相机？
- 他们需要什么信息？是什么维持了他们的生活或工作继续向前推进？什么样的实时数据可以推动决策和行动向前发展？在进行过程中可能会发生什么样的审查和验收？

### 10.3.2 身份模型：增强自我表达能力

身份模型告诉团队用户是如何看待自己的：他们感兴趣的特点是什么，他们的自豪感和自我价值的来源。用户从自我的角度来看待与目标任务相关的任何活动。身份模型将整个市场描述为一个整体；任何个体用户都将只显示几个身份元素。但是如果为模型中的所有人设计，那么你将覆盖整个市场。

身份模型为每个识别元素引入设计思想

在旅行的案例中（见图 7.8），“文化海绵”很享受沉浸在当地文化中。对于细节的设计，一个单纯的游客并不知道她将会喜欢上快速、轻松地访问与本地相关的细节。但家庭旅行者不会在乎这些，他们更愿意听听当地酒店如何接待他们的孩子，以及如何轻松地开展以儿童为中心的活动。旅游策划者喜欢帮助别人安排和组织，为旅行者找到合适的事去做——因为他们自我价值的一部分来自于给其他旅行者一个很棒的体验。

项目焦点决定了产生设计思想的类型

在墙面研究期间，让团队将设计构思放到每个身份元素上，根据“给我……”标签提议一个焦点，但每个人都应该提出自己的想法。对于展示这些身份元素的人，请先问问自己：

- 产品或服务提供的哪些功能或信息能帮助用户实现自我的核心驱动力？你的产品如何帮助他们成为最好的自己？
- 或者，当前用户体验中的什么内容在逐渐削弱人们的自尊心？是什么削弱了人们的自豪感、能力和知识？你可以怎么来改变它？
- 什么市场信息会吸引这个身份元素？你要传递什么、突出什么来吸引他们的注意力？
- 你如何帮助人们庆祝他们的成就，或他们引以为傲的事情呢？职业文化或人们是如何来判断什么是适当的——使得庆祝活动显得是专业的，不会让人觉得像是在吹牛？请记住，分享并不一定非得要通过现有的社交媒体。有个团队就曾经为某个希望能记录下他们的成就，但不想公开或炫耀的医疗专业人士发明了个人剪贴簿。
- 分享能增强用户的自我层面吗？什么样的研讨会（如果存在的话）是有意义的呢？作为表现自我的一部分，哪些内容是可以分享的呢？用户可以与谁分享？为什么他们那么重要呢？他们是职业上的同事、志趣相投的群体，还是朋友呢？
- 比赛或者游戏是否适合这种性格类型呢？如果是的话，其他人是怎么做的？如何通过游戏来刺激参与和兴奋呢？

此外，你的产品可能支持身份识别中新浮现出来的元素。身份元素随着时间的推移被塑造出来并趋于稳定，但人们在其形成阶段会寻求帮助。年轻人或者刚接触某一活动或工作职能的人，必须形成自己对于该活动或角色的自我意识。例如，年轻人关心成为成年人意味着什么，想做成年人的决定，因此他们会寻找榜样。年轻的父母想从那些与他们最像的人群中了解最新的育儿技巧。在线资源通过示例活动或提供一些标准来帮助他们做出决定。寻找“像我一样”的人，与他们分享经验，为“自我”中新出现的这方面身份意识提供支持。

新兴的成年人和专业人士需要不同的设计回应

形成一个独特的身份，意味着要形成一种自我感觉正确的意识，并且适合于“我”认为的我所在的社区。如果你的群体中有人正在从事新的工作职能，或者在执行目标活动的时候正在形成他们想要成为的样子，那么从这些角度去考虑以上这些问题。想想将如何提供关于其他人希望他们如何思考、选择和行动的内容。如何帮助他们相信他们的决定是正确的？可以如何帮助他们从朋友或家人那里得到关于他们的选择的快速反馈呢？

### 10.3.3　关系模型：支持真实的关系

人们依靠他们的关系来告知并指导自己做什么。关系模型描述谁参与了这项活动，以及他们是如何促进活动中的联系和关系的。关系模型也会告诉你谁是不重要的——或者谁的关系没那么密切，因此对关系的影响很小。在我们的旅行案例（见图 7.14）中，被增强的重要关系是内部圈子——如配偶、密友、孩子和父母。请注意，志趣相投的群体甚至没有放到这个模型之中，因为对于旅行计划而言，他们可能是资源，但不是真正的关系。

关系模型关注的是如何增强人与人之间的亲密关系

关系中的酷概念告诉我们，我们可以有意识地增强关系。因此，我们进一步研究这个模型，并提出问题：

- 谁是关系中重要的人？他们在目标活动中的核心作用是什么？如何更好地支持这种互动？如何巩固自己作为家庭、朋友或工作组的一部分？
- 如何帮助人们频繁地联系？他们如何轻松地分享与目标任务有关的内容，不管他们在哪里，以及他们使用什么设备？
- 你如何帮助人们积极地联系？如何减少摩擦？如何提供需要的信息以减少抱怨？如何增加人们彼此之间的价值？
- 什么样的对话内容可以增强这种关系？可以通过什么信息或

内容来促进面对面的或远程的交流？你能消除分享内容的过程中出现的麻烦吗？你能为团队成员之间快速、明智的交流提供支持吗？

- 你能帮助人们在一起共事吗？你能帮助人们找到与你的目标活动有关的事情吗？你可以让活动变得更有趣吗？
- 你能帮助人们庆祝他们一起做成的事情和彼此之间的关系吗？你可以帮助他们收集和分享图片、文件和活动的回忆，从而创造出更多的对话吗？
- 谁在为客户提供支持和建议？他们的关注点是什么？如果用户的父母强调责任心和勤奋，那也将成为用户的关注点。如果在用户的圈子里有技术人员、知识渊博的叔叔，或者其他见多识广的人和专家，你的产品提供的价值能否获得他们的认可？要争取这些影响者的支持！
- 你能帮助扩大他们的关系网吗？当用户没有他们所需的关系时，提供一个在线的或者真实的社区中与客户具有共同兴趣并值得信任的人会是非常有价值的。但如果人们已经有足够多的资源和朋友，不要试图强加于用户，那是没有用的。

在创建一个有助于企业的社区之前，确保用户需要它

关系模型的意义就在于显示了什么样的群体是有意义的，什么样的群体对于用户是有价值的。如果对你来说创建一个用户社区是有意义的，这在数据中会很明显地显示出来。但不要以为用户社区总是有需要的。专业人士通常已经拥有他们信任的群体；购物者拥有自己信任的朋友和家人。总策划有自己信任的站点——只是针对信息，而不是关系。另一方面，爱好广泛的人喜欢分享他们的创作，交换他们对于兴趣爱好的建议。当他们所需要的社区不存在时，现在就是为他们创建一个社区的时候了。

### 10.3.4 协作模型：支持工作与生活中的日常协作

协作模型尤其适用于专业的或者志愿者工作小组合作完成一些工作。当工作活动要求更具组织性的合作行为，而你的产品能够帮助工作小组顺利合作时，就传递了价值。家庭或个人活动也可能存在复杂任务需要这种协作，并且通常情况下没有足有的工具来帮助完成。随着科技的发展，人们的生活和工作彼此相连，很自然地需要依赖于远程和移动设备来进行协作。

有效的协作需要人们能够进行互动。视频会议工具，如Skype、实时信息、照片共享和好用的电子邮件等都成了可能需要集成的技术。有效的协作总是意味着信息交换和进度更新，同时

摆脱工作中的瓶颈问题。人们在活动中所扮演的角色意味着他们需要什么信息，什么将推动活动的进行，以及他们需要什么样的更新。在我们的旅行协作模型中（见图 7.19），其挑战就是如何很好地支持旅行规划者、建议者和其他旅行者之间反复的交流。我们是否可以在做出选择时添加更多的乐趣，同时使所有旅行者参与规划决策变得更加容易？

有效的即时沟通和协作是设计的目标

这些考虑因素被添加到关系模型中。频繁联系、会话内容和一起做的事情仍然很重要。但现在还要考虑：

- 你可以帮助人们以积极的方式互相联系、讨论决定和举行会议吗？你是否可以开放项目进展状态和过程等信息，使抱怨和疏漏减到最少？
- 你是否为人们在工作中使用正确的信息，并且在合作伙伴之间轻松地交换信息提供支持？
- 你是否帮助人们分享实时项目信息，随时随地了解发生了什么？提供即时状态、找出瓶颈问题，并支持完成指令的快速反馈，以保持任务的顺利进行。
- 每个人都可以访问项目背景信息，例如已经完成任务的历史记录、参考资料的收集以及其他可用的资源。请记住，这里的资源包括人员、文档和网站。
- 人们是否拥有他们可以协作的“构件”，例如正在创建的文档、电子表格或者计划？总会有一些创造出来的构件可以让对话变得更具体。
- 你能帮助人们管理工作关系，使他们显得更专业吗？特别是当远程协作的时候，专业的演示可能是一个挑战。
- 你是否能帮助人们进行个别联系，让他们对正在发生的事或者某些个人的故事有一些非语言的线索，使得工作关系更加真实？

关系模型和协作模型都可以帮助人们相互交流，并通过增强联系的方式来保持联系。但是在今天，这通常围绕着远程工作或旅途中保持关系和项目工作进展来进行。所以，请把“生活中的一天”模型放在手边，这样就可以为用户生活中时不时发生的协作提供可移动的支持。

## 10.3.5　感知板：创造感官愉悦

感知板（见图 7.21）是一个鼓舞人心的单词、短语和图片的清单，它代表受访人员的体验——他们目前的感受和他们想要的感受。它唤起了团队希望在市场上唤起的感官和情感体验。它为视觉和工业设计师提供以用户为中心的情感焦点。这种情感焦点对于主要关注传递情感体验的产品也是很有用的，例如游戏设计师。

“灵感板”已经是这些专业人士工作中的一部分，所以感知板对他们来说也是很熟悉的——它就是一个利用用户数据开发的灵感板，专注于设计美学或感知觉方面。当视觉和工业设计师也作为团队的一部分时，我们邀请他们通过提出设计构思与感知板进行互动，通过绘画、草图、色彩、动画创意、卡通和其他视觉表现方式来表达他们最初的设计思想。

体验模型是为了推动设计思维而建立的。像亲和图一样，它们是展示整个用户世界的大型图片模型。以交互方式来进行的墙面研究打开了团队的设计思维，他们逐渐以用户世界的视角来看待问题。这些数据描述了市场中的大问题和主要的市场行为。他们鼓励团队将所有模型有深度地和全面地整合到用户生活中。这些大型图片模型可以帮助团队揭示这个市场的巨大战略可能性。

## 10.4 研究传统的情境化设计模型

传统的情境化设计模型是细节模型。他们将团队的重点放在任务、决策，或与空间交互过程中所产生的细节上。他们产生了比体验模型更有针对性、更低层次、更具体的设计构思。在其他模型之后再来研究这些模型，这时团队已经拥有了大视野。这些模型提供了一种沉浸式体验，类似通过放大镜来观察生活，而不是大画面的全景视角模型。

传统情境化设计模型的墙面研究过程与体验模型相同：介绍模型、边走边研究、边走边提出设计思路。接下来，像以前一样，提出问题、列出突发奇想的清单，注意只记录新的想法和问题。我们将讨论如何从我们发现的最有用的模型中提取设计线索——对其他的模型也做同样的处理。

### 10.4.1 序列模型：改进任务的步骤

序列模型（见图 8.2）使任务的详细结构更加明确。它们展示了如何将任务分解成活动，人们在完成任务过程中尝试达成的目的，人们使用的不同策略，以及构成任务的各个步骤等。序列是构建产品以匹配和扩展人们完成任务的方式的最佳指南。

序列模型描述了如何完成具体任务。它由活动、步骤、相关意图和障碍组成。每一个元素都可能激发出设计思维。和亲和图一样，整个序列或活动层面的设计思路会比步骤层面的思路更广、更多。请记住，序列模型的核心挑战是设计一种更好的方式来实现序列的意图，或者完全消除对该意图的需求。障碍部分自然需要解决方法，但不要仅仅在这个层面进行考虑。如果你的设计处于太低的层次，那么你解决的都是一些小问题而容易错过重新设计整个任务的机会。在研究序列模型以寻找洞察的时候，请问问自己：

- 用户想要达成什么目的？每一个整合的序列都有一个主要的意图——为什么这些任务值得首先去做？你能用一种更直接的方式来帮助实现序列的意图，使得生活更简单吗？
- 你可以使整个过程自动化吗？可以通过机器学习、智能算法、数据集成或其他方式来帮助用户完成任务、实现意图吗？或者需要整合自动化和用户交互来支持该序列的所有目标吗？
- 如何支持人们完成任务所采用的多种策略？策略选择来自于不同角色、工作方式、意图和环境的需要。通常市场上会有 2 ～ 4 个策略，每个策略通常都代表了市场的一个重要部分。所以，好的设计不会在它们之间做出选择。你将如何支持这几种策略，或引入一种新的工作方式来替代它们？
- 你能改善活动和步骤之间的流程吗？为什么在活动之间会有断层——是因为目标的改变、任务在人员之间的转移，还是因为技术的驱动？过渡是实践中必须做到的一个部分，还是应当解决的一个问题？
- 是否有多余的步骤？可以淘汰哪些步骤，是部分实现自动化，还是使之变得更简单？如何消除任务中令人厌烦和乏味的环节？现有的产品是否需要使活动复杂化的步骤？

### 10.4.2 决策点模型：为选择提供支持

决策点模型（见图 8.7）揭示了影响重要决策的因素。如果团队知道什么会影响一个关键性决策，例如在哪家商店购物，或者买什么品牌的东西，那么他们可以重新设计市场信息来强调其真正价值，或重塑产品以满足重要的需求。

因为团队是跨学科的，拥有不同工作的人自然会产生不同种类的设计思路，来解决迫使客户放弃某个选择的问题。他们意识到什么因素会影响客户的选择。在墙面研究期间，这些影响因素鼓励人们创建包含信息、内容和主要功能的设计思想，从而赢得决策。每个影响因素都将成为设计思考的机会。

如果家庭、朋友或知名专家等关键影响者会影响用户做出选择，那么关系模型将成为重新设计这些影响者的影响的重要机会。如果可靠的信息网站或评论对于用户决策至关重要，那么你的社交媒体和营销团队则要为此做好准备——邀请他们参与墙面研究，他们的见解可以应用到整个创新过程中。

### 10.4.3 物理模型：学习空间，重新设计

综合物理模型揭示了一个物理产品，例如电视、音响系统或冰箱等如何放置于家中，如何使用。它们还展示了人们如何建立一个像汽车一样的内部空间来支持他们的日常生活。它们解释了活动与环境之间的相互作用，例如，对于汽车来说，该模型（见图 8.9）揭示了汽车内部缺少存放手机和手提袋的空间，什么是能够得着或够不到的，什么是可见的或不可见的，在仪表盘上哪些信息显示方式是人们喜欢或不喜欢的，以及对内部空间中的声音、信息和控制的反应等。再举个例子，像杂货店这样的零售空间的物理模型（见图 8.10）显示了人们在商店中行走的典型路径、刺激人们购买的陈列与展示、需要避开的区域以及吸引人们通过的区域、好的和不好的标识，以及人们如何从其他人或者其移动设备中获取帮助。

你为项目制定的物理模型将特定于你的空间和问题。它应该揭示空间是如何使用的，人们如何定制空间、在空间中使用的技术、空间中的信息和沟通的价值、可以对决策提供什么样的支持、对人体的挑战以及相关的合作。一个好的物理模型可以根据团队的见解，看透所有的用户，提出包含所有这些维度的关键故事。这些图片和文本片段可以从多角色视角出发来产生设计理念，包括工业设计师、产品设计师，以及开发整体产品的其他部分角色。请研究模型、简要地介绍模型，重点关注其结构和一些关键的见解。然后让人们加入他们的设计想法。

研究传统模型将团队的关注点聚焦于处理任务和做出决策上，以及置身于我们所遇到的产品空间之中时的细节。一旦这一步做好了，他们与用户生活的沟通将从体验模型向下一层次推进，并要求团队调整其产品以更好地适应实际需要。

在墙面研究的最后，愿景规划团队将被引入到与项目相关的用户生活的不同角度。他们将沉浸于这个世界中，由此产生初步的设计思考。在愿景规划期间，他们将通过清单来记录待解决的关键问题和激发团队思维的突发奇想的问题。他们会调整自己内心的直觉感受，刺激自己的设计思维，并开始非正式地讨论他们的关键洞察和可能的解决方案。就这样，他们为变革性创新做好了准备。

# 第11章

## 构思：愿景规划和酷清单

从用户数据到设计需要创造性的飞跃，从问题到如何行动，如何让团队用创造性的方式解决这个问题是件很难做到的事。我们希望团队打开思路，跳出思维定式。然而，工程师的天性是一旦听到一些想法或者发明，立即就会进行可行性评估。这就是为什么他们会频繁地回应："我们不能这样做"，在整个设计完成之前，这个想法似乎都是不可行的。因此，同样是这个工程师，可能星期五还在说某个想法不可行，但在星期一的时候就宣布已经完成了。如果每个想法刚被提出就去做可用性测试的话，是不可能产生创新产品的；因为真正有创造性的想法可能需要大量的时间来调查是否可以实现。我们经常会遇到这种情况，一些想法刚被提出来的时候会被认为是白日梦，结果在设计实现阶段却发现很容易。因此，不要过早地否定一些想法。

放手去创新，随后将做评估

我们鼓励人们首先开拓自己的思维，考虑更宽泛、更彻底，而不要担心如何实现自己的想法或者如何与现有的产品相适应。一旦有了全新的想法，就可以把它简化为核心意图，决定什么是重要的，并在有限的时间内将其恢复到实际的程度。在后续的开发中，设计过程将为团队内部和用户之间提供多次评估环节，以确保设计适用于用户，并可由公司中的人员来实施。因为他们知道接下来会有这些评估环节，自然可以随心所欲地放开思路，不受任何限制。

但是工程师并不是唯一不愿意接受激进发明的人。人们总是会对一些没有数据或者证据支持的想法持怀疑心态，也担心他们买不到或做不出来。他们担心没有能力建立他们设想的解决方案。他们还担心东西是否能卖出去，即使这些东西可能会让人快乐。他们保持沉默，他们觉得自己的技术团队，如研究员、设计师或者营销人员等，可能不会像产品经理或者工程师那么举足轻重。而且有时候他们担心，一旦他们产生一个想法，管理层就会期望他们马上实现它，而失败了之后就会被问责。不幸的是，团队里很多有经验的人都不愿意跳出思维框框。

一个清晰、便利的过程可以处理好房间里的问题

因此，如果你想让人们开阔思维，应该让他们知道初始的想法将会被评估，而不是直接变成产品被交付出去，使他们有安全感。在房间里做到一碗水端平，使每个人都能参与进来。让团队开放集体思维的最好方法就是安排明确的过程，制定清晰的参与规则，这样每个人都能明白如何做才能取得成功。这是所有构思技巧的基石。要想从团队中获取最好的设计思维，必须管理人员和流程。墙面研究是第一次设计会议，也是所有其他设计会议的先导。本章将再介绍两个情境化设计会议：愿景规划和制定酷清单。在数据沉浸之后，这些环节可以帮助团队共同努力，并在酷概念的引导下产生新的产品概念。

紧接在墙面研究之后，在设计者将要忘记之前，应立即开展愿景规划，发展设计灵感和构思。根据数据的规模，愿景规划可能会在墙面研究的当天下午或者第二天早上开始。根据项目的范围，愿景规划本身则可能会持续 1 ～ 2 天。这样的愿景规划通常会产生 3 ～ 5 个新的、高层次的产品概念——它们是重要的新方向，而不是简单的设计构思。有了这些产品概念，将在次日或之后制定酷清单。根据需要涵盖产品概念的数量，制定酷清单可能需要持续 1 ～ 2 天时间；当然也可以将每个概念分开来召开酷清单会议，这样每个会议只需要解决一个产品概念就好。酷清单丰富了产品概念，调整和深化它们以更好地支持酷概念的要求。所有这 3 个设计构思会议联系在一起，形成了将数据转化为团队之前商定的产品方向的具体表现的整个过程。

愿景规划团队中必须有熟练的交互设计师

墙面研究是让更多的利益相关者沉浸到数据中的好时机。但是愿景规划团队需要一个规模较小的跨职能的小组，负责定义、设计、生产和发布最终产品。保持愿景规划小组为较小的规模——如果人们认为把想法落实在纸上太困难，这个会议就会让大家觉得很沮丧。一个 6 ～ 10 人的会议足够了——太多人很难保证每个人有充足的发言

时间。如果你需要让更多的人参与进来，那么在第一次愿景规划之后，将这些人分为两个平行的愿景小组，每一组可以各自提出好创意。然后可以在评估环节将它们整合到一起。

## 11.1 愿景规划

> 关于问题、技术和奇思妙想的清单是愿景规划的重点

墙面研究的下一步就是愿景规划。为此，每一个人都必须走近墙面研究数据，并创建自己的问题和构思清单。但是，如果你做了一个快速的技术清单，那么愿景规划可以做得更好。任何设计响应都使用技术对目标市场的工作和生活进行重新设计。为了确保团队能够意识到愿景规划可以使用的技术，将所有他们可能会用到的技术全部列到清单中。像之前的清单一样，不要做评价和筛选，记录下每一个人说的话。

该技术清单涵盖了已知的技术（机器学习、屏幕抓取、网络上的任何内容、无线、蓝牙、现成的商用产品、触摸屏、手机、平板电脑等）、现代设计模式或用户界面方法、公司独有的专业技术（人工代理、公司其他的产品功能、内部数据和算法），以及团队可能未考虑到的商业条件（流程设计、服务设想、业务合作伙伴关系、当前任务的优先级）。团队中任何不了解这些东西的人都可以从中快速地获取概览。只要团队中有人熟悉产品中可以用到的技术，其他人就只需要知道使用该技术可以做什么就够了。凭借这 3 个清单，团队便可以将他们的视角提升到考虑首要用户、技术、商业环境，从而为用户想象一个全新的世界。

> 愿景是关于你将为用户创造的全新的世界的故事

愿景规划是一个基于头脑风暴的原则来讲故事的过程。头脑风暴认识到：如果人们随时对他们说出来的每一句话都进行评估，他们就不会有创造力。因此，在愿景规划过程中，人们表达自己的想法时，禁止任何的评价或者评估。这些故事是“有根据”的：因为在墙面研究阶段，团队沉浸在用户数据中，因此他们的构思与见解是来自于实践的。但是，愿景是关于你为用户创造的一个新世界的故事。愿景规划的参与者们创造出一些新产品概念来帮助用户实现他们的意图；解决用户所遇到的问题和挑战，帮助用户抓住机遇；成为最好的自己；跟重要的人联系等。他们的想法也许可以消除技术难题，或者创造出直接的、即时可用的产品。愿景通过技术彻底改变了用户的生活，并展示了设计如何改善人们的生活。

墙面研究刺激设计思维；而愿景规划整合这些设计构思

一个愿景规划会议为团队提供了一种协同方法，从一个特定的起点（通常是一个奇思妙想）出发，讲述一个关于由技术改造新实践的故事。这个故事描述了团队设想的一个新世界（并不承诺真的去实现它）。因为团队已经进行过墙面研究，他们已经准备好深入研究这些想法可能是什么。这个故事将在不必详细考虑变换的每一个角度的情况下完成。

会议的规则模仿了围着篝火讲述鬼故事的古老游戏。有人开始讲故事，然后每一个人都往故事里面添加内容，继续并展开故事的内容。不允许任何人提出质疑或者与讲故事者争论，也不能宣布这是一个糟糕的故事——相反，无论喜欢与否，他们都要必须接受它并往里面添加新的内容。每一个人都可以加入他或她的想法，不用和其他人商量，也无须征求别人的同意。因此，故事铺展得很快，专注于描述目标市场中的人物如何以新的方式进行目标活动。一个愿景规划会议将产生 4 ～ 7 个愿景，每一个愿景都将分别画在活动挂图上。每个愿景分别开始于不同的奇思妙想、人物角色或者行为。接下来将讨论如何从愿景中提取出具体的产品概念，但目前暂时还不用为此担心。现在要做的只是让愿景探索变革后的用户生活。确定产品概念是后一个步骤。每一个愿景规划会议大概需要 20 ～ 45 分钟。

用笔尖将团队构思编织成一个故事

在愿景规划会议上，由一个人（记录者）拿着笔站在一张活动挂图前，将参与者抛出的想法画下来。记录者有两个职责：鼓励人们发言；随着愿景规划会议的进展，将参与者的想法融入到愿景中去。记录者的工作是倾听、综合和绘制——他们自身并不发表他们的想法。如果记录者想发表自己的意见，那么他需要将笔交给另一个人。不同于普通的头脑风暴，在头脑风暴中产生的每一个想法都是独立的；而愿景规划会议开始于一个奇思妙想，然后不断加入参与者的想法，使之成为一个关于重新设计的生活的连贯故事。那些与当前故事有矛盾的想法被添加到奇思妙想清单中，用于后续的愿景规划会议。除了记录者之外，一个主持人（协调者）也是有必要的，他可以提醒团队关于愿景规划会议的规则，并通过从亲和图或其他模型中提出更多的问题、额外的角色或身份元素，或“生命中的一天”模型中的生活场景来帮助参与者追寻线索。记录者和主持人一起保证团队运行在正确的轨道上，并确保团队中每一个人的发言都能被听到。

团队的核心问题是“我是谁？我在做什么？”然后，从目标市场中的某个工作类型或人物角色的角度来讲述每一个愿景。如果愿景规划到位，那么它将展示新实践将是什么样子。它展示了人们扮演的角色或身份元素；他们使用的系统、产品和设备；他们如何沟通和协调彼此之间的关系；以及他们可以获取的数据或信息，或者是“自动”向他们呈现的数据或信息。它创造了自动化、新的服务、组织中的新角色；连接了内部或者第三方系统；呈现公司或合作伙伴的各部分之间的关系；生成市场信息；展示用户界面的概念性的部分——只要这些内容适用于项目的焦点和范围。

愿景画面可以很随意，很快就可以绘制出来，并没有太多的结构性。它们往往大量使用箭头来表示交流；使用很多人脸来代表人；很多方框来代表屏幕、系统或者其他技术模块。图 11.1 为关于旅行产品的愿景图，手绘在活动挂图上。（手绘能力并不是记录者的必备技能。）

快速地、非正式地画出你的愿景，产生创造力

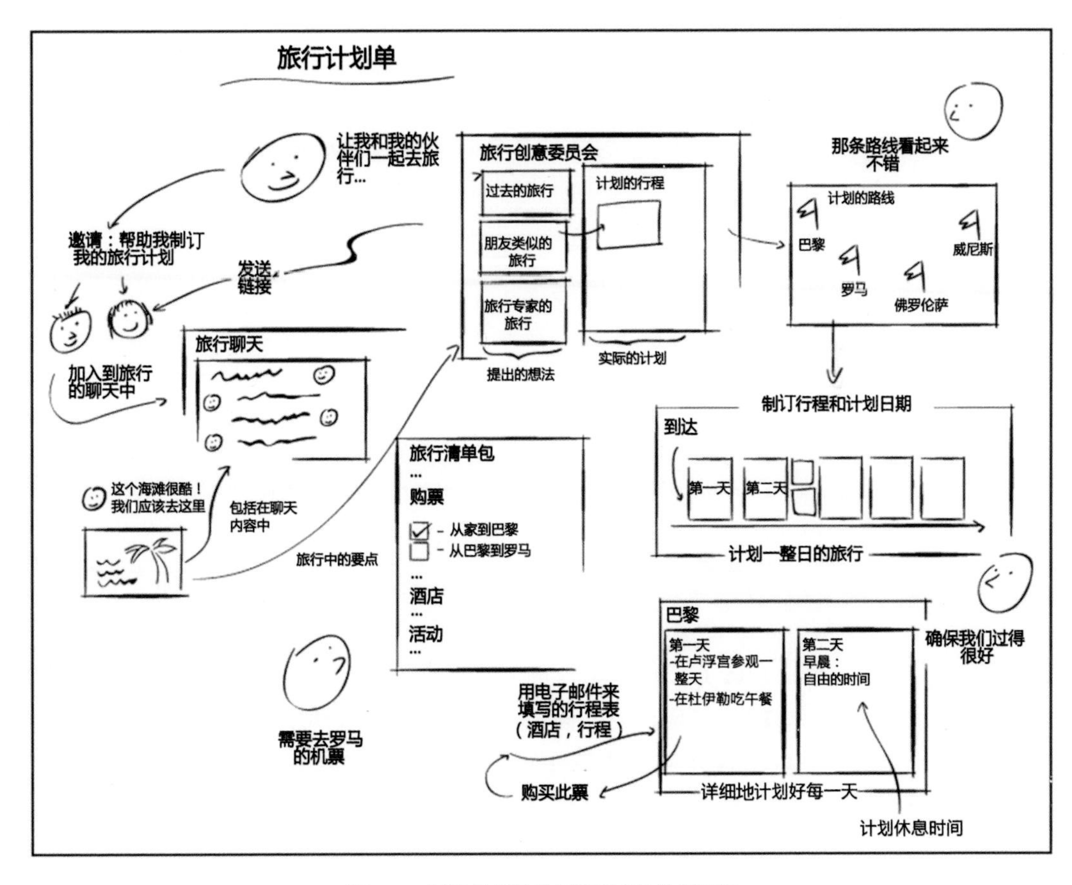


图 11.1 团队绘制的关于旅行产品的愿景图

在一个好的愿景规划会议中，每个人都觉得他们的想法被听到了

任何愿景规划都有它的脉络，从最初的奇思妙想开始，然后随着参与者的展开而发展。

**记录者（P）**：这是即时计划的愿景。你们两个合作计划者都有正在上中学的孩子，并且想在最近几周找个地方去旅行，在那里他们能够体验到当地的文化。（画了两个头，表示两个旅行规划者）那么接下来会发生什么？

**团队成员（T）**：妻子在浏览她最喜欢的旅游网站的时候想到了一个主意，她想他们可以在墨西哥或哥斯达黎加度过下一个漫长的周末，并向她的丈夫发送了一个链接。

**P**：她在看什么内容？她在什么地方？

**T2**：她正在用手机玩足球游戏（记录者画了一个板凳和手机界面），她将链接保存到家人共享空间。

**T3**：那个空间真的很棒。因为有两个地方的两个链接，我们的算法会计算出他们想要去的地方的距离，并根据这些链接和他们过去的旅行做出一些建议。（记录者画了个数据库的图标来表示数据库中的知识）

**T1**：丈夫的旅游服务App上出现了一条信息："来场旅行怎么样？"他打开App看看有什么好想法，当场就在App中给妻子发信息，告诉她关于周末的一些计划和想法。

**T4**：接着，建议引擎注意到他们计划旅行的日期，开始寻找适合他们的特别的宾馆，孩子们可以在游泳池玩水，可以欣赏当地的艺术、音乐和餐厅等。

**T5**：孩子们也可以查看这些信息并提出自己的意见。

**T2**：但是，合作计划者并不想让孩子们参与进来，因为他们还需要更详细的计划。

**主持人**：不要评价，解决问题就好。

**T4**：或许孩子们也可以有一个专用的App，可以用来征求他们的意见。

**记录者**：在我们解决好合作计划者的问题之后，让我们来为孩子们规划一下愿景吧。（在奇思妙想清单上写下"'孩子'规划App"）

**主持人**：那么我们用平板电脑做什么呢？

**T3**：好的，到了晚上，这对夫妻坐下来，在平板上能够看到建议引擎推荐的关于这个周末旅行的所有链接和建议，似乎在给我们呈现一部电影，展现出可以在这两个地方甚至是他们选择的其他地方的旅行可能会是什么样子。（记录者画出这对夫妇、平板电脑，和播放着电影的平板界面）

**T5**：是的，他们可以暂停电影来探索每个地方，删除或者添加

一些东西。（团队继续充实这个计划）

**主持人**：这是很大的预期计划。“即时”意味着旅行的时候，只要我有需要就可以得到相应的支持。

**T3**：因此他们制定了一个基本的计划，然后出发去旅行。当他们在车里的时候……

> 请跟随愿景故事中的脉络，使故事保持连贯

记录者和主持人倾听有助于推进故事的想法，暂时搁置那些远离主线的想法。当某个想法与团队正在处理的工作相冲突时，记录者将其添加到奇思妙想清单中，这可以保持过程的一致性，同时保证团队成员的想法都被听取了，而且得到了适当的处理。但是，如果团队有两个可能的创意来处理故事中的场景，那么将它们都置入故事的脉络中，然后再由团队来选择一个或两个都进入到设计中。最终，团队将所有适合故事脉络的想法全部列举出来，然后准备开始新的起点。将已完成的愿景放在一边，开始创建新的愿景。不要把一个愿景复制到另一个愿景中——在下一步中将重新找回好的想法，所以不用再去浏览它们。

> 可行性在愿景规划阶段并不重要——不要管它，要有创造性

可行性并不是愿景规划时要考虑的主要因素——记住，我们将在稍后做评估。如果团队不用去担心想法能否立即实现，他们会更有创造力，并且产生一个更能说明实践、更加连贯的愿景。上述的团队可能不具备内部技巧来自动操作或者制作一部电影，但是制定愿景可以让他们有机会探索智能化和可视化的问题，这些问题很有可能成为他们最终设计的一部分。在创造力和实用性之间寻找平衡——在展现多种奇特而深远的想法之后，团队也许会需要一个短期的解决方案。但是，由于事先已经提前打开了思路，这时的愿景将更会有创意。

> 将愿景构建为一个故事，以保持生活的连贯性

构建愿景就像讲述与用户生活相关的故事。因为他们讲述的是用户新生活的故事，所以团队必须把生活紧密地联系在一起。它必须是有意义的——为用户设想的动机和目的都必须是实事求是的。从实际数据中获得的事件、问题和情况都可以融入到故事中，这样团队就可以探索新设计如何解决用户生活中的真实问题。因为团队会思考生活是如何联系在一起的，设计也将是整体的、连贯的。讲故事可以让团队从单功能的头脑风暴发展成用户界面框架，或者创建一个可能的小设计点的清单。这是确保新产品概念可以改善生活而不破坏生活的最好的方法。

一个好的愿景规划会议是一件很有趣的事情，每个人都会根据

实践中的重要事项，琢磨可以做点什么，一旦有了想法就会立刻进行交流，这样就可以在彼此的想法之上不断产生新的想法。愿景规划会议的主要控制因素是：记录者不加筛选和解释地记录下他/她所听到的信息的能力。当你有 4 ～ 7 个愿景的时候，愿景规划环节就完成了。然后就可以开始进入分享和评估步骤了。

### 11.1.1 通过评估，创造一个共同的方向

做多个愿景可以让团队考虑替代方案，并了解其中的一些含义。每个愿景都由整个团队（或并行的子团队）建立，并综合了每个人不同的观点。但是，在愿景规划结束之后，你可能有多个愿景，每个愿景各自提出了不同的设计方向，或者分别针对实践的不同部分。你该如何做出选择呢？

创建共同愿景并不是妥协

在情境化设计中，你并不必去做选择。相反，新的解决方案整合了一些最佳的个人愿景。某个委员会总是会产生一些平庸的设计，因为人们总是在做各种妥协——他们并不是实现两个合理的设计中的任何一个，而是在介于两者之间寻找折中的方案，或者把两者的所有特性组合到一起来讨好每一个人。整合一个共同愿景是避免出现上述问题的一种方法。我们的目的是连贯而清晰的设计，并支持市场上的一些问题，而不是在功能上进行妥协，满足每一个人的一点点要求。

找到所有其他愿景中最好的部分，调整不好的

这种设计的关键在于每个愿景并不是铁板一块，不能将其视为一个整体来接受或拒绝，而是作为重新配置和重新设计一个条理分明的解决方案的选项集。如果团队必须在两者之间做出选择，就会发生争执——每个人对于如何权衡不同的问题都有各自的观点。但这种选择本身就是个错误。每一个愿景都会有一些不切实际或不可取的元素；大部分的愿景都会有一些你不想舍弃的东西。找出其中可用的部分，保留最好的部分来重新组合，并拓展它们以解决更多的实践问题、克服各种缺陷，从而创造出一个更好的解决方案。个人愿景是设计构思的集合，你可以借鉴或者将它们重组，以产生一个更好的解决方案。[1]

我们为每一个愿景做结构性评估。这里有 3 种针对愿景的有效评价：

---

1 这个过程是基于皮尤矩阵的思想提出的（S. Pugh. 整体设计 . Addison Wesley 出版有限公司，1991）。只不过皮尤依赖于个人创造力，而我们则注重团队动力，整合每个人的观点来形成一个整体愿景。这有助于帮助人们避免过度投入某一个解决方案。那些觉得在团队中无法创新的人也可以有机会创造一个设计方案，并将其纳入评估阶段。

（1）它符合用户的实践吗？

（2）技术上是否可行？

（3）是否符合企业的使命和组织能力？

依次查看每一个愿景，首先列出积极点。即使是那些不喜欢整个愿景的人，也可以从中找出一些有用的东西——如果团队中有一些特别反对愿景的人，可以让他们来到现场，找出他们喜欢的某些点。列出每一个积极点的清单，并贴在愿景上。接着列出负面的点，以及这些点很难被建立起来或者会破坏用户实践的原因。喜欢这个愿景的人也可以发现一些他们不喜欢的问题——这可以帮助他们放弃之前可能过度依赖的一些想法。列出这些负面因素，同样将它们贴到愿景上。

依次列出每一个愿景的积极和消极因素。当列出负面观点时，人们自然会尝试去解决问题，并提出一些解决问题的想法。这些设计思想在下一步骤中会变得很重要，但是现在暂时不要让它们影响到你。将这些问题写在便利贴上并贴到愿景挂图上，在稍后的步骤中可以用到它们（见图 11.2）。

*建立共识，减少过度投入是一个群体过程*

在评估之后，浏览所有愿景，看看每一个愿景的核心部分。这将帮助团队定义接下来可能要去实现的产品概念、特征集或者方法。团队将准备好处理他们刚刚评估的结果。有了积极和消极的点之后，团队便可以决定他们想保留哪些部分。在每个愿景上相关的部分画上适当颜色的旗子做标记。

**绿色：**人们对这部分已经达成共识，并且相信可以实现它，没有问题。

**红色：**他们讨厌的、不能相信的、需要舍弃的部分。

**黄色：**这部分尚且需要更多的探索——暂时保留，在技术、组织上做进一步的探索，或者与用户一起进一步研究。

**正面的：**

+ 支持共同计划者角色。
+ 为“文化海绵”提供建议。
+ 从过去的旅行原则中寻找一些“为我考虑”的信息。
+ “电影”有助于想象旅行的画面，带来兴奋感。
+ 共享空间支持共同计划者之间的交流。
+ 关于旅行的内部信息，可以帮助我们提出建议。
+ 搜索引擎可以帮助我们找到相关信息，另外也可以在网站上查找信息。
+ ……

图 11.2　旅行愿景中的积极的、消极的点和设计构思

**设计构思**

链接到移动设备上的 App，基于之前的一些建议，获取当地餐馆的信息。
- 通过提供的图形化的位置参考，链接到“电影”中所展示的更多信息。
- 使用谷歌引擎来获取建议——而不是自己重建。
- ……

**不足：**

- 这部“电影”很难实现——如何将这些碎片自动拼接在一起？
- 在“电影”中定格捕捉一些画面，将使用户界面更加复杂。
- 我们只与几家航空公司和酒店有合作，如何给出更有竞争力的信息呢？
- 我们没有与餐馆或者 Yelp 合作，可以从哪里获取建议呢？
- 数据并不能证明共同计划者是竞争对手——这个观点削弱了他们之间的合作。
- ……

图 11.2（续）

制定决策过程消除了争论

这种简单的规范化技术对于团队来说很容易理解，而且选择几乎总是很容易。如果出现分歧——一个参与者认为某个想法很简单而另一个不这么认为，或者说一个看到了用户的价值而另一个没有——则需要进一步的调查来确定这一点，因此给它标上黄色的旗子。完成后，团队对于将要追求和放弃的内容都达成了共识。现在你可以将需要的部分整合成一个更大的愿景。通常，愿景的大部分元素不会直接发生冲突，因为每个愿景都采取了不同的方法，将所需部分组合在一起而没有冲突是可行的。如果各部分之间的确产生了冲突——例如，采用两种方法来处理同一个问题，而同时使用两种方法并没有意义，那么就不得不做出选择了。但现在，这是一个非常集中的选择，集中于设计元素。如果两种方法都能很好地支持实践，那就选择更简单的方法，或者更容易实现的那一个。如果不确定哪一个解决方案是更好的，请根据团队需要调查什么来做决定，或者选择对用户影响更大的方案，利用纸面原型来做进一步的测试（详见第 17 章）。

这整个过程的设计旨在使一个由不同人组成的、跨职能的团队达成共识。如果一些成员沉迷于某个想法之中，那么请务必将这个想法纳入“奇思妙想”清单之中。在客户团队中，有位成员被一个在科学实验室中显示测试状态的大型显示器的想法吸引住了，这是他用于解决所有问题的办法——这在团队中已经成为一个笑话。将这个大型显示器作为愿景的核心，接下来列出积极的和消极的观点（他必须要提出 3 个负面观点），明确大型显示器的真正优势。但是与其他愿景比较之后表明，这些优点可以通过其他方式更简单地实现。最后，他主动放弃了这个想法。

当团队完成后，他们将会有一个高层次的、连贯的故事，说明如何利用新技术重新设计用户的生活，通过数据沉浸化，由跨职能团队来共同创造。在这个故事中隐藏着很多产品概念，我们可以在酷清单中丰富它。

愿景产生了一个关于未来的高层次的故事，并包含丰富的产品概念

## 11.1.2 明确产品概念

这些愿景意味着新产品概念。任何重要的产品都由多个功能集、应用程序套件和相关服务组成，共同提供价值。愿景在讲述一个将要使用的故事时涵盖了这些概念：随着技术的变革，未来的生活将会是什么样子？但是，它们将作为连贯的产品元素被开发和发布，这些要素必须被统一地配合在一起。所有产品概念都聚集在一起，（理论上）也可以作为自己的产品来发布。如果团队唯一的设计视角就是一组场景，那么他们只会看到这些功能——而看不到产品概念是如何具有自己的结构、关系和连贯性的。为了构建一个产品，团队必须在故事 / 情景推理之间交替，以确保用户生活的连贯性，并将产品元素视为整体产品的结构 / 系统来推理。情境化设计在这两个过程之间交替，保持生活和产品的连贯和同步。

愿景规划会议的最后一步就是明确地定义产品概念。每个愿景都提出了产品概念的建议，但是这些产品概念中的任何一个都有可能建立在几个愿景之上。愿景评估使得识别一致的产品概念变得更加简单，因为评估侧重于愿景中的要素而不是整个场景。例如，在我们的旅行项目中，团队确定了一个“想法收集器”：一个包含想法收集区的研究工具和一个用于即时研究的应用程序；一个“旅行规划工具”：一个为旅行的主要活动做安排的协同规划工具；一个“旅行路线生成器”：确保所有后勤保障问题都得到解决；以及“旅行伴侣”：一个旅行记录和分享难忘的活动的应用程序。4 个产品概念作为整体解决方案一起工作，但是每一个产品概念都可以重新被单独思考和完善。[1]

产品概念收集愿景中的特征，构建具有相当分量的整体价值

该团队分别绘制每个产品概念，从所考虑的所有愿景中提取该概念的各个特性。这是人们为修复任何负面因素而考虑的设计思想的要点。团队将为产品概念命名，并利用粗略的草图展示产品概念的功能和全部自动化技术。图 11.3 ～图 11.5 显示了我们的旅行愿景中出现的三个产品概念。这些都完全不是场景，它们并不是关于使用的故事。它们采用了结构性描述，用来支持产品概念

1 以这种方式识别产品概念也支持迭代开发过程。例如，人们很自然地会将每个产品概念分配给不同的子团队，并且愿景元素可以迅速演变成为用户的故事。

的意图。将概念集中在一起的子团队，并不进行头脑风暴来产生新功能，也不会从愿景中遗漏任何东西。他们负责表现迄今为止小组发展的所有设计思想。情境化设计过程的下一步将为这些思想添加细节、拓展深度。将产品概念绘制成简单的线框图。

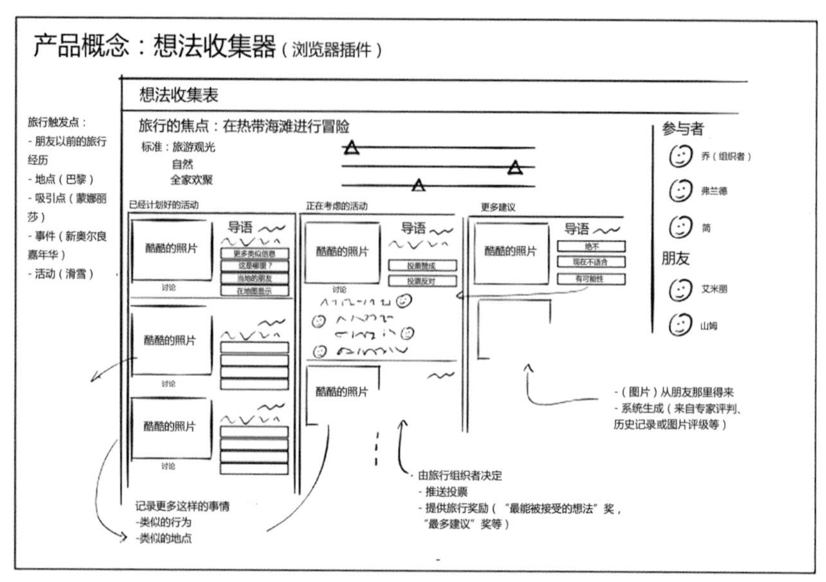


图 11.3 “想法收集器”产品概念——一种捕捉旅行想法的方法，稍后将对它们进行整理

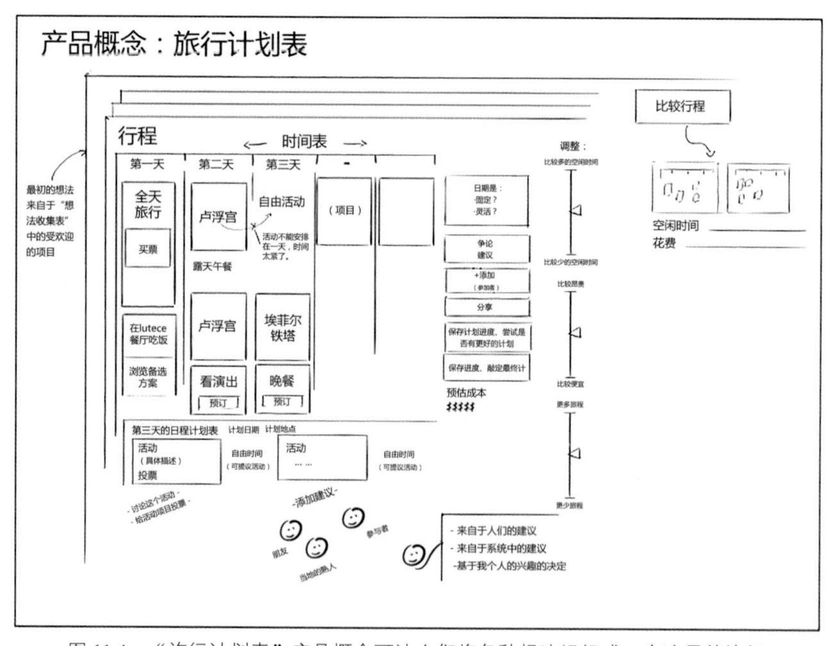


图 11.4 “旅行计划表”产品概念可让人们将各种想法组织成一个连贯的旅行

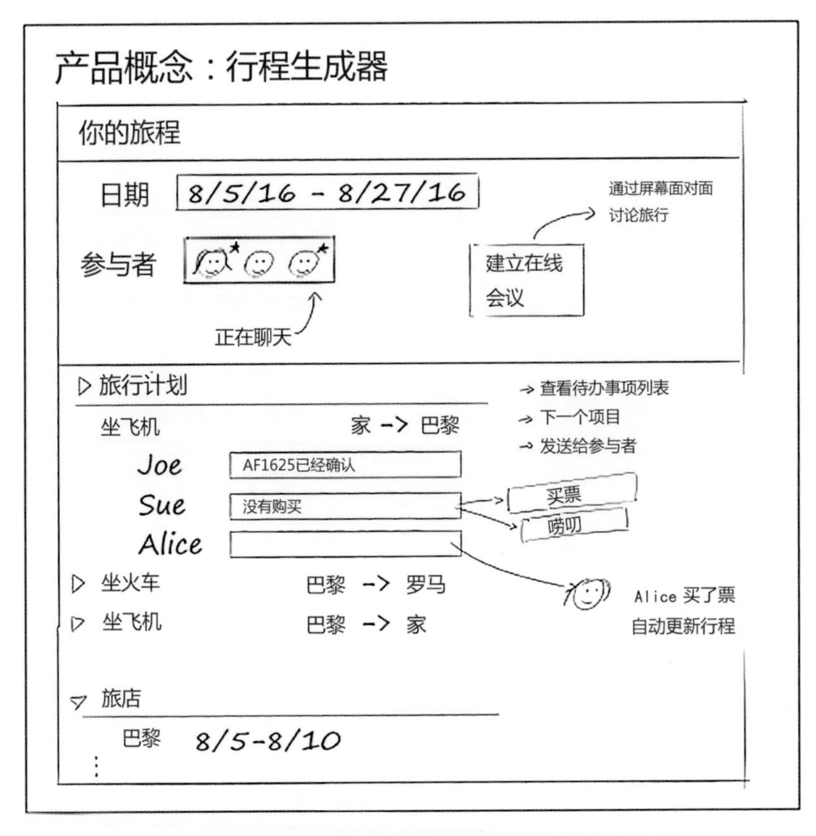


图 11.5 “行程生成器”帮助用户最后确定旅行，确保所有机票、酒店预定、活动门票等都得到了全面的考虑

> 多个产品概念帮助你制定路线图

确定积极因素和消极因素，鼓励团队不要将每一个愿景都看作一个独立的整体，而是作为各个部分的大杂烩。识别和绘制产品概念草图可以将这些相关联的部分整合起来，从而可以被设计和发布。最终的愿景可能会比单版本发布包含更多的内容，没有关系，这意味着团队将推动通过多个版本来发布的部署策略。即使你关注的是一个需要短期内交付的成果——例如下一个升级版本将会在 6 个月之内发布——你最好先将自己的思维和愿景拓展开来。然后，你可以在最后期限之前挑选一些好的特性进行整合。或者可以先尽可能开拓愿景，然后将愿景明确为 6 个月之内可以交付的产品。你会发现，一旦不可避免地做了一些修改，你会自动地从更宽泛的愿景中吸取想法，从而制订出一个连贯一致的短期计划。你会知道短期内将做什么来推进你的长期路线图。第 18 章将讨论优先级排序和部署。

这一步产生了一套良好定义的产品概念，每个概念在用户生活中都有明确的目的，在企业使命的范围内为用户传递价值。这些产品概念提供了下一个阶段的设计理念。这也是与管理层的利益相关者分享愿景并检查其方向的好时机。

## 自己创建愿景

当你需要独立制作愿景的时候，如何处理取决于你所处的情况。如果是在一个初创企业或小公司，可用的人很少，但是愿景的规模却很大，那么请与其他利益相关方一起举办一个完整的愿景规划会议。这是建立共识和共同方向的机会，把所有的人聚在一起半天到一天时间是值得的。

问题是：愿景规划之所以起作用是基于由墙面研究获取的用户数据。所以需要将你手中的数据收集起来并贴在墙上。如果画面整洁，手绘草图就够了，不用太花哨。你可以将组织知识和现场数据放在一起，只要弄清楚哪个是哪个就好。做墙面研究、愿景规划、优缺点分析——接下来就可以整理愿景并确定你自己的产品概念，然后和利益相关者一起检查这些概念。

如果公司正在进行工作坊、设计冲刺环节或其他半天到一天的活动，请将墙面研究和愿景规划纳入现有实践中。使用模型来传达数据，花一点时间整理它们，并利用我们的传达设计原则来提炼模型——以视觉为导向的设计师将欣赏到一个精心设计的模型。使用模型创建一个互动事件，来促进设计思维，每个人都可以从中得到收获。

如果处理的是一个较大规模的设计中一个较小范围的部分，那么单独将愿景规划作为一个过程可能没有意义。相反，可以自己或者与设计师协作使用整个项目的愿景。有意识地把每张草图放在一边，做一个不同的替换方案。即使是由你自己来完成这些事情，也要明确积极与消极因素，标记“+”或“-”号。然后将最好的部分组合在一起，并用草图绘出整合后的方案。不用担心产品概念——几乎可以肯定你在一个产品概念中进行设计。

是否与别人一起制作酷清单取决于是否有其他相关人员可用。酷清单依赖于某些设计专业技能——现代交互技术、演示和工具等；对于应用和设备生态系统的知识；还有为这些场景进行设计的专业能力。面向业务的产品经理或面向技术的开发人员不会对此有太大的帮助。所以如果具备上述技能，那么你就可以自己完成酷清单了。请使用以下原则来引导自己的设计：系统地研究产品构思；一次丰富一个概念；然后再将它们整合在一起。如此进行，这个过程仍然是有效的。

但是，如果你是某个较大项目的若干用户体验研究人员中的一员，那么你们可以互相帮助。就像循环赛一样来制作酷清单，每天检查一个设

> 计师的内容。这使得团队针对整个产品来努力确定酷概念，并意味着每个设计师都能相互得到帮助。如果它能使产品更一致、更协调，那么没有人会抱怨。

## 11.2　酷清单

> *分别考虑每个酷概念，提升初始产品概念*

设计构思的最后环节是酷清单工作坊。为生活而设计意味着设计将会支持所有的酷概念。设计人员并不习惯于处理设计的这些方面，因此很容易在愿景规划环节忽略它们，或者根本进行得不够深入。为了恰到好处地获取设计的这些方面，我们需要比快速地创建愿景更为详细的细节设计。愿景规划会议是有目的、快节奏的，没有时间进行反思性对话，来斟酌每个酷概念的含义。但是一旦你对产品方向有一个大致的想法，这种反思就会更加专注，需要花更多时间。所以一旦愿景规划会议中产生了一套清晰的产品概念，团队就可以花时间来考虑如何设计一个很酷的用户体验了。

酷清单通过每一个酷概念的含义及其相关设计原则来指导设计师。每一个酷概念都侧重于生活的不同方面，意味着不同的设计焦点，这是设计变革性的体验时应该考虑的问题。任何个人或者团队在同时考量所有这些维度时，都可能会不堪重负或者迷失焦点。所以酷清单会议每次都只把焦点集中在一个新产品概念和一个酷概念上。团队分成若干小组并行工作，因此可以很快地推进该项工作。设计人员越来越意识到酷设计原则，并在合理的时间内产生丰富的产品概念。

在酷清单研讨会上，团队首先要确定他们想在讨论会中讨论的产品概念(也可能只能讨论其中一部分)。可以在一天内使用 6 ～ 8 人团队（所有人都曾经参与愿景规划会议）讨论 1 或 2 个产品概念。将团队分成 2 ～ 4 人小组，依次处理每一个产品概念。每个子团队都将应用酷概念原则，例如使用“成就感”原则来丰富初始的产品概念。每个子团队并行工作，通过添加功能或服务来优化产品思想，从而提升对这个酷概念的支持。回顾亲和图和体验模型中的数据，使用实际用户数据来产生更详细的设计思想；然后进行头脑风暴，用草图将新想法添加到和愿景、数据、酷概念原则相一致的产品概念中。一个团队可以考虑多个重要的设计原则，一次考虑一个。

由若干小组并行深入研究酷清单，然后再合并

每个子团队同时运用不同酷概念，针对同一个产品概念制定同一个酷清单。通过这种方式，单一的产品概念同时被增强，使得生活历程更美好（成就感），使人们之间的沟通更简单（联系），明确地支持身份元素（身份认同），创建令人愉悦、有用的图形与动画（感知觉），提供更为直接的互动（直接 / 麻烦），并将学习作为一项任务（学习三角形）[1]，每个小组独立制定清单，这意味着当他们完成后，产品概念同时被每个小组进行了修改。在小组完成他们的工作后，再将所有这些独立修改过的产品概念放到一起，由整个团队一起审查，吸收所有清单中最好的部分，重新整合为一个修改好的设计概念。其结果是对产品概念进行了重新设计，丰富并解决了酷概念中出现的问题，使产品更有效、更令人满意。

另一种方法是让每个子团队从不同的产品概念入手，一次聚焦于一个酷概念，从一个角度来重新设计和充实它们。在整个团队中分享这些成果有助于团队一起探索每一个概念。接下来转向下一个酷概念，集中精力换一个角度来丰富产品概念。如果你调动人员，每一轮都要重新整合子团队，每一轮都保证有上一轮的人留下来，并有新成员加入，团队的所有成员都参与到丰富每一个产品概念中。如果产品概念非常清晰而且功能之间没有重叠，将使得产品概念更加连贯，而且效果更好。

在人员轮换的小团队中取得共识

无论选择哪种方法，目的都是使每一个产品概念都经历从一个酷概念到另一个酷概念的研究，每个子团队在每个回合的重新设计中都有一个简单的焦点。这样你可以真正地考虑一系列设计原则的影响而不至于使团队不堪重负。从“生活的欢乐之轮”开始，然后到“快乐三角”的概念，在开始考虑工具结构之前，你对功能和使用已经有了更深入的了解。因为每一个人都研究了每一个产品概念，并且参与到回顾和改进周期中，这样就在团队中建立了认同和共识。

在酷清单中，你将专注于产品的结构，而不是使用场景。这时有几位训练有素的交互设计师是很有必要的！布局和过渡的问题对于思考酷概念的影响至关重要。而且由于你可能正在设计多个平台，所以团队将要考虑产品概念是如何体现在每一个平台上的。没有足够的关于可能的现代布局和设计模式的技能和知识，团队将在内容细节、技术或者基于场景的推理上停滞不前。设计团队中是否有人真正了解设计产品所需的材料对于愿景规划团队来说至关重要。要确保他们从墙面研究阶段就开始参与到项目中。

1 请见第 1 章，介绍的酷概念。

现在，具备了丰富的高层次的产品设计，团队将进一步深入设计真正的产品结构和功能，创造真实的用户界面。我们将在第 4 部分讨论这些内容。

## 将酷概念应用于酷清单中

为每个小组设计一份讲义。回顾为每个体验模型列出的问题，并列出在下面概述的每一个酷概念的重点。

**成就**

- 这样设计可以支持随时随地的访问吗？用户可以在何时、何地使用该技术？
- 什么样的小任务、信息，或者有趣的事可以占用可用的碎片时间？在短时间、预计将被多次打断、只有部分关注的限制条件下，什么样的有用的意图是可以得到解决的？
- 用户如何在一台设备上启动某项活动，然后再在另外一台设备的同一点上恢复活动？
- 需要哪些信息来推动决策和行动，是行动状态更新、背景情境、相关数据吗？在当时信息是如何提供的？只提供需要的信息吗？

**联系**

- 谁是用户世界中重要的人？系统如何帮助用户在旅途中能够经常与他们的朋友取得联系？
- 就信息和活动而言，用户做的什么事是可以与他人分享的？你能提供什么信息来帮助他们分享和谈论更多的东西？要记得支持值得信赖的顾问。
- 你能提供什么来帮助人们找到事情一起做呢？你如何加强这种关系并建立信任？
- 如果人们感兴趣的话，你能支持那些与自己相似的人，从而扩展人脉关系吗？

为了专业的联系与合作：

- 你如何帮助人们看上去以及感觉很专业、有个性？
- 你如何在项目里更好地支持实时信息的积极协作和共享？
- 防止围绕产品或品牌创造在线社区，大多数情况下，没有一个真正的、自然的利益共同体。

**身份认同**

- 什么身份元素是这个项目的核心？每个身份元素如何直接定位于产品特征或信息？

- 在产品中有没有什么东西会破坏身份元素？
- 产品是如何帮助人们接受身份？又是如何加强和提升身份的呢？
- 是否有在线社区或者什么地方，为新兴身份提供内容帮助，帮助人们决定什么是“正常”的？
- 该产品如何帮助用户庆祝自己以及与其身份相关的成就？
- 是否有适合于身份元素的竞赛或有趣的事？

**感知觉**

- 如何使用颜色、声音、动作来吸引人？考虑到许多背景和文化的使用，什么水平的刺激是适当的？你能创造一个不分散注意力却让人“哇”地一声惊叹的产品吗？
- 如何在活动中使人微笑或者添加一些乐趣而不妨碍使用？
- 图形、移动和交互性是否支持核心功能？
- 美学和工业设计是否够现代，是否建立在当前潮流的基础上，并能促进该倾向？

**直接付诸行动（没有障碍）**

- 你是否具备为完成目标所需要的一切？
- 你能很顺利地从一个行动切换到下一系列可能的行动吗？
- 支持决策所需的信息是否只在需要时出现或只是针对问题做出反应——你可以如何为用户考虑？
- 如何支持“触摸一下”的行动，而不必重新输入任何信息？
- 不提问的话你能知道什么？你让用户立刻行动起来了吗？没有麻烦和困难？
- 你是否在能力范围内消除了所有的技术麻烦以及在立即付诸行动方面所遇到的问题？

注意：在用户获取所需内容之前，通过安装屏幕来提供即时帮助、优先权设置和信息。这会破坏直接付诸行动的体验。

**学习三角**

- 如何将用户需要知道的内容减到最少，或至少对于核心意图来讲是这样？用户是否了解你能够创建的基础？包括语音、触摸和其他已知的互动方式？
- 你是否已经降低了复杂性，避免了团队认为很好但是不需要的功能？
- 你是否已经消除了清单的层次、复杂的语言，并搞清楚产品使用的过程中的全部障碍？
- 你能否及时推动人们走向正确的方向？
- 消除关于用户说明书的任何需求——不管怎样，用户不愿意阅读说明书。

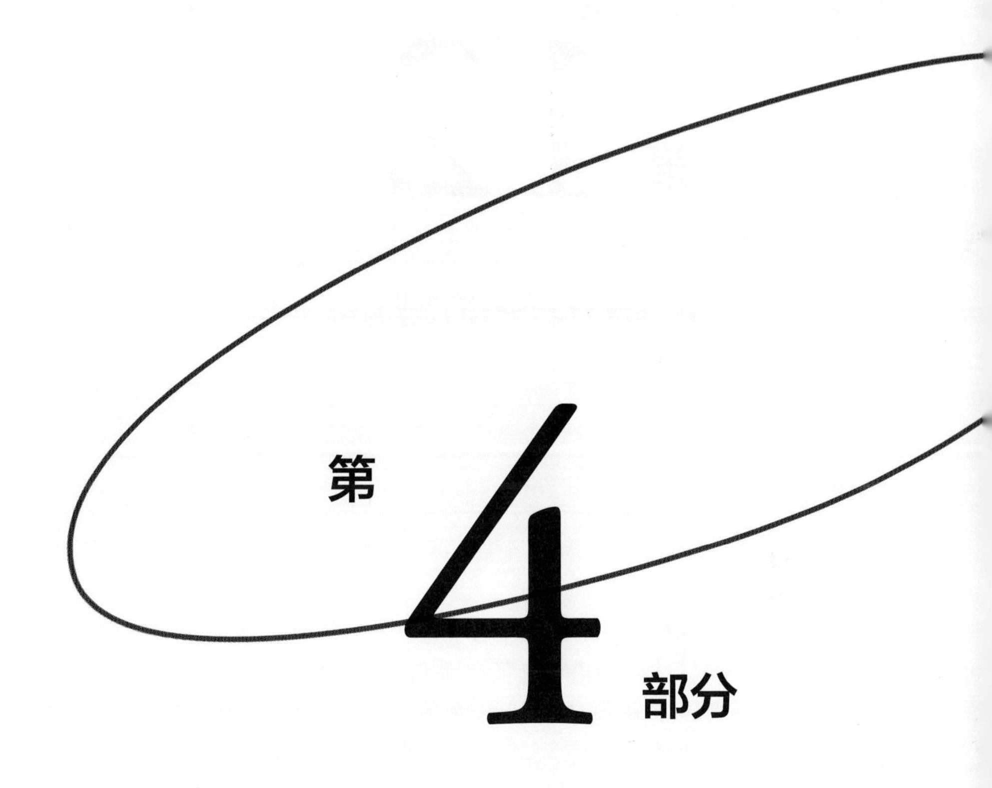


# 产品定义

# 第12章

# 产品设计的挑战

在前面的章节中，我们收集了描述用户生活的现场数据，并且已经创建了一个将要构建的高层次的设计构思。现在我们已经准备好去设计一个能改变生活的产品。在这个部分中，我们将描述用于定义、设计和验证新产品概念的情境化设计技术。

二十多年前，没有人谈论设计，当然也没有首席设计师，也不会有交互或视觉设计专家和信息架构师。没有移动设备、没有Web、没有云；没有业务信息内容、没有东西可购买、没有图片可分享，更没有社交媒体。只有需要在一个围绕应用程序中心区域的菜单栏中合理布局的、以工作为导向的功能，例如创建电子表格、文档或幻灯片，或者填写表单。

*产品已经从根本上改变了单一应用程序的形式*

这并不意味着没有设计。我们所提倡的“以用户为中心的设计”专注于做正确的事情，并且确保单个产品或系统的结构、功能和流程是最好用的。那么我们是如何做到的呢？我们从理解用户执行任务的情境开始，通过用户迭代来确保我们的产品设计对人们来说有实际的意义。

*设计一套支持跨设备活动的产品，以保持生活的连贯性*

但正如我们所说，产品的性质已经从根本上发生了改变。随着移动应用在多个平台上的出现，单纯关注于任务的设计将不再能够满足人们的需要。安排不同的产品团队分别开发产品、系统或网站主要平台的各个移动版本，将会使一天内需要在各个设备之间交替使用的用户感到困惑。设计师必须重新考虑产品设计的重心，从面向单一任务的平台产品，转向由公司和第三方提供的一整套产品和应用，所有这些产品和应用构成了一个生态系统，用于满足移动生活的需要。

这是产品设计的核心挑战：确保真正开发出令人满意的产品，用一系列产品、应用程序和功能集来保证用户的整个生活和目标活动保持一致。每个产品——包括产品内部和整个产品套件都保持一致。换句话说，无论用户处于什么样的平台或物理环境，如何确保用户的整体体验都是积极、良好的？用户大型的情境化视角要求我们理解更宽泛的生活并为之设计，包括时间的使用、物理环境和服务情境等，我们提供的产品将会是用户生活中的一部分。面对单一产品功能或应用的观点过于目光短浅，可能会导致各种不连贯的部分，而不是集成的、顺畅的、令人愉快的产品。

整体用户体验必须令人愉快

第 4 部分将呈现可以帮助你创建生活和产品一致性的情境化设计技术。我们已经通过体验模型和“酷概念”原则，让团队广泛地思考产品所在的情境和更大的生态系统。现在，必须在把握产品整体画面的基础上来设计产品的下一层次细节，而不至于迷失在具体的界面和功能的底层细节中。这里我们专注于保持生活和产品一致性的技术，这是设计的核心。一如既往，对于任何成功的产品来说，开发过程中用户研究人员和设计人员必须与产品管理和开发人员紧密合作。我们假设团队里拥有在各设计相关领域受过培训和经验丰富的专业人员，这些领域包括交互、视觉、信息，以及设计一个现代的良好界面所需的其他所有工具和技术等。这些个人与业务职能之间的对话是决定如何构建、呈现以及发布产品的核心。情境化设计中基于团队的工作方法可以帮助你将这些跨职能的专业人员聚集在一起协同工作，以确保获得成功。

## 12.1 保持生活的连贯性

人们总是出于多重意图行事[1]。生活是由无数的家庭和工作任务组成的，所有这些构成了人们的一天。将所有的任务、所有的待办事项融入一天的生活当中，使它们彼此配合、彼此适应，使人们的日常生活得以运转，这是生活中永不间断的挑战。任何行

1 我们使用“意图”而不是“目标”一词，是因为并不是所有的行动都是有目的的、慎重考虑后产生的或是有计划的。事实上，日常生活中的许多东西都是在内在的欲望和机会的平衡中浮现出来，一点一点地将需要完成的事情向前推进。这就是我们正在设计的领域。

动都可以是多意图的，都能以一种精确的但无法言明的方式，与生活的其余部分相配合。当前，人们期待着他们的工具和技术——如应用、汽车、网站等——能够协同行动，帮助我们做到这一切，而不至于拖我们的后腿。“为生活而设计”的原则指导设计师理解这些生活和工作意图，它们如何在一天中相互交错，如何为它们设计，使新产品融入生活中的某个时刻。

保持活动在跨产品状态下的连贯性

好的设计是一个或一套结构化的产品，允许用户在不同意图之间变换，只关注于他们想要完成或想要体验的东西。一个好的产品设计可以让人们在工作、生活和娱乐中自在地进行活动，而不用停下来猜想、麻木地做或寻找。为生活而设计意味着为时间而设计——如何在旅途中的片刻使用、如何面对干扰以及如何吸引用户的部分注意力。好的产品设计能使产品内部的活动保持一致，同时也能让用户在日常行动中保持生活的连贯性。

在多个平台上用碎片时间传递价值

从用户的角度来保持活动的连贯性始终是好设计的目标。传统的设计挑战是在系统内保持工作的连贯性。任务一致性不仅仅是用户界面的一致性——一个连贯一致的产品使用户的活动保持有序、自然。当技术平台不那么灵活时，任务一致性寻求将支持目标活动所需的所有功能和信息整合到一个产品界面中。客户关系管理系统、财务信息应用、绘图工具、亚马逊网页，以及像 TripAdvisor 这样的网站的成长，都是在过去根本不可能完成的地方完成的——例如汽车、医院的候诊室或者是在会议室之间的走廊里。

为了管理多个意图和功能，这些产品往往具有复杂的菜单和子菜单、分层分类信息导航、许多工具箱、滑动条、弹出窗口，以及更多类似的复杂内容。它们把所有东西都提供给用户，这些用户必须要弄清楚这些功能在哪里以及如何使用。无论我们做了多少努力，在这个单一应用程序的模型中，使用工具的负担完全落在了用户身上。

也许这是有道理的，因为在那时人们坐在一个地方，通常是在办公桌旁，他们花了很长时间学习使用一种产品，并最终成为专家；或者更多的时候让人感到沮丧。

**财务顾问说：**我很少使用财务应用程序——它太复杂了。当我在路上需要查找信息的时候，我会给管理员打电话咨询。现在，我使用雅虎财经应用程序，可以不断地了解股票市场的情况。

**一名 ERP 公司的员工对一位咨询顾问说：**您可以把午餐的所有费用全部加在一起，然后把账单给我们吗？这样就不需要使用费用申请程序——这太麻烦了。（费用申请是 ERP 公司发货流程的一部分。）

**客户对安全工具设计师说：**听我说！我们不想要太多的功能！如果不能让用户快速学会使用这个产品，我们将停止购买它！

但今天，酷概念告诉我们，人们将不再能够忍受那些高度复杂的应用程序，因为这些程序需要大量的预先学习。他们想要的产品不需要任何学习——可以立即使用，并且在任何时间、任何地点、无论多长时间，都可以使生活继续下去。

通过设计来支持任务和意图的方法将会继续发展。但是无论它如何变化，只要我们在为生活而设计，就必须保持意图、任务、整个生活和所有支撑工具的连贯性和一致性。

但是要小心。生活之所以能够丰富多彩，部分原因在于我们正在创造一些随时可以在移动设备上使用的小工具。它们填补了较大的应用程序之间的空白，同时也成为一个更大的生态系统中的一小部分。例如，像 TripAdvisor 这样的应用程序与无数的移动应用共存，这些应用同时支持了旅行计划和旅行本身；包括预定酒店、汽车和航空公司的应用程序、Yelp 与 Ticketmaster 这类网站等等。

单个应用程序已被应用生态系统所取代

但是为了支持一项整体的任务，这些应用不能独立存在。它们必须与人们所需要的所有数据和工具相连接，以便无论何时何地都可以顺利完成整个活动。它们相互之间分享重要的数据、支持身份元素，并在使用中传递快乐。这就是为什么体验模型对设计显得如此重要。它们告诉你某项活动在整个生活情境中的样子，由此，你可以设计一整套产品来改变它。

设计的挑战在于保持整个生活的一致性——因此我们必须权衡所提供的内容，避免使界面过于复杂。移动应用之所以有用，就在于它们能有针对性地做好一件事情。虽然，大型应用程序中的功能集在现代设计原则的指导下，也可以完成同样的工作。但是在大型系统中，更有可能发生的情况是：设计你能想到的每一个功能，来支持每一个可能发生的情况。这将导致聚焦区域的功能太多，从而产生过于复杂的设计——这与我们提出的“酷”截然相反。

## 12.2　景与结构推理

确保生活一致性最快的途径是在多个产品之间及其内部设计一个连贯的“支撑系统”。为了做到这一点，情境化设计技术总是

在场景与结构推理之间交替

在基于场景的推理和基于结构的系统推理之间进行选择。我们在第3部分，关于从愿景规划导出产品概念的环节就已经介绍过相关概念。这里将介绍在细节设计环节，它将如何继续发挥作用。对于大多数团队成员来说，基于场景的推理是很容易的——只要讲一个故事就可以了。但就我们的经验来看，基于结构的推理并不简单。无论如何，这两种方法都需要确保系统和生活的一致性。

一个简单的例子可以说明交替使用这两种推理的力量。让我们思考一下某大学中的四方庭院的路径设计。学生们穿过中央绿地时，虽然有时他们会走在正式的小路上，但通常都不这样走。他们总是尝试以最直接的方式去往他们的目的地。每一位学生穿过这片草地都会踩坏一点小草，除了设计好的小路之外，还产生了多条不同的路径（“期望路径”）。一个好的管理员可能会回头看看所有的路径，然后依据使用情况重新设计空间。如果两条路径的印迹几乎并在一起，可能会被合并铺设；而在几条小径的交叉处，则可能会设计一个带有长凳的小庭院。

用户经常发明一些新的使用场景

那些走小路的人在日常生活中并不会刻意去想要往哪里走，只是顺着他们认为的最佳路径走。他们按照自身的意图设定了使用场景。然后，管理员认真思考了穿过绿地的这些场景，依据良好的设计原则和可以使用的材料，重新为这些场景设计“支撑系统”。他从结构层面思考了如何构造一个好的空间来满足使用场景的需求，从而重新设计了这个空间。

一旦管理员把新的物理结构安置到位后，人们就会发现一些其他的可能性，并着手打造——也许这个院子会成为街头音乐家最喜欢的地方。当所有的东西——空间、产品、服务等都安排得井井有条后，它将足以支撑其他的情境，这是设计师们无法预料的。

考虑所有的使用场景，然后构造产品

场景是人们为了达到某个特定目的而采取的个体路径——例如在上面的案例中，人们来到这里，穿过草地去往那里，然后在草地上坐一会儿，最后离开。但是，每个场景只能遵循一个路径。这是一种随着时间推移的活动视角。所有的场景由于某个人或某个意图被整合在一起。管理者的任务是为四方庭院设计一个适合所有人的连贯的路线。他不会孤立地看待一个场景，对它进行结构上的更改，然后再看看下一个场景并做出更多的调整。这无法生成一个对空间有效的好设计。相反地，管理员把所有的使用模式都整合在一起（例如被踩坏的草），然后重新设计结构从而使其更适用。

同样，产品设计师必须考虑与我们的新产品概念相关的所有可能的场景，而这些场景是从用户数据中挖掘的，对于使我们的愿景成为现实至关重要。他们从其中抽身出来，以局外人的角度来考虑最佳的产品和用户界面的结构，从而支持新的实践。他们也必须从结构上考虑产品。场景使每个活动保持一致；结构性的推理则使产品保持一致。优化这两者的最佳方法是不断地在两者间进行交替。这就是我们在情景化设计中所做的。

本部分将介绍一组设计技术，帮助团队系统地在这两种类型的设计推理之间交替使用。

**故事板（第 13 章）**：故事板描述人们如何使用我们发明的新产品来完成他们的活动。故事板一步步地描述了行动的场景，包括手动步骤、与多个设备交互、使用各项功能，以及一个非常基础的用户界面，以便在用户真实的生活和工作环境中完成一项活动。故事板通过引入技术支持、专注于用户意图或通过使用实际案例的例子，我们重新设计用户的实践来提升实践。故事板的设计是基于场景的设计思维。

**用户工作场景设计（第 14 章）**：用户工作场景设计描述了产品的结构。在故事板中隐藏了一部分内容，那就是系统需要什么来启用这些场景。为了构建用户工作场景设计，团队必须从结构上考虑产品中的各个区域，以及在各区域中将会使用什么设备。用户工作场景设计是由确定每个区域关注的焦点领域及其目的组成的。一个产品由若干区域组成，这些区域分别支持故事板的各个环节，每个区域的目的、功能和内容，以及在产品内部和跨设备之间信息的流动。用户工作场景设计可以帮助团队进行高层次结构的推理，从而确定产品本身大致的样子。

> 不要在产品设计中使用“如果……会怎样”来使产品设计复杂化

**用户工作场景设计验证**：一旦团队开始分别想象产品的各个部分——可能是窗口、屏幕或页面等等——这样很容易过分关注各个部分，假设界面“如果……会怎样”。如果产品存在某个特定的诱使团队开发新功能的区域，这会使我们正在试图支持的使用场景复杂化。要确保没有过度的设计，这对于是否拥有良好的用户体验是至关重要的。在情境化设计中，我们使用有情节的故事、来自用户数据的序列以及来自用户工作场景设计的“生活中的一天”的故事，来确保得到一致的支持。这也是基于场景的推理。

**交互模式（第 15 章）**：用户界面设计需要与用户工作场景设计相同的结构推理。交互模式是用户工作场景设计中定义的屏幕、页面和窗口中的功能和内容布局的高层次结构视图。一旦具有核心功能和内容的区域处于较高的设计层次，团队就要考虑如何组织这些区域。在该区域必须设计适合的交互来指导用户，在整个产品中保持一致，并符合其运行设备的标准。与在用户工作场景设计中的区域一样，交互模式也提供了可能的新功能。因此，这是另一个使设计过于复杂化的机会，所以我们将再次研究具有使用场景的新界面结构，以确保我们没有失去实践的连贯性。

**模拟测试和验证（第 17 章）：**用户测试使团队又回到了基于场景的推理。这时，用户使用纸面原型模拟自己在真实工作环境中如何完成自己的任务或活动。我们不要求他们按计划来完成任务；使用的场景都来自于真实的场景。如果整个产品结构是强大的，那么它应该足以支持用户想要尝试的任何新场景；如果不是，那么它就会崩溃，团队将不得不重新考虑他们的设计决策。无论是将产品概念作为一个整体，还是对如何设计来使它运转，模拟访谈都对它们进行了测试和验证。

**迭代测试：**有了反馈，重新回到结构化推理中，重新设计产品在用户工作场景设计中的场所，以及交互模式中显示的界面布局。经过几轮测试——在使用测试（场景）和重新设计的产品样机（结构）之间交替——你将拥有一个成功的、高层次结构的产品和界面，拥有强大的主体来集成附加功能，并且支持更详细的设计。

分层设计，并且请尽早且经常回到用户中去

团队成员使用现代设计材料，遵循酷概念的原则，在丰富的用户数据的基础上进行团队思维实践，创造了一个或一套传达卓越用户体验的伟大的产品或产品组。但要为用户做正确的事情，需要使用户生活、实践和产品保持一致。实现这一点的最佳方式，并弄明白要创建什么，就是在场景推理和结构推理之间进行替换。

在构建用户工作场景设计之前，不必做与新产品相关的所有的故事板。只需关注那些愿景的核心。有了数据指导下的 6 ～ 10 个关键场景，你就有了足够的基础可以勾画出产品的基本部分，确定高层次的互动模式，并开始测试产品概念。在概念得到验证后逐步完善细节；分解验证过的产品概念，使其适合于敏捷迭代（或你使用的任何开发方法），并同步开始设计产品细节。新的场景和功能细节可以快速地交替演变。针对你正在做的东西，从用户那里获取持续的反馈。毕竟，你是在创造一种新的用户生活方式或工作方式，所以要尽早并且经常性地回到用户世界中去。

## 12.3　团队设计

> 要知道你随时走在通往测试的路上——不要过度设计

设计思维和设计决策是困难的。不同于用户数据，仅仅需要收集和组织起来就好，一旦进入真正的发明阶段，就开始有了各种不同意见的空间。没有一个设计可以做到完美——但是可以有很多好的设计供选择。最后，团队只需要一个能起作用的设计就够了。让用户最终来确定选择哪个设计方案。当他们进行设计时，我们会提醒他们设计方案要先经过测试——而不是直接推向市场。这使得关于不同方法的争论更加简单。没有最终的版本，它们都需要经过测试然后再做选择。此外，我们还为团队提供了一组设计原则，用于构建用户工作场景设计和交互模式。我们使用酷概念的原则来传达设计思想。在对设计展开争论的时候，上述原则鼓励团队讨论这些设计思想，而不是简单地声明他们喜欢或不喜欢某位团队成员的设计。所有这些都会帮助团队共同决策，朝着一个共同的目标前进。

### 12.3.1　独立的对话

在设计过程中出现的许多争议，是因为团队成员实际上谈论的并不是同一个问题。他们没有意识到，他们正在争论问题的不同方面。情境化设计通过各种方法使设计对话更加真实具体，从而帮助团队避免因为看待问题的角度不同而产生争执。当讨论产品如何支持设计意图或任务时，团队会生成一个故事板。在设计产品结构时，用户工作场景设计使产品结构清晰可见。交互模式通过有形的构件和页面布局草图描述了下一层次的设计。产品的纸面原型则呈现了与用户进行对话的具体用户界面。

> 真实具体的设计使对话更清晰易懂，便于分离不同主题的对话

通过具体有形的方式来展现设计的每个角度，情境化设计有助于将关于产品结构的对话从重新设计的任务流程（表现在故事板中）、页面布局（表现为设计模式）和底层控制以及用户界面中的布局选择（体现为在原型中添加的细节）中分离出来。如果有开发人员参与其中（我们建议最好如此），那么将相关主题的对话分离出来可以帮助他们意识到，我们并不是在讨论产品的内部结构（表现为对象模型）或数据结构。

当每个会话都以有形的方式来展现时，就更容易开展设计讨论了。团队在争论如何改变用户的做法吗？应该研究故事板，并对

之做出调整来反映他们的设计思想。他们是否在争论如何组织产品来支持这种做法呢？那么，他们应该调整用户工作场景的设计。他们在争论外观和布局吗？那么，他们应该研究交互模式或原型。每个人都应该知道需要注意哪些问题，因为这是团队指明并进行更新的描述。这样，就很容易避免对话中的混乱与困惑。随着时间的推移，团队逐步接受了“分离对话”的概念，并成为自我意识的一部分；他们会在争论中停下来，问自己：我们在讨论什么话题？我们现在应该讨论的是什么问题？

在模拟访谈之后，有关对话的分离与澄清尤其有用，因为数据可能与任何层次的设计相关。你可以获得关于按钮样式、页面布局和页面的基本功能的反馈，或是发现一种完成任务的全新方式。对于团队来说，一旦学会了分离不同主题的对话，使用不同方式描述不同数据，关于重新设计的对话也将变得更加容易。

### 12.3.2 团队规模

小团队的设计有助于保持产品的连贯性和快速改变

我们建议致力于详细设计的工作团队控制在一个较小的规模——4 个人是最理想的。也许有 1 或 2 个产品经理、1 或 2 个交互设计师以及 1 个用户研究人员。其他的利益相关者和开发人员可以偶尔参与到解读会和回顾环节中来。制定时间表，安排这些利益相关方参与模拟样机的功能可行性的评论；寻找矛盾之处；并引入强制性的业务目标。（“我们必须在主页上最显眼的地方介绍我们所销售的产品，即使我们的用户不在乎！”）。面对产品的调整或在未来几轮测试中需要应对的额外问题，由核心团队来对这些反馈做出回应。太大的工作团队将需要大量的时间来促进、分享和回应不同的意见；并且一旦有人错过了一些会议，那就需要相互带动来赶上设计的进度。而小团队是获得优秀设计的最好方法，请相信他们可以使用一个很棒的流程来很好地完成工作。当在第 4 部分中描述相关技术时，我们将给出相应的策略来使团队和小组获得最大的成功。

# 第 13 章

# 故 事 板

> *故事板描述了人们在生活中如何与产品共存*

故事板是通过插图一步接一步地演示，用来描述人们如何使用你的新产品概念来完成一个目标活动。故事板（见图 13.1）在用户数据的指导下，解决数据揭示的问题和情况。每个故事板都有一个脉络，因此团队为活动的每个环节分别绘制了不同的故事板，用户会发现自己参与到每一个场景之中。故事板可能会展现出不同的观点——例如管理者与工作人员的观点，或司机与汽车经销商的观点等。团队首先创建核心故事板——忽略边缘情况、组织机构和其他使用中不太重要的情况等。团队首要的任务是概略画出新产品的核心价值，展现它是如何提高生活或工作的品质的。第一个故事板应该表达：在你所提供的新产品的影响下，重新设计的用户实践的核心。然后，可以添加更多的故事板来扩展设计细节。在开始处理用户工作场景设计之前，通常计划做 6 ～ 8 个故事板。你可以由 2 或 3 个人花费 2 ～ 4 天的时间来完成这部分故事板。

故事板帮助团队理解新的设计将如何处理具体的用户活动和情境。故事板展示了用户将如何达成某项活动，包括手动操作、与现有产品和新产品的互动，以及如何跨平台与他人协作——无论是设计单一的产品、大型应用程序中的一个部件、一个移动应用程序、一个网站或是一系列相互关联的产品。故事板的单元格分别展示了使活动得以运转的用户、屏幕和系统操作。故事板的工作形式

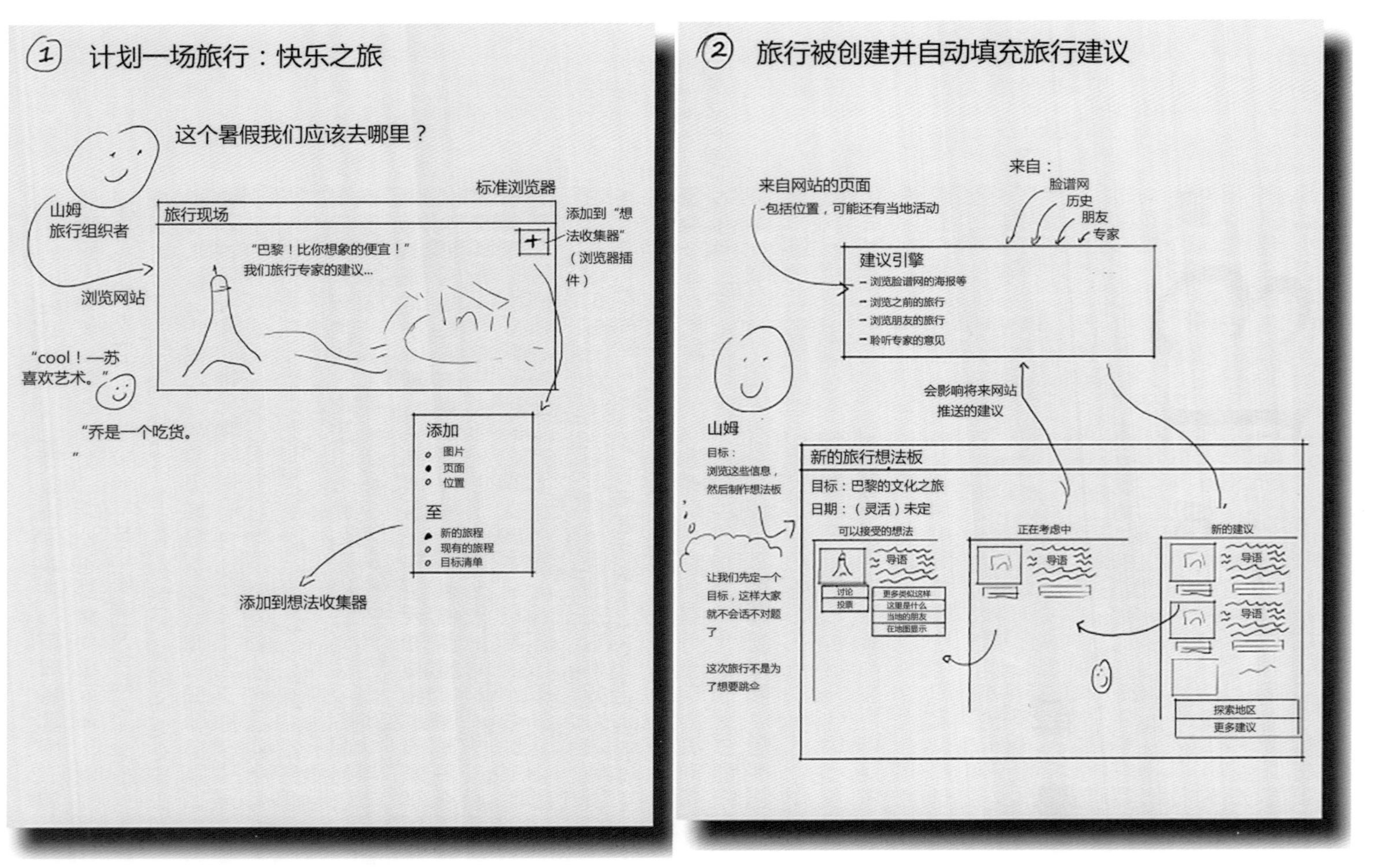


图 13.1 故事板展示了旅行规划的初始阶段的几个故事根据愿景规划创建了想法收集器的产品概念

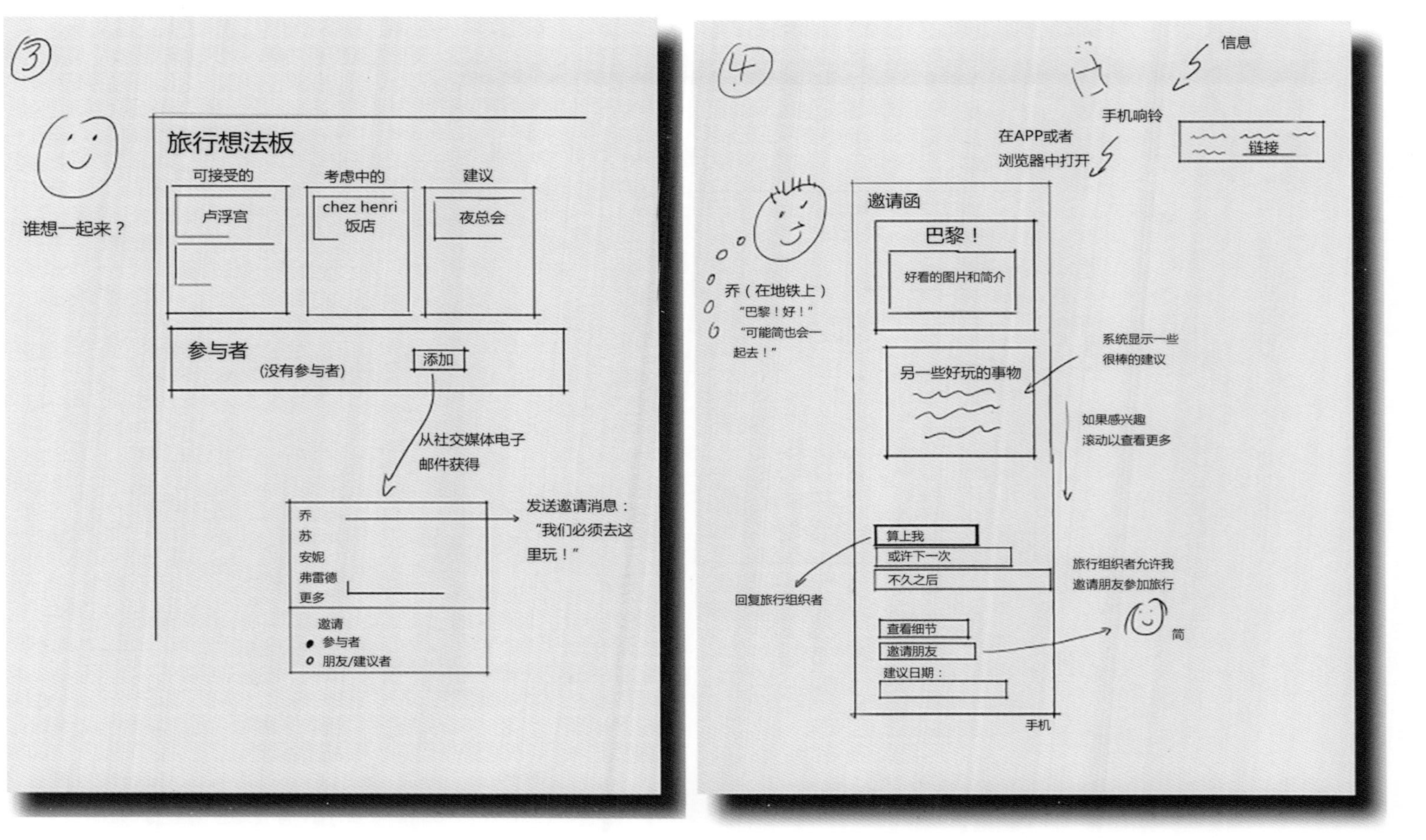
3
谁想一起来？
旅行想法板
可接受的
卢浮宫
考虑中的
chez henri 饭店
建议
夜总会
参与者
(没有参与者)
添加
从社交媒体电子邮件获得
乔
苏
安妮
弗雷德
更多
邀请
参与者
朋友/建议者
发送邀请消息：
“我们必须去这里玩！”
4
乔（在地铁上）
“巴黎！好！”
“可能简也会一起去！”
信息
手机响铃
在APP或者浏览器中打开
链接
邀请函
巴黎！
好看的图片和简介
另一些好玩的事物
系统显示一些很棒的建议
如果感兴趣滚动以查看更多
算上我
或许下一次
不久之后
回复旅行组织者
旅行组织者允许我邀请朋友参加旅行
查看细节
邀请朋友
简
建议日期：
手机

图 13.1（续）

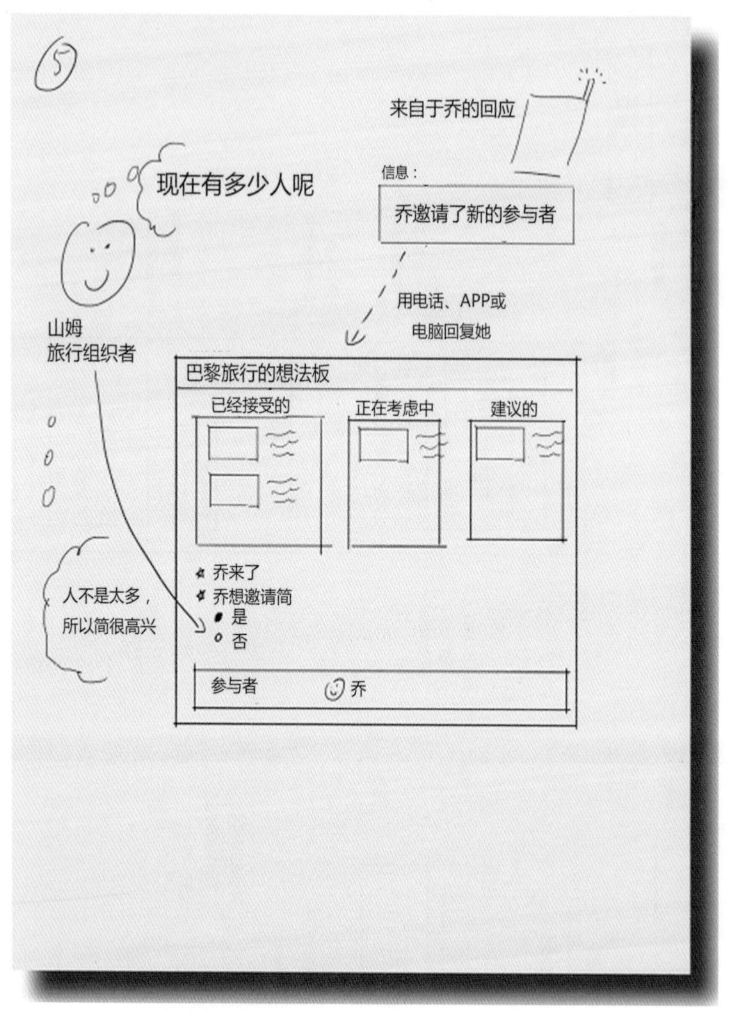


图 13.1（续）

就像电影的脚本，展示在每个场景中发生的故事，而不必过多描述场景中的细节。其用户界面以一种简要的、粗略的方式来讲述故事。故事中也包含了使用情境，包括自然状况和社会情境。

限制每个单元格的细节，以鼓励团队从较高层次开始设计

故事板是存在于较高层次规划和产品结构与功能的详细设计之间的中间步骤。创建故事板的目的是确保将用户的活动作为连贯的任务紧密地结合在一起，并得到新产品一贯的支持。在不考虑对用户活动的影响的情况下，团队思维很容易从一个大的新思想跳跃到较低层次的用户界面和设计实现层面，从而打破用户现有的实

践方式。一旦设计者开始关注技术，技术及其问题就成为设计的核心问题。故事板可以避免出现这种趋势。

故事板也限制了在设计过程中的这一阶段我们考虑的细节的层次。故事板单元格通常是画在 8.5 英寸 × 11 英寸大小的半张纸上。每个单元格只能容纳这么多内容；一个单元格内的用户界面也只能描述如此多的细节。这样在整个产品结构得到确认之前，可以使设计师不至于陷入设计的小细节。特别是当一个设计涉及多个平台时，在思考每个平台用户界面的细节之前，团队需要看到活动在整个时间、地点和平台上的整体一致性。故事板鼓励团队使用情境思维，设计融入用户生活中的整个活动流程，展示用户如何在跨时间和跨地点的情况下完成他们的活动。

当团队完成主要的使用场景后，他们依据故事板来创建用户工作场景，以确保用于支持用户新实践的技术能够与产品融合在一起。这为每个平台提供了初始产品结构和高层次的需求；然后，团队可以同步为较低层次的需求生成更为详细的故事板，并开始与用户一起测试产品概念、结构和初始的交互模式。整个的产品——即使是一个更大的产品和移动应用的组合——都应该在故事板中体现出来，并反映到用户工作场景设计之中。有了核心的故事板之后，就可以开始设计产品的布局和用户界面了。优化一个场景的界面不至于产生优化的产品或系列应用程序，因此在解决任何产品或用户界面结构之前，在核心场景中设计正确的实践方式至关重要。

*在产品结构设计之前创建一系列核心故事板*

故事板是在愿景和产品概念的基础上构建的，它遵循着整合序列模型或“生活中的一天”模型的结构，在必要时从其他模型和亲和图中提取设计的含义。愿景规划过程产生了将要开发的核心产品概念和酷清单，并进一步深入细化，传递额外的价值。愿景定义了用户的生活是如何随着新技术的产生而发生变化的；整合模型定义了用户行为的底层结构、完成任务的策略以及他们正在试图实现的目的。故事板展示了人们如何利用新发明实现这些意图，如何依据情况扩展或替换他们的策略和结构。

## 13.1　构建故事板

故事板的成果是一组图画，但是在这之前还有几个步骤。构建故事板的第一步是列出一个清单——就像在情境化设计中经常做的那样，我们使用这份清单来组织和聚焦思考的关注点。这个阶段需要的是一份实例清单：故事板中需要考虑的任务和情境。对于这份清单，你要问自己几个问题：鉴于整合的数据和愿景，有哪些关键活动？哪些人参与这些活动？他们如何合作？如果这些活动需要由生活或工作中承担不同职责的人来完成，他们对待活动的方式是否不同？如果你创造了用户角色，他们会表现得不一样吗？需要处理哪些外部情况或可能出现的问题？会在一天中的不同时间段或因为忙碌而改变实践方式吗？需要解决的实际问题是什么？愿景是否意味着需要支持新的活动？提出这些问题，然后列出驱动新产品价值的核心活动。这些内容都需要在故事板中予以展现，如图 13.2 所示（第 4 个案例是来自于用户数据的真实案例，对于团队来说似乎是一个提升生活品质的重要机会。第 6 个案例对于用户来说意味着新的工作任务——但这种记忆对人们来说往往是有价值的活动）。

1. 夫妻二人去度假，做简单的旅行计划。
2. 一起度假的过程中，调整某一时刻的计划。
3. 与孩子一起做旅行规划。让每个人都快乐，让孩子们参与进来。
4. 旅行规划和正在度假期间，而团队的一名成员不能去。
5. 某个事件导致整个行程推迟了 6 个月。
6. 将创建关于旅行的一张光盘（或记忆棒），以后可以播放、展示。

图 13.2　故事板需要考虑的部分案例清单

一旦在继续推进过程中发现新的有趣的情境，团队会将其添加到这个列表，所以不要太担心这份清单是否完整。

几个小组并行处理几个故事板案例

为每个故事板指定 2 或 3 个人；如果有足够的人，可以同时制定多个故事板。将故事板案例分配给每个小团队，让他们处理不同的案例。

每个团队所做的第一件事就是为他们的故事板确定焦点。他们尽可能地收集所有能支持案例的数据；查找并研究亲和图中与该案例相关的部分，以了解对该案例重要的问题；查找并研究整合模型中与之相关的部分。

收集任何序列或部分序列，为故事板提供顺序建议；如果这些序列没有覆盖到你的案例，那么请参考“生活中的一天”模型。如果你的设计展望了一种新的生活方式或工作方式，与人们现在使用技术的方式完全不同，那么应该用数据来说明他们是如何手动操作的。例如，在我们的旅行愿景中，设想了一个想法收集器来收集关于要做的事情的想法和笔记——这个东西目前在网上还不存在。但人们确实会对他们计划的事情做笔记；他们为了不同的目的在线上做研究；他们会收集图片、保存故事；还有人会用纸张来做剪贴簿。描述这些活动的序列将说明进行新设计时，对总体结构和具体问题有什么建议。将它们用于故事板。

收集相关的用户数据，来为将被制作成故事板的每个案例提供信息

收集问题的时候，最有效的方法是给每个人一个模型或者亲和图的一部分，并让所有人同时查看数据、收集问题。然后，故事板团队一起回来，把所有人的发现都整合到一起，列出所有问题的清单。

如果你的团队不熟悉现代交互设计和跨设备构建产品界面的方法，那么这也是他们从交互设计人员那里回顾和学习的好时机。你可能会看到一些精心设计的产品，支持相同的或类似的活动，那么要了解它们是如何构造的。（请参阅第 15 章，了解更多关于如何做到这一点的内容。）有了这些知识后，故事板将更好地反映出初始的设计知识——团队想要可视化界面，那么应该有一些很好的例子来帮助他们实现。

创建关于故事板将要处理的新实践的详细愿景

下一步是创建一个更详细的故事板愿景，只关注故事板上的一个场景。把时间控制在 30 分钟到 1 个小时之内，不能再多了。拿出最初的愿景，例如在产品概念中被捕获，然后在酷清单中被详细阐述的愿景，作为这个环节的起点。现在，这个子小组开展愿景规划会议来创造一个更加详细的愿景：讨论用户拿到来自愿景的新发明后，将如何处理团队正在开发的特定案例。在会议过程中，由一个人执笔，在团队讲述故事的过程中画出设计草案。由于团队目前专注于处理某个特定案例，所以当前的愿景是较低层次的，在初始愿景上添加了很多原来没有的细节。它确定并解决了许多初始愿景中从未考虑过的问题。它考虑了如何构造界面结构来呈现其功能和内容。因此，子团队将扩展初始愿景，在其中添加细节，但确保它们始终忠于初始愿景。他们可以详细阐述、修复问题和解决细节问题，但不能远离初始愿景的初衷，自己制作出另一个愿景，或者提出整个团队没有达成一致的新产品概念。

故事板是展现可能的用户界面和手动操作步骤的图片

故事板愿景应该包含故事中出现的用户界面的草图——不要被它们困扰，但是要确保它们反映了现代设计方法。如果你的故事板愿景上全是文本，那么要根据功能和列表，而不是整体生活实践来思考。或者，你可能会列出你想要支持的较高层次的用户需求，但没有确切地说明如何支持它们。这些愿景将不会启动下一步需要的结构性思维。不要仅仅绘制用户界面，而要在图片中保留人物和他们的动作。你需要包括所有的人物活动及其情境，来查看你的产品将如何适应该情境。

你正在使用用户界面草图来帮助你思考。此时，你并没有设计用户界面，但是在没有画出用户界面的情况下，很难想象新的设计实践将是什么样的。因此，假设你将能够运用现代化的界面，并有能力按照需求将 UI 草图具体化，但暂时不要尝试完成得那么彻底。不要担心在各个故事板中布局和功能的一致性，以及交互中的细节等方面的问题。只要获得足够多的用户界面元素，就可以表明产品如何支持用户在每个环节想要做的事情。前后一致性和标准一致性的问题将在随后处理。但是针对每一步你都要想象一个具体的设备，并且考虑到平台的局限性——不要绘制一个包括很多部分的复杂用户界面，然后声称要将它放在智能手机上使用。要确保故事板上的设备是清晰的。

*首先设计产品的“愉悦之路”，将边缘案例留在后面*

但是，要把行动和意图的一致性问题放在心上。用户是否愿意做你为他们设想的活动？在每一环节，他们都将被问些什么问题？他们知道下一步该采取什么行动吗？如何行动？有什么样的指导，可以指导他们通过使用产品来完成活动？在行动过程中，你很可能会想到工作需要的更多场景。现在不要这样做——把它们添加到案例清单上，然后单独处理它们。如果第一个故事板是产品的“愉悦之路”，那通常会是很有用的——故事板中的一切都是为了用户。这之后的故事板，那就像任何故事一样，如果只有快乐那将是很乏味的。你要考虑到可能会发生的所有的困难和令人烦恼的问题——这些在用户数据中都可以看得到。请把这些写进故事板中，这样就总是能解决有趣的问题了。

*以整合后的用户数据为基础来创建故事板*

当团队想象每个场景时，他们应该不断回去查阅整合后的用户数据。寻找整体结构、人们遵循的不同策略、需要处理的具体情况、用户关心的意图、核心动机或你需要支持的身份元素，以及你能克服的故障与问题。要确保你考虑到了移动设备的使用，以及为瞬时使用而设计。检查这些序列中的活动——无论它们处理的是否是主要的用户意图，都应该保持它们在故事板中的连贯性；或者如果它们只是由当前的技术驱动的，那么可以把它们排除掉。故事板的愿景可能比初始的愿景更有次序性，呈现出线性关系。

在实践中，我们发现团队常常忘记与用户数据保持联系。尽量不要成为这些团队中的一员。如果你始终立足于用户真正的问题，那就最好不过了。但是如果你完成了故事板的愿景，却没有保持与用户数据的联系，那么请回到整合后的用户数据来进行交叉检查——通过研究模型来寻找你错过的意图和故障，你没有支持的策略和情境，以及在你将如何支持任务的计划和用户的考虑之间出现的不匹配。

一旦小组对他们的故事板愿景感到满意，就可以在半张纸上画出故事板单元格。可以同步执行来完成此步骤，让每个小组成员从故事板的愿景中抽取一系列不同的步骤作为单元格——别忘了完成所有的重要步骤。

> 最后绘制故事板单元格——绘制一个干净整洁的版本来表现你的用户计划

使用故事板单元格来描述生活中的活动是如何完成的。每个单元格讲述了故事的一部分：与用户界面的屏幕交互，与另一个人或设备的交互；或者显示系统在幕后为用户做了什么，从而使进入到“下一步”成为可能。试着尽可能地丰富故事板。太多细节的单元格会让你过早地陷入设计细节中。而太过空洞的单元格则表明你并没有真正理解（或者可能是彻底思考）这个过程。

记住，完成故事板并不是这个时候的目标。在开始用户工作场景设计之前，需要足够的故事板来处理系统的核心案例。然后，你将在故事板和明确相关交互模式的用户工作场景设计之间交替，并与用户进行迭代。与用户一起工作可能会揭示出更多必须考虑的案例，所以首先要准备好足以指导产品结构设计和整体安排的方法。

## 13.2　故事板的评阅

创建故事板的最后一个步骤是评阅。创作故事板的小团队提出了关于该活动应该如何进行的一项建议，但是项目团队中的其他成员还没有看到。因此，计划开展一次故事板评阅，每个人都将与整个团队都分享他们的故事板。他们介绍了提供反馈的标准，以聚焦评阅的关注点：

> 确保分享故事板的评阅，并达成共识

- 它是否支持用户数据？
- 它提出的愿景和产品概念是否真实？
- 它是否遵循酷概念的原则，尤其是考虑跨平台的移动解决方案？
- 它传递了市场竞争以外的信息吗？
- 技术上可行吗？
- 它是否支持一个好的商业案例？
- 它是否适当地为一个好的故事板写了适量的细节？

在故事板评阅过程中，每个子团队依次展示他们的故事板。实

明确地认可小团队所做的工作

际上这是整个过程中的第一次设计评价——这也意味着批评。在艺术或设计学校，批评是文化的一部分。但不是每个人都有这样的经历，我们也发现没有人真的喜欢这个过程，无论他们是否有这样的背景。因此，团队的第一反应是欣赏和掌声："感谢您为我们解决这个问题！"（鼓掌）（是的，请这么做，即使它让你觉得很奇怪。）对工作的认可有助于让人们备受鼓舞——尽管他们知道这是过程的一部分。当你努力工作的时候——即使只是一天的工作——你也希望你的努力和好想法能够得到认可。但是传统意义上的评价是寻找那些有问题的、你不认可的东西。因此，我们建立了"欣赏"机制，并向人们传授关于"妈妈的回应"的经验（从"妈妈的回应"的视角来理解管理的批判）。无论何时，当团队评价彼此的工作时，请从"欣赏"开始。如果需要，可以要求得到"妈妈的回应"。

一旦认可了这项工作，就开始进行回顾。子团队的一名成员站起来讲述故事板，一个单元格接着一个单元格进行。团队的其他成员仔细聆听，然后提出问题和建议，而不带任何评价——这对我们所有人都是一个挑战！有效的意见包括：

"你为什么用这种方法解决这个问题？"子团队应该能够说出是什么原因促成了他们的决策，不管是技术决策还是基于用户数据做出的决策。这些答案本该就在他们嘴边但不敢说出来，因为担心会受到产品经理或工程师的挑战。你要帮助团队把他们的故事变得更加清晰。

"我认为这个方向与用户数据是矛盾的。"子团队应该能够说明它并不矛盾。但如果他们做不到，那就应该把这个问题记录到便利贴上，并粘到故事板上去。

"您是否考虑过我们在数据中看到的用户情境、策略或意图？"子团队的成员应该回答是的，并且解释他们是如何处理这个问题的——或者他们没有考虑过这个问题。如果答案是否定的，那么就应该把这个问题记录到便利贴上，并粘到故事板上去。

"你有没有考虑过使用这种替代的设计方案来处理这种情况？"他们的答案可能是肯定的，并且解释了为什么他们不使用那种替代方案——或者答案是否定的，在这种情况下，这个想法会被记录在一张便利贴上，并被粘到故事板上。

"这对该活动来说是正确的情境吗？"确保团队将使用的情境考虑在内。在地铁上使用智能手机不太可能完成彻底的、注意力集中的任务。相反地，如果某项活动可以在一天之内完成，那么故事板场景就不应该总是在计算机上。如果团队在他们所设想的情境中没有得到很好的评判，那么在故事板上贴上写着这个问题的便利贴。

故事板就算没有旁白也应该能够让人看得懂。回顾的部分目的是确保每个单元格都包含了足够的绘图和信息，使得当团队重新回到这里时不会忘记任何内容。因此，在评阅过程中，由一名子团队成员叙述故事，另一位成员抓住其中的问题，并添加细节使单元格清晰易懂——在需要的时候，甚至还要看看在哪里添加单元格。但是，现在不是讨论如何重新设计或变更的时候——记下笔记，发给子团队让他们回去解决这些问题。故事板的评阅一般需要 20 ～ 30 分钟，具体时间取决于故事板的长度。记住，你的任务是倾听、写下问题和设计想法，除了澄清之外不要进行讨论。

每个故事板都必须依靠自身，而没有任何旁白

在评阅结束时，子团队有了一个贴满便利贴的故事板。通常情况下，最好是让他们回去处理这些记录，然后继续向前推进，而不需要再次评阅。但是如果有大量严重的问题，那么他们可能需要重新编写故事板，然后再把它带回整个团队进行重新评阅。但是，这应该是相当少见的——请小心避免让自己陷入多次评阅。记住，你正在去往测试的路上。一旦你的想法出现在产品模型中，你将看到它对用户是否有效，而这才是设计真正的最后一步。

这一评阅过程是在团队内部对工作进行复核以确保一致的方向。团队评阅之后被整改过的故事板是与利益相关者分享重新设计实践的方向的好方法。这对于为那些想改变自己生活方式的内部用户设计时尤其重要。因此，请与利益相关者进行另一次评阅，并获取他们的反馈。这可以帮助你预测到产品变革的阻力，或重新调整计划，使之更有效。故事板的评阅很简单，只要将单元格的图片拍摄成照片并做成幻灯片发送给对方，进行远程操作就可以。但是请考虑一下观众的感受——如果这个展示很重要，那么就请把故事板画得好一点。

与内部用户进行故事板评阅要避免抗拒心理，应通过聆听来达成共识

故事板确保新设计考虑到使用情境。但是，情境不仅仅是被支持的任务，或者多个功能如何构造并组合成一个产品；重要的是用户的整体生活，以及任何活动融入生活的方式。故事板将该情境作为团队进行详细设计环节的焦点。它使团队能够处理所有的场景，使它们与基于场景的推理保持一致。有了核心故事板，就可以决定如何构建最好的体系结构来支持它们。

## 用“妈妈的回应”来管理批评

每个人都很难接受批评。即使一个团队只花了几天时间创造一个故事板或者设计，他们也会很在乎自己的结果。即使我们都承认我们想要获取反馈信息，并且也承诺要创造出最好的产品，但是当你听到你所尊重的人不同意你的观点，或者你的观点被认为不重要，这是很难接受的。简单的不赞成可能会表现为缺乏价值。对于新加入行业、团队或使用流程的人来说，这是真的。即使你已经在这个领域里很久了，这也是真的。每个人都希望自己的工作是有价值的，能够得到认可。这是让成员感觉到与团队紧密相连的核心。但是批评对于好的产品设计是必不可少的。那么，如何提供诚实的反馈，来管理每个人不可避免的自我怀疑呢？

为了获得帮助，我们开发了“妈妈的回应”的概念——一种用来维护被重视的感觉的结构化方法。记住，当你年幼的时候，你会带着你的艺术作品回家。“妈妈，妈妈！看我画的飞机！”你说。你希望妈妈说：“哦，太漂亮了！太棒了！你画得真棒！”

这就是妈妈的回应——这是对另一个人的努力做出的无条件的、不加评判的、绝对的赞美。但是想想看，如果妈妈说，“哦，你把颜色画到线条外面去了。下次试着做得更好。”那会怎样？孩子对他们的工作感到兴奋，想要与你分享——他们希望你也能感到兴奋。如果妈妈很挑剔，孩子就会感到气馁。他会觉得自己失去了个人价值。在养育子女方面，这是一件非常糟糕的事情。

这种感觉从童年开始，一直延续到成年，我们把它带到工作中，希望与我们一起工作的人可以从根本上重视我们。如果我们知道他们确实是这样的，那么评论就更像是合作而不是评价——就像我们是有着共同之处的。但即使是这样，有时我们也需要被告知我们很棒，非常了不起。如果你是团队中的新人或者这个过程对你来说是新的，那会发生什么呢？你觉得你必须证明你自己。如果你正面对着老板、建筑师或其他重要人物，又会发生什么？你会紧张。不管我们喜不喜欢，不管我们承认与否，有些时候我们需要来自这个世界上的一些人的“妈妈的回应”。

这就是我们要教的：每当一个团队（或子团队）成员向团队展示他或她的工作时，我们就会提醒这个大团队，我们已经要求该小组为更大的团队思考这个问题。所以我首先要感谢他们的努力并为之鼓掌，这就是妈妈的回应。我们知道他们所做的工作将会帮助团队找到更好的解决方案，因为比起从头开始，修补某些东西会更容易。用“妈妈的回应”的概念来命名这个体验，这样每个人都能理解正在发生什么。

但接下来我们将有意识地转向批评。我们提醒这个子团队，如果大团队没有发现任何需要改进的东西，他们将不会认真对待他们的工作。改变、反馈、挑战和重大的重新设计都是预料中的事。这是合作中的专业人员相互之间直接地、尊敬地给予和接受批评的目的。因此，在任何评阅过程中，蔑视、争论、哗众取宠和粗鲁的行为都是不被接受的。只要子团队或成员受命回去处理他们认为合适的反馈意见，那么较大的团队仍在体现价值。但要小心——如果你用许多许多评论来对设计进行微观管理，那也意味着你不信任别人。

通过命名和解释“妈妈的回应”和“批判的回应”规则，人人都知道了参与的规则。这使得团队可以在他们觉得需要的时候请求“妈妈的回应”。在快节奏的工作环境中，我们常常忘记展示自己的价值。因此，当人们觉得自己被高估或低估时，鼓励人们只要提出来就好。无论是有意还是无意，我们的直接反馈可以做到这一点。你说话的时候好像忘记有人做了这项工作；你只是看着工作后的产品说，“那是错的。这违反了设计原则。解决这个，解决那个！”我们把重点都放在了瑕疵上——颜色涂到线框外去了——却忽略了做得好的地方。

所以我们告诉人们，当你需要“妈妈的回应”时，你说，“我需要妈妈的回应”。然后每个人都过来说：“哦，你干得很棒！”现在，有趣的是，你提的要求并不重要。他们在小题大做，这也无关紧要。无论如何，现在你感觉很好，那它就起到作用了。

顺便说一下，这和男性、女性或其他弱势群体等无关。当凯伦在德国和一群经验丰富的德国男性开发人员一起工作时，我们教他们妈妈的回应——他们就用了！当项目完成时，他们告诉我们，“你教给我们的最重要的东西就是‘妈妈的回应’。”我们看着这些德国人，他们跑来跑去地去告诉对方，他们做了多么伟大的工作。所以请试试看——它会有用的！请在团队里建立起妈妈的回应和直接批评的文化。

# 第 14 章

# 用户工作场景设计

正如故事板保持实践的一致性，用户工作场景设计则要保持产品或产品套件的协调性。现在的设计师必须考虑跨设备协同工作的应用程序、网站和软件组成的整个生态系统，来支持和目标活动相关的用户总体意图。无论是在设计一个产品还是一个更大的生态系统，设计师都需要一种观察、定义和构造所提供的整个产品的方法。当我们第一次介绍用户工作场景设计时，人们主要设计软件应用程序，这就是我们谈论它的方式。但是，用户工作场景设计的基本概念和框架在今天同样适用。

用户工作场景设计帮助团队了解和设计产品结构

用户工作场景设计的工作是描述整体产品结构，包括了跨应用程序边界。它显示了用户与产品交互的场所、这些场所的功能和内容、信息传送到每个场所的方式，以及用户在各场所之间移动的路径。将系统的整体结构分为一系列的区域，每一区域专注于让用户实现特定的目标，这是设计团队面临的第一个挑战。用户工作场景设计的结构性决策优先于关于用户界面实施的决策。在决定系统中各部分的场所以及系统应该实现什么功能之前，设计屏幕布局是毫无意义的。

在用户工作场景设计中，场所是由“焦点区域”决定的，这是构建用户体验的核心概念。焦点区域定义了一系列面向特定目的或用户意图的功能和内容。用户根据需要从一个焦点区域移动到另一个，来执行一个活动。考虑一下这个例子：

用户查看电子邮件，为的是可以稍微休息一会儿。首先，她会浏览信息寻找有趣的事。她不想处理邮件，因为这会让她陷入另一项困难的任务——而她只想要休息一下。因此，她不想知道电子邮件的全部内容——从发信人和邮件主题中已经足以找到一些有趣的事情。幸运的是，有一封来自她的丈夫的电子邮件，向她提议度假场所。就是这个！她打开了电子邮件。

*活动结构影响了产品结构*

到目前为止，这个用户已经进入到一个场所即收件箱中，它有着一系列的功能，包括读取、浏览、组织和删除消息等。一旦打开该信息，她就来到了一个新的场所。她的意图已经改变了；她不再寻找想要阅读的电子邮件，而是专注于一份电子邮件的内容。她正在阅读来自她丈夫的一条信息，现在她获得了适合她的新意图的新功能："读""回复""归档""删除"等，其中最重要的是点击"链接"。有一些功能在收件箱中也可以发现，而有些功能则没有。新的场所提供的新功能与她的新意图相匹配。

她的丈夫建议去新西兰旅行。太有趣了！她点击了他所发送的链接——现在她又来到了一个新的场所——度假村的网站。

新场所的新功能适合于她的新意图（看看她是否喜欢这个度假村）。它是由一组不同的人在不同的时间内创建的，他们并不了解她的电子邮件软件，但是在这个相互关联的世界里，这并不重要。随着她从一个场所切换到另一场所，在每一个场所获取的信息不断发展，从她的体验也跟随她的意愿不断地发生变化。

*设计也是定义产品中各个场所的过程，使之为用户发挥最好的作用*

现在假设我们的目标是建立一个支持旅行规划的产品。我们的用户的意图是，一旦她到达了度假村的页面，就可以和她的丈夫谈论这个话题，去发现在新西兰还可以做什么事，例如把页面转发给一个在那里的朋友寻求建议，等等。我们的新产品将如何适应现有的生态系统？我们是与度假村合作，从他们的页面中获取信息，还是通过电子邮件来让用户之间相互交流关于度假的想法？如果这在技术和商业上行不通，我们是否会采用类似于 Pinterest（一个照片分享网站）的"Pin It（钉住）"小工具（一个随处可见的小插件）？

假设有这样一个浏览器小工具。它是如何工作的呢？它会把用户从他们所处的任何场所吸引到一个新的场所，在那里他们可以做笔记并把这个想法发送给其他人吗？这或许是好的——也许评论这个度假村和在网上探索一个新的可用的地方是完全不同的。这或许也是不好的——也许用户并不想失去她正在评论的那个地方的语境。那么，该如何设计应用程序，使得我们获得的用户体验并不是他离开那个地方之后的体验？其他平台怎么样呢——也许用户会想在他们的手机上进行更深入的探索。他们能找到他们离开的地方吗？手机上有一个应用程序吗？它到底是做什么的？

产品设计面临的挑战是：在正确的平台上创建必要的场所来支持活动的灵活性；在这些场所设计正确的功能；设计正确的访问权限，这样用户的工作流程就不会被打断。以用户为中心的设计试图为整个产品构建一个结构，它通过其活动支持用户的自然移动，并且它足够灵活，能够帮助用户创造新的工作方式。

这种用户工作场景设计有助于团队搁置较低层次的细节

设计产品结构是为了支持运行在产品内部各个场所的用户实践。为了设计产品结构，必须能够考虑这些场所、它们的用途及其连接方式，而不考虑任何具体的用户界面或如何实现。但这种结构性的思维对团队来说是很困难的。在与设计团队的早期工作中，我们发现团队成员倾向于在准备好之前就开始讨论用户界面——在他们就基本结构达成一致之前。他们就像建筑师一样，只通过绘制具有丰富的房间内部细节的图片来进行交流，而不是把房子从结构的角度来做整体规划。“我们希望这个功能出现在这页面上，”一个人说，并画了一排按钮。“风格指南说那些应该是侧边导航，”另一个人会回答。“你真的想用这个词吗？”第三个人会问。当你使用的交流语言说明了用户界面是谈话的主题时，你很难不被它分心。

好的设计从高层次结构开始，到后面再填充细节

开发人员在团队中也会发生同样的事情——他们想谈论具体的算法、数据访问以及具体功能是否可以自动执行。我们确实需要知道一个技术概念是否可行，但是，在确定房屋的整体布局之前，我们不需要在房间里铺设管道、定位插座的场所。因此，我们需要一种直接表示系统结构的方法，不受到任何用户界面或技术的影响。用户工作场景的设计是明确的，可用来帮助团队了解结构，进行用户界面或技术基础的详细设计。为了做到这一点，我们借用了建筑结构。

用户工作场景设计就是软件的“平面图”设计

生活中最古老的设计形式是建造房屋。我们在房子的各个场所里生活，我们穿过房间和走廊，在这些房间里做事情。一位新房子的建筑师永远不会从挑选地毯和台面材料开始设计。相反，他们先从草图开始，然后精心做成一张建筑平面图。这张平面图能准确地描述出房子

结构的细节——它展示了房子的各个部分以及它们之间的关系，而没有展示房子装饰的细节。用户界面就相当于房子的装饰——它很重要，但是如果结构错了，用户界面没法解决这个问题。

我们在软件中发现的使用模式——在一个场所工作，移到一个新的场所，并根据在该场所的新意图开展新的活动——这就像在家里生活一样。一个人开始吃晚餐，然后去厨房，那里有烹饪工具（刀、碗、炉子）。一个抽屉上有毛刺，他决定把它带到工作间，趁着烧水的时候把它刨平。他把抽屉拿到另一个地方，那里有另一套工具，可以用来做一些小木工活，他在那里继续把抽屉弄好。然后他会把晚餐吃完。一个房子包括了很多做事情的地方，有不同的工具和功能来帮助人们做事情，并且有通道可以让人在不同的场地之间移动。分别在软件和房子里工作和生活的相似之处给我们提出了一个建议：创建系统平面图（也就是用户工作场景设计）的想法。[1]

平面图在房屋设计中占有独特的地位。它不如立面图具体，立面图显示了房子的外观，就好像你在看它一样（立面图更像是用户界面的草图）。平面图不描述墙壁的颜色，也不显示房子建好是什么样子（这也像是一个用户界面）。并且，它也不是螺母和螺栓层面上的结构图（用于实现），它可能展示如何布置几堵墙，但却没有显示与房主相关的任何东西。平面图中选择的是一个房子最重要的几个方面，因为它支持生活并代表：房子里的空间、它们的大小，和彼此之间的关系；在每个空间里的大东西（炉灶、冰箱）都在支持那里的生活方式；并支持进入空间的通道。如图 14.1 所示，请注意空间的相对大小和它们之间的通路这些重要的特征是如何即时显现的。地毯、墙面外观等这些细节对于理解房屋结构来讲并不重要，因此可能没有出现或并不明显。但是，这张图确实与用户在房子里走动的体验密切相关，同时也把建筑细节放在了背景中——墙上的黑色方块表示支撑柱，圆圈中的数字将这个图显示为墙体构造关键部位的横截面。这就是我们在软件设计中所需要的——单一地描述系统的各个部分如何与用户体验相关联。

---

1 我们经常被问到用户工作场景设计是否与站点地图相同。用户工作场景设计是在互联网出现之前，或者是信息的概念被广泛使用之前发明的。它们有一定的相似之处，站点地图显示了网站的组织方式，确定页面之间的关系，清楚地展示其他组件。但是我们相信用户工作场景设计中的平面图规划概念及其设计原则更能将设计团队聚焦在一起，使产品和用户的活动保持一致，从而提供卓越的用户体验。

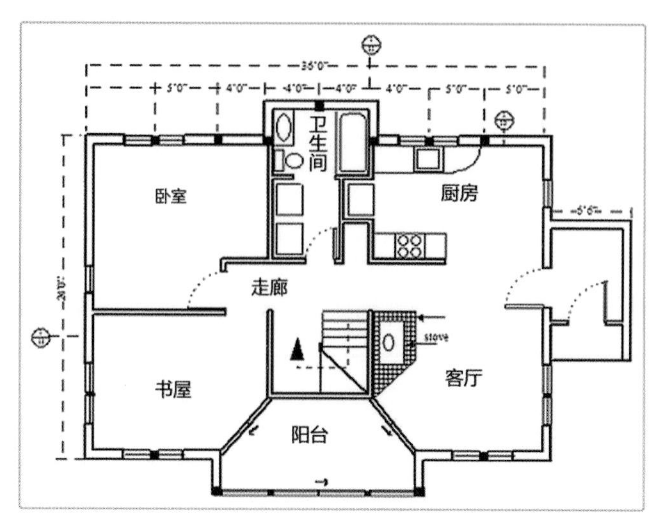


图 14.1　一个平面图

确保平面图能有效支持生命的流动

作为一个图表，平面图支持关于设计如何支持一种特定的生活方式的讨论，并允许建筑师将其与房屋潜在业主想要的生活方式进行比较。建筑师可以通过平面图来研究生活中的故事，看看它是否适合房主。这个房间对于房主想要使用它的方式来说是不是太小了？从一个房间到另一个房间是不是太困难了？大厅或中间区域是否有很多无效空间？平面图勾画出房子的所有部分，让建筑师通过它来处理不同的情况和场景。诸如对最小间隙的限制、良好的布局以及建筑材料的限制等经验法则，确保最终的设计是可使用和实施的。当然，一旦房子建好了，在厨房里也可以吃饭，餐厅也可以用作音乐室。但是，这位房主只是把厨房旁边的“场所”变成了听音乐的“场所”，把他们所有的乐器和音乐都带到了这个场所。这个场所仍然是功能清晰的——它有一个基本的目的——只不过不是吃饭。良好的结构可以允许不同的用途，建筑师从来不限制它们。

首先在较高层次上构建用户工作场景设计，并与用户进行验证

观察和设计结构对于确保生活和产品在一起以支持用户是至关重要的。建筑师们提出了通过创作平面图来观察建筑物的结构的方法。用户工作场景设计以同样的方式来表达产品结构。它首先建立在高层次上，揭示产品的整体结构。当基本概念得到验证时，它就成为需要构建的规范。用户工作场景设计中的每个地方都将是一个屏幕、页面或窗口，用户将在其中与该产品进行交互。就像房子里的房间需要布局来确保房间的用途一样，软件产品中的“场所”同样需要布局，以便方便地支持活动。交互模式（在第 15 章中讨论）

定义了每个“场所”的结构，并且指导用户界面和体系结构使之成为一个整体。

## 14.1 用户工作场景设计元素

在生活中，人们一项项地实现他们的意图，以完成他们的工作和生活。他们从事各种各样的活动来实现这些目的。通过这些活动，用户将从一个活动转移到另一个活动，这取决于他们想要达成的目标。一个以用户为中心、可以很好地支持用户的产品，应该能够将正确的功能组织到对应用户活动相关的区域，为用户提供直接的支持来帮助其实现目标。

*每个产品都有一个用户工作场景设计*

就像任何房子都有平面图一样，不论它是如何设计的，任何产品都有一个隐含的用户工作场景设计。任何产品都可以被分析，它的底层用户工作场景设计也被揭示出来。（事实上，反向的用户工作场景设计可能是解决困扰你的现有产品的结构性问题的最佳方法之一。）因此，我们将使用一个大多数人都熟悉的例子：微软的 PowerPoint 来说明用户工作场景设计。

图 14.2 展示了 PowerPoint 的幻灯片编辑屏幕。这个场所的主要目的是制作和编辑幻灯片的内容。在用户工作场景设计中，我们将这些“场所”描述为“焦点区域”，在这里用户将专注于开展某项特定的活动。每一个焦点区域都有一个作用：需要对其主要意图进行简明扼要的陈述。如果你不能用一个句子来描述某个焦点区域的目的，很可能是因为这个产品的结构不合理，或是因为有太多不同的功能来完成不同的事情，又或者是因为这个区域根本不支持任何连贯的活动。在 PowerPoint 的幻灯片编辑窗口中，可以设计单张幻灯片。请注意图中左侧的导航栏，用户可以在这里查看相邻的幻灯片；底部区域供演示者用来做注释。

图 14.3 所示为用于定义编辑幻灯片（部分）的主要区域。其目的是突出用户在这个焦点区域的意图；功能列举了用户在高层次上可以做的事情。进一步的设计迭代将会使这些功能更加复杂。

此窗口提供了可以在该场所工作的功能——在幻灯片上放置形状、文本框和其他幻灯片对象，为它们编辑颜色和旋转，并以其他方式操作它们。这些功能可以通过菜单、工具栏、键盘命令和快捷键来实现。这些是用于执行功能的选择性的交互机制；有些功能可以通过上述 3 种方式来实现（例如，为了保存演示文稿，可以在“文

*用户工作场景设计专注于设计连贯的活动及其所需的功能*

件”菜单下选择“保存”命令，单击工具栏上的“磁盘”图标或者在 Windows 操作系统下，同时按下键盘上的 Ctrl+S 键）。交互设计师将选择一种途径来实现该功能——一个糟糕的用户界面或不方便的访问功能的方式影响了用户的判断——这并不会改变这个场所的用途，或者在那里应该做的工作。交互机制和屏幕布局对于产品结构的理解来说，就像地毯颜色在平面图中一样都会造成干扰。因此，我们在焦点区域中同时列出了这些功能，而没有指示它们是如何被访问的（保存幻灯片）。

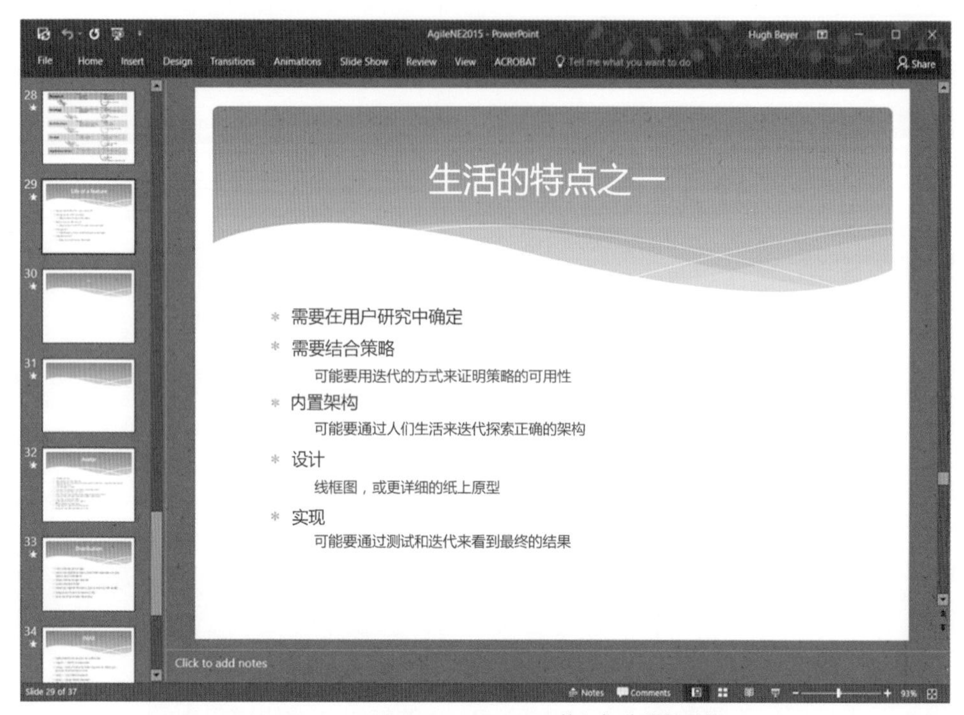


图 14.2　PowerPoint 的幻灯片编辑屏幕

| 2. 编辑幻灯片<br>目的：编辑单张幻灯片的内容<br>功能<br>系统显示幻灯片内容<br>用户可以查看和编辑幻灯片的内容<br>用户可以查看和编辑与幻灯片相关联的注释<br>用户可以移动到另一张幻灯片<br>用户可以浏览幻灯片（1）<br>用户可以保存幻灯片<br>…… |
| --- |

图 14.3　用于定义编辑幻灯片（部分）的主要区域

焦点区域中的某些功能是底层系统为用户所做的事情："显示幻灯片内容。"用户可以调用一些功能（编辑幻灯片内容）和其他功能，如链接，把用户带到产品的另一个场所（浏览幻灯片）。

一旦用户切换到"幻灯片分类"的焦点区域，就不可以编辑幻灯片的内容了，转向产品中的其他场所改变了可见的视图和功能。相反，幻灯片浏览支持按顺序浏览整个幻灯片，改变幻灯片页面的顺序，控制从幻灯片到幻灯片的转换。由于在各场所中支持完成的工作不一样，"幻灯片浏览"在一个新的场所支持一项新的活动，因此，我们需要用一个新的焦点区域来描述它。当用户需要在他们所支持的活动之间切换时，你会希望在焦点区域之间找到这些链接。图 14.4 展示了焦点区域之间的链接。这些焦点区域支持不同但是相关的活动。通过这个设计，当用户设计演示的整体流程时，她不用考虑如何设计单个幻灯片，因此这些设计的场所是分开的。但是当她考虑幻灯片的内容时，她很可能想要添加演示笔记，所以这几个功能自然就处于同一个焦点区域。

| 1. 幻灯片浏览<br>目的：查看和编辑整个演示文稿的流程和过渡<br>功能<br>• 查看幻灯片的内容<br>• 查看并设置幻灯片之间的过渡<br>• 在演示文稿中重新排列幻灯片<br>• 保存幻灯片<br>• 用户可以编辑幻灯片（2） | 2. 编辑幻灯片<br>目的：编辑单个幻灯片的内容<br>功能<br>• 系统演示幻灯片的内容<br>• 用户可以查看和编辑幻灯片的内容<br>• 用户可以查看和编辑与幻灯片相关的笔记<br>• 用户可以快速查看当前幻灯片的前一页和后一页<br>• 用户可以重新排列幻灯片<br>• 用户可以换到另一个幻灯片<br>• 用户可以浏览幻灯片（1） |
|---|---|

图 14.4　焦点区域之间的链接

回到"编辑幻灯片"的屏幕截图，请注意左边框中的幻灯片列表。它是一个导航工具，就像网页左侧的导航栏。这不是一个单独的焦点区域——这里没有独立的工作要做。相反，它提供了 3 个功能：它显示了当前幻灯片在整个演示文稿中的场所，帮助用户连续跟踪；它允许用户跳转到另一张幻灯片；它允许用户在该窗格中通过拖放来对幻灯片重新排序。但是，重新排序幻灯片是幻灯片浏览这一焦点区域的主要作用。这种重复的功能是错误的还是会令人困惑呢？是否应该只能在一个场所重新排列幻灯片？

*导航不是一个场所——在这里不完成真正的活动*

不是的。从逻辑焦点开始考虑设计是很容易的，但逻辑从来都不是以用户为中心的。当一个演讲者在看幻灯片的时候，很自然地会想幻灯片前后的内容是如何衔接的——这段演讲的故事如何联系在一起。所以重新思考并排列这一部分演示文稿中幻灯片的顺序是很自然的。这与思考整体演示文稿有很大的不同，整体演示文稿的流程通常是：介绍、讨论和结束。如果某功能在两个场所可用，用户不会感到困惑——相反，如果在他们所在的场所中无法找到想要的功能时，他们会感到很恼火。

PowerPoint 屏幕底部的演讲者注释是另一个有趣的例子。在早期版本的 PowerPoint 中，演讲者注释是出现在它们自己的窗口中的——在一个单独的焦点区域中。但是准备演示文稿时，在编辑幻灯片过程中添加注释是很常见的。写下幻灯片的内容可以提醒演讲者想要添加的某个要点，所以他们把它记录在注释中。或者有些内容不适合出现在幻灯片上，但是演讲者认为他们可以谈论这一点，那么他们会把它复制到注释上，这样他们就不会忘记。所以幻灯片和注释之间有一个紧密有机的互动。把它们分成不同的焦点区域使工作流程变得烦琐。随着时间的推移，PowerPoint 团队认识到了这个问题，并将这两个焦点区域合并到了一起。

在 PowerPoint 中，所有的内容都是由用户提供的。其他产品——新闻网站呈现故事、购物网站展示产品、预订网站提供航班选择——它们都有自己需要组织和展示的内容。在这种情况下，用户工作场景设计将列出焦点区域所提供的内容及其操作功能。

*用户工作场景设计明确了每一个场所中与平台相关的功能和内容*

在设计焦点区域时，要考虑他们需要支持的平台。有些人在任何平台上都能很好地工作——他们只需要一个合适的用户界面，哪怕这些界面在每个平台上都是不同的。功能和内容可以在一个焦点区域中描述，并且列出需要交付的平台（桌面、Web、平板或其他东西）。其他焦点区域需要支持用户忙碌的工作，这意味着它们必须优化以满足部分注意力和快速行动的需要，并且功能可能受到屏幕尺寸的限制。这些将在用户工作场景设计中形成一个可移动的子系统。尽管如此，其他焦点区域仍然支持专注的工作，而不需要考虑任何移动平台。用户工作场景设计可以实现团队计划提供的整个生态系统支持。图 14.5 展示了焦点区域的一部分。焦点区域的描述具有结构性，这样团队就可以轻松地浏览它。最初，只是列出功能；在下一步骤中定义交互模式时，焦点区域将由交互模式的各部分组织而成。

本书第 1 版的读者可能会注意到，这里的形式被简化了。当第 1 版出来时，许多形式化方法被普遍使用并且为团队所熟悉，例如 RUP（统一软件开发过程）、对象建模和案例使用等。那些形式化方法在很大程度上已经失去了常规使用的意义，而设计师一般不太熟悉形式主义的概念。因此，我们简化了用户工作场景设计的表现方式，使其更加直接和直观。

# 焦点区域
将功能和工作对象收集到系统中的同一场所，以支持某种类型的工作。功能应该是完成工作所必需的，而不是用来操纵用户界面的。
- 支持执行工作中某一部分的运作。
- 用一个简单的短语命名，定义要实现的任务。
- 列出完成该工作所需的功能。
- 列出要在焦点区域中直接显示的内容。
- 对焦点区域的明确引用进行编号。号码不一定是连续的。

目的：简要描述焦点区域在支持工作中所起的作用。
功能：用户工作场景设计中用短语来描述功能，在线描述他们的行为和理由。
- 用户调用的功能通常从“用户可以……”开始
- 系统自动执行的动作通常从“系统显示……”或“系统执行……”开始。
- 将用户转到另一个焦点区域的链接，其名字是该焦点及其编号（编辑幻灯片（2））。包括链接到内容或其他应用程序。

功能可以通过交互模式和组件（参见第 15 章）进行分组，以便在多个焦点区域中具有相同功能时，可以更清晰和更容易地引用。
避免重复定义相同的功能。在第一次使用它们的焦点区域中为它们命名并精确解释，然后在其他焦点区域中引用该名称。
问题：开放与此焦点区域、用户界面构思、实现的问题和质量要求相关的设计问题。

图 14.5　焦点区域的一部分

## 14.2　从故事板构建用户工作场景设计

用户工作场景设计直接从故事板构建而来。故事板描述了团队计划人们如何在新产品及其生态系统中执行活动。但故事板一次只考虑一项任务。现在，我们将回顾所有的核心任务，寻找它们所需要的场所、功能、内容和链接。当我们逐个查看故事板，理解每张故事板中蕴含的含义时，团队开始明白产品中需要哪些核心场所。之前他们可能对所需要的主要场所有一个构思，但是这种将它们从故事板中提取出来的系统方法确保了设计能够提供所有的功能和链接，以支持团队的愿景概念。

*研究故事板，找到产品中用户活动的场所*

让我们回到房屋的比喻，想象一下我们可能为烹饪而创造的所有故事板：用微波快速加热的热狗、感恩节大餐、孩子们的午餐……一个好的场所可以支持各种烹饪方式，无论简单还是复杂，每一种都可以做得很好。这就是一个好厨房——你做饭时需要的一切，从简单到复杂，都可以很方便地获取，而且任何你不需要的东西都不会出现。我们没有创造一个微波房和一个单独的豪华烹饪室，也没有创造一个冷藏室和大厅里的一个食物清洗间。相反，我们把做饭所有需要的一切事情都带到了一个场所中。一个故事板线性地呈现用户的行为，但是好的产品不是线性逻辑的；你的工作是找到各个故事发生的场所，并把这些场所和在其中需要实现的功能组合成一个连贯的结构。这样，当遇到下一个烹饪故事时，你首先会询问是否可以使用已有的场所，也许在其中添加或改变一些东西就可以适应新故事。我们的豪华厨房需要添加微波炉来加热热狗吗？让我们在冰箱旁边加个微波炉吧。

故事板讲述了一个关于产品使用的故事："我是一个寻找旅行机会的用户。我该如何接近它？我该怎么做？"基于场景的设计方法确保了产品和单个使用场景的整合，但它往往隐藏了与其他场景之间的关系。与此相反，用户工作场景设计支持结构化思维："在这个场所里究竟发生了什么？它支持一个单一的、连贯的活动吗？它是否提供了用户从事该活动所需的所有东西？"如果只有故事板，将容易导致某种狭隘的视野——"用户正在进行网上购物吗？按价格来过滤产品的功能在哪里？""哦，我们的故事板不关心价格，所以我们没有考虑到这个功能。""但这是一个购物场所——它当然必须有这个功能。"我们应该把这个场所作为一个连贯的整体来确保满足其他的需要。但是要小心避免对焦点区域进行头脑风暴而使设计变得过于复杂。如果焦点区域中缺少新的功能就没有意义，那就添加新的功能；否则，就在用户和数据情境中发现新的故事，并画出新故事板和新功能的草图。

> 不要对确定的场所进行头脑风暴而使产品变得过于复杂

故事板和用户工作场景设计分别擅长于一种思维方式，同时使用这两种方法，团队可以将这两部分工作分开，使思路更清晰，让团队更容易专注于每一个环节。

为了构建用户工作场景设计，偶尔可以浏览一张幻灯片，询问在故事的这一环节需要使用什么样的场所，以及在这里需要实现什么样的功能和内容。故事板含蓄地定义了用户工作场景设计的要求；通过深入研究每个单元格来获取这些含义。每个单元格都可以在用户工作场景设计中提出一个新的焦点区域、功能、内容或链接。故事板的形象化的特点可以帮助你回忆起每个单元格的情境和设计含义，这远远好于文字描述的场景。当你研究每个单元格时，询问用户是否处于一个新的焦点区域，或者是否可以重用用户工作场景设计中的一个场所。对于功能和链接来说也是如此——故事板中是添加了一个新功能，还是重新使用了一个现有功能？如果要扩展一个现有产品，那么从高层次的逆向用户工作场景设计开始研究，将新功能加入其中，以保持产品的一致性。讨论这些含义，修改或扩展用户工作场景设计，并做出决策。

下面描述了这个过程在实践中是如何体现的。注意，为了简洁起见，当我们在焦点区域中添加新功能时，只是显示了添加的功能——之前所有的功能和用途说明仍然存在。

第一个故事板单元格定义了标准浏览器中的窗口小部件，在这里用户可以捕捉关于旅行的想法（见图 14.6）。用户不需要看着它，但是单元格中暗含了关于想法收集器的焦点区域。这里是一个例子，产品必须与生态系统互动以传递价值。因此，这里的焦点区域是浏览器窗口——团队预想扩展窗口以添加功能。

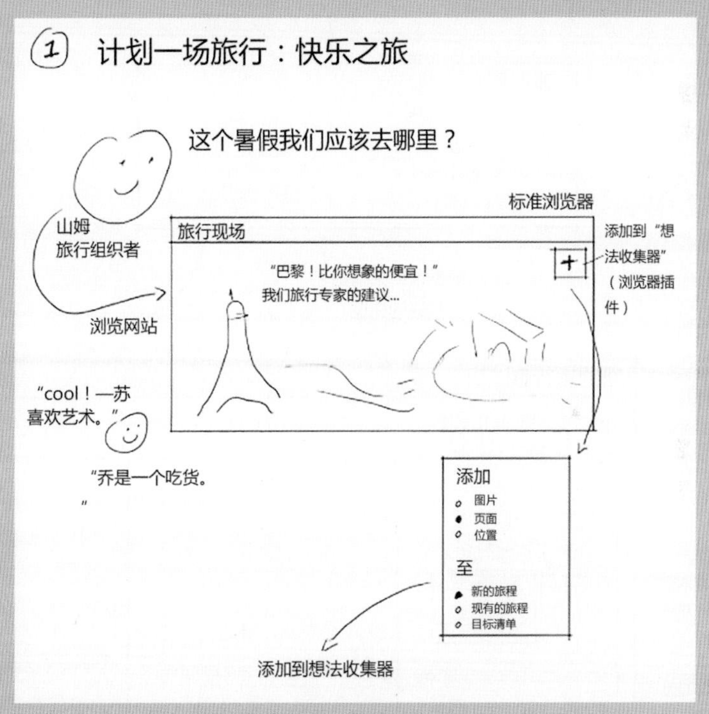


图 14.6　捕获旅行想法故事板

## 浏览器窗口

目的：在正常浏览期间捕获有趣的旅游信息。

功能：用户可以将页面保存到“想法收集器”中，而不至于中断浏览。

## 想法收集器

目的：将旅行想法收集在一起，供日后参考。

功能：用户可以将相关页面保存到“想法收集器”中。

现在故事板场景转移到了“想法收集器”。这个单元格开始被用户捕获的想法和由该产品生成的更多想法变得充实起来（见图 14.7）。任何关于产品行为的想法（建议引擎）都被相关功能捕获进来。

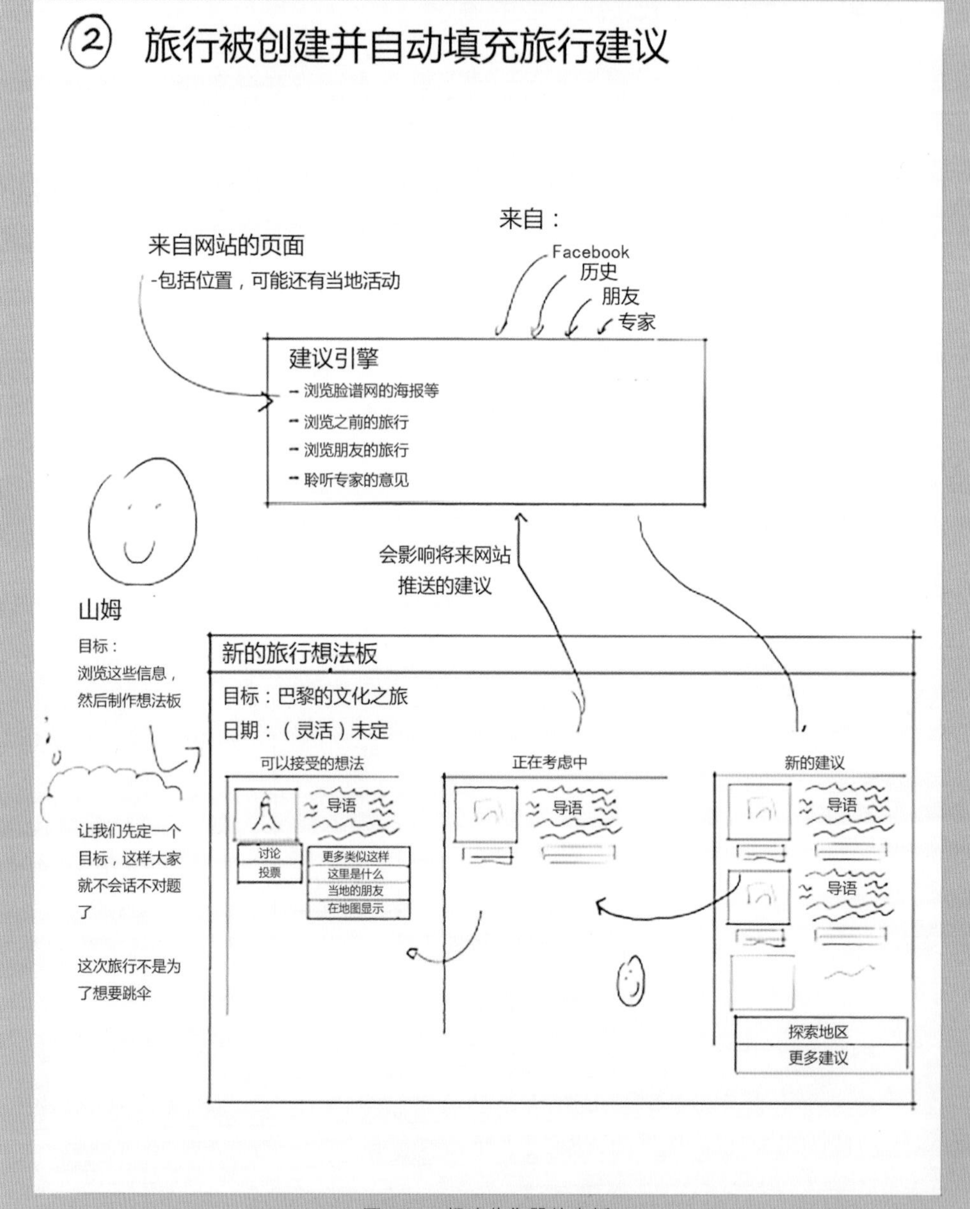


图 14.7　想法收集器故事板

## 想法收集器

目的：收集关于旅游的想法，供以后研究和详细计划用。

功能：

- 用户可以将某个网页保存到他 / 她的“想法收集器”中。
- 系统显示出用户捕获的旅行想法（包括网页链接）。
- 系统显示出该产品建议的相关旅行想法。
- 通过搜索用户和朋友的 Facebook，查看他们过去的旅行，结合专家的建议，然后再看看用户找到的地方附近有些什么景点，产生关于旅行想法的建议。

现在，这个故事板开始设想用户与他人之间的交流和沟通。这个单元格在“想法收集器”这一焦点区域中添加了一种邀请参与者的方法（见图 14.8）。团队可能会输入一条关于用户界面的注释，考虑采用一个开放式窗格，用户可以在其中输入参与者的名字或在适当的场所选择参与者——这里不需要单独的窗口，因为这就是在故事板中的显示方式。

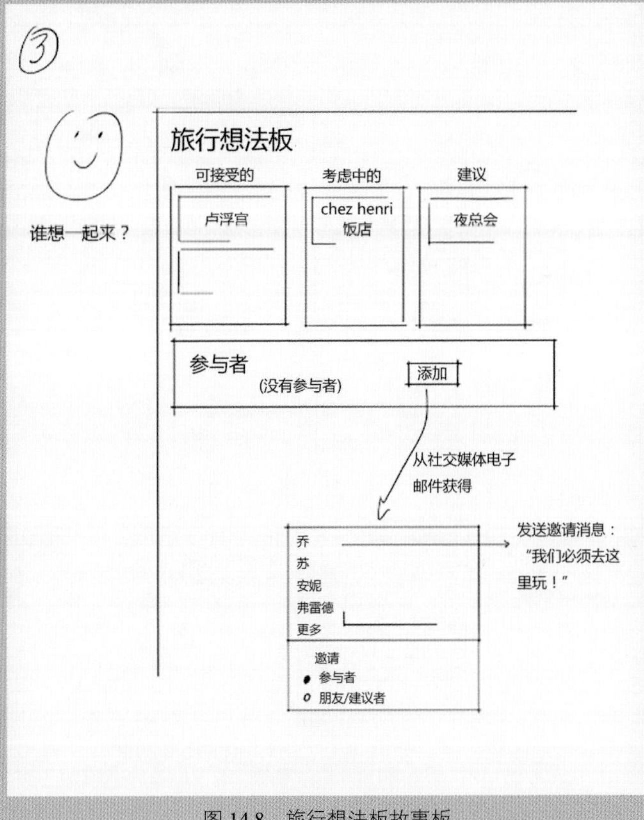


图 14.8　旅行想法板故事板

## 想法收集器

- 用户可以将某个网页保存到他/她的“想法收集器”中。
- 系统显示出用户捕获的旅行想法（包括网页链接）。
- 系统显示出该产品建议的相关旅行想法。
- 系统显示出可以看到和促成这次旅行的参与者。
- 用户可以在参与者列表中添加成员。
- 用户可以指定邀请某人。
- 用户可以向被邀请者添加邀请信息。
- 系统根据用户的邀请向被邀请者发出邀请信息。

再次重申，产品必须超越自己的边界，与更大的生态系统进行互动。在这里，故事板提出了我们要向另一个人发送邀请的提醒（见图 14.9），这将在用户手机上创建一个新的焦点区域来接收邀请信息。请注意，这时我们并没有明确如何发送邀请信息——手机上的应用程序、短信、Facebook 消息或帖子，或者普通的电子邮件，等等。那些将在稍后做出决定。

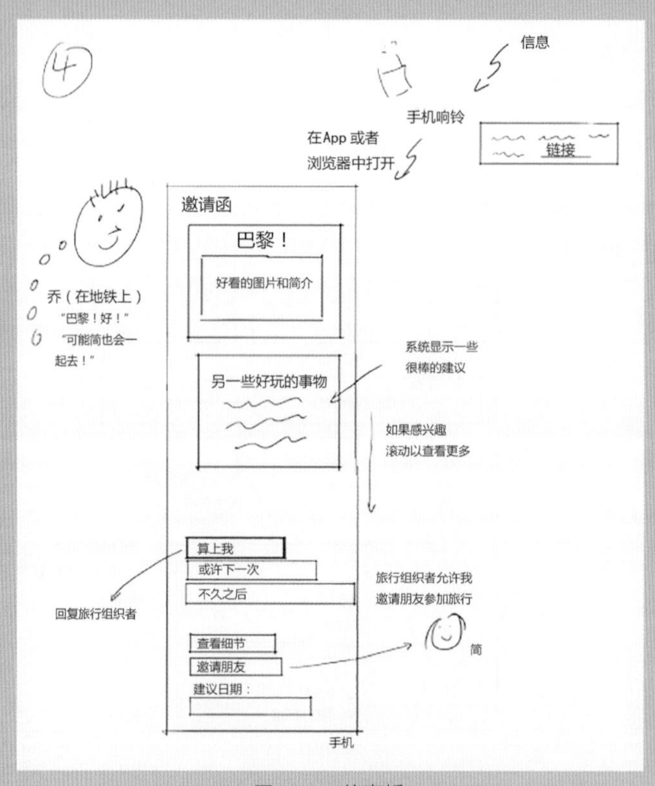


图 14.9　故事板

这个故事板单元格还引入了一个新的焦点区域——邀请。这与想法收集器类似，都将显示旅行相关的基本信息和一些建议。但它们的目的和使用情境有很大的不同——被邀请者需要评估并决定是否参加旅行。所以它被作为一个单独的场所保存下来。

**新的旅游事件提醒**

目的：通知人们更新他们的旅行社区。
功能：
- 系统会在新的旅行事件发生时提醒用户。
- 他们被邀请参加某次旅行。
- （还会有更多）

注意：
- 支持任何平台，包括手机、平板电脑和电脑，并使用本地提醒机制。

**邀请**

目的：发出邀请，添加足够有吸引力的细节来鼓励人们加入旅行。
功能：
- 显示邀请人的消息。
- 显示主要场所和目标。
- 显示其他要做的事情提供最高层次（top-level）的建议。
- 显示拟定的旅行日期。
- 用户可以接受。
- 用户可拒绝此邀请。
- 用户可以拒绝此邀请和所有类似的旅行。
- 用户可以提出关于旅行日期的建议。
- 用户可以建议朋友加入旅行。

这是构建用户工作场景设计的方式。每个故事板都被编织成一个不断变化的用户工作场景的一个单元格。由于每个故事板是单独设计的，它们可能会设想出产品中类似的或有重叠的场所。当团队浏览故事板时，他们先确定一个单元格是否提出了新场所的设想，还是重新使用现有的场所，并根据需求扩展它。在编辑下一个故事板的时候，这个过程是完全一样的——产品中有些场所的焦点区域已经存在，而另一些场所则需要被重新界定。用户工作场景设计将不断演化，以支持他们。在这个过程中，它也很可能会变得过于复杂——因此，请参阅关于用户工作场景设计的章节。在确定产品的每个场所中需要什么之前，要避免定义详细的用户界面。

你可以安排一个专门的小团队来构建第一个用户工作场景设

用一个小型的同地（colocated）协作团队来产生用户工作场景设计的第一个单元格

计，并且参与到每个故事板的构建过程中，以此来保持用户工作场景设计的连贯性。虽然在大多数情况下，为了让整个团队参与进来并且进展更快，多个子团队会将各自的功能和内容定义并行整合到同一个纸面上的用户工作场景设计中。[1] 在这两种情况下，建议你指派一个小团队来控制它，主要负责它的一致性。好的负责人可能是设计师和用户研究员，或者是用户体验设计师和产品经理。随着新故事板加入进来，该子团队会监督整个产品的结构，他们将拥有这些文档和最终的设计。

这个故事板单元格将新的参与者的建议反馈给旅行拥有者（见图14.10）。支持这个单元格的主要焦点区域仍然是想法收集器，但是这个单元格提出了新的功能，这些天内该团队考虑这个问题相对比较多一点，在这里用户可以接受新的参与者。系统行为由功能描述来获取。

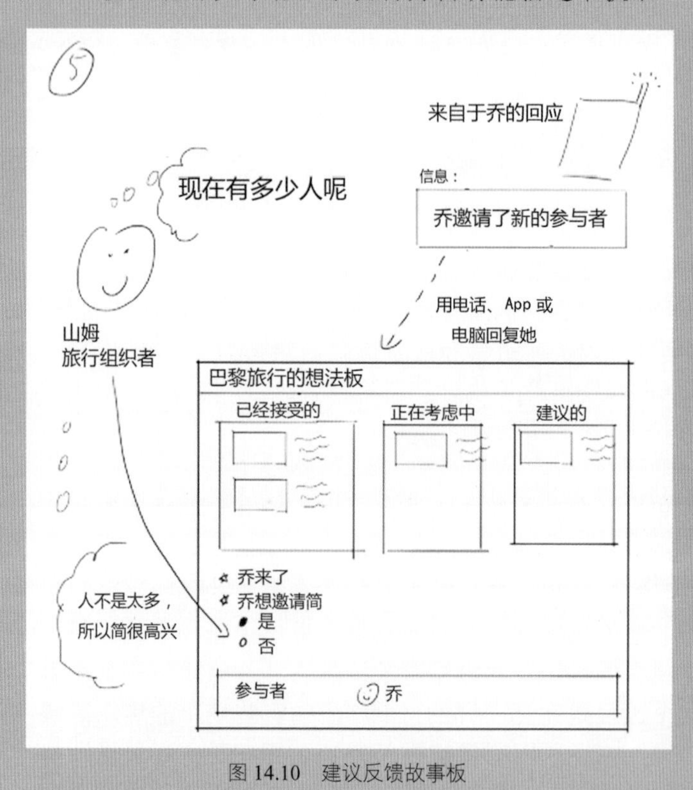


图 14.10　建议反馈故事板

1　我们建议：由核心团队在几天内通过面对面的会议完成首个用户工作场景设计，以确保整体的一致性。稍后的评论和修改工作，可以由部分成员远程进行。从故事板中构建用户工作场景设计，全程使用远程的团队会是很大的挑战。

**想法收集器**

- 用户可以将某个网页保存到他们的“想法收集器”中。
- 系统显示用户捕获的旅行想法（包括网页链接）。
- 系统显示该产品提出的相关旅行想法。
- 系统显示可以看到和促成这次旅行的参与者。
- 用户可以在参与者列表中添加成员。
- 用户可以指定邀请某人。
- 用户可以向被邀请者添加邀请信息。
- 系统根据用户的邀请向被邀请者发出提醒。
- 系统显示拟议的旅行日期，如果有的话。
- 用户可以标记关于旅途中的活动的建议。
- 用户可以接受他人提出的受邀人。系统仅在用户访谈者接受时发送邀请。

## 14.3 用户界面和产品结构

在弄清楚产品的每一个场所中需要什么之前，避免定义详细的用户界面

用户工作场景设计，尤其是形成的第一个用户场景设计，不受任何具体的用户界面设计或体系结构的影响。在这一点上，过多地关注用户界面细节会妨碍良好的用户体验。故事板单元格的绘图给设计师提供了对他们来讲最自然的方式——用具体的语言（用户界面草图）来进行思考，而依然可以尽可能远离底层用户界面的细节。构建用户工作场景设计要求设计师从这些图中提取含义，并抽象地将它们表示为各场所中的功能和内容。团队在用户工作场景设计和故事板之间来来回回的次数越多，就越容易开始考虑用户界面的类型，来呈现每个焦点区域。避免一开始就确定详细的用户界面结构和低层次的用户界面设计，才能创造出最棒的产品设计和整体用户体验。

从焦点区域和链接的角度考虑，往往将焦点区域的基础工作放在焦点区域，而不是将其分散在几个地方。一个好的焦点区域就像一个供应充足的厨房——所有你需要的工具都伸手可取，使用起来非常方便。而如果设计侧重于用户界面，将使设计师担心屏幕空间、互动以及每个功能的详细行为的约束；很容易导致草率地决定将某个功能放在单独的屏幕上。如果该功能是在焦点区域进

行的活动中的一部分，那么用户工作场景设计的设计思维就可以解决所有的问题，使之进入焦点区域。

用户工作场景设计促进在某个场所支持连贯的意图

一旦团队获得了基本的用户工作场景设计结构——这只需要花费 2 ～ 3 天时间——考虑到系统的总体需求和要支持的平台类型，可以退一步来定义一个关于整体用户界面的方法。然后，在考虑整体架构的情况下，团队将定义每个重点区域的交互模式。他们可以做到这一点，是因为用户工作场景设计可以帮助团队看到他们将要设计的产品的完整结构。我们将在第 **15** 章讨论这个问题。

保留来自不同故事板单元格的用户界面草图，这些故事板为用户界面设计人员提供了相关背景——他们展示了团队在开发这个场所时所想的内容。不要把故事板分开；拍下相关单元格的图片，并将其保存在用户工作场景设计中，和焦点区域保存在一起。这些草图是设计焦点区域呈现的起点，并可能在故事情境中用于测试初始的交互模式。

一旦创建了交互模式，就可以记录用户工作场景设计，将与新出现的用户界面相关联的部分收集在一起。

## 14.4　了解产品结构

构建产品结构的挑战发生在场景和结构思维之间，并且不断变化。当在故事板中工作时，你正在确定产品功能并将它们安排在一个新产生的产品结构中。但是，最细心的团队成员必然会发现，将更多的功能投入到焦点区域会使其变得混乱不堪；而对于一个好的产品来说，这种结构不够清晰。因此，团队在浏览过核心故事板后，必须抽身出来，走进用户工作场景来改进它的结构。然后继续探讨几个故事板，再次抽身出来检查结构。或者还有更好的做法是，可能会使用纸面原型（见第 **17** 章）来验证产品概念，并在下一回合中添加更多的故事板，同时还会根据用户反馈重新设计用户工作场景。

用户工作场景设计有形的描述形式便于浏览、更新和检查

因此，观察产品结构是一项重要的技能，需要得到外在表现形式的支持。纵观整个产品，如果没有有形的表现形式，则很难判断它的各个部分是否连贯。但是，如果使用图表来具体地描述产品，就不难把握目标和现有的功能，将其放到合适的场所以寻求新的扩展，或者确定需要一个新的焦点区域。用半片纸来画出焦点区域，可以帮助你看到产品的结构。图 **14.11** 为一个正在构建中的用户工

作场景设计。焦点区域画在半张纸上；列出了创建第一个用户工作场景设计时发现的功能。最终，团队将它们记录在一个文档中，研究更多的故事板时，可能会需要回顾之前打印的功能列表。在浏览的时候，很难组织这份功能列表：你可以在线上做这件事。

在每个焦点区域内，功能、内容、链接和约束条件的列表汇总了在该场所可能发生的情况。作为一个列表，它可以用于检查焦点区域的完整性和一致性——它很容易用于浏览和检查用户数据和故事板所引发的问题。当一个焦点区域变得过于复杂时，可以直接检查它和相关的焦点区域。焦点区域支持哪些类型的用户？他们有什么意图？对于每个角色或身份元素，焦点区域的设置是否合理和相关？你可能有支持两个无关联的意图的焦点区域——要把它分成两个部分。也可能会有多个焦点区域在功能和目的上有重叠——这样，你就得合并它们。在这个过程中，设计师们重新调整焦点区域，使设计结构清晰。

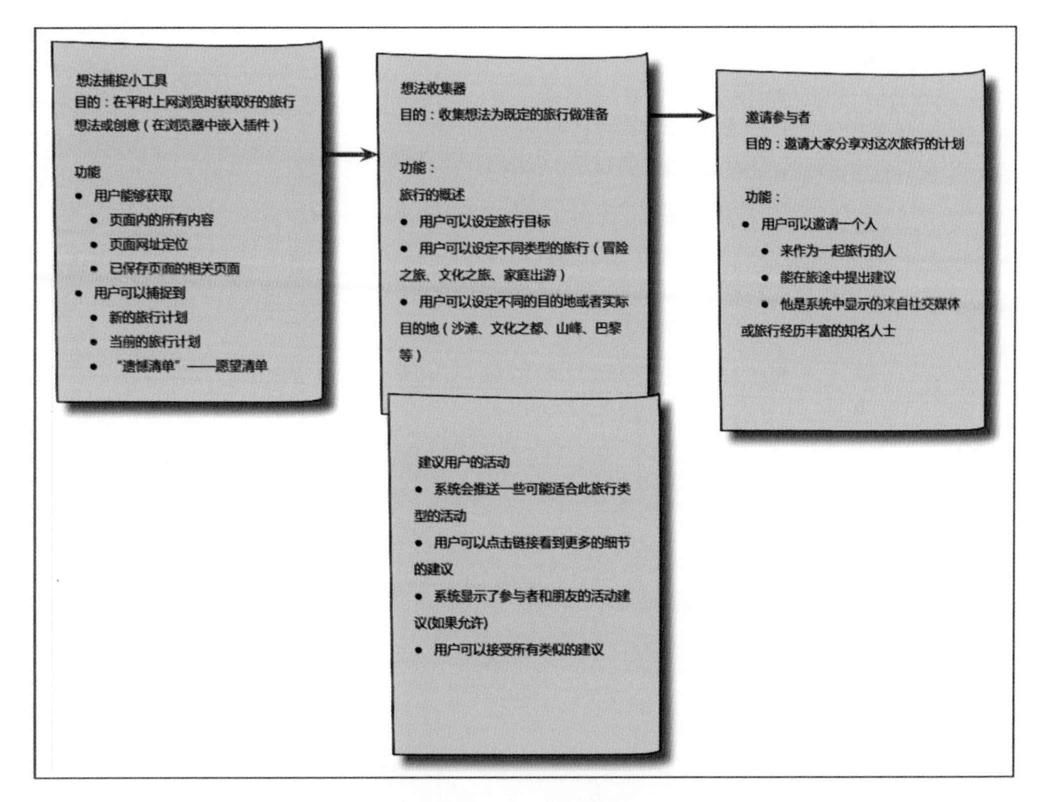


图 14.11 一个正在构建中的用户工作场景设计

为了帮助你了解结构，请注意用户工作场景的布局。当把用户工作场景设计放到网上时，那将是一个图形化的模型，因此传达

> 用户工作场景设计也是一个模型——要确保它便于良好的沟通

设计很重要；焦点区域的分组和它们的布局有助于团队了解产品的内容。在核心故事板中浏览之后，组织你那半页纸，这样就可以看到产品的各个部件。研究核心故事板之后，请组织好每页故事板，这样就可以看到产品的每个部分。每一组焦点区域分别和你在愿景规划环节确定的产品概念相关。使用链接来查找需要协同工作以达成总体意图的焦点区域，并将它们放在一起。较大的应用程序通常有一组专门用于支持特定目标的焦点区域；移动 App 则更倾向于解决单一问题，但它们通常拥有一个较大的应用程序生态系统，每个 App 只是其中的一部分。

这里有一种布局的方法：首先找一张大会议桌或一面墙，在上面铺好纸。你将逐步揭开产品的各个层次，包括顶层的入口区域、底层的共享实用程序，以及用于中间关键任务环节的焦点区域：

- 在产品顶层放入“入口”焦点区域，以特定的意图作为起点；通常提供关于产品的概况，提供快捷的信息或为决策提供支持的其他场所。
- 将不属于最高层级的焦点区域放在这些“入口”焦点区域以下的核心实践区域中。
- 寻找实用工具——为给一组焦点区域提供服务。在我们的旅行案例中，无论是初次想到这次旅行、计划旅行还是在旅途中，“活动管理器”都是很有用的，因此它就是其中一个实用工具。把它们放在支持的焦点区域下面，创造支持焦点区域的一个更低的层次。
- 如果支持不同设备的焦点区域有明显的差别，那么将它们作为独立的重点区域放在各自的移动用户工作场景中，尤其是在需要多个焦点区域来实现活动时。然后，移动团队可以看到他们在构建什么。将较小的用户工作场景放置在主产品的一侧。但请务必检查常见的功能是否以相同的方式来描述，并请注意数据在产品之间传递的方式。如果平台之间（通常是在网络产品和平板电脑界面之间）的差异较小，就可以通过在平板电脑端注释焦点区域来捕获两者之间的差异。

## 创建焦点区域

**交互模式一旦完成，就结构化为部件和组件。**

- 如果有助于传达信息，可以赋予部件和组件一定的意图。
- 功能是一个简单的项目清单。没有特殊的标记。

**每个功能只记录一次：**

- 不要使用一个功能来描述某个事物是如何出现的，而用另一个功能来描述它的表现方式。
- 如果功能已经暗示了某个含义，就不要再描述系统显示的内容。（例如，“用户可以从所提供的列表中选择导入选项”就足够了）

**不需要为小对话创建焦点区域：**

- 真正的工作必须发生在这个地方，这才值得为它创建一个焦点区域。

**不要为边缘条件进行设计：**

- 编写用户数据中出现的主要工作实践情况和案例。
- 设想的案例可以作为问题记录下来。

由此产生的用户工作场景设计图揭示了将在所有计划支持的设备上交付的实践体系。此布局方便你检查链接，以确保在一起使用的焦点区域之间可以方便地相互访问。它将显示你是否犯下典型的产品设计错误。记住，每一个焦点区域都应该实现一个真正的目标，应该通过提供内容、决策支持、快速更新，或者是某些值得用户花费时间的事情——你不会想要任何除了访问另一个焦点区域之外无所事事的焦点区域！我们称之为产品中的通道。以合理的方式布局焦点区域将有助于检查和规范产品结构，并为用户工作场景设计做好初步准备。

用户工作场景设计可以让你看到所构建的东西的全貌

用户工作场景设计作为产品的平面图，可以帮助你看到正在构建的内容的全貌。它显示了用户将集中精力实现目标的场所，因为每个场所都有一个目的，它鼓励团队将该意图所需的所有功能和内容汇集起来。毫无疑问，这将建立在用户体验设计的良好原则之上。这些链接确保了各场所之间的连接，可以准确地支持活动的流程。然后，把这些场所布置成连贯的子系统，每个子系统都重点支持一个连贯的活动，让团队能够准确地了解他们在构建什么。总而言之，用户工作场景设计是我们所发现的能够帮助团队对整体产品进行结构化思考的最佳方式。因此，研究故事板之后的下一步工作就是初步进行用户工作场景的整体设计，以保持结构的一致性。图 14.12 展示了推出第一套故事板之后，一个完整的用户工作场景设计模型的一部分，这个模型也已被上传到网上。用户工作场景设计通过布局和颜色来展示不同的产品概念。这里的功能通过交互模式部分组织，具体内容将在下一章阐述。

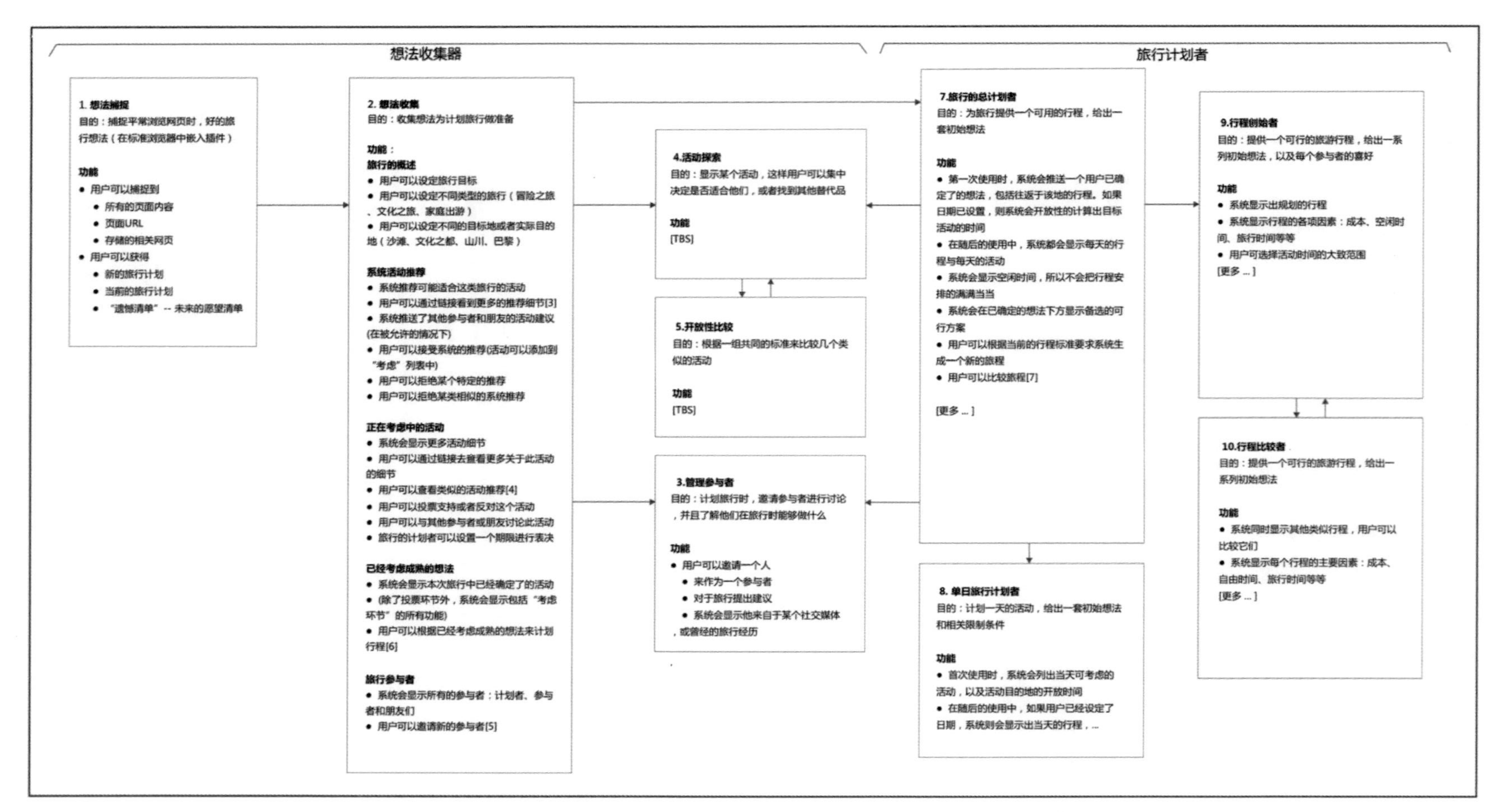

想法收集器
旅行计划者
1. 想法捕捉
目的：捕捉平常浏览网页时，好的旅行想法（在标准浏览器中嵌入插件）
功能
用户可以捕捉到
所有的页面内容
页面URL
存储的相关网页
用户可以获得
新的旅行计划
当前的旅行计划
“遗憾清单”-- 未来的愿望清单
2. 想法收集
目的：收集想法为计划旅行做准备
功能：
旅行的概述
用户可以设定旅行目标
用户可以设定不同类型的旅行（冒险之旅、文化之旅、家庭出游）
用户可以设定不同的目标地或者实际目的地（沙滩、文化之都、山川、巴黎）
系统活动推荐
系统推荐可能适合这类旅行的活动
用户可以通过链接看到更多的推荐细节[3]
系统推送了其他参与者和朋友的活动建议(在被允许的情况下)
用户可以接受系统的推荐(活动可以添加到“考虑”列表中)
用户可以拒绝某个特定的推荐
用户可以拒绝某类相似的系统推荐
正在考虑中的活动
系统会显示更多活动细节
用户可以通过链接去查看更多关于此活动的细节
用户可以查看类似的活动推荐[4]
用户可以投票支持或者反对这个活动
用户可以与其他参与者或朋友讨论此活动
旅行的计划者可以设置一个期限进行表决
已经考虑成熟的想法
系统会显示本次旅行中已经确定了的活动
(除了投票环节外，系统会显示包括“考虑环节”的所有功能)
用户可以根据已经考虑成熟的想法来计划行程[6]
旅行参与者
系统会显示所有的参与者：计划者、参与者和朋友们
用户可以邀请新的参与者[5]
4.活动探索
目的：显示某个活动，这样用户可以集中决定是否适合他们，或者找到其他替代品
功能
[TBS]
5.开放性比较
目的：根据一组共同的标准来比较几个类似的活动
功能
[TBS]
3.管理参与者
目的：计划旅行时，邀请参与者进行讨论，并且了解他们在旅行时能够做什么
功能
用户可以邀请一个人
来作为一个参与者
对于旅行提出建议
系统会显示他来自于某个社交媒体，或曾经的旅行经历
7.旅行的总计划者
目的：为旅行提供一个可用的行程，给出一套初始想法
功能
第一次使用时，系统会推送一个用户已确定了的想法，包括往返于该地的行程。如果日期已设置，则系统会开放性的计算出目标活动的时间
在随后的使用中，系统都会显示每天的行程与每天的活动
系统会显示空闲时间，所以不会把行程安排的满满当当
系统会在已确定的想法下方显示备选的可行方案
用户可以根据当前的行程标准要求系统生成一个新的旅程
用户可以比较旅程[7]
[更多 ... ]
8. 单日旅行计划者
目的：计划一天的活动，给出一套初始想法和相关限制条件
功能
首次使用时，系统会列出当天可考虑的活动，以及活动目的地的开放时间
在随后的使用中，如果用户已经设定了日期，系统则会显示出当天的行程，...
9.行程创始者
目的：提供一个可行的旅游行程，给出一系列初始想法，以及每个参与者的喜好
功能
系统显示出规划的行程
系统显示行程的各项因素：成本、空闲时间、旅行时间等等
用户可选择活动时间的大致范围
[更多 ... ]
10.行程比较者
目的：提供一个可行的旅游行程，给出一系列初始想法
功能
系统同时显示其他类似行程，用户可以比较它们
系统显示每个行程的主要因素：成本、自由时间、旅行时间等等
[更多 ... ]


图 14.12 推出第一套故事板之后，一个完整的用户工作场景设计模型的一部分

## 14.5 逐步深入用户工作场景设计

> *在开始界面设计之前，始终要逐步深入用户工作场景设计*

你已经选用一套故事板来开始用户工作场景的设计。但是，正如我们所说的，在 4 ～ 6 个故事板之后，用户工作场景设计模型将会开始变得臃肿起来。由于未能着眼于产品的整体一致性，所以做出了太多的个人决策。也许在焦点区域中，任何个体功能自身都是合理的，但是一旦将它们放在一起，它们会提出应该被分开的不同的用户关注点。两个焦点区域在开始时具有明显不同的目标，随着功能的添加，在某些点上两者开始重叠，以至于区别不再清晰。在继续往下进行之前，必须确保有一个良好的主干产品结构来进行构建。因此，现在应该回过头来，逐步深入开展用户工作场景设计，以确保产品的一致性和统一性。千万不要从第一个用户工作场景设计模型直接进入到产品的用户界面；第一次编辑的模型是混乱和不完整的，即使是最初的纸面原型也只是为了测试某个概念。逐步深入是正在进行的设计过程的一部分。加入核心故事板之后，通过逐步深入整理产品结构，然后进行测试；再回来调整结构，可能会加入更多的故事板，然后再次深入；接着构建一个新的原型，再次测试。继续这个循环，直到证实并按要求扩展了该产品。

在逐步深入设计时，你会看到更多的设计可能性。当你停下来探究它时，设计本身就会提出新的可能性。一组焦点区域结合在一起意味着支持整项任务或者额外的工作类型，如经理与工人；3 个焦点区域可能会合并成一个，用于更直接地应对其根本意图；或在多个焦点区域的功能暗示了某个在其焦点区域直接获得支持的活动。这个将用户实践合理化的步骤，可以产生坚实、灵活的基础结构，以支持多种不同的用途。

> *逐步深入的设计就像管理员重新设计四方庭院*

逐步深入用户工作场景设计，也使得团队为进入设计的下一个阶段做好了充分的准备。它确保整个团队清楚地知道他们选择了什么产品，以及他们认为它将如何为用户提供支持。它有助于确定案例测试的条件或作为用户原型测试焦点的设计元素。就这样，在与用户迭代设计之前，它成为了必要的准备步骤。

要逐步深入用户工作场景设计，首先应将焦点区域贴到前面所描述的墙壁或桌子上，以便能清楚地看到该结构。建议通过一两天面对面的会议进行首次设计。一旦基本结构确定了，随后的深入设计便可以通过远程视频会议处理。或者让用户工作场景设计者在下一次模拟测试之前，完成深入设计并修正该结构。

在用户工作场景设计的基础上，让团队中的每个成员都走进焦点区域和整体结构中，寻找问题。在检查用户工作场景设计模型时，需要提出一系列问题——这些问题并非偶然，类似于那些推动用户工作场景设计的模型。

使用这些设计原则来检查用户工作场景设计的结构

**焦点区域是连贯和一致的吗？**每个焦点区域是否支持整个任务中的一个活动？是那些标题和目的陈述所描述的样子吗？对任何没有写出目的的焦点区域都要持怀疑态度。这通常是因为团队不清楚目标是什么，或者在一个焦点区域中混杂了多个活动。如果你认为一个焦点区域过于复杂，那么将它拆开，以支持已经收集到的多个意图。

**每个焦点区域有区别吗？**收集支持实践的同一环节的焦点区域——相同的活动、任务或工作类型——并将它们进行比较。它们是否明显不同？它们是否为这部分实践提供了一致的支持？它们能被重组以改进实践吗？有些焦点区域是否有重叠——比如有多个搜索框。它们可以合并吗？

**焦点区域支持真正的工作吗？**焦点区域会不会仅仅是通道，在其他地方都没有自己真正的功能呢？所有的焦点区域都必须创造自身的价值。寻找那些被美化的选择框——用户只是在做选择，而不是做任何真正的工作。寻找组合了关联功能的焦点区域，或从系统中显示不支持连贯活动的数据。

**功能和内容是否正确？**功能是否直接支持焦点区域的意图？考虑到在这个焦点区域中的实践，是否存在缺失的功能？是否存在无关或缺失的内容？所有的一切都是支持这个意图所需要的吗？

**链接有意义吗？**这些链接能否帮助用户顺利地转移到下一个必要的行动或信息，以支持他们的意图？他们是否会迷失，以至于没有办法在各场所之间进行转换？他们是否像你用故事板设计的那样支持活动？

**整体结构是最优的吗？**某些链接和焦点区域的模式总是预示着麻烦（参见上面的“检查结构典型的错误”部分）。这些模式有没有出现，它们是否表明了设计中存在的问题？如果你很难发现这些问题，那就用一些便利贴，写上标题、目的和链接，做一个小型的用户工作场景设计模型，来寻找其中的模式。

**你的结构支持实践吗？**最后，运用综合模型来使内容更丰满，并从所支持的工作类型、活动、协作和身份元素等不同角度来查看用户工作场景设计。设计能提高生活和工作的质量吗？设计是否适用于不同类型的用户？这是否说明了他们关心的问题？通过用户工作场景设计模型运行实际的序列，或者研究“生命中的一天”

或协作模型，询问用户如何利用新产品来完成实际工作。看看是否可以把它分解。

**这个设计支持“酷概念”吗？**它能让用户在他们无法阻挡的生命之流中开展活动吗？你的设计能否支持用户在短时间内、通过不同的设备平台完成目标？哪些焦点区域需要在多个平台上运行？不管通过什么平台，它们都能正常工作吗？通过“酷概念”回顾这些原则，确保你所设计的能够支持这些核心动机。

不要忘记那些“酷概念”，以至于在支持一项任务时迷失方向

在团队成员各自确定问题之后，用户工作场景设计的负责人或协调者通过与团队讨论来解决问题。从高层次的箱体结构开始：焦点区域在哪里可以被组合或分拆；哪里出现了结构层次、流程过于烦琐、包含了通道，或者有其他不好的地方；哪个焦点区域没有一个独立的、明确的目标。要解决这些问题，首先要从最重要的、最核心的焦点区域着手。

然后，查看每个焦点区域的功能、链接和内容。确保在焦点区域的所有内容都支持它的整体目标。你可以选择在这里拆分出一个紧密相关的功能组，或者创建你以前没有确定的链接。完成后，用户工作场景设计所有者将在编辑器中做清理，并且记录新的结构。

在有些情况下，正确地解决潜在问题来自于本能的判断。有些设计是有吸引力的，但是它对用户有用吗？你分拆了一个焦点区域，因为你认为该活动的一部分有它自己的关注点，应该独立给予支持。你做对了吗？当有具体的问题，又没有数据来支持它们时，那就找一个测试的实例。把它写在列表上，然后保存原型访谈列表。和用户共同验证设计时，你将寻找机会直接测试这些决策。

解决问题，重新设计用户工作场景，并准备好测试

通过这种逐步深入（演练）的方式，将用户工作场景设计模型重新组合为一个结构，使用户实践连贯一致。就像场地管理员重新设计路径规划一样，设计演练给你一个机会，从自己的设计中后退一步。现在你可以和用户一起进行测试，或者用更多的故事板来扩展它。或者，更好的是，同时执行这两个操作，越早得到用户的真实反馈，效果会越好。

### 检查结构：典型的错误

在太多的产品中，揭示数据库仍然是一个问题。（实际上，像 Ruby on

rails1 这样的框架积极地鼓励将数据库呈现在用户界面中。）产品设计人员只需将数据表和关系呈现在屏幕上，每个焦点区域一个表格，而不是要求用户学习和浏览数据库图表，理解实践并创建产品结构来支持它。用户不想了解你的数据库——他们想专注于自己的活动。层次结构很容易形成“过道”——由一系列焦点区域，但是除了转移到下一个场所之外，没有一个真正实现了用户意图（见图 14.13）。

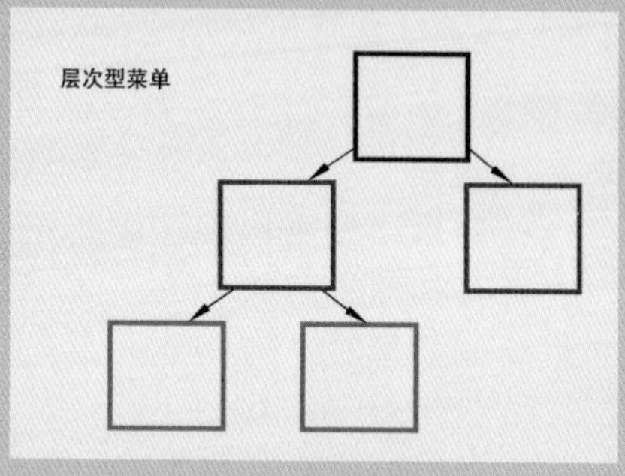


图 14.13　层次型菜单

以一个场所为中心将迫使用户在进入下一个意图之前，不得不在中心区域和其他场所之间来回活动。一个焦点区域变成了中心枢纽，不管它是否支持任何真正的意图或者是否需要处于活动的中心。在完成一个步骤之后，用户希望做的下一件事可能是什么？用户数据将会告诉你。提供一些功能，让用户在不打断他们的想法的情况下实现需求（见图 14.14）。

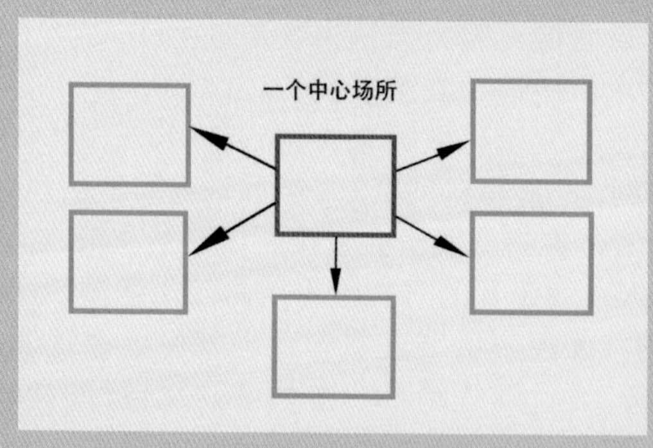


图 14.14　一个中心场所

烦琐的步骤迫使用户穿过许多地方才能到达他们所需要的焦点区域。比如层层分类的购物网站，往往步骤太多。购物向导可能会将用户卡在太多的步骤中——如果进行恰当的设计，这些通常是可以避免的。或者，设计师们出于好心，使用基于场景的设计，使每个任务步骤都有自己的

1　http://rubyonrails.org/

焦点区域。这样，层次结构就可能成为一系列过长的通道。你应该把用户需要的东西直接带到这个场所——而不要让他们通过一组链接来获取这些内容（见图 14.15）。

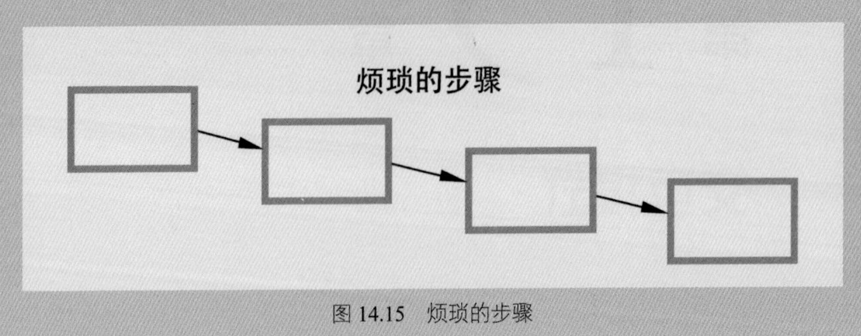


图 14.15　烦琐的步骤

# 第 15 章

# 交互模式

在本书中，我们并不打算讲述优秀的交互和视觉设计的原则和技巧。现在的设计是一种专业活动，它拥有自己的专业学位和技能。任何想要提供卓越设计的公司都知道，它必须聘请训练有素的交互和视觉设计人员——这与前端设计程序员不一样。要想成功地进行情境化设计，需要团队拥有正确的技能，而且在这个过程中，用户界面设计是至关重要的。但是如果你具备了这些技能，那么掌握如何从用户工作场景设计的概念结构到具体用户界面的方法是很有帮助的。本章将描述交互[1]模式，它提供了用户界面的结构。最后一步是通过用户迭代来验证和扩展设计，这一点将在第 16 章讨论。

## 15.1 合适的团队

从一开始就使用交互设计师

跨职能团队最适合使用情境技术来创建产品，这个团队必须包括熟练的交互设计人员。我们强调交互设计师的角色，因为在绝大多数情况下，交互被认为是整个过程的最后一步——给定功能列表，告知如何做布局规划。但根据我们的经验，没有优秀的、训练有素的交互设计师的团队总是在勉强应付。训练确实很重要——这就是人们学习设计的地方。

1 情境化设计中使用交互模式的概念和方法出现在我们和 David Rondeau（InContext 多年来的设计总监）的合作中。我们特别感谢他对本章所做的贡献。

在他们的努力下，交互设计师明白如何理解产品的整体结构，以及如何组织功能和内容，使之无论在网页、桌面或移动应用、手表、健身设备或是其他任何平台下都保持一致。理想情况下，他们将参与整个过程。他们应该同时探索潜在的交互模式和方法——这是一种探索性的研究，适合于团队产生的设计理念。

交互设计师的重点不是视觉设计，也不是界面看上去的样子，而是界面的工作方式。信息架构师、用户研究人员、视觉设计师和其他工作类型可以共享这些技能，但交互设计师的一个明确的工作是了解现代工具、技术，以及关于设计材料的方法。只有通过这些知识，他们才能重新组合、适应和调整这些材料，从而为他们正在开发的产品创造一种真正创新的和有效的方法。真正优秀的交互设计师知道，他们也必须设计出一个符合平台标准的设计，这样就几乎不再有“学习三角”，人们一拿到产品就可以顺利地使用它。如果你的团队没有这种技能，那就在你准备开始愿景规划的时候把它带进来[1]。

熟练的交互设计师了解每个平台上的现代设计材料

无论采用何种方法，你都需要熟练的交互设计师参与到设计的各个环节。对于他们来说，最好能够与用户研究人员和产品经理紧密合作——这是任何开发团队定义用户需求和设计的核心。然后，这个核心团队应该与致力于以用户为中心的设计方法的工程师紧密联系在一起。最好，工程师也是情境化设计团队的一部分。你越是将设计人员从产品概念化和产品定义的过程中独立出来，用户体验的创新机会也越少。这也适用于用户研究人员——他们的工作不会随着研究而停止。这些工作应该是愿景规划、设计和最终产品定义的一部分。

不用担心过分强调真正多元化的团队在推动创新方面的重要性。多元化体现在两方面：第一，在团队中拥有正确的技能；第二，确保团队中的成员来自不同性别和不同文化的组合。所有的工作类型都有特定的技能和焦点，但是最好的设计来自于一个紧密协作的、多元化的跨职能团队。所以从一开始就让这些人加入你的团队。

紧密的跨职能合作推动创新

1　视觉设计师和某些工业设计师在某种程度上关注产品的美学。在我们的经验中，有些人对情境化设计的整个过程感兴趣，也有些人并不，他们宁可在基本的产品构思后直接用草图描绘出来。感知板对这些设计师来说将会很有帮助。

### 线性设计和并行设计过程比较

书籍的现实在于它们是线性的——我们一次只能描述一种情景设计技巧。这可能会导致一种观点，即情境化设计是一个瀑布过程，在开始下一个步骤之前，上一步必须完全完成，就好像我们收集了所有用户数据，再组织它，然后使用数据模型进行构思，最后完成设计。但是这并不是事实——数据收集，设计调查，制作故事板，利用用户工作场景设计模型创建产品结构，勾勒出可能的交互模式以及迭代测试等等，这些过程应该是有重叠的。最初的研究和愿景规划可能是按顺序完成的，但这个过程很快，紧接着就进入用户研究、设计和开发的并行过程——这个开发过程还可能会与敏捷过程中的开发冲刺阶段相重叠。这些快速迭代周期依赖于跨功能团队成员之间协调的并行活动。

当项目更具有战略性时，一个新的市场正在被探索，产品是复杂的或全新的，或者旧系统正在进行彻底的变革，团队可能会参与到一个更漫长和深入的市场研究和计划阶段。但与此同时，由于交互设计人员了解产品将要支持的活动，所以他们可以研究竞争性产品或同类产品是如何利用现代平台的，以及它们的设计方法。该团队可以收集竞争对手的数据，从而为早期探索提供参考。然后，他们可以使用所有数据，结合交互设计师早期的想法，来生成高层次的、一系列产品的宽泛设计。在验证过程中，团队测试产品的概念、用户界面布局，甚至可视化设计模型，以评估品牌认可度。对高层次设计进行验证之后，这个团队可能会继续使用战略性的用户界面，或者他们可以创建一组战术，再或者他们也可以两者同时进行。

情境化设计为团队提供了一系列关键技术。只要团队使用用户数据协同工作，并与用户进行验证，那么不论是并行的还是连续的工作方式都可以有效运作。

## 15.2 观察交互模式

交互模式有助于团队对界面设计进行结构化的思考

一旦你的团队中有了合适的人员组成，开发交互模式就有助于创建一个变革性的、直观的用户体验。用户工作场景设计将团队的焦点放在产品的整体结构上；它明确了一系列的焦点区域、功能、内容，以及各场所之间的链接；它标识了跨场所使用的实用程序，以及可以在多个场所使用的功能。但是它并没有说明用户是如何与这些功能和内容交互的；或者在屏幕上可能会出现关于这些场所的实际布局。交互模式定义了屏幕的总体布局，在屏幕上可以访问的内容和功能，在屏幕上如何展示活动的流程，以及屏幕之间的导航（取决于设备平台，屏幕可能是一个网页、窗口或面板）。交互模式为团队提供了一种结构化的方式来思考他们正在进行的设计，而不会局限在低层次的细节和图形设计中[1]。

回到关于“房屋”的那个比喻，一旦我们知道房子中将有一个厨房，就需要设计厨房的布局。厨房的用户体验取决于橱柜、搁物架、抽屉以及厨房中应有的其他东西的摆放位置和布置。这一层次上的厨房布局仍然不等同于视觉设计。视觉设计更像是较低层次的室内设计：关于涂料、内饰或地板材料等。它将会阻碍人们思考房间整体使用的布局，以及由此产生的对于家具和固定设备的选择。厨房的布局有助于确定如何布置具体的工具，如抽屉、橱柜、置物架等等——以及较大型的设备设施和它们各自的工作区域——冰箱、水池、炉灶和柜台等等。因此，厨房内部有一个更大的结构，来支持其工作流程，并指导安排厨房中所需的各个特定元素的位置。

用户界面也是如此。呈现给用户的任何屏幕都存在一种交互模式，以某种方式将功能和内容呈现在屏幕上，在一定程度上向用户提供直接的交互体验。为了展示用户界面的结构，让我们来分析一下 Airbnb（爱彼迎）。我们可以如何审视这个网页并展示它的结构？

首先查找并命名页面上的组件。组件是一组内容和控件的集合，用于实现一个连贯的意图。每一个页面、每一个界面都是由一组组件构成的，用于支持该场所的总体目标。在用户工作场景设计术语中，这个焦点区域的目的是帮助用户找到一个停留的场所。但是，为了帮助人们查看并浏览该场所中的功能和内容，交互设计人员必须将这个场所结构化为一组组件。这些组件结合在一起，就构成了这个场所的交互模式。如图 15.1 的 Airbnb 搜索结果页面中展现了一些关键组件。

可以对任何产品进行分析，以找到构成总体用户界面和用户体验的交互模式集。一组设计良好的交互模式可以帮助用户直接获得他们想要的功能和信息，没有麻烦，几乎不需要学习，也几乎不会产生困惑。因此，当你看着现有的产品、竞争对手的产品和具有良好设计声誉的产品时，学会设计它们并发现它们，是你的团队应该培养的技能。

---

1　自从 Christopher Alexander 在《模式语言》一书中将“界面设计”作为专业提出以来，设计模式便始终都是界面设计中一个流行的概念。和其他人一样，我们借用了设计模式的概念，但交互模式运行在结构层次上。我们并不专注于解决某个部件的具体的交互问题；我们研究屏幕的整体结构，以支持屏幕上发生的活动。

图 15.1 Airbnb 搜索结果页面，展现了关键组件

我们来找找 Airbnb 页面上的组件。我们将从图 15.1 左上方的搜索过滤器的分组开始，也就是入住 - 退房、房客、房源类型、房客和价格范围、闪订、绿城类型等。这些对于搜索过滤器的连贯意图的支持指向了与用户的实际情况相关的目标。如图 15.2 所示，几个过滤器一起工作，将结果限制在有用的范围之内。

图 15.2 Airbnb 搜索结果页面的过滤器组件

> 交互模式定义了传递功能和内容的组件

我们应该在这个组件中包含其他功能吗？我们可以把搜索栏放在屏幕顶部，但这实际上是为了寻找一个新的结果池，而不是过滤这个结果池。那么，下面的过滤器和结果排序按钮又怎样呢？这些都是关于改变结果池的，但是更多的调查显示它们是独立运作的。滚动屏幕左侧的滚动条，其他过滤器将会滚到视图之中，但这些按钮是“黏性”的，始终保持在顶部，就在搜索栏的下面。

设计师们似乎相信，日期、房源类型和价格范围、旅程类型等搜索条件是最常用的，而且人们在设置后通常不会再调整它们。因此，当用户开始检查搜索结果时，如果他们滚动视图，就不是问题了。这有助于我们阐明所使用的组件的意图。这不是完整的搜索结果的过滤器，这只是大多数人会首先用于优化结果的过滤器。单击“更多筛选条件”按钮还会显示出一组额外的过滤器，就出现在主要过滤器的下面。这些显然是次要过滤器，人们用得相对比较少。它们平常是不可见的，但是通过单击可以将它们显示出来。

这帮助我们以日期、房间类型和价格范围来命名组件。我们称它为主要过滤器。在命名组件时，尝试提出一些描述意图的东西，但要足够通用，这样我们可以想象在任何产品中使用它。不要按字面上的意思命名，就像“旅行过滤器”，因为这样会掩盖它在其他领域中的用途。也不要把它命名得太含糊，比如“搜索结果过滤器”，因为它隐藏了意图，就是这使得这个组件很有趣。从它的名称和它所支持的意图的简短描述中，可以很容易地想象出其他搜索产品，这种类型的组件可能是有用的——并且它们与旅行无关。

> 每个组件都支持一个连贯的意图

查看屏幕的其余部分，有一些明显的组件比如搜索结果。但它并不是一个标准的搜索结果列表，其结果为平铺显示或卡片形式，每张卡片均包含了图片和一些关键信息（见图 15.3）。因此，将反映在名字中：搜索结果——轮播图。我们在名称中添加了“轮播图”，因为每个图片都像轮播图一样轮流出现。当鼠标在图像上停留时，控件就会出现。

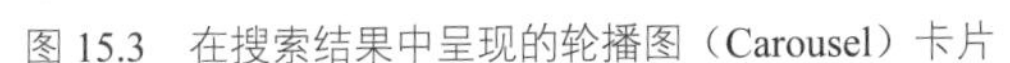

图 15.3 在搜索结果中呈现的轮播图（Carousel）卡片

在分析屏幕组件时，不要担心内容的数量或控件的数量。有些组件可能只有一个控件，而其他组件可能会有很多。重要的是它能够支持连贯的意图。

当绘制组件时，可以绘制不直接可见的组件，例如在地图上单击“搜索结果”时显示的“搜索结果——轮播图”（见图 15.4）。其他隐藏的组件可能太大，无法在同一个草图中捕捉到，例如隐藏在屏幕左边的次要过滤器（见图 15.5）。在这种情况下，只需重新绘制模式草图，表现出状态的变化。

图 15.4　只在地图上单击标志时才会出现的轮播图卡片

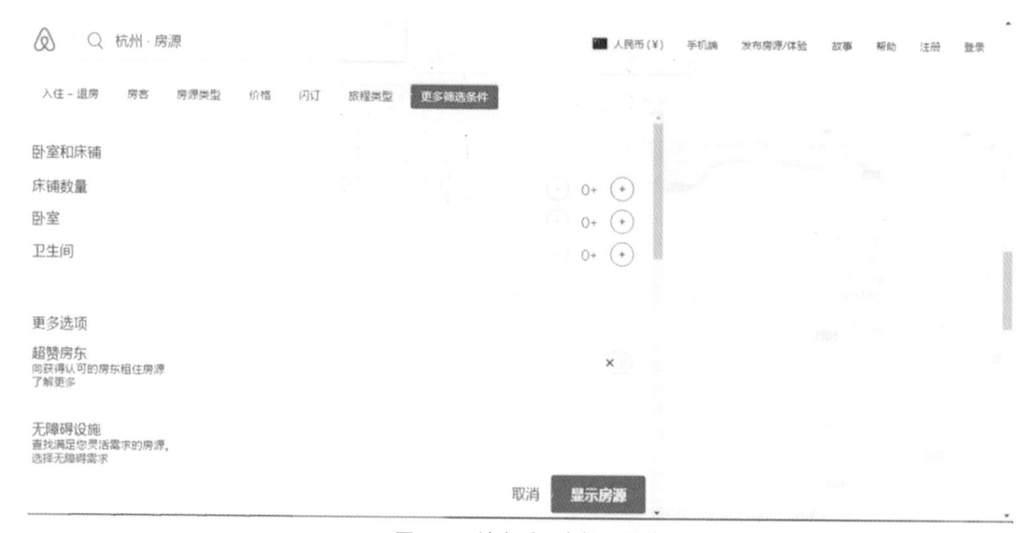


图 15.5　放大后，占据了屏幕左侧的次要过滤器

还要注意在这个层次上确定结构的细节水平。当我们识别主要的过滤器组件时，不需指明所使用的确切的过滤器、使用的控件类型、这些控件的工作方式，甚至是有多少个过滤器。这些细节并不重要。重要的是组件的目标是明确的，而且组件中的所有元素都支持这个目标。

某些组件可能会隐藏起来，直到用户和屏幕互动

但是，如果只采用一个组件视图，就会错过屏幕上的高层次结构。好的设计师不只是将组件随机放在屏幕上，而是将它们组织起来以便于使用。下一步则是分析组件是如何组织成部件的。部件是一个组件的集合，用于实现一个的更高层次的目标。查看屏幕，确定正在一起工作以实现更高层次目标的组件。因为这是对 UI 的分析，所以组件必须在屏幕上被组合在一起，成为同一部件的一部分。使用与命名组件相同的标准，来命名你所确认的部件。与命名组件一样，尝试选择一些能够传达更高层次目标的名称，而不要停留在字面上或过于含糊。

组件被收集到定义屏幕结构的部分中

通过分析，确定了 3 个部件：标题、搜索结果（滚动）和搜索结果（静态）。我们以这种方式命名了两个搜索结果区域，因为它们协同工作，为用户创建了更直接的体验。左边的滚动条允许用户查看和浏览大量的搜索结果，而在当用户拖动滚动条时，右边的部分仍然保持静态，不会移动。左侧包含了更多的搜索结果、更多的信息，但必须通过滚动来查看所有信息。当在左侧滚动每一个结果时，就会在右边突出显示出来，这就是为什么右侧部件是静态的，而不滚动的原因（见图 15.6）。

你会注意到，每个部件的名称中都没有包含词语“卡”或“地图”。因为在这种情况下，这个部件的数据形式无关紧要。人们感兴趣的是各部件的合作方式——通过滚动条来查看每个搜索结果的信息。

命名组件和部件以反映其意图

在大多数的应用程序中，当然在很多 Web 页面中也都会频繁出现一些标准部件。它们几乎成为通用的部件，例如标题或页脚部分。在这种情况下，只要给它一个每个人都能识别的名字就好。试图给它起另外的名字只会引起混淆。

你可能已经注意到，屏幕本身是交互模式的另一层次。屏幕是一些部件（和组件）的集合，旨在实现一个连贯的、甚至更高层次的目标。使用与以前相同的命名规则。在这种情况下，我们将这种屏幕模式称为“双重情境搜索结果”。不同的屏幕模式可以组合在一起，创建一个支持连贯意图的子系统；然后，子系统再组合，

形成大型的复杂系统。本书将重点讨论屏幕模式、部件和组件。

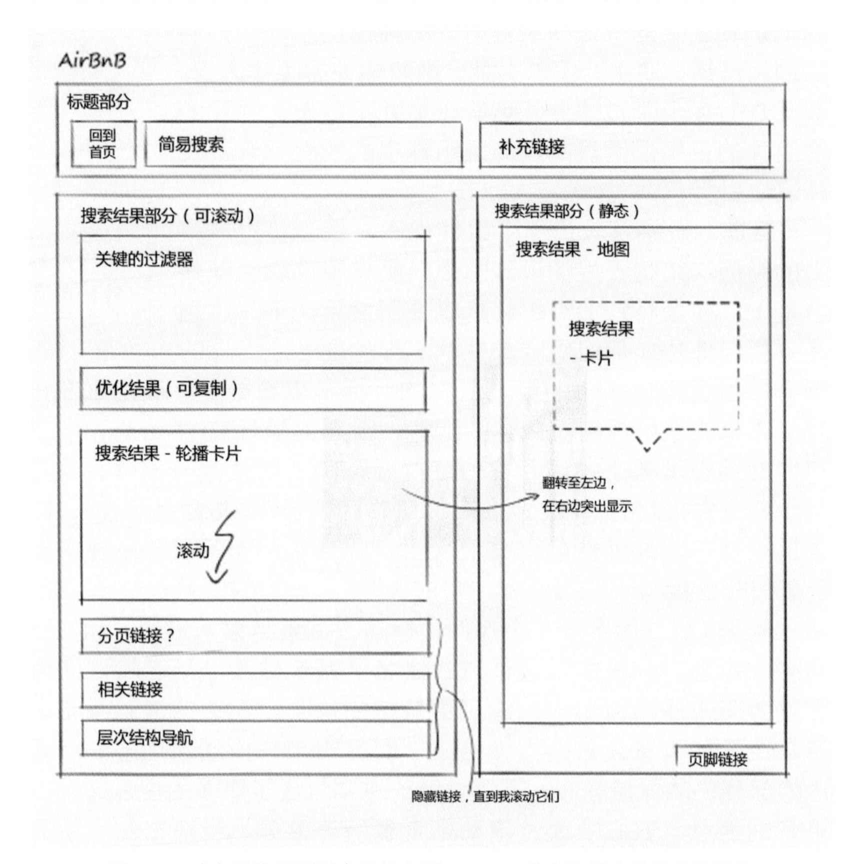


图 15.6　在勾勒和识别所有组件之后，Airbnb 的交互模式所呈现的样子

分析产品的交互模式，以指导结构设计

请记住，识别交互模式并没有正确的或错误的方法。组件或部件没有“正确”的名称，也没有一种“正确”的方式来组织屏幕上的内容和功能。只需关注那些与项目有关的特质。只要远离那些没有用的东西，从结构上思考，就会走上正确的轨道。

分析这个界面的结构，揭示了包含相应组件的部件只要通过精心的设计，就可以支持简单地浏览和直接使用。当设计产品界面时，需要定义交互模式，以确定每个场所的目的、功能和内容，以提供最好的工作方式——并且它们需要与当前最新的做法相一致。对精心设计的产品进行分析将有助于团队学会结构化的思考，从而更有可能设计出一个连贯的系统和用户体验。定义交互模式作为 UI 设计的第一步，迫使团队在结构上思考，为设计打下坚实的基础。实际界面的所有具体的低层次细节可以在稍后或并行进行。

### 分析交互模式的好处

- 有利于鼓励交互设计师和整个团队在考虑细节之前进行结构设计
- 帮助那些不是交互设计师的工作人员跳出部件和低层次的控件进行思考
- 帮助那些过于拘谨的团队跳出条条框框，变得更具有创新精神
- 帮助团队分析新的交互模式或设计精良的界面，以了解什么适合于你的项目以及为什么
- 帮助团队看到你现有的产品或竞争对手的问题
- 为团队提供了共同的语言，以提高设计讨论的效率和质量

> 以相同的方式来呈现内容和功能的每一个焦点区域都应该使用相同的交互模式类型

用户工作场景设计中的每个焦点区域都将与适合于它的特定交互模式相关联。需要以相同的方式与用户交互的焦点区域应该使用相同的交互模式。因此，如果决定使用上面的交互模式进行搜索，那么在产品中每一个列出旅行活动选项的地方都应该使用这种交互模式。其他类型的场所也同样——如果创建一个旅行仪表板，那么每个仪表板都应该使用相同的交互模式。可以也应该在部件和组件层次都重用交互模式。如果有投票功能，那么所有投票功能应使用相同的组件。如果旅行活动使用了上述组件，那么最好有充分的理由在用户界面的其他地方使用不同的组件。

请注意，选择交互模式的关键是需要提供的交互类型，内容无关紧要。Airbnb 的目的是寻找住宿的地方，但如果考虑使用同样的交互方式来搜索其他类型的内容会很有趣——对于任何事物来说，利用平面布局和列表来查看搜索结果都是很有用的。

> 为产品设计的这套交互模式就是用户界面的架构

只有当用户意图或用户所要求的互动完全不同时，才应该使用不同的交互模式——例如，轮播图（Airbnb 的处理方式）的初始意图是判断住宿条件是否适合自己。该组件的设计意图是出售住处。一旦它已成为旅程中的一部分，就没有必要再出售了，这会让人厌烦和分心。那么，这时候你需要一个新的组件。或者，如果你正在处理的是不同的工作类型或涉及到其他人——也许你打算把旅行信息发送给当地的朋友，以便他们知道你的日程安排——那么，你可能需要一个不同的组件或者一个完全不同的交互模式来解决问题。

当你定义了每一个焦点区域的交互模式，并且确保所有有相同意图的焦点区域都使用相同的模式时，用户界面架构也自然定义好了。这将引导你选择可能添加到产品中的任何新的焦点区域——

只需重用适当的屏幕、部件或组件模式即可。图 15.7 为整个产品协同工作的一组模式的示例。

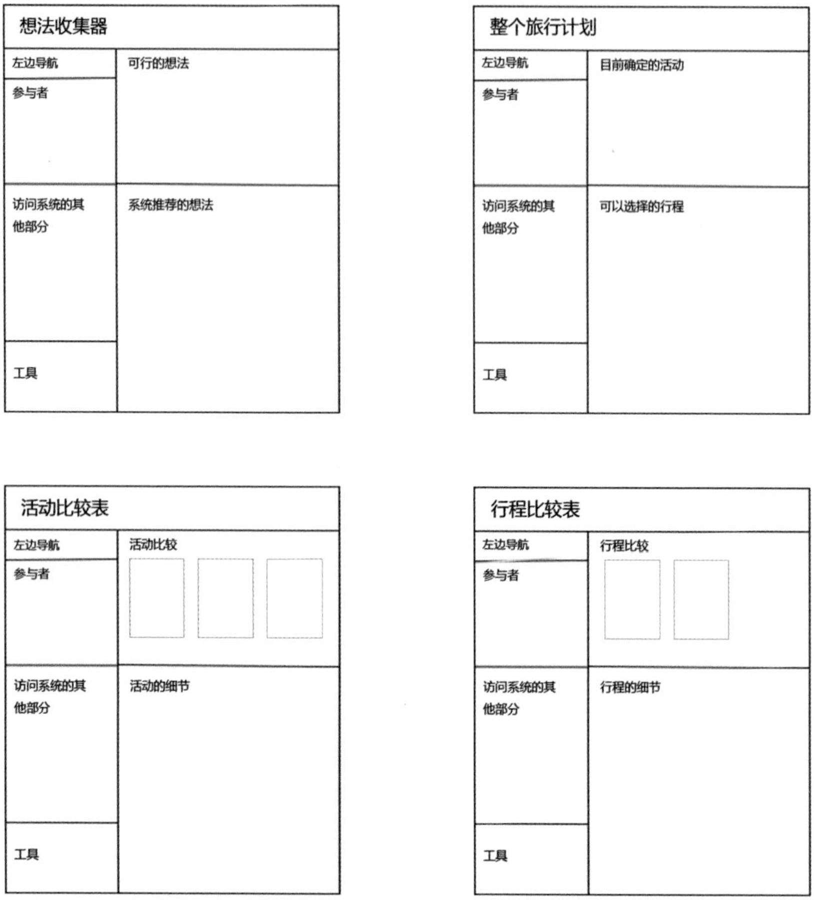

图 15.7　在产品中协同工作以支持高层次用户意图的一组交互模式

## 15.3　创新与交互模式

对团队来说，面临的挑战在于为用户创建最好的交互设计。但是，正确的设计应处在由技术现状、当前的预期、现代的设计、在平台中对于连贯性的需要，以及用户对于与产品交互的方式的期望等所构成的语境之中。当然，它还必须根据所创建的用户工作场景设计模型来定义特征和内容。那么在这种情况下，该如何创新呢？

并不是所有的厨房看起来都一样，尽管大多数厨房都有相同的高层次需求。厨房的设计能会改变布局，以获得某些特别的好处或传达某种特定的美感。在 19 世纪和 20 世纪早期，厨房大案桌是一种标准；在 20 世纪 50 年代，大案桌被认为过时了，而且造成了不便；到了 20 世纪 80 年代，它又回归到厨房中心岛，在这里你可以做些小吃或进行非正式的聚会。类似地，交互模式中的部件和这些部件中的组件可能会有不同的布局，但是任何布局都会受到设计期望的约束。

为酷概念打造愉悦设计

设计师可以改变他们的交互模式，以增加“产品使用中的快乐三角”定义的“酷”因素：直接付诸行动、麻烦因素以及学习三角。（在构思和故事板环节，应该已经处理好成就感、联系、身份认同等酷因素。对大多数产品来说，感知板是视觉设计的一部分。）在功能和内容的基础上，交互设计的焦点在于优良设计的总体原则，根据“产品使用中的快乐三角”原则来补充。但是这意味着什么呢？创新极少从零开始;创新主要是对已知部分进行重组，使之适应新的、称心如意的体验。这就是交互设计创新生活的空间。

那么团队如何开始呢？那些“已知部分”从何处来？正如上面所提到的，团队中的交互设计人员可以研究团队工作中可能用到的用户界面方法。他们可能会从现代设计原则和对竞争产品的研究中得到收获。只要你愿意，这个过程可以包括整个团队的成员，并且将从即将进行的愿景规划中为团队的设计工作获取信息。

找到可能的交互模式来使用和改造

为了鼓励团队进行广泛思考，通常从研究分析现有的互动模式开始，让整个团队熟悉交互设计的材料，以确保每个成员都进行结构化思考，从而推动他们开始探索产品交互模式的可能性。从研究其他任务、意图或目的相似的产品开始。不要局限于自己所在的领域。在自己的领域里，你可以看到竞争对手在做什么，以及你的用户可能会期待什么；但是如果只做这些，那么你只是在追赶，而无法看到新的可能性。你要在自己领域之外看看类似活动的结构，看看你可以学到些什么。

例如，旅行计划的一部分是推销一些活动，应立即明确这些活动为什么有趣或者有什么可取之处。在其他哪些领域，这些内容必须快速地销售出去？这很像一个购物问题，只不过用户购买的是旅行活动。那么，好的购物网站可以为旅游设计师提供什么样的素材呢？他们让你将产品放在一起比较，按价格筛选或者根据其他特性（其中一些特性将是领域特有的）进行筛选，保存下一些较好的可能性等等。绘制几个好的网站的高层次互动模式，了解它们的结构和功能。这就开始了为你自己的设计收集素材的过程。

从消费品，或者不论是什么话题中获取想法

看看那些很流行、很酷的消费品，即使它们的领域有很大的差别。它们可能会为产品交互方式提供很好的建议，以适应你的目的。今天，消费品正在为实现“酷”的用户体验制定标准，因此商业产品可能会从中获取一些设计元素，进行调整。这不仅仅是复制——这给予设计师一系列可选项和出发点，通过分析激发他们的创造力。由于大多数计师都是视觉思考者，所以视觉表现力对创造力有重要的辅助作用。

这里的目标有两个方面：确保你理解了市场上已经创建的期望，产品必须满足并扩展你对于交互模式的想法，而这些交互模式正在被使用，以便可以根据自己的需要而进行调整。创新是通过获取和调整设计元素（有时甚至是功能），来为用户提供更好的支持。对于旅游服务产品来说，我们希望用户能够在资源管理器中对各项活动进行比较。也许应该采用许多购物网站所提供的放在一起比较的方式，对之进行调整以适应我们的目的。

对于标准的交互类型而言，不需要寻找太多的变化，只要借用其中最好的模式就可以了。这就是让你变得先进的原因。如果互联网上的每个主流的购物网站都允许用户按价格和品牌进行分类，那么旅游产品可能不得不支持按价格和供应商来分类。

借用在标准交互中使用的最佳交互模式

要定义初步的交互模式，寻找 2 ～ 4 个现有产品进行分析，将每个产品分配给一对团队成员。查找这些产品中使用的部件和组件，并绘制你关心的每个主界面的交互模式，在每个部件中编写主要的功能。这可以帮助你了解你可能想要借鉴的内容。查看所有这些方法，并为产品选择一种基本的方法，然后使用用户工作场景的需求设计，并和用户一起验证来迭代你的设计。一个有远见的公司可以决定推进设计的边界，努力尝试追求一种真正的新方法来支持实践。这必须在项目的早期阶段作为项目的一部分加以定义，并指导团队在早期原型测试中进行尝试（参见第 19 章，关于项目范围的讨论）。

创新是对已知部件的重组，为产品进行适当的调整

期待关于最佳设计的对话在从愿景规划开始的整个过程中都将继续下去，并且包括团队的所有成员。早在愿景规划的产品概念图阶段，团队可以后退一步，查看产品所需要的工作场所的类型：可能是仪表板的输入屏幕；用于深度阅读信息的内容屏幕；用于浏览项目的列表窗格；用于收集信息的表单等等。你可能会为一种新

的场所类型确定需求，然后去寻找、发现它之前是否已经完成；如果是的话，设计师将如何应对其独特的挑战。每种类型的屏幕都有与之相关联的交互模式，并且这些模式存在于其他产品中，可以将其选择出来匹配现有的范式，或者有意地破坏它。一旦用户与产品的工作场所进行互动，他们就需要结构设计。一旦对产品中的工作场所，以及这些场所的用途有了一些概念，我们就可以开始想象在那个场所中呈现功能和内容的可能方式。

如果在项目早期就有了有趣的高层次交互模式，那么团队可以在故事板中进行尝试。这使得团队可以在提交之前，在较高层次上进行各种演示。故事板草图是探索随着时间的推移，产生不同的交互模式的一种方法。当创建故事板和用户工作场景设计模型时，如果可以想象某种用户界面，设计师（当然也是每个人）将会做得更好，绘制交互模式草图也展示了工作中的创新——只要团队不将他们的创造活动限制在适应现有模式中。

*只要用户与场所进行互动，就需要结构设计*

多年来，产品中场所的呈现方式已经发生了变化。曾经，它是一个难以察觉的命令行，然后是一个绿色的屏幕，接着是一个 WISYWIG 界面，再接下来是一个对话框窗口。现在，一个场所已发展为一个网页，一个在手机、平板电脑和手表上的屏幕，或者书报亭上的一个显示屏。游戏板、电视屏幕以及博物馆的墙壁都是人们交流的场所。在未来，我们期待在街头、家中墙壁上，以及我们发明的任何地方可以出现更多的互动！无论一个场所中要实现什么，都需要交互模式来帮助设计师从结构上思考如何设计这个场所。

那么是什么造就了一个场所的好结构呢？它必须服务于用户的活动，同时也要处理好酷概念，并适应现代用户界面的标准。用户生活中的所有产品设定了产品结构、性能和操作方式的期望。违背这些期望是危险的，在极少的情况下可能值得这么做——除非与众不同的产品是有价值的，并且用户可以适应并想得到它。通常情况下，你应该适应并在现有范式的基础上建立交互模式，这样用户就不需要很费力来理解你的产品了。因此，为了创建新式的用户体验，团队需要掌握当前广泛使用的交互模式。

## 15.4　从用户工作场景设计模型构建交互模式

用户工作场景设计模型从所有的故事板中收集产品需求，并将它们组织在相关的区域中，每一个用户工作场景分别关注各自的核心意图。现在该由交互设计师来思考使用创造性的方法，使得功能和内容在界面的相关场所中发挥作用。故事板草图提供了关于用户界面设计的建议，并展示了故事板设计者想要揭示的概念。但是交互设计师现在必须决定：对于在这个地方收集的所有故事板，对于这个地方需要支持的所有不同类型的人和活动，以及对于所有需要提供的设备来说，什么样的界面才是最好的用户界面？

设计一套交互模式，以提供最佳的整体用户体验

在我们的旅行故事板案例中，“想法收集器”首先是作为旅行者组织他们的想法的区域。但之后，它就变成了新邀请的参与者可以从中了解正在发生的事情，以及判断他们是否愿意参与其中的一个场所。为第一组用户设计的行程是否也适用于第二组？焦点区域从所有的故事板中收集信息。因此，当设计与一个场所的互动时，没有一个故事板可以独立描述出需要考虑的所有东西。随着所有需求都收集到焦点领域，交互设计师可以在设计界面时将所有的功能和内容一起考虑在内。如果团队已经尝试了多种交互模式，设计师可以看看草图，判断哪些模式有效，哪些没有用。他们现在知道产品中有什么类型的场所，因而也知道了他们需要什么样的交互模式。

首先，该团队着眼于用户工作场景设计模型，以确定需要的场所类型。一旦他们同意并设计该场所的交互模式，就可以将功能和内容放置其中。这些模式只是预先的假设，随着越来越多的功能和内容从焦点区域中涌进来，它们也将随之做出调整和适应。在初始设计之后，然后又在验证环节与用户进行了测试，初始的交互模式集将一再被重新审视和归一化。最终，一套完整的交互模式集将被应用于整个产品。

从核心场所和平台的初始交互模式开始

团队为用户工作场景设计中每个主要的焦点区域创建交互模式。他们确保支持相同交互类型的焦点区域使用相同的交互模式。适当的交互模式依赖于平台形式（电话、平板、桌面或其他）——如果要支持多个平台，那么请为每个平台创建一个模式。团队还需要一个概念来说明触摸屏和鼠标接口的工作原理，以及显示隐藏的内容等互动将如何在不同设备上运用不同机制进行运作。每个平台都要考虑自己的交互标准。这些工作完成后，交互模式集将作为用户界面框架来操作。

焦点区域的设计集群集中在一起

以交互模式作为起点，团队为每个焦点区域创建一个用户界面。首先选择最核心和最困难的区域——在理想情况下，你会为所有区域创造一种交互模式，

但是通常情况下由于时间有限，简单的焦点区域不需要在这一层次上进行分析。每个焦点区域定义的目标、功能和内容对交互模式提出了要求：需要为每个功能提供一个场所，使其随时可以准备就绪，在需要的时候，其结构可以让用户轻松扫描、访问内容和明确地交互。焦点区域的设计集群集中在一起共同达成目标，然后检查你在用户工作场景设计中使用相同页面类型的其他焦点区域是不是使用了相同的模式。如果几个子团队正在并行地处理不同的集群，那么这一点就特别重要。从故事板草图中为焦点区域收集灵感。

图 15.8 显示了一种用于收集研究结果的交互模式。这个交互模式是为另一个项目创建的，被用作旅行应用程序想法收集器的基础（见图 15.9）。实际的功能、内容和意图重塑了交互模式，使之适用于正在设计的产品。通用的交互模式有助于确保用户能够立即启动并运行产品，因为他们熟悉当前的用户交互方式。在原有交互方式的基础上建立它们，同时添加新的价值并做出调整，使之足够熟悉，正如我们之前做的。图 15.9 中的布局展示了一些暂时被接受的旅行想法，以及来自系统和其他人的建议，收集旅行的想法类似于在研究过程中收集内容。这种设计可以适应挑选和选定旅行事件的整体结构。

模式名称：收集的内容
工具部分
各种各样的工具
简易搜索
过滤内容
导航部分
导航部分
收藏列表
标签列表
保存的搜索结果
广告
工具栏
导航部分
项目列表（表格形式）
主要内容部分
项目汇总信息
内容项目

图 15.8 用于通过 web 收集内容的通用交互模式，显示了支持整个任务的主屏幕区域

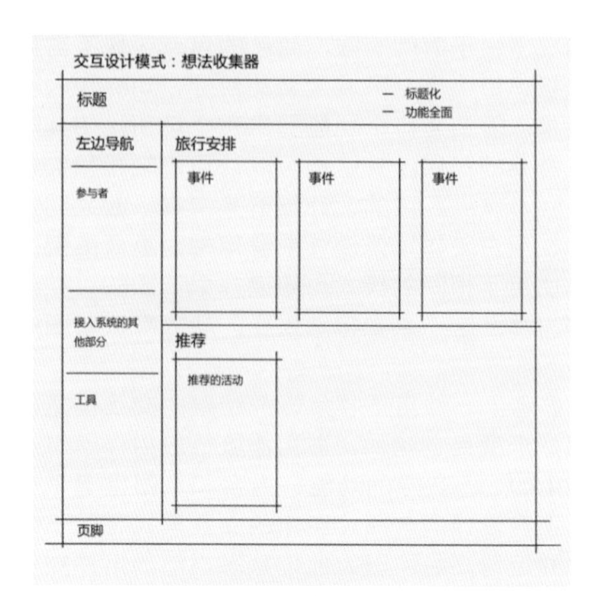


图 15.9　想法收集器的初始交互模式

交互模式确保产品间的连贯性

交互模式作为设计框架，让设计师从用户界面的角度着眼于页面结构和产品结构。该模式帮助团队从结构上思考用户界面，使他们摆脱只考虑功能或页面外观的局面。推动团队从结构上考虑，确保产品内部和整个产品的连贯性。通过分析现有产品，鼓励团队在重塑实践时使用现代的设计方法和原则。这里不涉及整个用户界面设计领域，但是方框 15.1 列出了确保团队创造高质量用户体验的主要原则。

## 方框 15.1　在用户界面设计中的关键性原则

### 用户界面设计原则

**用户工作场景设计模型**

1. 该场所的目的 / 意图是明确的。
2. 在相关的交互模式中，每个组件的目的 / 意图是明确的。
3. 你想要用于实现目的的一切都在这个场所中，没有多余的东西。
4. 对下一步合理行动的指引是明显的，而且在该场所中。
5. 需要的内容是立即可用的，处在正确的模块中可以快速使用；下一个需要的内容是明确可用的。

**用户界面**

6. 突出：实现意图最重要的元素占据大部分的空间，处于视觉中心。

7. 关系：视觉上，各页面元素相互关联，以实现总体意图。

8. 视觉流程：有清晰的视觉引导路径以支持意图。

9. 交互流程：完成任务的步骤是明显的，容易操作。

10. 清晰：可以做什么和怎么做都是显而易见的，结果是显见的。

11. 简单：有一个可以实现每个意图的场所；屏幕上没有复杂的显示。

**酷**

12. 直接付诸行动：对行动、决策和即时结果提供立即和可执行的支持。

13. 在每个层次上都减少麻烦。

14. 不需要学习如何与产品交互。

15. 谨慎使用感觉和动画用来提高产品的功能性，或者为用户带来愉悦而不让人分心。

16. 现代交互模式无处不在。

交互模式将随着功能的增加和迭代而不断演化

从故事板、用户工作场景设计模型，到交互模式，这些设计层之间相互影响。在设计过程中，从屏幕层出发考虑和设计结构是一项重要的技能。当团队进行低层次设计时，初始交互模式会发生改变，但它们提供了一个具体的起点。获取已知的交互模式可以为缺乏经验的团队介绍现有的可能性，从而他们可以按原样使用或为了自己的目的进行修改。有经验的团队会在它们的基础上思考，将添加点什么来超越现有的设计。

有了一组初始交互模式，理解了功能和内容将如何在其中布局，团队就已经准备好了解如何使他们的设计被用户所接受。验证和迭代对于用户体验的变革至关重要，我们将在第 5 部分讨论这个问题。

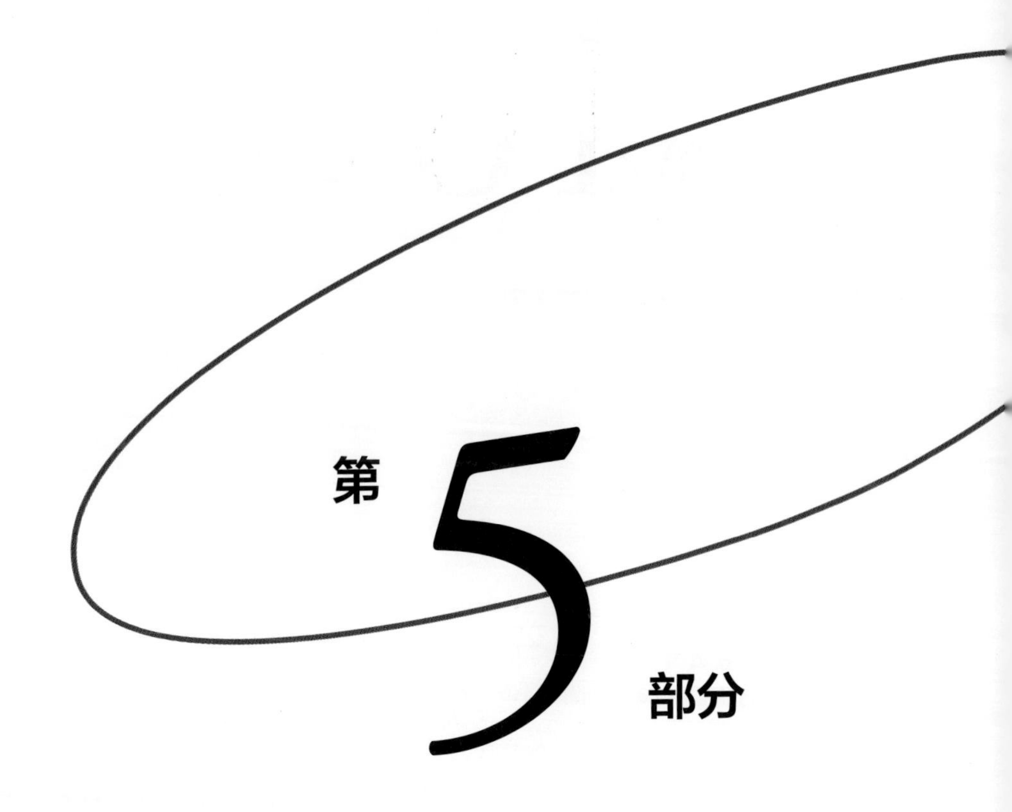


# 使之成真

# 第16章

# 产品实现

*做好项目管理以及关于产品投产的决策，准时面世*

至此，我们已经利用情境化设计方法了解了目标市场中的用户，开发了一个产品概念，用故事板充实了这个概念，并确定了一个具有用户界面结构的基本产品。要将这个概念变成现实还需要3个主要步骤：通过用户迭代验证和扩展设计（见第17章）；确定实际投产的优先级和范围（见第18章）；将项目规划和人员配置放在首位（见第19章）。这部分内容主要涉及上述这些关键领域。

情境化设计是一个以用户为中心的过程，我们用了很多章节来讲述与用户交流是如何重要。现在是时候通过用户测评来确保得到人们想要的产品了。此外，测试和迭代有助于通过向用户界面添加功能和细节，从而提炼高层次的产品概念。原型设计是情境化设计中最后的沉浸式过程。设计师带着原型返回现场，置身于用户工作与生活的情境之中。再次沉浸化可以提醒设计师着手解决问题，生动的环境以及与用户的交流给予设计师灵感，可以为改进设计提供很多见解。同样，利用原型与新的用户访谈可以让你接触到更多的人[1]。这给予你信心，让你知道你确实设计了一个产品，它将解决市场中的问题，而不仅仅是面向少数人的产品。

1 某些行业的IT项目正在为组织内一部分专门的用户角色创建支持。当然，在这种情况下，你需要返回这些用户来迭代设计。

情境化设计 . http://dx.doi.org/10.1016/B978-0-12-800894-2.00016-8

如果用户认为你的产品没有意义，那么你就不会有商业机会；如果他们不肯花钱购买或帮你推荐，那你就卖不掉它。所以首先要证实你的产品概念将会受到欢迎，然后再做更详细深入的设计和上市计划。上市计划需要建立在一个稳定、完善的产品概念之上，即使是高层次的概念也可以。在情境化设计中，这意味着你需要经过好几轮的用户测试、收集反馈信息，来设计真正体现用户价值的产品。当然商业案例也同样。所以为了不走弯路，一定要确定概念是否可行，是否朝着正确的方向在推进。

*用户是产品优点的最终仲裁*

情景化设计中的核心法则就是使用关于人们真实生活的可靠数据作为决策的基础。数据和沉浸式研究驱动了需求、设计和商业决策。这是设计团队在与利益相关者进行互动时能够立足的可靠基础。它平衡公司中不同角色、不同地位的人之间的关系，并使团队保持在正轨上。因此，在产品开发过程中的这一环节，保持在正轨上，使产品能够按时推向市场，并确保创建了合适的产品的最好方式，就是让用户对你的设计讨论进行评判。设计团队可能会迷失在自认为最佳的设计观点中；他们可能会沉迷于他们最喜欢的设计思想；也可能会在细节功能和界面元素上投入太多，然后花费太长时间以求在设计上达成一致。那些陷入设计困境的团队通常都是与用户脱节的，他们不和用户交流也不做定期的原型测试。与产品或产品套件的实际用户交流是影响团队内部，以及与管理层的对话的最简单、最有效的方法。所以遇到问题请立即去找用户，要频繁地与用户交流。

最后，如果没有合适的团队成员、举足轻重的项目规划和项目管理，没有一个项目能真正成功。我们最大的教训之一就是：即使有很好的设计技巧，即时使用了一个可靠的和可重复的过程，如情境化设计，如果没有明确的项目范围和一个擅长带领团队的项目负责人来让团队保持在正轨上，项目就不会顺利地向前推进。如果你正试图向某公司介绍以用户为中心的技术，或只是不断地展示它们的价值，就无法承担团队中的任何失败或损失。在本书结束前，我们将讨论这些问题。

## 16.1 用户测试与验证

当基于用户工作场景设计和一组交互模式创建设计时，那么你确实是在为目标用户而设计。你会要求这件特别的产品简化用户的工作，提高他们的生活质量，帮助他们消除痛苦，传递快乐，或者使他们过上更好的生活。这就是传递产品价值的意义。那么，如何检验是否达到了这些要求呢？如何找出设计的不足，如何改进它？以什么样的方式与用户交流设计才能取得反馈？什么形式的反馈可以帮助团队看清不同设计决策的结果，并对其做出明确的回应？

验证的难点是如何帮助用户体验新产品

大多数用来向用户传达新设计的方法似乎都没有意识到获取反馈这项任务有多困难。一个典型的获取反馈的方法是在会议室或者在某个会议上给潜在客户做演示。当然客户会告诉你一些东西，但这些东西可靠吗？你要求人们观看产品的用户界面，通过屏幕上的图像和你的口头描述来理解界面；你要求他们想象出你所呈现的这个产品将如何影响他们的生活。但是，正如我们在第 2 章所说，他们无法理解。你要求他们想象当他们有了这个新产品之后，他们的生活和实践会发生怎样的变化——然后在这个概念不可行的时候想出替代方案！对用户来说，这个任务太艰巨了，难怪大多数人在演示过程中只是抱怨屏幕上的图标看不懂，评论下颜色，或者询问一两个他们关心的功能。

没有比通信设备的需求规格说明书更好的案例了。说明书主要以文字内容为主；大部分内容将产品按技术指标分类，而不是按用户分类（例如，将所有“可靠性”需求放在一起）。即使是最表面的界面设计部分，其基于文字和列表的表现形式也决定了只能孤立地呈现各个特征。敏捷方法将功能分解为用户故事，目的应该是为了解决用户价值问题，但由于分解的粒度过细，以至于很难看到产品结构。即使是设计师，也很难弄明白如何设计一个特征使之与其他部分联系起来；对于用户来说，通过阅读说明书来找到需要的内容则更难了。需求规格说明书比演示更难理解，而且也不见得容易想象出产品对用户世界的影响。需求规格说明书在产品开发中有它的作用，可以精确地描述产品中的内容，但却不是用来交流设计的好办法。

场景可以用于测试用户对故事的反应，而不是产品设计

其他形式的交流例如使用案例、场景，或者我们自己的故事，都在尝试传达更多的使用情境。这些方法以故事形式讲述了人们如何用新产品工作，因此比演示模型和规范易于交流。但是，每个场景只能讲述一个故事，而一个产品需要很多个故事来支撑。而且它们都有着一个共同的缺点：用户不善于表达他们自身的实践体验，并且无法根据自己的经验独立检查提出的设计方案。他们可以在“我喜欢”或者“我讨厌”这种层次上做出评论——因此，各

种情境可以帮助市场营销进行测试。它们将帮助回答这个问题:“对用户来说什么是重要的”，而不是“产品该如何为用户构造”。

为了得到真实可靠、可操作的数据，用户需要的不仅仅是一个产品，而是一个过程，使他们得以使用新产品来过自己的生活，感受并表达在其中遇到的问题[1]。如果没有这样一个过程，无论在需求文档中描述了多少鲜明的特征也无济于事——它们无法保证提出的产品能解决任何实际问题，也不会为不断变化的需求清单画上句号。原型测试是将用户同时沉浸在产品和目标活动中的最佳方式。我们该如何帮助用户协同设计，以便我们能共同了解用户的世界以及产品对之产生的影响?

*原型可以帮助用户想象真正使用产品的场景*

因为没有人能够像描述普通的事情那样清楚地表达他们自己的实践，因此使用户成为协同设计师确实存在困难，而我们必须努力面对这些困难。如果用户能给出关于设计调整的具体原因那就好了；通常他们只能说出感觉这个产品的设计不对劲。首先，设计过程中需要创建一种交流方式，帮助用户把问题阐述清楚。其次，用户并没有像设计团队那样花时间研究所提议产品的目标用户群体，这意味着任何测试原型的用户只能从他个人的角度来反映问题。最后，用户不是技术人员，他们不知道产品的可行性、技术可以支持的范围。他们可能会提出很多不切实际的想法，也可能会过于谨慎。最后，他们不知道如何把设计整合到一起。毕竟术业有专攻，他们的本职并不是设计师。[2]

*怎样才能获得最佳的反馈，并把用户变成得力的协同设计师?*

然而，至关重要的是，这些沉浸在自己生活中的用户将成为设计团队强有力的合作伙伴，从而对设计产生真正的影响。最终用户将不得不接受新产品。如果这是个内部系统，用户有权说出他们的工作将会如何改变。如果这是个商业应用或产品，一旦不符合用户的需求和生活，他们就不会购买。因此，设计的挑战是将用户包括在迭代、细化和扩展最初设计概念的过程中。

我们发现，现在的用户体验领域已经广泛接受用户可以对所提出的解决方案模型做出反馈。原型充当了用户和设计者之间沟通的桥梁。原型使用户能够与所设计的产品交互，与他们正在使用的任何产品一样。用户会说：“我觉得当我触碰这里的时候应该

---

1　当然，这是参与式设计实践的核心见解，参与式设计研究在很大程度上是在寻找使“用户自己的生活”更真实的更好的方法。

2　想要了解如何解决这些问题，以及关于问题和一系列技术的讨论，请参阅 D. Wixon 和 J. Ramey 主编的《产品设计现场方法案例手册》(约翰威利父子公司，纽约，1996）。

有这种反应”，并没有意识到他们刚重新设计了用户工作场景设计模型中的一个焦点区域；但是设计师们可以，因为设计师可以领会到用户评论中所包含的与用户工作场景和交互模式结构相关的信息。如果用户反馈对设计的基本假设和提供的价值提出了挑战，他们可以进一步深入调查这个问题。

因此，一旦有了一个产品概念和初步设计，建立了对用户世界的深刻理解，那么，利用原型进行实地访谈是收集目标用户反馈的最好方法。

### 16.1.1 与用户进行设计对话

纸面原型帮助用户专注于产品结构

在情境化设计中，可以借用参与式设计[1]中粗糙原型的想法，在粗糙的纸面原型上开始与用户协同设计。原型的目的不是用于演示，它是情境化访谈的支柱，使用户能够设身处地地感受新产品的体验。通过利用原型开展自己的活动，用户就能清楚地阐述原本不容易表达的问题。用用户自己的数据来充实原型，任务和生活情境给他们提供了试金石，让他们产生从事该项工作的体验。在这里，我们让用户沉浸在自己的情境中，这样他们便可以真正沉浸于新工具，充分想象使用它时会是什么样子。

通过与设计师 / 访谈者的交流，用户可以探索不同技术和设计的可能性。设计师了解技术，提供用户考虑的选项，符合他们当前的经历，并和他们讨论为什么选择某项技术是适合的，而不是另一项。这是情境化调查的另一个应用：在实际的实践情境中使用原型进行讨论。访谈中的合作伙伴关系也带来了协同设计，当问题出现时，用户和设计师一起来解读问题的含义。这样，原型本身给出了访谈的焦点。

观察产品结构的第一个原型通常是纸面原型（见图 16.1）。纸面原型很实用，并且总是能满足基本的需求：它以用户能够理解的方式来表达设计的结构，这使得它难以过分重视低层次的用户界面细节。当我们手绘屏幕界面时，很明显，图标设计和想要的直接操作都不是重点。当用户与纸面原型交互时，他们不能被复杂的界面设计和图形分心，只能专注于产品结构和页面布局。用户看着纸面原型粗糙的格式就会知道，我们不是在讨论那些低层次的功能、放置位置、交互等等，而且，最终其他的东西都会被

1 D. Schuler，A. Namioka. 参与式设计：系统设计展望 . N.J.：劳伦斯大学出版社，1993.

整合到一个完整的产品中。当给予用户的刺激只是这些框架的时候，谈论产品对用户生活的整体影响就容易得多了。即使是不受编写代码约束的建筑工程师，往往也更愿意使用草图与用户交流他们最初的想法，而不是完成的图纸。

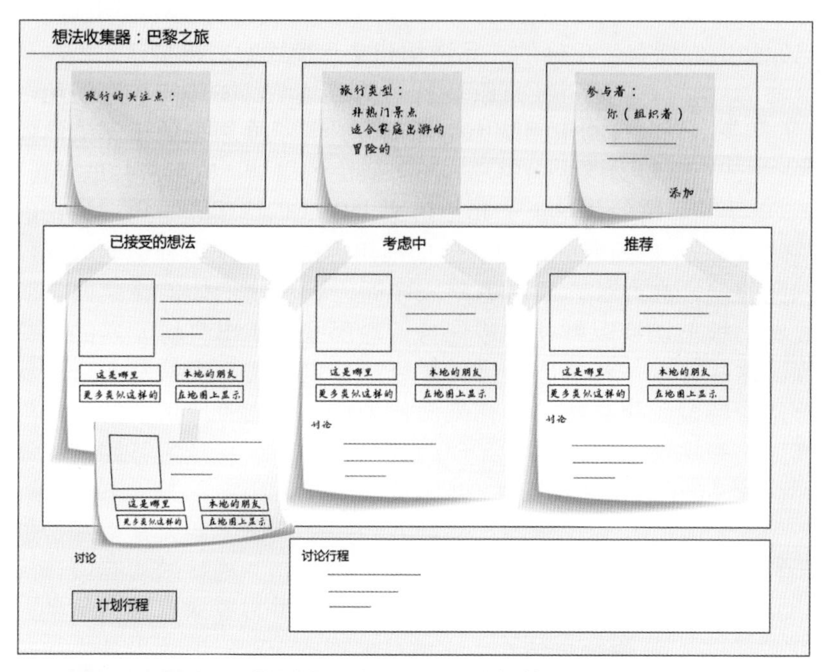

图 16.1 想法收集器的纸面原型，在便利贴上手绘制成

> 原型测试有助于团队内部的设计决策

因为纸面原型的构建和测试过程很快，可以帮助团队做决策，避免过于投入他们喜欢的方案。我们一般花一天时间做一个纸面原型，然后在第二天与用户进行测试。在接下来的两天内，我们得出测试结果，重新思考设计。在一周内进行多次迭代，尝试许多不同的想法是可能的。根本没时间让人们过分投入于一个方案，也没有时间在两个方案中纠结。通常将替代方案带给用户，让他们来选择会更快，可以尝试一下。设计团队中大多数的争执都是因为没有用户数据来支撑，并帮助做出明智的决定。纸面原型大大降低了获取数据的成本，并使获取用户数据的过程非常快，因此团队可以依赖它，没有人愿意过多地消耗在一个项目上。

> 纸面原型邀请用户协同设计——他们很快就能改变现状

纸面原型的本质就是欢迎改变。当用户对着原型中的屏幕说：“但是，现在我需要这样做”，便可以立刻将新功能添加到原型中。我们很容易邀请用户一起来讨论他们需要什么，为什么需要，以及哪些功能可以更好地满足他们。这样进行协同设计就很简单了。用户在自己的情境中一边活动，一边讨论他们自己的活动，同时操作着计划支持该活动的产品界面。一个运行中的原型不必太完整、太美观，否则反而会阻碍用户反馈——他们不愿意表现出轻视这件作品。运行中的原型也不能立即针对用户反馈做出更改。经过两轮测试后，当你知道你拥有了正确的产品结构和交互模式时，再构建它们。

纸面原型帮助你为生活而设计——使它们可移动

因为纸面原型易于携带，可以在任何环境使用，也有助于团队为生活而设计。纸面原型便于测试你如何支持生活中那些不可避免的事情，与用户共进早餐、陪他们早上一起上班或者陪他们跑腿。与用户讨论的空闲时间，帮助他们利用你的设计来填补这些时间，以免浪费。在办公室或者返回家中时，看看他们如何在桌面电脑或者平板上切换以继续完成任务。与那些展示出身份元素的用户测试这些元素，看看你的设计是否让他们兴奋。观察那些合作伙伴是否感觉到更亲密了。在纸面原型后，迭代“使用中的乐趣”模型，来探索感官刺激、互动的直接性、麻烦和学习等因素。添加视觉设计、动画和交互性，并比较其他选项以获得进一步的反馈。

原型有助于充实深层需求和细节设计

除了确保产品融入用户生活之中并为其增加价值之外，纸面原型还能帮助确定用户在体验实际设计时无法交流的详细需求。分层次开发需求是很自然的，就像建筑师在决定壁橱的位置之前，要先设计出房子的整体布局。视觉是设计的第一层，然后是加入了更多细节的酷清单。接下来，设计更详细的故事板，再然后是用户工作场景设计和交互模式。现在需要新增一个层次的详细用户数据，来精确地确定每个焦点区域会发生什么，以及每个功能的操作方式。

例如，我们从用户兴趣出发，设计了想法收集器，用于收纳来自于系统的建议。但这将如何真正运作呢？什么样的建议会更有效——是相似的活动，还是互补性的活动？是相同价格水平的活动，还是来一场盛大聚会？所有这些细节的完整的规格说明并不能完全基于用户数据，因为用户数据并不能真正解决这些问题。获得这种层次规格说明的唯一办法，就是在具体的设计情境下与用户一起解决这个问题。纸面原型可以让团队完成更详细的设计，而不用预先编写代码或进行详细的 UI 设计。

原型揭示了新产品带来的未来可能性

由于沉浸在原型和生活中，我们便有机会看到那些团队从来没讨论过的创新点。当产品以一种全新的方式支持用户实践时，它会用不可预知的方式改变用户的世界。一旦准备就绪，用户就会相应地改变他们自己的实践。这些自然发生的实践在原型测试中都能看到，由此，新的需求自然也就确定了。

早在 20 世纪 90 年代，在出现即时消息和短消息之前，我们设计了一个办公室支持系统，并与行政秘书一起进行了测试。“噢，老板开会的时候我们从来不去打扰他，”她说：“我们根本就不会这么做。”我们带她做了纸面原型测试，其中包括了一项即时信息功能。“当他开会时，这条信息正好出现在他的屏幕上？”她问，“没有其他人看到吗？我整天都需要用这个。”

情境化设计要求连续迭代和拓展

如果你能让用户沉浸在你所建议的生活中，他们就能告诉你他们自己的态度和做法会如何改变。赶在竞争对手之前，认清自然发生的这些工作实践，将可以跨越一代产品。通过新产品原型，模拟真实活动，讨论产品与实践之间的相互作用，可以揭示那些难以发现的问题。从纸面原型开始了解基本结构和功能，通过线上原型获取 UI 和交互功能的详细信息。这样，用户和设计师可以共同探讨产品将如何影响实践，以及实践在未来可能如何发生变化。

### 16.1.2 情境化设计原型和其他方法

情境化设计推动创新，而不仅仅是迭代

情境化设计中的原型测试与其他那些让用户做模拟和原型的方法相似。快速成型、可用性测试和 A/B 测试都将某一版本的产品放到用户面前并征求反馈。它们之间有什么区别呢？从本质上说，情境化设计是生成性的，它的目标是推动创新。它时刻提醒着我们：“我们应该做什么？”我们先要回答这个问题，要确保最初的产品概念是通过沉浸在丰富的用户数据中获得的。其次，验证测试确保我们朝着正确的方向发展。通过纸面原型和在线原型测试，同时确保正确的产品概念和用户体验，满足用户需求，从而建立可用性。

快速成型技术是一门独立的学科[1]，大量应用于参与式设计，旨在通过与用户进行迭代和原型测试来开发有效的系统。与情境化设计不同，它没有前端的研究过程、整合和愿景规划；它的目标是直接与用户一起做这些步骤。快速原型方法和我们自己之间有很多协同作用。最大的区别就是最初的概念来自哪里。所有的原型过程都是从设计师和用户一起提炼出来的最初概念开始的。对于用户来说，更新现有的设计总是比完全从头开始要简单得多。

1 我们需要快速成型的参考文献。

但是因为原型是逐步迭代的，所以很难对最初的产品概念做出根本性的改变，所以要确定第一个切入点是正确的。在情境化设计中，我们从愿景数据中生成最初的产品概念。通过这种方式，确保解决方案能够响应、适应并活跃用户的生活。多次迭代之后，经过磨炼的想法将会传递价值。

可用性和 A/B 测试不能挑战产品概念

在可用性测试和 A/B 测试中，测试人员给出了产品设计，但是这个过程不是生成性的。其目的是测试现有的设计，而不是创造一个新的。传统的可用性测试通过设定任务来测试用户的表现，通常是为了确保它们能够满足预先定义的度量标准。在今天，公司可能会请人们进入实验室进行一部分概念测试，或者看看某些详细的功能是否正确。把越多的真实世界带入实验室，获得的结果也就越可靠——至少，应选择基于现场数据的测试场景。可用性测试也是一个迭代过程，用于磨砺设计，在产品的概念框架内帮助在不同方法之间做出选择。并且，可用性测试是确保在产品上市前处理好所有界面设计缺陷的最可靠的手段。他们调整用户界面，清除任何粗糙的边界或在理解界面以及与界面交互时不必要的困难。

不能参与产品概念开发的可用性专业人士总是会因为在最后一分钟被要求修复重大结构问题而感到崩溃。在设计过程的最后阶段再来决定产品存在哪些问题已经太晚了。而这就是情境化设计方法被创造出来的原因！

最后，A/B 测试、网站分析和其他“大数据”方法是目前比较常用的用来比较设计方案和发现问题的方法。当产品通过网络交付时，这些方法很容易实现，因而也很诱人。特别是对于大容量的产品，它们可能会很有价值，比如亚马逊，1% 的转化率就相当于数百万美元。

使用情境化设计提出产品概念，然后进行 A/B 测试

与可用性测试类似，A/B 测试必须在有一个初步概念之后进行，因此它不能替代生成性的、以用户为中心的设计过程。并且，A/B 测试需要对多个方案进行比较——通常是实现同一意图的多种途径。构建这些替代方案需要一个具体的以用户为中心的思考过程。使用情境化设计技术来提出替代方案，然后如果你有足够的用户对产品进行测试，那么可以使用 A/B 测试来评估哪个方案更佳。

最后，如果你希望有一个流程来帮助决定构建什么，以及如何构建它，以使其符合目标人群的预期并受到重视，那么产品概念需要产生于对目标人群的生活的深刻理解。如果你希望用户对产

品概念给予反馈，而不是关注用户界面、视觉设计或者与现有工具不兼容等小细节，那么请亲自进行面对面访谈。除非你知道自己在向着正确的方向前进，否则不要采取在线反馈的方式。

### 16.1.3　原型是一种商业技巧

作为一个设计团队，你要准备好交流的不仅仅是你的设计是如何为用户考虑的，还包括企业利用这个产品将如何赚钱或省钱。原型技术、定量技巧与商业智能相结合，一起验证商业模型。原型不会告诉你市场有多大，或者有多少人会买你设计的产品。但它会告诉你，一旦人们看到你的设计并理解它的影响之后会有多兴奋。

通过原型可以得到商业模型和营销的反馈

原型访谈也有助于量化你的价值主张。在一个模拟访谈结束的时候，我们明确地问用户最看重的是什么——如果是购买方，就问他们为什么愿意买这件产品，或者他们愿不愿意向买家推荐这个产品。一位顾客说，她愿意支付市场营销部门预估的 3 倍的价格，因为她理解了这个产品对她的潜在影响。当然，也存在相反的风险。有一个客户相信他们的产品价值 2000 美元，但是原型用户表示他们愿意支付 500 美元。因此，通过原型测试与用户交流是一种很好的业务方法。

价值主张的另一方面是你可以介绍节约了多少开支，也可以进行测试。比如说，如果你正在设计一个故障诊断系统，则需要估量目前需要多长时间来处理问题。可以通过一定的实例来查看时间范围。然后，在用户与原型交互后，得到他们对系统节省时间、减少返工以及其他价值的估计。如果它看起来不错，那之后就可以估量结果了。在“假装”模式中体验产品，实际体验了节约的内容，他们对这一点的估计将比其他任何人都更好。

还有另一条路可走。你的商业模型可能会告诉你，IT 组织将在明年花费数十亿美元进行“虚拟化”，但是当要求虚拟化时，他们认为他们可以得到什么呢？关键驱动力和期望值是什么？这将如何帮他们省钱、保护他们免受风险？实地研究充实了市场需求（如果有市场的话），原型测试可以帮助你评估产品是否有足够的价值带来收益。原型测试可以给你一种直觉——让你以后可以用真正的市场研究来定价和制定商业计划。同样，如果你在情境访谈中采访了竞争对手的客户，那么你的产品应该反映出高于竞争对手的价值。把你的原型带到竞争对手的用户那里，让他们看看你是怎么做的。谈谈每个产品的优缺点以及你的产品区别于其他产品的地方。如果结果是积极的，就会丰富你的市场信息。

原型化有助于在公司内达成共识和对 IT 应用的信任

原型对于内部项目也是很重要的。通过与公司内的用户进行原型测试，IT 团队可以建立信任和兴奋点。当为企业设计 IT 系统时，将要使用新 IT 系统的员工可以看到进展，他们可以直接与设计师交流，也可以看到他们的反馈如何帮助改进了设计。显而易见，设计团队正在听取他们的意见和建议。员工经常会担心技术将会怎么影响他们的工作，许多团队也会用故事板来告诉他们新的工作方式将是什么样子。这两种工具都可以支持与那些受到新技术影响的人对话，并帮助收集关于什么将是有用的和什么可能没有用的反馈。并且，这两种工具都能帮助员工知道技术和业务经理在倾听他们的意见。

这可能也会导致它自身的问题——一个团队通过用户访谈产生了太多的兴趣点和兴奋点，他们必须确保覆盖到了组织中的每一个用户。另一个团队则需要举行很多次的用户反馈会议，分享故事板，并在商定好的工作周内，在同意实施之前达成共识。毫无疑问，这些问题比猜疑和蔑视要好得多。通过会议所带来的兴趣和参与感会让他们更容易接受和采纳 IT 系统。它创造了美好的愿望。

数据对于促进商务对话和决策有很大的帮助。因此，一定要验证产品概念，并且不仅需要获得在设计上的反馈，还要获得商业性问题方面的反馈。

## 16.2 产品规划与策略

产品实现的最后一步就是上市。在这本书中，我们不会讨论实现环节，但是我们需要讨论如何从验证设计一步步地走到产品路线图。任何情境化设计项目产生的内容几乎总会比单一版本中发布的内容要多。因此，优先级排序总是很重要——即使是从增强型数据库中挑选特性也是一个决策过程，它决定了现在该做什么，以及什么不该做。第 18 章将讨论如何使用用户工作场景设计模型和用户数据来帮助你做出决策，并跨过最后一道桥梁，以获得成功的解决方案。

好的以用户为中心的设计能产生很多想法，比在单一版本中能发布的更多

一个战略性的情境化设计项目——探索一个新市场，设计一个新产品或者对现有产品做一个重大补充，或者开发一套 App 与更大的产品进行交互，帮助团队和公司看到可以通过发布一系列的产品交付的内容。因此，许多项目很自然地都会部署 2 ～ 5 年内将要推

出的产品。但是，即使是一个处理单个作业类型的范围有限的快速敏捷项目也可能会产生很多功能，比单个版本或单个团队所能发布的要多。相反，数据和产品概念提供了一系列的发布版本或者一组并行的敏捷团队。因此，了解如何对经过验证的设计进行划分和优先级排序，是确保既支持商业利益，又能在每次发布产品时向用户交付有价值的东西的重要组成部分。

多年来，我们一直在积极地开发、推广和使用情境化设计方法，而不仅仅是来来去去地使用一些开发方法[1]。在本书的写作过程中，敏捷方法已经到达顶峰，但我们已经看到，人们在寻找一些可以克服敏捷方法局限性的方法[2]。在这里我们将更多地讨论优先级和上市的原则，而不是具体的方法。

优先级通常有两个层次。首先，一个完整的情境化设计过程总是会产生一个太大的以至于不能在一个版本内完全发布的解决方案。这不仅需要花太多的时间来构建整个系统，你甚至不想这么做——你会想在市场上先找到一个有用的解决方案，并通过一系列的版本发布来增强它。作为一个企业，你要尽快获得收益，而在市场上发布一个产品的行为将会以你无法预测的方式改变市场。因此，最好是至少有一点敏捷性，而不是用单一的整体方案来解决问题。

尽快发布第一个版本，但要确保它能提供价值，并具备很好的用户体验

当下有个词很流行——“最小化可行产品”。[3]首先只发布基本功能，然后在此基础上进行迭代。这是一个很强大的概念，但是要小心——在实践中，“最小化可行”很容易被理解成“至少我们可以侥幸成功，不需要对质量和真正价值做出真正的承诺”。敏捷开发只会使问题更严重。如果在一次开发冲刺中，团队发布一个满足需求并允许用户完成一项任务的故事，即使它笨拙而丑陋，那么改进该功能的依据是什么，为什么不是在下一次开发冲刺中开发新功能呢？新功能的吸引力总是难以抗拒的。

因此，从敏捷编码器使用手册中取一页，[4]如果没有测试案例，

1　从开始使用情境化设计方法到现在，我们适应并协调了我们与各公司的合作方法，包括瀑布式方法、RUP（统一软件开发过程）、JAD（联合应用开发）会议、快速原型方法、基于场景的设计、业务流程重组、六西格玛技术、敏捷技术、创业文化等等。

2　Ladas，Corey. Scrumban: 精益软件开发中的看板系统论文 . Modus Cooperandi 出版社 . 2009；Beyer，Hugh. 以用户为中心的敏捷方法 . Morgan & Claypool，2010.

3　Ries，Eric. 精益创业 : 今天的企业家如何利用持续创新创造出从根本上成功的企业 . 皇冠出版社，2011

4　《敏捷编码器使用手册》参考资料

那么该功能就没有完成。如果代码被一起破坏了，有些毛病，那也没有完成。“完成”意味着完整的质量和完整的测试套件。团队需要和用户体验相关的学科。“完成”意味着有一个高质量的用户界面、所有现代用户界面所需要的交互性、一种传递“直接付诸行动、没有麻烦、没有学习负担、适当地使用动画和现代美学”等酷概念原则的设计。否则，你总会觉得你没有发布高质量的产品。

但是，为什么首先要开发一个“超出需要”的设计呢？只做每一环节中需要做的事情，这不是敏捷和其他快速开发方法的核心吗？让我们来看看一位艺术家的比喻：一个画家有一个非常模糊的概念，她想画一张站在麦田前的篱笆跟前的人的画。她知道这个人会有一只手、一张脸还有更多；栅栏会有柱子；在田野上可以看到小麦和天空，但它们将如何结合在一起呢？艺术家首先勾画素描的大元素，这样她就能看到这幅画的结构和元素的比例。艺术家不会一开始就画手或脸等所有细节——每一层的细节都是在绘画中同时进行的。绘画产生于艺术家与画布的对话，由于各个部分在相互关系中彼此成长起来，从而绘画的思想也发生了本质的改变。

设计指南的完整范围和后续每次发布的焦点

设计产品也是如此。任何一个需求过程生成比任何一个发布版本所能够包含的更多的内容都是很正常的。但是，如果知道了产品所有可能的元素，就要告诉每一部分相关的设计者——就像艺术家看到的更大的图画的草图一样。以用户为中心的过程，如情境化设计，提供了广泛、有效的设计方向。然后，接下来的选择将由整个更大的产品概念和用户对每个版本的响应来指导。和艺术家一样，我们也会随着所看到的东西转移、改变和深化设计。但设计方向是根据更大的、验证过的愿景和产品范围的高层次设计来确定的，正如在用户工作场景设计中所阐述的那样。有了一个有效的大方向的画面，就可以看到发展的方向，不管是通过多个版本还是并行发布。然后根据连续的用户反馈调整每个版本。一只眼睛看着地平线，而另一只眼睛看着我们前方的小路，这是成功的最佳途径。

在项目中，紧密的跨职能合作伙伴更容易就发布达成共识

在用户体验、产品管理和工程之间紧密的合作关系是至关重要的。作为团队，你可以在实现、用户和业务之间做出最佳的权衡。最后，无论你要发布什么，都要时刻考虑到所有这 3 个方面。因此，在最初的用户访谈中，让关键的工程师参与进来，确保他们参与包括用户数据研究在内的构思会议。你需要在产品上市所涉及的

每一项工作职能中创建倡导者，以确保整个团队都知道产品的方向是如何被真实用户的声音所引导的。

### 16.2.1 发布支持意图的主题

推出计划的第一个难题是如何将整体概念分为几大块，便于发布为一系列的产品。每个大块都应该有一个焦点和主题，这样当发布时，就会有一个连贯的市场信息。“‘旅行计划’的第二版有 100 个新功能！”或者“‘旅游计划’升级版，让‘旅行拍档’成为你的旅行助理！”哪一个更令人信服呢？许多产品似乎采用了第一种策略。我们推荐第二种。

主题使开发人员专注于用户意图，而不是要实现的功能列表

围绕主题组织产品发布，即使处于允许迭代发布的技术环境中——例如，如果产品在云上运行，那么可以随时发布一个小调整。当主要的新功能出现时，你仍然想要在市场上引起轰动，仍然希望用户专注于新功能，这样他们就会使用这些新功能。如果你有一个连贯的主题可以谈谈，那么很容易做到。主题还可以帮助并行团队知道他们的意图是什么，他们不仅仅是实现一个互不相关的功能列表。通过这种方式，开发人员，尤其是能够访问用户数据的开发人员，可以考虑他们将真正向用户交付什么。

我们发现，在愿景规划和酷清单阶段确定的产品概念通常是这些主题的出发点。每个产品概念都有意将一组相关的功能整合在一起，旨在处理特定的用户意图。支持连贯活动的产品概念可以独立于其他产品发布，而且大部分设计和开发也是可以独立的。（检查用户工作场景设计和用户数据，以确保是这种情况。）虽然产品概念比整个愿景更小、更聚焦，它仍然可能描述了比你希望在单一版本中发布的更多的功能，它将包括可选项，除了核心功能之外额外的一些很好的功能，你并不希望因为它们耽搁整体的发布。

分层优先排序，将设计分解成连贯的块，然后在其中考虑优先功能

第二层优先级将在一个版本中发布。在一个版本中，用户工作场景设计所设想的功能需要通过小型的、可操作的单元来传达给开发环节，无论是需求规范中的个性化需求、敏捷过程中的用户故事，还是其他。而且，长期而艰苦的经验教训告诉我们，无论计划和安排得多么仔细，当接近开发的最后阶段时，很可能还是不得不将某些功能放到未来的版本中。了解主题和需要交付的核心价值，可以让我们专注于实现该目标的核心，并确保构建它。

发布的优先级应该遵循敏捷原则：组织开发过程，以尽快得到

一个可用的产品并且开始迭代；首先开发核心功能，然后做更多的可选功能；与开发团队密切合作，确保他们知道要做什么，而且当不可避免地需要做一些调整时，能够以确保用户体验的方式进行。确保开发人员拥有相关的故事板、交互模式和详细设计，帮助他们评估任何调整的影响，并将它们返回到用户体验团队进行讨论。

情境化设计将一个经过验证的产品概念交付给敏捷过程

情境化设计项目的开发与传统敏捷项目的不同之处在于开发过程中的迭代。一个情境化设计项目已经对概念进行了测试，使之适合于用户实践，并用快速的纸面原型进行了粗糙的 UI 测试。有时，这被称为“第 0 阶段”，在这里需求被制定出来——这是在敏捷开发之前的另一项单独的活动。在开发过程中，不再需要研究、设计和迭代产品的各个方面。可以把精力集中在详细的界面设计上，与工程师一起并行开发，并在用户有空时与他们一起测试初步的代码版本。

知道如何对设计进行重要性排序，以适合于商业可行的发布意味着你所交付的任何东西都会给客户提供明确的价值，也会为公司带来收益；该产品卓越的用户体验增强了企业的品牌认知；强大的核心功能可以由开发团队及时做出来；多个版本的发布表明，该公司正在开发一套更强大的功能。用户工作场景的设计结构和情境数据可以帮助你在跨专业的产品团队中开展真正的沟通和协作。

## 16.3 项目规划与执行

“我们该怎么办，”一名工程师曾经问我们，“敲开别人的门，请求他们让我们看着他们使用我们的产品？”这个问题的真正答案是，“是的，请这么做。”当然，这并不是不做事先安排，而是需要做一些计划，但最终一切都归结为展示和观察。有时候，引入一种新的工作方式的最大障碍是人们对完成或没有完成什么的假设。

一旦人们接受了他们将要尝试以用户为中心的设计过程的想法，就需要知道接下来要采取什么步骤，否则就不能采取实际行动。通常，人们反对新的工作方式的原因是因为他们根本无法想象自己将怎样以新的方式工作——这很正常。因此，重要的是要有清晰的、具体的行动，使情境化设计项目能够启动。因此，第 19 章将讨论如何设置一个项目的焦点，如何规划与谁交谈，不同的问题可能需要不同的数据收集过程以及团队的组成等等。

明确的项目范围和焦点是项目成功的基础

团队组织和项目计划需要适应问题和业务。明确地定义项目范围和项目焦点是至关重要的第一步。这将会指导你之后所做的每一个决定。如果一家公司想要的只是一些新的功能，只愿意考虑对现有产品做些修补，而如果你所计划的是一个广泛的项目范围，力求从根本上改变或挑战现行做法，那么你肯定会感到沮丧。如果你的公司要求进行根本性的、重要的创新，正在开拓新市场，或正在寻找邻近的产品，然后他们寻找了一些新的功能集，使用户界面现代化，或者列出了一个快速修复的列表，这是完全错误的方法——现在你需要打开思维，使团队具备真正的技能，来迎接这个挑战。但是，要确保你明白真正的目标是什么。公司通常会说他们想要创新，但实际上只是想要一些新功能；他们会说他们想要一个新的方向，但实际上，他们无法使大家接受或执行任何与核心使命距离太遥远的事情。因此，要想成功，第一步是回顾利益相关者的诉求：什么是当前商业环境中真正可行的事情。

你也必须找到你正在处理的目标活动。记住每个产品设计的背后都是你要处理的目标活动，以及从事相关活动的人们，即使是一个只限于可用性修复的项目。公司会因为将项目架构为“与新技术对接”或“获得一个伟大的新的现代界面”而臭名昭著。该框架将团队焦点放在技术和设计上，而不是支持用户。所以千万不要把项目看成是产品改良，它总是在重塑用户的实践，并用技术来改进它。

像做其他项目一样，管理好情境化设计项目

明确定义范围、目标任务和工作类型之后，就可以开始计划从现场收集哪些数据以及如何收集了。没有一个通用的情境化设计过程；产品的性质、公司、他们希望交付的内容，以及你计划支持的实践的性质都会影响如何收集用户数据、收集哪些用户数据以及如何处理这些数据。你需要适应你的公司选择的方法和给定的时间表。一个成功的情境化设计项目必须以及时、有组织的方式执行，以适应团队和公司的运行方式。

情境化设计提供了一组技术，构成了任何范围和规模的以用户为中心的设计过程的主干。可以用几周的时间来传递价值，也可以用几个月的时间来处理更具战略性的过程。究竟要花多长时间，取决于对实现项目焦点所需的步骤的规划、了解目标任务、与可供团队使用的人一起工作、安排用户和团队成员做更多的工作。如果没有在各个层面上做好项目管理，工作就可能会有波折，变得没有焦点，需要花费太多时间，甚至会因为公司的紧急事件而

使客户访问设置尽可能顺利

被搁置——就像其他项目一样。因此，这里将会给出一些关于如何管理情境化设计项目的指导意见。[1]

拥有支持“以用户为中心设计”的基础结构的公司工作起来更加容易。最重要的两个因素是“帮助建立访问”和“组织”，这样团队就能真正地相互协作。如果你有一个用户研究小组和可用性小组，那么可以和他们一起完成实地考察。但许多公司并没有合适的程序来安排这些访谈。在这些公司中，你通常与产品经理、服务部门和销售团队——这些与客户接触的人一起工作。你可能会发现这些人很不情愿，他们对让工程师直接与客户交流表示怀疑。但是客户对访问的反应总是很热烈。曾经有一位客户因为被邀请参与这个过程而非常激动，以至于在她公司的内部通讯上写了一篇关于他们的供应商有多注意倾听他们声音的文章。一旦用户第一次感到被用心聆听了，销售人员和营销人员很快就能尝到甜头。如果用户是内部人员，他们可以感到自己正掌控着这个正在进行中的项目。

让团队在面对面的会议上讨论，以取得更好的结果

对分布式的团队来说，面对面的会议几乎是天方夜谭。但是我们必须面对这样一个事实：协同工作，一起建立最初的整合模型、共同设计，将会产生更好的成果。在这本书中，我们已经指出了协同工作对什么类型的任务来说很重要，而哪些工作是可以远程协作的。当团队开始启动一个项目，当他们第一次合作以形成一个团队，当他们开始理解数据的含义，当他们通过故事板和设计来思考的时候——当所有真正的生成性工作正在进行时，最好把你的核心团队聚集在一起。这是创建对用户和解决方案的共同理解的最佳办法。因此，如果你正在努力建立一个团队，那么将人们组织起来，在会议室里待上几天，采购些食物，一起走进用户的工作与生活。只要有了一个好的项目经理和几个人组成的核心团队，面对面的工作和远程协同工作就可以穿插进行了。

找一个专门的空间让你的团队一起工作

试着在核心团队旁边创建一个团队空间，这些成员最好在同一个位置。情境化设计会议中的许多工作都会产生一些物件来帮助集中思考；有了团队的房间，你就可以将它们挂在墙上，让它们永远在视线之内。在同一个空间工作，也使得整个团队得以在一起绘制愿景，甚至以并行子团队的方式工作，这样大家就可以互相交流自己的想法，

1 也可见于 Karen 和 Holtzblatt 等人写的《快速情境化设计》，2004 年 12 月，摩根考夫曼出版社。本书是关于情境化设计的关键步骤的指导手册。对项目经理来说，这是一本很好的参考书。

并随时参考墙上的数据。

> 用心挑选团队成员并做好管理，就会得到回报

如果房间中配备良好的远程会议工具，远程成员们就可以轻松地进入讨论。为项目周期准备一个房间，即使是短期的，同时也为利益相关者提供一个实时查看正在发生的事情的地方。不管谁想要跟上项目进度，都可以仔细浏览墙上的数据，其他团队也可以通过墙上的内容来了解你们做了些什么。一位产品经理告诉我们他喜欢利用这个房间来了解团队的工作方式，他发现这比现状报告或演示更直接、更真实。团队空间是向其他团队宣传以用户为中心的技术的一个很好的媒介。他们总是可以看到各种数据和设计思想，因而他们也开始谈论想要这样的项目。所以不要只给团队一个硬盘来存储文档和图片，要给他们一个合作的空间。

最后，任何一个项目的成功与否都取决于团队的人手、个性、认知方式和特质。选择合适的人员，包括他们的技术技能和人际交往能力，使用我们的技术来管理他们的差异，找到一个真正高效的项目负责人，帮助他们组织成为一个运作良好的团队。你会取得成功的。

# 第 17 章

# 验证设计

不要在设计讨论中迷失方向，几周内要再回到用户身边

在情境化设计中，我们用纸面原型验证来快速获取用户反馈。原型迭代是一种设计工具，早期的测试可使设计少走弯路。我们喜欢在愿景规划之后尽快回到现场。因此，缩短开始数据整合到第一次原型访谈的时间：小项目 1 ～ 2 周，稍复杂的项目大约 3 ～ 4 周。即使需要收集更多的访谈数据来填补空白，也要把它们安排在这个时间框架内。那是你第一次完成一个完整的设计过程。一旦团队开发了基础的产品和 UI 结构，情境化设计就进入了一个不断通过用户反馈来扩展和迭代的设计过程，这个过程可能会持续几个版本的发布。

如果需要更多的时间，要么你处理了比需要的更多的细节，要么就是在讨论设计时争论不休。愿景规划之后的所有设计都是要拿去测试的，不是直接用于实现的。在进一步规范之前，执行产品概念和结构验证可以帮助团队放手，不再拘泥于每个细节。越快回到现场，团队陷入具体设计中的机会就越少。

不要担心是否完美，现在正处在测试阶段，而不是上市

使用纸面原型测试不仅可以验证产品的结构和初步用户界面，而且是通过产品运行使用场景，以确保其为用户工作的另一种方法。在这种情况下，用户使用自己的工作或生活场景，与模拟产品进行交互，就像它是真的一样。然后，设计师可以看到需要添加功能和链接的位置，以及“交互模式”是否可以指导用户找到想要

的功能和内容。这样，我们不仅测试了产品结构，还可以让用户体验到与他们的生活紧密相关的产品。他们或许会被它打动。想要判断新产品概念是否值得开发，以及能否获得足够反馈来构建商业案例，这是最好的方法。

本书提出了“让我们来假装”的情况，让用户测试产品

这种迭代测试开始时，用最普通的文具用品做个草模。这种原型很快就可以做好，它让用户专注于产品概念和结构，并邀请用户进行协同设计。最初的关于低保真模型的工作是作为参与式设计研究的一部分，在奥尔胡斯大学开展的。[1] 凯伦 • 霍尔茨布拉特（Karen Holtzblatt）在她早期的情境化设计工作中将这些方法应用于软件设计。[2] 此后，该技术得到广泛推广。[3,4] 我们将马上介绍我们的方法，阅读时，请把注意力集中在纸面原型的主要价值上：使用原型来促进设计对话，而不是演示的能力。这是原型会话的交互性，用户被置于自己的情境中，可以像真实使用产品那样与原型进行交互，并且可以实时做出调整，赋予原型迭代足够的力量。

如图 17.1 所示，用户界面的某些部分与便利贴注释条进行了分区；信息是手写的，在整个过程中可以与用户一起添加或修改。每个旅行活动都记录在标准尺寸的便利贴上，便于单独操作，也很容易添加访谈得到的新活动。

为即将交付的产品的每个支撑平台构建纸面原型

原型是为了测试最重要的设计问题而建立的。[5] 如果设计将在移动设备上运行，那么原型可能是智能手机大小的卡片，用于测试它以这样的规模是否可以在现实生活中使用。我们不仅在家里或办公室，而且也在旅途中验证设计。如果产品能像许多任务支持产品一样地收集和呈现信息，那么真正的内容就会被开发出来并嵌入到原型中，从而用户在需要时候马上就能体验得到。这有助于我们测试内容的基调、长度、清晰度和结构。它让可以我们测试这

1 P. Ehn 和 M. Kyng.“纸板电脑：嘲笑它还是把握未来”. Design at Work. J. Greenbaum 和 M. Kyng（编），p169. 希尔斯代尔，新泽西州 : Lawrence Earlbau 出版社（1991）。

2 Holtzblatt，凯伦，琼斯，桑德拉（1993）：论文《情境调查：系统设计的参与式技术》，出自《参与式设计：原理与实践》。由 Douglas Schuler 和 AKI 波冈编辑。Lawrence Erlbaum 联合会，希尔斯代尔，新泽西州。1993。p205-206。这篇文章中提到的我们使用纸面原型——采用参与式方法的时间与 Ehn 和 Kyng 出版他们的书的时间相同。

3 PICTIVE——参与式设计的一种探索，计算产品中的人为因素 1991，CHI’91 会议录，pp. 225–231。

4 斯奈德，卡洛琳 . 纸样机 .2003 摩根考夫曼。

5 精益 UX 体现了同样的理念 : 尽早确定和测试关键点。

个产品是如何跨平台运作的。如图 17.2 所示，原型模拟了目标设备的大小，手机的每个屏幕都对应一张卡片，并适配于手机外壳，这样用户就可以体验到实际大小的信息。

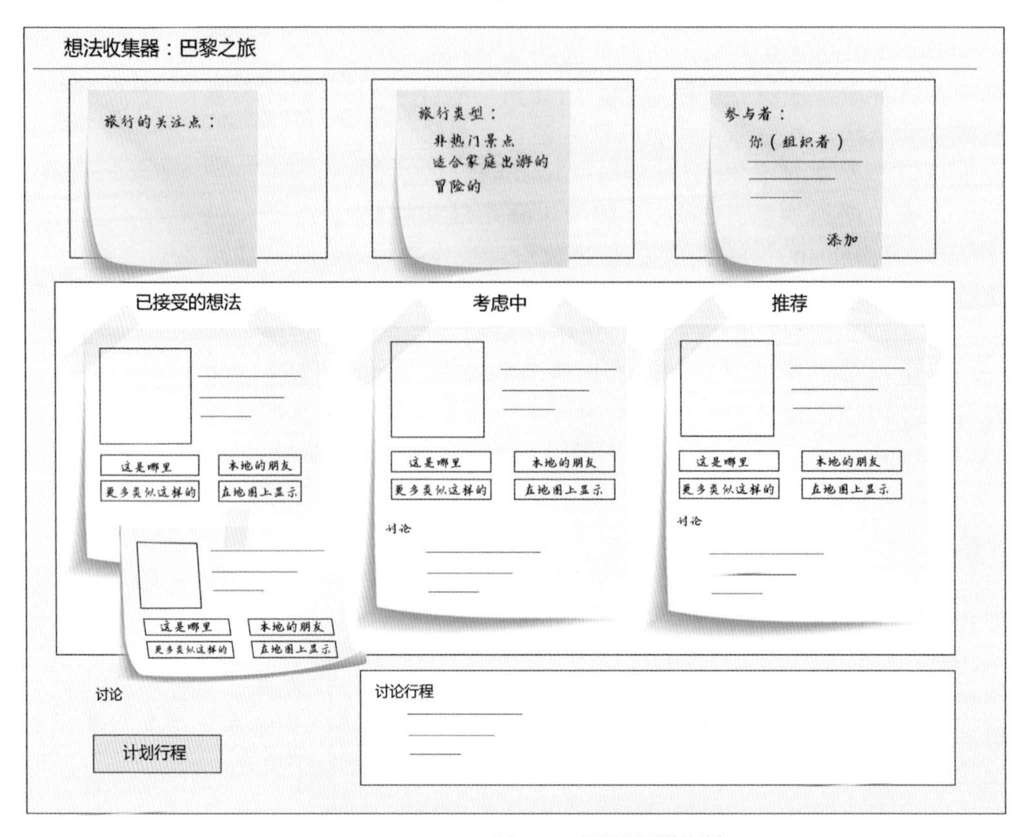


图 17.1　纸面原型的案例

图 17.2　在触摸屏普及之前设计的手机界面模型

访谈的目的是尽可能模仿真实的使用环境。例如，当为汽车设计新的界面时，一个团队将模型放在用户的汽车的仪表盘上，并从 iPod 和迷你扬声器播放预先录制的音乐。在测试中，他们和用户一起驾驶汽车，模仿新系统的语音和视觉信息。通过这种方式，设计团队可以看到用户在车上驾驶时的实际反应。他们和用户讨论他们的反应，协同设计，确定与司机沟通的最佳方式。同样，移动设备的模型也可以以卡片的方式呈现在目标设备上，因此设计人员可以看到设备将如何影响用户交互。

*在测试和重新设计之间交替进行用户测试*

根据反馈重新设计之前，该设计方案应进行一轮大约 3 ～ 6 个用户的测试。一轮测试中用户的数量取决于项目的范围，但不要超过 6 个。多轮样机模拟和迭代使得在不断提升的细节水平上进行设计和测试。在几轮原型访谈的过程中，团队从粗糙的线框图表现形式，不断增加细节，发展为可在线点击的原型——可能经过了视觉设计的处理，同样也可以进行测试。

原型的情境化设计过程是：研究用户工作场景设计确保其保持连贯；设计一个 UI 框架，使用描述了用户工作场景设计的交互模式并用纸面原型模拟；在用户日常生活或工作情境中，使用纸面原型对用户做访谈；与设计团队一起开展访谈的解读会；调整用户工作场景设计模型和用户界面，以对问题做出响应；重复上述过程，直到确定设计方案。3 轮测试足以验证产品概念，解决所有的问题，最终确定产品和 UI 结构，并构建可用性。在第 3 轮测试时添加视觉处理，或者增加第 4 轮测试来对美学设计和品牌策划做出验证。在敏捷过程中，可以在第 1 轮或第 2 轮测试之后编写故事板，后续的设计迭代与开发冲刺将齐头并进。

## 17.1 构建纸面原型

构建原型过程的基本要求是构建简便和快捷。记住，目标的一部分是让用户更容易地选择设计方案。如果原型很难构建，那么人们就不愿意将其作为设计工具。现成的文具用品，尤其各种各样的便利贴，是纸面原型的基本组成部分。

快速原型工具[1]非常容易使用，所以很有吸引力，让人从一开始就想要构建它。但要抵制住诱惑。即使它们的速度和纸面原型一样快，它们也不会像利用纸面原型获取的协助设计那样支持对

1 Balsamiq 和 Axure 就是其中的两种。

话。如果你对此表示怀疑，那么尝试两到三个纸面原型，再选择几种工具做模型，比较一下，你就明白了。

一个好的纸面原型很清爽，但看上去是可以修改的

原型成功的关键是在访谈过程中把所有可能需要移动的东西都分别写在一张便利贴上。包括下拉菜单、可折叠对话框和直接操作界面的对象（任何可以拖放的东西都应该记在一张便利贴上，这样你就可以拖放）。访谈时，访谈人员会用用户自己的数据来填充界面的内容，所以要预留好一定的空间。如果你的系统呈现了内容，那么需要提供与设计所要求的完全相同的文字。把它打印出来，放在模型中的正确位置上。额外复制几份 UI 元素，既可以写用户的内容，也可以在访谈过程中尝试不同的东西。

针对软硬件结合的产品，除了使用纸质模型之外，还可以使用其他类型的工具。钢笔可以当作条形码扫描器；钢笔盒可以是很好的手持设备；而文具盒则可以当作平板电脑。优秀的低保真装置可以用泡沫来构造。便利贴可以贴在用户自己的手机或平板电脑上，以测试这些设备的使用场所和情境的界面。图 17.3 是一个扫描设备的原型。泡沫原型还原了实际设备的尺寸和重量；顶部的图片代表嵌入式摄像机的小屏幕。

图 17.3　一个扫描设备的原型

为每个用户在原型上创建一个完整的访谈包

纸面原型描述了用户界面的结构和行为。它是手写的，比较粗糙，但是整洁清晰，用户可以看得懂。如果想在所有的焦点区域都被设计出来之前就开始做纸面原型测试，那么可以用只有标题的空白便利贴来表示未完成的部分，这就提供了足够的空间来与用户讨论结构。整理纸面原型，把屏幕相关的所有部分都整理在一张纸上，把其他部分整理到另外一张上。将屏幕相关的模型按预期使用顺序排列。将最终原型和每一部分都制作一些备份，这样每一个接受访谈的

用户都可以使用它。可以随意复制每一个部分，或者将它们撕成碎片。你正在将一些小的访谈包收集到一起，补充一些额外的信息。现在你已经准备好访谈了。

## 构建纸面原型

**屏幕**：用一张大小合适的卡片作为背景来表示屏幕。这给了你的模型一个可靠的基础，并且在访谈过程中，操作这些部分时会很有用。

**窗口和窗格**：使用一张和你当作屏幕的卡片差不多大小的纸或便利贴。在访谈过程中，注意那些因为窗口重叠导致的问题，看看你是否会被在桌面上或者触摸屏上过多的重叠窗口搞晕。

用标题栏装饰窗口并配上文字说明。画个菜单栏并写上下拉菜单的名称。如果需要还可以画上滚动条。

**表格和文本内容**：通常，在同一张纸上做好表格和文本比较有用。这样便于替换内容，并更换成用户自己的内容。这可以为每个访谈增加额外的内容。

**下拉菜单，包括汉堡菜单**：下拉菜单的名称出现在窗口，因为它总是可见的。菜单的内容写在一个小一点的便利贴上。在便利贴的顶部写上下拉菜单的名称。在访谈中，当用户点击下拉按钮来模拟下拉菜单时，把菜单拿下来，放在窗口的一边。

**工具栏和按钮条**：如果工具栏和按钮条是永久存在的，在窗口上画出它们的空间，但把每一个工具栏和按钮条图标各自画在一张便利贴上（把这些小东西剪下来）。在访谈时，你会想要谈谈在栏或条中需要做些什么，并且将它们记录在自己的便签上，这样便于重新配置，也使得它们显得更便于操作。如果你正在设计一个浮动框，那么把所有的东西都写在它自己的便利贴上，直接把工具画在上面，或者把它们各自记录在小便签纸上，这样就能好好思考如何精确设计浮动框里的内容了。

**单选按钮、复选框、控件**：直接画在屏幕上。用荧光笔使它们更显眼一点。

**对话框、弹出框**：准备小一点的便利贴，将不变的内容直接画在屏幕上；可能会改变的内容就单独写在小张的便利贴上。

**特技**：你越想把交互性做得更强，就越想通过扩展这些基本技术来实现你的设计。拖放操作很简单，如果把想要拖放的元素放到它自己的便利贴上，用户就可以直接捡起并移动它。如果想要表示信息叠加，比如文档注释，请使用透明塑料并在上面贴便利贴。如果正在设计一个选项卡式界面，请使用旗子标识来表示选项卡。使用任何媒介（任何能够代表你的意图的东西，创造或使用不太复杂的东西）来模拟都是可以的。

## 17.2 运行原型访谈

纸面原型访谈需要由两个人进行，一位负责访谈的进行并操作原型，另一位则默默地记录下所说的话和所移动的东西。原型访谈与情境访谈在访谈思想上有些相似，但支撑材料完全不同。处理纸质原型的机制使之运行起来会更复杂一些。但是就与情境化访谈一样，纸面原型访谈的思想也是注重探究用户行为，产生共同的新发现，一起解读，协同设计。指导情境访谈和原型访谈的原则都差不多。

不要做演示——研究用户的实际活动

**情境**：在情境访谈中，要踏踏实实地接近用户执行目标活动时正在进行的行动和刚发生的真实事件。你不能在纸面原型中进行真实的“工作”，但可以脚踏实地地做真实的事情。要么假装做当天的用户活动，要么重演过去真实的事件。还可以在执行真正的任务和在原型中重演这两者之间进行交替。

**用户（U）**：你知道，我绝对不会用你的产品。我上网的时候可以发现一些有趣的事儿。我不想用专用工具。

**设计师（D）**：[清楚地知道他们的设计整合了用户常用的浏览器，但是暂时先不告诉用户。] 那么，请告诉我你上一次碰到有趣的网站是什么时候？

**用户（U）**：我们计划去巴黎旅行，所以我一直在关注有什么有趣的事。我很喜欢这个网站，因为他们会介绍一些旅行者不常去的地方、不常做的事。你看，这是在布劳涅森林的自行车骑行。（点击链接）

**设计师（D）**：这里有你可能会做的事吗？它们为什么能吸引你？（将此活动相关的关键信息写入原型中的“浏览器窗口”一页）

**用户（U）**：因为这是户外运动啊，它不是典型的旅游项目，但是我们都喜欢骑行。

**设计师（D）**：那么，假设这是你的浏览器。（将表示“浏览器窗口”的页面放在用户前面。页面上有用于采集活动的小插件。）

**用户（U）**：哦。这是什么？（指着窗口小插件）

**设计师（D）**：为什么不试试看呢？

**用户（U）**：（点了下窗口小插件。设计师把记录了捕获活动的对话的便利贴贴到了浏览器窗口中）。你的意思是说这里就可以保存页面？酷！（用户点了下保存页面的按钮）

**用户（U）**：现在我可以做什么？

**设计师（D）**：你想要做什么？继续到处看看？

**用户（U）：**说真的，我现在就想和我老公分享这个。如果他不喜欢，那根本就没必要保存了。

**设计师（D）：**好的，我们会帮你做到的。（在便利贴上写下一个新的链接“分享”）怎么样？

**用户（U）：**不错。我点了后会怎样？

**设计师（D）：**呃……可能会这样。（把“旅游活动”便利贴从原型的“想法收集器”那部分中撕下来，贴到一个更大的便签上，在顶部写下“分享旅游想法”，然后将它们放在用户面前）

**用户（U）：**太棒了。这样他们就能看到了？好。但我还想写一条注释……

设计师是在原型中写入新数据，来展示加了用户自己的数据之后界面会变成怎样。这让用户始终可以与模型互动，可以触摸、自己调整它或者告诉设计师怎么操作它。不要让用户泛泛而谈，如果用户开始谈他想要什么样的产品，就让他们说说真实的故事，看看可以改变些什么。当他们完成故事的时候，提出新的产品设想来更好地支持他们。在智能手机发明之前，有个团队和他们的用户一起开车，在路上使用便携设备工作。当她去加油时候，她说“现在，我用这个东西来付钱”。她假装将它插进油泵里。有这样一个设备在手，开发新功能就很容易。

*协同设计取决于与用户的接触以及与原型的互动*

**合作伙伴：**用户和设计师之间的合作关系是围绕着原型设计开展的。当用户与原型进行交互时，用户和设计人员都会发现问题。当用户提出问题或建议采取不同的方式去操作时，设计师会相应地修改原型。设计人员还会针对用户遇到的问题，提供几种不同的解决方案供用户选择。

经常会有一些用户的期望和设计师的意图不匹配：“所以点击小插件可以提取出用户对该活动的评论，对吧？”在这种情况下，先追问用户对此的理解：“对，你觉得那看起来应该是什么样的？”然后，立即开始协同设计这种新的可能性。也许你并没有承诺最终将采用你和用户共同提出的设计，但是通过研究，你可以发现他们在想什么。你可能会发现一个新的问题或方法，是你以前从未想过的。你将把你的设计带回团队，在适当的时候整合它，或者至少可以整合这些变化中包含的基本思想。在访谈中，一旦你和用户一起探索了另一条途径，当遇到瓶颈期时，就可以回到你设计的原型：“那很有趣。但是可以回想一下，你第一次看到这些照片的时候吗？想象一下，假设我告诉你，在不

*深入探究用户的想法，这样就可以看到这些想法是如何产生的，然后再向他们展示你的设计构思*

影响你浏览照片的情况下，只要抓住这个想法就好？”这也是处理用户设计思想的好方法。如果他们的经验或技能受到限制——如果他们的想法只是对目前的网站和应用程序的使用习惯——那就深入探究他们的想法，直到你看到他们究竟想要得到什么。然后，你可以利用更广泛的选择，来想出更新的、更具创造性的解决方案。通过这种方式，你可以看到用户的想法，以及当你与他们分享想法时他们的反应。你也可以为用户提供更多的技术理念，他们可以自己整合并应用这些技术。

专注于对产品和界面结构的反馈，看看你的设计为什么能（或不能）起到作用

**解读：**当用户对原型的某个方面或者设计师的想法做出反应时，我们的目的是要弄清他们的期望，以及原型或建议方案与其期望不匹配的原因。可以讨论用户的想法，但是重要的是要理解他们的需求和原因。记住，仅仅是用户对于改变设计的想法或建议并不意味着你就得实现它，这只是用来获取用户意图的另一种方式。

在任何情况下，你都希望了解用户实践的结构，以及它是否与原型匹配，但是你将通过界面设计（UI）来表达。因此，在本例中，设计师和用户谈论了浏览器小插件及其弹出对话框。他们的解决方案是与实践相匹配的。设计师得到结构化的数据——这些插件所处的位置及其功能是否真的支持用户意图？交互模式是否有助于用户看到所呈现的内容并知道如何在各个位置操作？具体的演示可能会有用，或者也可能会因为收到反馈信息，团队重新发明出更好的机制，从而被取代。只要满足了用户意图，UI 设计师就可以自由地重新设计界面的结构和细节。

非口头反应往往会揭示出设计的复杂性以及用户感受到的不知所措和挫折感

重要的是，你要对用户的反馈保持开放态度（包括口头反馈和非口头反馈），并且你愿意迅速改变原型来对之做出响应。设计师拿出一个带有两个可选界面的原型，其中一个（她自己喜欢的）是基于日历开发的，整合了用户工作场景设计模型中的两个焦点区域。当这一方案被放在第一位用户面前时，该用户明显感到畏缩。她的反应在说话之前就已经表现得很清楚，似乎在说：“哦，不，我不想要这个，那太复杂了。”

**焦点：**如前所述，用户工作场景设计代表了设计团队声称的该产品将在某些方面改善用户实践。原型访谈的重点就是测试这个方面，并且在发现不恰当的时候立刻改正它。

保持这个焦点很难，因为对人们来说接受变化更容易，并倾向于仅仅把这个变化当作一点微小的调整，而不会认识到这是对产品的基本结构或假设的挑战。对于设计人员来说，重要的不是去

寻找验证，而是要找出产品失败的原因。这将使得设计师更容易认识到根本性的挑战。

注意产品为何不能支持意图，而不仅仅是验证

用户工作场景设计为设计师提供了一种倾听的方式，这也使得打破现有假设变得更容易。通过用户工作场景设计的结构来支持他们，设计人员可以判断关于某个调整的建议是否只影响到 UI 和交互模式，或者它真的对产品结构提出了挑战。当创建用户工作场景设计和检验原型时，设计师们确定了在访谈过程中要检查的具体测试（下面将进行更多的讨论）。在团队考虑替代设计时，原型能帮助你测试不同的选择方案；如果用户有疑问，设计师可以立即引入替代设计方案，看看它的效果是否更好。

最后，焦点有助于使对话保持在正确的设计层次上。在这个过程的早期，原型用于测试用户工作场景设计模型和交互模式的结构，而不是 UI 的细节。如果用户建议对低层次 UI 细节进行更改，比如一个新的图标、不同的措辞，那么设计师只要记录下来就好，不需要多做讨论，因为这不是焦点。但是，由于用户确实需要知道你正在倾听，所以要把它写下来。之后，当原型被用于测试具体的交互模式和 UI 细节时，设计师将讨论并提出可替代的 UI 结构和原理。同样，如果整个项目的焦点就是整理现有产品的 UI，那么原型测试将从一开始就关注用户界面的问题。

## 17.3 访谈的结构

围绕一个纸面原型做访谈和一般的情境访谈有着非常相似的结构。不同的是，在最初的讨论之后，你将要开始使用原型。访谈步骤如下：

**准备**：原型访谈就像任何背景调查一样，需要提前做好准备，这样每个人都知道该做些什么。用户可以是团队已经与之交谈过的人，或者是全新的用户——新用户具有扩大用户池的优势。通过这种方式，一些大型项目与 40 ～ 60 个用户一起完成了项目中所有的迭代。使用原型对 3 ～ 6 个用户进行访谈，回顾他们的反馈，并且在再次测试前重新设计原型。

别找那些不做原型所支持的活动的人做访谈

特别重要的是，要确保原型访谈是针对那些实际将执行原型所支持的活动的人进行的。用户需要利用当前或最近的案例来执行他们可以在产品中重演的活动，否则无法用他们来测试原型。在准备访谈的过程中，找出用户在做什么，并确保你所关心的活动都已经涵

盖在内。

然后设定一个期望值，你可以在他们做该项活动的地点进行访谈，无论是在工作中、家里，还是在路上。该地点的情境、信息或物件会激发用户更真实地使用该原型。

对于团队来说，执行访谈的设计师们需要熟悉用户工作场景设计和纸面原型。以团队方式来回顾原型，并确认由于原型设计的方式，原型所要测试的额外问题。也许设计师在屏幕上设置了很多按钮和其他界面要素，你会发现用户很容易不知所措。也许设计师添加了一个强烈的视觉元素，将本该只有一个的焦点区域划分为两部分，那么你得测试是否划分了焦点区域。无论问题是什么，请将它们与开发用户工作场景设计时决定要测试的设计选项一起记录下来。这些将有助于提炼访谈的重点。

**介绍：**首先介绍你自己和你设计的重点，包括设计支持的活动类型。在这一环节，没有必要描述设计本身。你要做的只是让用户开始思考你想让他做的活动。

纸面原型的情境：让我们来假装吧

然后了解用户，弄清楚目标行为如何成为他们工作或生活的一部分，以及他们最近必须要做的或已经完成的相关任务。这时候你要找的是进入原型的时机。你要寻找你的产品将要支持的各种不同场景，当前的或最近的。你可能找不到一个合适的场景，可能这个人根本就没有做你目前支持的活动。但如果访谈准备妥当，这种情况是很少见的。通常情况下，你会发现 1 或 2 种场景可以作为很好的备选场景，用于在原型中重建或第一次执行。

不要在意细节，请直奔与用户相关的部分

**过渡：**一旦找到了一组合适的场景来重建，就可以选择一个场景开始并过渡到原型访谈。呈现原型并介绍它。简要介绍屏幕上的内容："这里有一个应用程序，可以让你收集关于度假旅行的想法。"不用对原型进行全面的演示。当你介绍时，如果用户正在计划旅行，那么你可以为用户写上具体的数据，就写他们正在考虑的地方。如果没有，那就写上他们最后一次旅行的地方，或者索性留空，开始计划一次新的旅行。在任何情况下，UI 都应该显示用户在该流程的那个点会看到什么。

介绍产品所需的讨论取决于你在用户实践中引入了多少调整，如果调整很小，那么可以直接进入原型；如果调整比较多，则必须介绍你的实践方式。"这个产品是一个收集想法的地方，你可以用来组织你的旅行计划，然后把它们变成一个具体的旅行计划。"这就足以把我们的旅游管家服务介绍给用户了。

**访谈：**一旦原型准备就绪，就可以让用户与之互动进行测试了。

如果你正在复制一个最近的事件，建议用户用原型重复他的动作，然后你操作电脑使得产品正常工作。或者让用户开始探索这个原型，让他说出所见所想。也可以同时在原有的产品或竞争产品上运行真实的任务，然后切换回原型来演示新产品的工作方式。如果这个产品应该显示数据或内容，那么请使用执行实际任务的内容。

给用户一支笔，这样他就可以和你一起修改原型。一些用户会直接投入到他们的活动中，其他一些人则更愿意四处看看，探索产品不同的部分。让他们选择他们喜欢的方式就好。

如果产品不起作用，那就与用户共同重新设计

如果用户要求你对产品的某个部分进行解释，那么可以给他们一两句描述。这个时候注意倾听"不"很重要。如果你看到茫然的目光，不得不一遍遍地为用户解释以期他们能理解，那就说明你的概念就是行不通的。如果用户不知道什么是"想法收集器"，或者无法理解他们在浏览时如何用它来捕捉想法，则说明它与当前活动的使用方式是不相符的。那么，使用该产品将需要大量的培训。千万不要试图强迫用户使用它，赶紧开始寻找替代方案吧。

通常由两人进行访谈；在管理原型系统和与用户交流的同时记笔记太困难了。原型访谈的笔记对以后与团队重现访谈的情况至关重要，因为很难直接从原型中恢复事件发生的顺序，而录音又会漏掉太多信息。一般情况下，最好的方式是：指定一个人当记录员，负责记录正在发生的事情，不用与用户交流。访谈者则负责访谈和操作原型。通常没有必要录下访谈的录像。如果一个设计团队因为他们自己没有参加用户访谈而不能真正了解用户，这时候视频是很有价值的，你可以将视频传送给他们。如果你正在查找与用户界面的详细交互中的一些问题，视频也能起到关键的作用。否则，我们会发现，在录像上的额外的努力反而会阻碍快速而频繁的原型测试过程。

两人一起开展纸面原型访谈

在访谈的时候，如果你正在重现过去的事件，那么请反复提及该事件，使得访谈始终以它为基础。询问用户产品应该如何响应，当她说了一些你意料之外的东西时，如果有用，请当即扩展你的设计，并在原型中的其他焦点区域提取一些有用的部件出来。

在之前的案例中，用户提出了一些设计师没有想到的想法，即在将其保存到想法收集器之前先分享一个活动。所以设计师按照该想法进行了调整和重新设计。该设计已经有了一种概括活动的方式，因此设计

回放特定事件以保持访谈的基础，进行协作设计使产品起作用

师重用了它。用户和设计师共同探讨用户提出的方向，分享想法。这对用户工作场景设计和活动流程是一个挑战，但是在访谈解读会之后，团队可以考虑用户工作场景设计的影响，并根据需要重新设计。在访谈的后期，设计师也可以回到这个问题上，如果这是有意义的。

**设计师**：现在，你已经看到了整个想法收集器……

**用户**：嗯，很不错。我喜欢。

**设计师**：但你看，你还记得我们是怎么开始想要和你老公分享骑自行车的想法的吗？假设说你已经这么做了，但是他没有回复。那不应该出现在这里，对吧？

**用户**：不，我会想看到这个的。我会想知道我提出了建议，而他没有回复。

**设计师**：那该去哪儿呢？

**用户**：嗯，让我想想……也许在“考虑中”部分。毕竟，我们正在思考，直到他确定下来。

当用户添加一个新的意图时，她返回到了最初的设计想法。只要有机会模拟使用该产品，她就可以回头想想她最初的建议的含义，并提供进一步的反馈。

**总结**：原型访谈的最终总结总是从对访谈中得到的关键点的简单小结开始的。总结关键点，如果它是有用的话，可以总结你没有弄清的原型的部分，以便做出快速反应。但这不是情境化的数据，所以不要在这上面花太多时间。

明确价值点，找出产品发布的重点

最后，检查用户对产品和销售点的情绪反应。可以询问:“你喜欢这个产品吗？你会买还是会推荐它？你愿意为它付多少钱？”你并不是在寻找一个真实的忠实客户。你是在寻找他们认为产品是多么有价值和令人兴奋的感觉。你可以发现他们的期望值和价格的门槛值。你也可以问他们认为最重要的 3 个特性——他们已经用了你的产品，可以凭经验回答你。然后继续问，“如果团队只能实现一个，那应该是什么？”现在，用户在帮助你进行优先级排序了。在访谈结束后，受到访谈时的兴奋感的影响，你会得到一个基于产品体验的反馈。通过这种方式得到的反馈将比从焦点小组或演示中得到的要好得多。

这是原型访谈的一般模式。如果你正在跟踪一个进行中的任务，而不是在重复旧的任务，那么用户会交替做一些实际的任务和在原型中重演；如果你正在重复以前的活动，那么你会被要求在模型中重复模拟活动的所有步骤。就像在回顾性实地访谈中一样，寻找任何物品（比如机票或酒店预订的收据），以帮助用户记住他们做了什么。设计师和用户讨论原型，使用与用户活动相关的真实交互来驱动对话。他们不时地会发明一些替代方案，用一段时间进行精心设计，然后再回到原形设计。设计师使用用户工作场景设计、交互模式和技术知识来驱动访谈——如果你能识别出用户正在挑战整体设计的某个方面时，那么可以立即进行细节研究，而不用等待另一次访谈。

在设计过程后期，当你对原型中所表示的产品结构有足够的信心之后，便可以更多地关注具体的交互模式和界面元素，以及实际产品实现中的各种限制因素了。当用户尝试做一些设计上不允许的事情，而不是将其作为一个共同设计的机会时，可以适当给予提醒。看看他是否能想出如何让产品在给定的限制下工作。

通过切换活动来运行原型的不同部分。根据用户正在做的或者重新创建的任务，直到完成或者已经超出了原型所涵盖的范围。然后再选择另一种情境，运行尚未接触到的原型部分。通常情况下，在一次访谈中你不可能触及原型的所有部分，这是正常的；2 个小时后结束访谈，然后把剩下的原型部分留给下一个用户就好。

*在产品结构和 UI 结构都稳定后再创建在线原型*

**将原型上线：**鉴于上面列出的所有原因，前两轮的原型应该是面对面的纸面原型测试。但在基本结构稳定之后，你会开始对交互和界面的细节感兴趣，而这些细节很难在纸面上展现。随着现代的原型工具和构建真正界面的工具的发展，运用代码来呈现这些交互变得很容易。到目前为止，你已经多次在情境中观察和研究用户，所以你对他有了很好的了解，不再像原先那样依赖于情境来解决问题了。这是一个开始测试视觉设计的好时机，如果愿意，你也可以做两个版本的外观设计来进行测试，来获得反馈。

你可以在现场使用线上原型，或者，如果你做的就是一个基于互联网的产品，那么可以运行远程访谈。这时，产品的结构、交互模式、基本内容和功能已经设置好了。因此，访谈的重点更多地在于视觉设计和低层次的用户界面元素。对于要在移动设备上运行的设计元素，至少要在用户运行设备时做几次面对面的原型访谈。这样可以更好地感受到，用户不仅仅在与屏幕交互，而是与整个设备交互。你也可以更好地看到与设备相关的问题，比如屏幕后面的盒子的使用、触摸屏和鼠标的比较、手指的滑动以及其他等等。

你测试的原型范围可能包括了从纯粹的图像到工作代码，你需要相应地调整访谈。开始时，你可能在 Adobe Illustrator 或类似产品中有 UI 的图片，只需与用户共享屏幕，通过打开或关闭图层来展示用户界面。你可以用原型设计工具来实现一些互动，在这种情况下，你可能更愿意让用户控制原型并看着他们是如何使用的。尤其在敏捷情境中，你可能有可以访问真实内容的运行代码，在这种情况下，你肯定希望让他们运行交互。在任何情况下，如果可以，请为用户定制原型，如果你在访谈时发现他们对加勒比海度假感兴趣，就不要给他们展示一个满是欧洲大教堂的原型。

如果不需要观察与设备的交互，则可以采用远程测试

使用在线原型进行现场访谈，其运转机制就像纸面原型会议一样。对于远程访谈，使用屏幕共享会议，双方可以看到相同的内容。在网络服务器上托管原型，然后在一起看是可以的，但是很难操作，除非无法共享屏幕时再选择这么做。

对于介绍部分，让用户告诉你他们正在做什么，并寻找一个当前或最近的任务，你可以在原型中重演。你通常不能实际更改什么内容，但是你将继续引用他们的实际任务来作为示例。让用户提出并展示他们做了什么的案例。

当准备好进行转变时，提出你的原型。让用户告诉你它是做什么的，他们看到了什么。如果用户想要进一步探索，要么让他们自己操作原型，要么让他们告诉你想要点击什么，你来操作。

紧接着跟随一项任务。当每个屏幕出现时，观察用户对它做出的反应，并让他们口述将如何使用它。必要时，可以通过讲述一些东西来建立用户数据和原型之间的连接，比如，“你在海滩上看到的主要区域中到处是潜水游览活动，因为那正是你正在寻找的东西。”

将最后一轮访谈的重点放在低层次的用户界面和视觉设计上

既然你的焦点是用户界面和视觉设计，现在就开始探索用户对布局、颜色和图像的反应吧。倾听用户界面的选择所带来的情绪反应：“听起来你好像觉得这个屏幕让人有压力和困惑。你认为所有的红色都使情况变得更糟糕吗？”倾听用户界面互动时引起困惑的地方——仅出现在悬停状态的控件、无法打开的折叠菜单、在关闭状态下几乎看不见的文件盘。不要急于解释，否则你永远也找不到这些问题的答案。

最后，为所有的原型访谈做一个总结。

## 17.4 解读会

原型访谈解读会的运行就像情境化解读会一样

原型访谈过程的最后部分和情境访谈一样：访谈人员将数据带回设计团队——包括他们自己的数据和记录员手写的笔记，以及标记过的纸面原型——回顾访谈过程，使每个人都明白所发生的事情，并提供不

同的观点。解读会的重点是找出访谈中产生的问题。

问题被记录员作为笔记记录下来，但一般来说，我们不会从这些笔记建立亲和图。笔记中记录的大多数都是关于界面的具体问题，所以不需要使用像亲和图这样的通用技术。制作电子表格来整理这些问题，将每条笔记与相关的焦点区域及其部分一一对应起来（见图 17.4）。

|  | 笔记 | 用户 | 笔记内容 | 笔记类型 | 焦点区域 | 部件和组件 | 解决类型 | 决定/行动 |
|---|---|---|---|---|---|---|---|---|
| 1 | 1 | U2 | V：喜欢那种嵌入在浏览器中“捕捉想法”的小插件的点子 | UE | 浏览器小插件 |  | 不需要修改 |  |
| 1 | 2 | U2 | 希望在捕捉到一个想法时，能够从小插件中立刻分享它们 | UE | 浏览器小插件 |  | 修改UE和UI | 添加功能以允许…… |
| 1 | 3 | U2 | 希望可以从小插件立刻直接跳转到想法收集器 | UE | 浏览器小插件 |  | 修改UE和UI | 添加功能以允许…… |
| 1 | 4 | U2 | DI：将小插件从简单的“捕获“功能转变为”想法收集器“的历史记录功能 | DI | 浏览器小插件 |  | 没有足够的信息继续测试 | 需要重新设计……<br>更多用户想要测试… |
| 1 | 5 | U2 | V：我一开始不明白这些空白栏的作用，但是直到我使用到了它，就非常喜欢它了 | UI | 想法收集器 |  | 只改变了UI | 只在UI中添加了便签 |

图 17.4　纸面原型解读会期间的笔记

图中各列显示：该笔记来自于第几轮访谈；第几条笔记；用户编号；笔记内容（“V”表示这是一次设计验证）；笔记类型（该笔记是否引入了新的实践，还是处理了用户工作场景设计或 UI 中的问题）；受到影响的焦点区域；交互模式影响的部分或要素；以及这些问题将如何解决。

将反馈分类整理到图表中，并以此为依据将对话分类

早期原型访谈中的大部分数据将成为用户工作场景设计中的结构性问题。捕捉这些问题，并标记与之相关的焦点区域。对内容的反应也做同样处理。你可能还会获得用于用户界面的布局和低层次细节的交互模式的反馈，尽管这不是第一轮测试的重点，还是可以捕获它们，并用用户工作场景设计的焦点区域对它们进行标记。在用户工作场景设计的结构问题被细化之后再进行处理。任何与布局、演示图形元素、交互性或措辞有关的问题都是 UI 问题。还会有一些问题，它们描述了用户实践的一些方面，或者提出了以前没有见过的新问题，但是与原型并没有直接关系。用 UP 标记用户实践，但不要试图在解读会中解决这些问题。之后，可以将它们添加到亲和图中，或者根据需要更新体验模型，以获取新的实践元素。如果对某个问题发生的地方存在分歧，则将它移到上一流程，放在用户工作场景设计模型中，优先于 UI，并将其同时标记为“用户实践”和“首选”。按惯例，整个解读会是将对话分类的好时机，因为每个对话都有自己的模型，在墙上也有它自己的位置。

解读会的主要任务是查看用户对 UI 的反应，以了解潜在的问题。如果用户觉得不知所措，要了解其原因，是因为焦点区域不清晰，设计了不符合用户的使用方法，还是因为那部分产品的 UI 过于复杂？检查用户的行为和语言，以了解他的反应对设计意味着什么。在多次迭代之后，产品结构趋于稳定，访谈将更多地关注交互模式和 UI，最后才是视觉设计。在这些解读会中，你将会看到关于用户工作场景设计的问题在逐渐减少，而对于正在测试的设计层的反馈则逐渐增加。

## 17.5 设计迭代

当测试了 3 或 4 个用户之后，是时候进行迭代了。在解读会中，用户提出的问题被分组，因此相关的问题可以一起讨论。对情境化设计模型的更改可能会影响到用户工作场景设计，进一步影响到交互模式和用户界面设计细节。没有人愿意在用户界面的某些方面耗费了几个小时之后才发现，对用户工作场景设计模型的更改可以避免整个界面设计的麻烦。所以要处理的第一个问题是那些与模型有关的问题，请仔细检查它们，看看是否存在任何新的实践方式会对设计提出重要的挑战，足以让你重新制作新的故事板。（如果初步研究做得不错，那么这种情况是很罕见的。）

先解决实践问题，然后处理产品结构，再是用户界面

为所有类型的模型收集来自所有用户的问题。组织这些数据，看看它们对模型意味着什么。将它拓展到用户实践中的任何新的方面：“生命中的一天”模型中的新活动、新的或扩展的身份、新的关系或协作策略等。如果这些新数据影响了设计的焦点，那么应该把它作为用户工作场景设计的一部分来处理；否则，它将成为用户群的永久性表征的那一部分。

接下来开始处理用户工作场景设计。首先考虑模型的变化是否会影响设计，如果有，确定它们会影响到哪部分。然后查看所有用户的数据，并询问主要的结构问题。寻找重新设计整体产品以解决这些问题的方法。然后着手逐个处理各部分问题，从最重要和影响最深远的问题开始。为每个部分收集所有用户的问题，并考虑如何重新设计它们以解决来自模型的这些问题和新信息。如果有必要，就使用快速故事板，帮助你在变更后的产品中考虑具体的活动。从用户工作场景设计开始，直到解决了所有的问题。你可能会认为，有些问题的细节层次太低，不足以影响产

品的某一部分，或者只是影响了产品的外围部分。花很多时间来获得这一部分设计是没有意义的，就算设计了以后也可能会被砍掉。努力使核心产品稳定，然后考虑什么需要优先发布，再深入设计细节。

添加故事板、调整用户工作场景设计也是重新设计的一部分

如果只在核心故事板的基础上构建了第一个原型，那么可能会有更多的故事板进入到第二轮产品中。在此期间，重构用户工作场景设计，使任何新的功能、内容以及对交互模式的更改都被整合在一起。对产品进行重构往往会导致设计的分离，所以要在用户工作场景设计完成后再将其重新组合在一起。检查交互模式，看看是否隐含了更改。清理含糊的部分，确保设计是合理清晰的。

现在，由用户工作场景设计的调整转向交互模式的重新设计，包括基于该层次的用户反馈所需的任何更改。首先寻找影响交互模式体系结构的广泛问题。基础结构有效吗？你的交互模式是否足以引导用户通往每一处地方？是否达到了整体的一致性？如果需要更改基本隐喻或重新设计交互模式，那么请在处理较低层次的 UI 问题之前，先处理好这些问题。

最后，收集关于底层用户界面的反馈意见，并重新设计原型的各个方面。一起回顾新的设计，并在纸面上模拟整个活动。进行第二轮测试、评审和再设计。第三轮测试可以有更详细的 UI 了，如果愿意，那么可以进行视觉设计了。在这一环节，可以把原型放到网上。这可能会和你在敏捷过程中的第一个开发冲刺同时进行。

## 17.6　完成设计

这是一个迭代式的、以用户为中心的情境化设计过程。当你扩展设计以满足越来越多的愿景时，产品将会做出调整和改变以适应新的问题。核心设计可能是相当稳定的，但是当你着手应对一个新的实践领域时，你会收集更多的用户数据，尽管它可能会完全集中在你想要处理的方面。你可以组织访谈来获取到目前为止你从未观察到过的活动的数据。你可能会发现在原型访谈过程中获得这些数据的机会。如果它很重要，那就先把原型放在一边，做一个常规的情境访谈来获取所需要的数据。然后再返回到原型访谈。稍后，在解读会环节，当你点击访谈那部分内容时，就可以看到情境调查风格的笔记。你可以选择将它们添加到亲和图或合并后的模型中。

每 10 ～ 14 天回到用户中间，来让自己继续向前推进

在这些迭代中，你总是使用原型来驱动用户访谈，并让团队始终以实际的用户数据为基础。每隔 10 天至 2 周就返回到用户中间，让团队保持焦点并继续前进；根据我们的经验，缺乏与用户之间的定期联系是使团队失去焦点并导致相互争论的主要原因。设计中的原型方法可以使你保持向前推进。

这个迭代式设计过程会一直持续下去，直到团队确定有了一个可行的设计方案。通常在与用户一起对用户工作场景设计部分进行 2 或 3 次迭代之后，这个部分就相当稳定了。结构性问题慢慢变少，UI 问题开始占据主导地位。这是一个信号，说明结构是正确的。同样，这些过程也将发生在 UI 架构上，在一两轮迭代之后，基本的交互模式集应该趋于稳定了。随着产品和布局结构的稳定，可以将精力集中在 UI 细节上。如果正在展示内容，那么你将继续迭代它的结构和基调。在每次迭代中，都可以扩展原型以测试产品另一部分的结构，同时获得更稳定部分的详细反馈。已经稳定的部分也可以同时开始进行设计实现和编码。正如我们将在第 18 章中描述的，考虑产品各部分发布的优先级，并为下一个版本构建计划交付的用户工作场景设计和交互模式集。这将成为你的工作的需求规范。

迭代设计过程很容易与迭代实现过程合并

当以这种方式进行设计时，可以确定你已经理解了需求并设计出了适当的产品结构。产品开发可以通过对运行代码的实现和测试来进行，就像我们测试原型的方法一样。这在实现过程中保持了与用户的联系。迭代的原型过程与迭代的实现过程相结合，该过程整合了团队的所有部分来交付愿景。

## 自己做原型测试

无论情况如何，原型设计都是一项关键的设计技巧。当你在研究一个已有产品时，它很可能是你使用的第一种技术。无论设计规模有多大或多小，你都能很容易地在纸上模拟出来，然后把它拿出来测试。但是，如果你不把原型设计作为一个完整的情境化设计过程的一部分，有些事情会有不同。

最重要的是，一个不基于完整的情境化设计过程的原型，将揭示比我们想象的还要更基本的问题。你可能会发现，你的产品与实践根本不匹配，而不是以用户体验和 UI 为主的问题。你会想要捕捉到这些信息——即使你不能马上用到它，你的产品不会有任何进展。当下一个主要版本出现时，

你将会需要这些信息。

因此，组织原型访谈的目的在于收集用户实践数据以及原型反馈。在介绍过程中，寻找与你的过程相关的任务，然后对这些活动进行一些调查，不论是回顾性报告，或者是正在进行中的工作。查找构建在原型中的假设和用户尝试做什么之间的不匹配。与用户一起探讨；讨论不匹配问题，以及用户在查看原型时如何从设计中获得任何价值。像往常一样修改原型，寻找既能真正解决问题，又能适合你的工作范围的解决方案。

之后，与更大的组织分享用户反馈。和产品经理以及其他将设定总体产品方向的人谈谈你所看到的问题。不要只是提出问题，也要讨论可能的解决方案，特别是你和用户一起制定的解决方案。然后，在短时间内，尽你所能去完成你所能控制的产品部分。来自用户数据的种子正在生根发芽，暗示着即将开展重新设计。不要唠叨，只要不断地分享数据就好，他们最终可能会邀请你主导重新设计。

来自于完整的情境化设计过程的另一个变化是，你更有可能拥有运行代码，该代码为你的原型和资产提供了框架，使得创建一个包含最终外观的原型变得更加容易。当你对一个更大的产品做一个小小的修改时，从一个更详细的原型开始就可以了——你从一开始就在寻找关于用户界面和交互的反馈。如果有可能，就在纸上打印出来，即使是在可能有在线原型的情况下。你会希望能够及时对它进行修改。取出便利贴、标签以及其他的原型小工具——如果你发现了较大的不匹配的情况，会想要回到较基础的原型，和用户一起来绘制解决方案。

# 第18章

# 优先级和部署

所有的情境化设计项目都需要做一个优先排序的步骤。用户实践是无缝的、完整的，我们力求使设计实践无缝和完整，但是我们几乎总是无法在一个单一版本的产品中完整地发布所有内容。幸运的是，在这一环节由团队完成的所有工作都意味着优先级和部署，就像项目的其余部分一样，可以基于用户数据来完成。

> 优先级排序是一个关于人的问题：所有相关成员都必须同意

选择在每个版本中发布什么对团队的沟通来说是个挑战。它要求你的跨学科团队与利益相关者们就重要的事情达成一致。这也是我们一直面临的挑战。我们已经讨论了一个团队需要如何协作，并就用户问题以及设计反馈是什么达成了共识。我们将依赖于这一共识，进入产品发布阶段。如果没有共识，那么团队可能会直到发布之日还在争论应该发布什么等问题；个人会因为他们认为重要的问题而陷入困境；用户体验人员和工程师会争论怎样才能获得一个好的用户体验——如何在技术局限和实现用户意图之间得到平衡。产品经理、用户研究人员、工程师等等，分别有自己的任务。但是所有的产品抉择都取决于3个方面：什么对用户有用；什么技术在合理的时间框架内是可行的；什么可以使企业获利。企业将只支持与其核心使命相一致的产品，不论在现在还是将来都能赚钱，并拓展企业的市场信息。所有成员必须共同努力，才能推出合适的产品。因此，任何优先级排序都必须在产品管理、用户体验和工程之间达成共识。

多年来，我们已经尝试了很多方法来帮助开展这一对话，但是都没有很好地解决这一问题[1]。根据我们的经验，确保需求准确的方法是使用以用户为中心的过程，例如情境化设计，因为它使跨专业团队专注于使用数据来做决策，而不是意见。有数据在手，就能避免很多冲突，因为有了清晰的用户需求，探讨了商业价值，而且至少在愿景规划环节已经考虑了工程方面，所以没有什么提议是不可能实现的。但现在，我们必须非常务实，着眼于短期项目。考虑到当前的技术、时间和平台的限制，并根据我们所设想的产品设计和测试，第一个版本最好发布什么？什么能传递价值、能赚到钱，并在合理的时间内完成？

做一个由用户数据驱动的企业——拥有可靠的用户数据

在情境化设计中，愿景规划后我们确定了产品概念，通过酷清单丰富概念，在故事板上处理，在用户工作场景设计模型和交互模式捕获设计，并通过原型迭代进行优化之后，我们开始计划首次产品发布。根据团队对用户世界的理解，由此产生的用户工作场景设计体现了整个产品的概念。它是将整个概念分解成若干部分的基础，这些部分将在一系列版本中发布，或者分配给团队或个人进行并行开发。因为用户工作场景设计展示了产品（或应用程序和产品套件）所有部分之间的关系，所以是规划的基础，也是设计的基础。它还提供了来自原型的交互模式和示例界面，以帮助设想如何配置明确的功能。这些物件充当了高级需求文档，用于指导规划。认识到团队在单个版本中开发的内容可能会超过发布的容量，因此不需要指定设计的每一个细节。因此，用户工作场景设计处于正确的定义层次，可以作为规划工具使用。

用户工作场景设计模型是一种规划工具

大多数产品不仅需要通过一系列的发布来交付，而且它们中大多数也不会独立存在。它们与其他产品或底层系统一起运作，来支持整个活动、工作任务或商业流程。即使是小型应用程序也会与其他应用共享数据，并接受主机平台的所有机制——包括消息传递、警报、共享等。而且，公司并不关心单个应用程序或产品，他们通常会想办法把不同的产品组合成一个统一的策略，来支持他们的目标市场或商业模式。这样就能大大增加市场信息，要求客户共同构建他们的整体品牌愿景。因此，任何版本的发布都必须被看作是一系列产品的集合，这些产品共同支撑了生活中连贯的部分。

如何定义能够使用户的实践保持一致，并且在合理的时间内实

1　即使是敏捷方法也不能让你脱离优先级排序的对话。敏捷依赖于对储备的用户故事的优先级顺序。但是这些故事是如何被排定优先级的呢？

定义在合理时间内交付的版本，以保持用户实践的一致性

现是一个难点。与用户工作场景设计模型保持一致是很容易的，它显示了子系统、各个部分，以及相互之间的关系。用户工作场景设计模型通过将设计分解成与用户相关的产品块来指导规划，每一个产品块都可以独立考虑。无论每个块本身代表了单个产品的一小部分，还是一个完整的应用程序，用户工作场景设计都显示了在该部分中发生了什么，以及它与系统其余部分之间的关系。基于这些，一个团队得以组织和规划其开发路径。

## 18.1 策划一系列的发行

所有客户都希望快速发布产品，没有人愿意等上几年

现在，客户不用等上好几年才看到产品的第一个版本，甚至是期待已久的更新。企业会找其他的供应商，或者他们的需求变化如此之快以至于产品不再有用。消费者们期待他们的网站和应用程序不断更新。有了在云上发布的能力，客户更期待能按期交付。曾经，他们会因为每月推出多个版本而不开心，因为他们觉得用户体验不断地被破坏了。但Facebook、Adobe、亚马逊，等等，每一个拥有云服务的公司已经将他们训练得接受了快速更新。他们当然不会愿意与不符合现代标准的产品进行斗争。所有人——包括消费者、企业和内部的员工——用的软件都必须响应现代工具带来的新标准，以及它们展现酷概念的方式。因此，任何发布不仅要为用户提供价值，还要满足用户体验的现代期望。

花数年时间产生最大化的解决方案，并不是一个好工程，任何产品都可能会在某种程度上错失良机。越早发布一个版本，团队就能越早纠正错误，并围绕用户使用新产品发明一些新的实践。因此，花很长时间发布新产品并不是一件好事情，对用户也不好。但是怎样是发行一个版本合适的大小和范围呢？什么东西太大，不能在合理的时间内交付？什么是无关紧要或不值得做的——比如一个恼人的升级占用了你的移动设备，从而降低用户的效率？获得正确大小的发布版本是产品策划会议的目标。

在一年之内发布第一个版本，这是一个很好的目标，甚至对于一个重要的项目也是如此。这一版本应设置用户对产品及交付它的公司的第一印象。该产品应在市场上引起轰动，或为用户的实践做出重要贡献。但它也需要以一种连贯的工作方式紧密联系在一起。在设计中，每个功能都与其他功能相互影响、相互作用。如果大量的工作被用来传达一个功能，而忽视系统中其他使该功

能运作的部分，那么这其实是一种浪费。最后时刻的会议，要决定在某个版本中到底需要发布什么，这是最痛苦的。选择的标准是什么？是来自用户组的最后反馈？是最近打电话给客服代表的客户？是在工程团队中叫得最响的那个人？团队需要一个过程来决定哪些功能对用户的工作是最重要的，以及如何将这些功能交付给用户以保持工作的连贯性。

用户工作场景设计显示了完整的产品概念，有助于制定发布计划

有了正确的用户工作场景设计，就可以更全面地了解你希望交付给用户的产品的内容。这给了你一个奋斗的目标，并对发展指明了方向。它可以帮助你定义一系列的发布版本，每一个版本都使你更接近愿景，并且在一个合理的时间框架内完成。对于产品公司来说，创建一个更大的愿景，并通过一系列的发布来交付它意味着你有一个连贯的市场信息。把愿景作为战略方向，每次发布不仅对它自身有利，而且是你对市场承诺的又一次预先发布。你可以销售针对人们在工作中遇到的问题的产品方向，而不是出售产品特性。包括市场营销、销售、服务和开发在内的所有人，都可以向这个共同的方向推进。

协同工作以支持某项任务或角色的焦点区域，应一起发布

图 18.1 展示了在第 8 章中我们设计的旅行管家的用户工作场景设计模型。由顶部括号强调该布局，展示了我们在这一环节确定的 4 个产品概念中的两个，即“旅行计划者”和“想法收集器”。但由于这是一个用户工作场景设计模型，它列出了产品的结构，而不仅仅是一组概念，它还将“活动管理器”这一焦点区域确定为既支持“旅行伴侣”又支持“旅行计划者”的实用组件。在创建故事板之前，团队决定这是将在首次发布的产品中最重要的部分，将集中精力完成这部分的设计工作。

因此，用户工作场景设计由一组产品概念组成，每个产品概念都集成了一组与该概念相关的焦点区域。每个概念都被认为是一组相互关联的功能集合，它们可以共同发布用来实现一个主要的用户意图。但是在每个产品概念中，难免都有一些方面比其他部分更重要。有些是核心功能，但你可能根本就不会把这个概念发布出去。其他功能是不错，但其实可以将它作为附加组件。例如，在图 18.1 中，“行程比较器”固然是好的，它让用户可以设置多条替代路线，但这并不是必需的。就算我们不提供，用户也可以简单地查看各个路线方案。

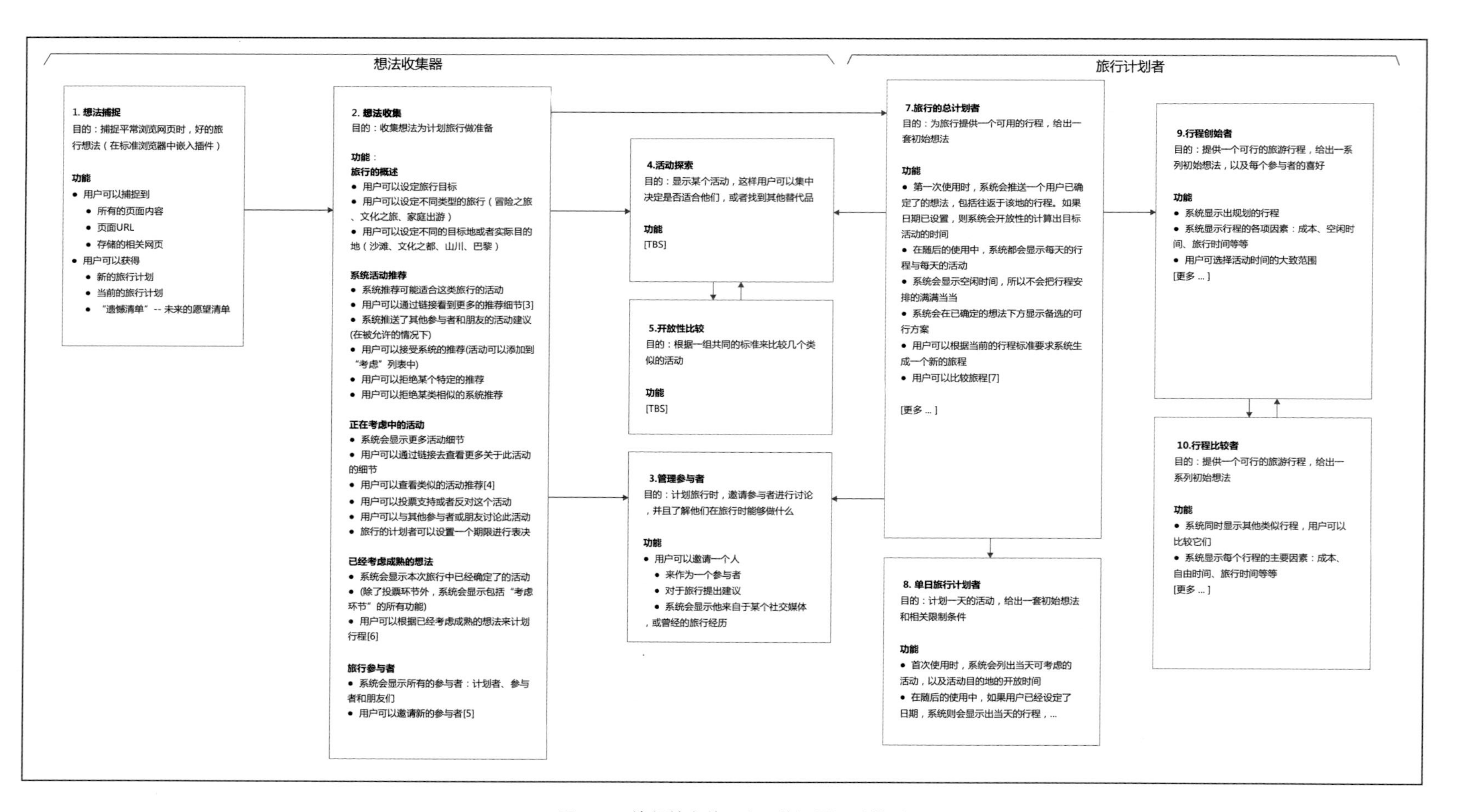
想法收集器
旅行计划者
1. 想法捕捉
目的：捕捉平常浏览网页时，好的旅行想法（在标准浏览器中嵌入插件）
功能
• 用户可以捕捉到
• 所有的页面内容
• 页面URL
• 存储的相关网页
• 用户可以获得
• 新的旅行计划
• 当前的旅行计划
• “遗憾清单”-- 未来的愿望清单
2. 想法收集
目的：收集想法为计划旅行做准备
功能：
旅行的概述
• 用户可以设定旅行目标
• 用户可以设定不同类型的旅行（冒险之旅、文化之旅、家庭出游）
• 用户可以设定不同的目标地或者实际目的地（沙滩、文化之都、山川、巴黎）
系统活动推荐
• 系统推荐可能适合这类旅行的活动
• 用户可以通过链接看到更多的推荐细节[3]
• 系统推送了其他参与者和朋友的活动建议(在被允许的情况下)
• 用户可以接受系统的推荐(活动可以添加到“考虑”列表中)
• 用户可以拒绝某个特定的推荐
• 用户可以拒绝某类相似的系统推荐
正在考虑中的活动
• 系统会显示更多活动细节
• 用户可以通过链接去查看更多关于此活动的细节
• 用户可以查看类似的活动推荐[4]
• 用户可以投票支持或者反对这个活动
• 用户可以与其他参与者或朋友讨论此活动
• 旅行的计划者可以设置一个期限进行表决
已经考虑成熟的想法
• 系统会显示本次旅行中已经确定了的活动
• (除了投票环节外，系统会显示包括“考虑环节”的所有功能)
• 用户可以根据已经考虑成熟的想法来计划行程[6]
旅行参与者
• 系统会显示所有的参与者：计划者、参与者和朋友们
• 用户可以邀请新的参与者[5]
4.活动探索
目的：显示某个活动，这样用户可以集中决定是否适合他们，或者找到其他替代品
功能
[TBS]
5.开放性比较
目的：根据一组共同的标准来比较几个类似的活动
功能
[TBS]
3.管理参与者
目的：计划旅行时，邀请参与者进行讨论，并且了解他们在旅行时能够做什么
功能
• 用户可以邀请一个人
• 来作为一个参与者
• 对于旅行提出建议
• 系统会显示他来自于某个社交媒体，或曾经的旅行经历
7.旅行的总计划者
目的：为旅行提供一个可用的行程，给出一套初始想法
功能
• 第一次使用时，系统会推送一个用户已确定了的想法，包括往返于该地的行程。如果日期已设置，则系统会开放性的计算出目标活动的时间
• 在随后的使用中，系统都会显示每天的行程与每天的活动
• 系统会显示空闲时间，所以不会把行程安排的满满当当
• 系统会在已确定的想法下方显示备选的可行方案
• 用户可以根据当前的行程标准要求系统生成一个新的旅程
• 用户可以比较旅程[7]
[更多 ... ]
8. 单日旅行计划者
目的：计划一天的活动，给出一套初始想法和相关限制条件
功能
• 首次使用时，系统会列出当天可考虑的活动，以及活动目的地的开放时间
• 在随后的使用中，如果用户已经设定了日期，系统则会显示出当天的行程，...
9.行程创始者
目的：提供一个可行的旅游行程，给出一系列初始想法，以及每个参与者的喜好
功能
• 系统显示出规划的行程
• 系统显示行程的各项因素：成本、空闲时间、旅行时间等等
• 用户可选择活动时间的大致范围
[更多 ... ]
10.行程比较者
目的：提供一个可行的旅游行程，给出一系列初始想法
功能
• 系统同时显示其他类似行程，用户可以比较它们
• 系统显示每个行程的主要因素：成本、自由时间、旅行时间等等
[更多 ... ]

图 18.1 旅行管家的用户工作场景设计模型

当用户工作场景设计被结构化为支持用户的相关部分，我们可以使用它的结构来让每个人都参与到对话中，一起讨论在一个版本中应该发布什么内容。我们可以从市场角度来看待用户工作场景设计，询问什么样的产品包才会在市场上引起轰动。因此，旅行计划确实是一个连贯的产品概念，但是一旦发布之后，它本身能产生多大的影响呢？这只是另一个组织工具而已。想想那些酷概念，它真的在以有趣的方式解决问题吗？

先发布核心内容，如果能包含一些可以后续发布的功能也很好

但是，我们添加了“想法倡议者”，并且添加了“为我思考”的直接付诸行动原则：一种无须询问就提出符合用户兴趣的活动和地点的方式。通过建议支持用户核心身份要素的活动，这些兴趣也尊重并强化了用户的身份。现在我们有了一个智能应用程序，它可以帮助用户进行探索，而不仅仅是一个组织工具。因此，在“旅行计划者”中加入“想法倡议者”这一核心功能，可能会在市场上引起轰动，这可能比“旅行计划者”更适合作为首轮发布的产品。

对产品进行优先排序的另一种方法是为角色、工作类型、职责或任务提供一致的支持。一旦发布了版本 1（V1），就可能会发现，我们几乎没有考虑支持各版本之间联系的酷概念。因此，我们可以选择添加协助计划者和旅行参与者的角色，将旅行计划转变为协作活动。这可能是一个很好的版本 2（V2）。注意，添加协作和连接将增强每个产品概念的功能，包括旅行计划者（许多人可以查看和添加）、想法倡议者（人们可以建议、投票或评论其他建议）以及旅行伙伴（在旅行中添加想法、照片和更新）。在设计一个支持新角色的版本时，请查看整个用户工作场景设计模型，以确定支持该角色的功能，无论它位于何处。

因为用户工作场景设计模型结构性地呈现了系统，它帮助团队看到可能成为合理版本的系统的各个部分。但是有很多方法可以通过产品概念、角色、意图等等来切入系统。团队需要进行一个对话，讨论打破用户工作场景设计的不同方法。这将受到用户工作场景设计模型是否表现了一组手机和桌面产品、大型电脑或其他东西的影响。公司的商业战略可以指导这些决策。它们会受到开发方法的影响，这种方法可能对小而快速的发布或多或少比较友好。当然还有更多的影响因素。但是由于用户数据的使用和验证，用户工作场景设计模型在用户数据的基础上建立了一个连贯的系统结构，因此，产生不连贯的版本的可能性就要低得多了。

考虑为下一版本的角色或新任务提供额外的支持

一旦团队确定了一套分割系统以供发布的方法，团队就可以决

与客户一起检查你的发布概念和市场信息，以帮助你做出选择

定从哪里开始才能获得最大的影响力，以及如何从那里推出产品。这应该会帮助你做出产品路线图。作为用户体验专家，我们有真实的用户数据和来自于酷概念的清晰的设计原则，我们可以以此为基础来讨论发布什么内容。开发人员可以查看每个版本中需要的功能和自动化技术，并决定是否可以在预期的时间框架内实现。由于有一个与每次发布的焦点领域相关联的用户界面，市场营销和产品管理可以很容易地说明该版本发布的产品概念，足以让焦点小组会议确定其让人惊喜（“哇”地叫出声）的因素。向潜在购买者展示发布概念有助于确定每种备选方案的销售潜力，并让客户参与讨论价格，有助于项目的商业价值。当然，也可以把这些想法放到网上调查，以获得更多的市场反馈。

一旦每个人都能清楚地看到每一个版本中所包含的内容，他们就可以使用专业工具和知识来评估发布产品概念的可行性。因为在用户工作场景设计中，每个概念都有具体的表现形式，所以团队中的所有成员，无论他们充当什么角色，都能理解对话的含义。用户工作场景设计模型是一种设计构件，它可以支持这种困难的对话，体现了基于用户、产品管理、市场营销和工程估算时间的实际数据所做出的承诺。它支持团队一路寻找正确的发布概念。

## 用户工作场所设计与商用现成（COTS）产品：支持 IT 商业决策

用户工作场景设计不仅可以标识你将要构建的部分，还可以确定哪部分你打算从供应商那里作为商用现成产品购买，或者作为最终解决方案的第三方组件。用户工作场景设计定义了获取的需求，显示了它必须做什么、如何构造它以及它必须如何与系统的其他部分相匹配。分享故事板可以帮助你的供应商看到需求背后的动机。这些场景可能是达成内部共识的核心，所以千万不要违反它们！

在一个案例中，一家 IT 商店直接从愿景规划和故事板出发设计了它需要的解决方案，并在用户工作场景设计中进行了表达。然后向供应商展示该模型，并邀请供应商来投标，为他们将要交付的产品提供部件。供应商必须证明可以为他们的系统进行定制，以支持用户工作场景设计模型指定的结构和功能。他们选择了展示最成功的供应商，经过合理的修改，可以支持团队指定的大部分设计。

在这种情况下，交互设计模式仍然非常粗糙，因为团队知道它们对购买的应用程序的整体用户体验几乎没有影响，除非他们要求供应商也对此进行定制。但是即使如此，粗糙的交互设计模式仍然显示了如何在一

个地方对功能进行分组。这为评估正在审议的供应商提供了更多的信息。他们的内置用户体验是否合理地构造了屏幕布局？如果没有，就可能需要考虑另一个供应商。

在发布用户工作场景设计模型时捕获一个版本

一旦团队决定了下一个版本将会是什么样子，就应该做一份发布版的用户工作场景设计模型，展示即将发布的这一版本相关的焦点区域和功能。当所有的焦点区域和功能都已被明确指定时，这个发布的设计将成为这个版本的需求规范的核心。然后看看对整体交互模式体系结构和用户界面的影响。设计师可能需要做出调整，以确保交互设计仍然基于 UI 设计原理工作。较大的交互模式体系结构也指导这些决策；设计人员可能会进行简化，但他们将简化一个方向，允许将来在不破坏用户体验的情况下发布附加功能。应该设计新的交互模式，使它们能够成长为计划中的交互模式。

简化发布的 UI，但是要确保它可以扩展为计划好的交互模式

关于应该削减什么的决策也是工程上的权衡，它必须考虑到实现的难度。因此，UX 团队可能需要考虑第一个版本的用户界面中某个功能或焦点区域的备选的演示方案。用户界面可以使功能实现变得简单或复杂。对于那些作为某个焦点区域或角色的核心功能，可能需要一个精心设计的 UI，使功能操作显得容易和简单。但是对于某些虽然没那么重要但又不可或缺的功能来说，使用简单的 UI 方法可能已经足够了。团队中的每个人都需要灵活地面对现实产品开发的各种限制。

因此，通过提炼和重新设计具有战略意义的，打算将其用于发布的用户工作场景设计模型的子集，团队可以查看该子集能否作为一个独立的产品来支持连贯的实践。可以通过运行场景测试、原型测试，并和用户一起进行验证。他们将可以同时发现两类信息：它能否作为一种连贯的产品运作；它是否可以作为一种有趣的产品来发布，让客户对它感兴趣，愿意采用它。

发布你要支持的角色和任务需要的功能

请注意，如果你的版本的重点是为新工作职能或工作类型提供功能，那么对该角色的支持必须完整和有趣，足以吸引执行该职能的人的兴趣。例如，如果用户能做的只是可以作为旅行参与者对所建议的活动进行投票，那么这对他们来说价值很有限。他们所做的一切都是为这次旅行的主要组织者服务的。如果让他们也提出自己的建议，评论彼此的建议，并进行一次关于旅行的对话，他们就成了真正的参与者。他们开始对结果产生了真正的利害关系。这就是你需

要吸引他们兴趣的原因。因此，在大型产品的原型制作过程中，要调查用户对简化产品的整体反应，但一定要找到目前真正在承担这个角色的人，否则结果将是无效的。添加或调整功能，使该版本的简化系统对目标人群有效。

一旦你知道有了一个切实可行的版本，就可以详细描述每个屏幕并进入开发阶段。你还将知道下一步你打算构建什么，尽管这会发生变化，取决于第一个版本的市场接受情况。

先确定你对客户的核心贡献，然后再发布

所有这些着眼于如何优先安排发布的方法都依赖于能够清晰地阐述产品的核心创新点。在产品介绍中，关于人们实践的关键变化是什么？不要介绍某个特性，而是寻找产品改善生活的关键方式。寻找你提供的产品与竞争产品的关键差异，或者你的产品帮助客户实现目标的核心方式。一旦确定了关键差异，就可以提出以下问题：引入这种变化所需的产品的最小子集是什么？通过展示产品的哪一部分将连贯地实现核心创新？用户工作场景设计有助于使新产品的影响最大化。

### 用户体验和产品管理之间的关系

在这一点上，我们讨论的内容似乎已经涉及到了产品管理组织的职责。确实是的，这是不可避免的。UX设计师负责整个用户体验，包括产品功能、产品结构和交互设计。在理想情况下，他们根据客户的详细知识做决定。产品经理负责产品的需求和推出计划，并确保每个人一起工作，满足进度安排。他们根据市场调研（根据我们的了解，通常不包括情境化数据）和商业需求做决策。

因此，不同的职责之间存在一些内在的重叠。产品经理通常不需要从情境中获得深入的用户洞察力，所以我们建议你从一开始就邀请产品经理一起参加用户访谈和解读会。传统技术包括市场调查和客户自发的声音，往往只关注客户经理针对他们的需求所说的话。这些方法不记录详细的用户实践，但是你却需要这些观点来优化设计，所以你需要在整个项目中与他们密切合作。出于这个原因，我们建议把产品经理放到情境化设计项目的核心团队中。在许多情况下，他们是项目的拥有者和发起者。

产品经理在团队中有助于发展对方向的共同理解，从而减少潜在冲突。这种冲突往往出现在设计推广策略时，由商业驱动的需求可能无法反映最终用户的需求。并且，来自企业和客户管理（来自于买方）的反馈也不一定能与最终用户的需求相匹配。在推广策略和优先次序的讨论中，

> 应确保所收集的数据是当前可见的，并使用它来阐明你所采取的任何立场。如果有人认为你错了，那就用数据来说话吧。
>
> 请记住，有时候商业争论应该赢得大家的支持。如果客户管理不能接受“正确”的解决方案，因为他们关注于其他问题，那么这就不是要推销的合适的东西。任何企业都有一个焦点，你只能在企业使命范围内组织并销售这些产品。当产品经理是合作伙伴时，你可以和他协商这些约束条件，然后就可以平衡公司、消费者和用户的整体需求。

## 18.2 为了更好地实现产品，将它拆分为有利于并行开发的部分

真正的产品不是由一个人完成，而是由团队共同构建的。因此，开发中的设计任务也自然要进行划分，分配给各个团队成员，而且每个开发人员都必须专注于自己的工作，独立于其他部分。但是，任何需求文档都存在漏洞，在凌晨两点，坐在电脑前的开发者们必须做出影响用户体验的决策。使用用户工作场景设计模型，这些决策可以通过了解它是如何影响总体设计和其他设计团队的来实现。即将发布的用户工作场景设计模型将需求组织起来，来显示该产品是如何为用户而构造的。同时，用户工作场景设计也有助于管理一个项目，它展示了如何将项目拆分，由团队或个人并行工作来实现它。

> 用户工作场景设计在实现过程中保持着用户活动的一致性

用户工作场景设计的概念可以帮助团队在实现过程中保持用户实践的一致性。如果仅仅根据技术或实现来考虑如何分配工作，那么每个开发人员可能都没有一致的关于用户价值的准则。这将导致开发人员失去对用户的关注。他们不知道这项工作该如何配合，因此，他们也无法知道所做的填补漏洞的决定是否会破坏对用户工作的支持。这是敏捷用户故事的一个关键作用，每个故事的目的不仅仅是记录一项系统功能，而是捕获一部分用户价值。

用户工作场景设计和相关的交互模式将指导你在保持用户体验一致性的前提下分配工作。如果一个版本中包含了几个产品概念，那么它们自然可以交给完全独立的团队来处理。每个焦点区域代表用户的一致意图，因此这是可以独立分配的另一块工作。如果团队使用敏捷方法，那么整个焦点领域对于一个单独的故事来说

太大了，就像宏大的叙事诗一般[1]。然后，在用户故事中可以捕获那些一同处理用户意图的功能或紧密相关的功能组。通过这种方式，每个用户的故事虽然各自独立，但都关系到将要发布的用户工作场景设计的整体结构，并关系到它所支持的重新设计的实践，就像在故事板中描述的那样。因此，开发人员永远不会自己待着——在深夜两点做决策时，她总是从更大的情境中得到参考。

互动模式结构在实现过程中始终保持用户体验的一致性

对于任何产品来说，专注于实现产品某一组件的团队需要了解他们如何与用户可见的行为相关联。在我们的旅游案例中，处理“建议引擎”的团队或开发人员必须深入研究推荐引擎的技术、算法来确定两个活动之间的相似性，以及所有提供有用建议的机制。但他们不能仅仅活在技术的世界里。他们必须理解用户的背景和相关的身份元素，理解为什么某些相似性的维度是重要的，而另一些则无所谓。访问用户数据、使用用户工作场景设计模型和被测试的交互模式使开发人员处于系统的整体结构和使用情境中。这使得他们在较低层次的决策过程中专注于最好的总体结果。

用户工作场景设计有助于了解实现团队需要如何协调

用户工作场景设计还揭示了实用组件如何支持不同的焦点区域或子系统。这有助于实现团队找出谁需要与谁合作。我们的想法收集器将会在创意收集和行程规划中发挥作用，并在旅行过程中不断发展规划——因此，任何从事这项工作的人都需要与负责这些产品概念的团队紧密合作。这三个过程对设计都有重要的利害关系，三者的用户界面必须保持一致。用户工作场景设计还揭示了所有相关的参与者，以便他们可以达成一致。它显示了在哪里，你想要把 UI 设计分配给一个人或者是那些紧密协作的人。整体的交互模式体系结构使用户体验设计师和开发人员专注于确保整体一致的用户体验。这样，整个团队，包括那些在内部工作的人，都能立足于用户实践。用户工作场景设计模型和交互模式体系结构提供了开发团队和 UI 设计人员需要协同工作的详细规划。

分配给不同团队的焦点区域之间的链接显示了更多的集成点，这些集成点也必须在执行团队中进行协调。一个链接显示产品的一个部分需要为另一部分提供访问（也可能是数据），并且活动可以从一个部分流向另一部分。这些部件需要在技术层面进行连

1 叙事诗是一个庞大的用户故事，它捕捉到的工作比单个冲刺能完成的要多。它是由较小的用户故事（或更小的篇章）来实现的。完成一部“叙事诗”可能需要几次冲刺。一个叙事诗可以跨越多个项目，如果多个项目都包含在叙事诗中。

接，因此需要提供某种呼叫或调用机制。这可以通过基础平台（将光标从一个屏幕移到另一个屏幕），通过使用适合于平台的标准应用程序集成机制或通过特殊的应用程序接口（Application Program Interface，API）来实现。不仅软件组件需要能够相互访问，用户也需要感觉到它是一个连贯的产品（当它们从一个地方移动到另一个地方的时候）。重要的是，由同一个人使用的多个焦点区域之间，产品应具有一致的外观和行为。这些链接标识了用户体验设计师需要协调的其他领域，使用交互模式体系结构作为其一致性指南。

*用户工作场景设计帮助开发人员了解他们处理的工作在整个产品中的位置*

因此，用户工作场景设计使得团队不会过于短视，也不至于过分关注系统的任何一种情况或一个部分。想法收集器焦点区域由主要的旅行计划者、参与者和朋友使用。但是，主要的旅行计划者会比其他任何旅行者更关注这次旅行，也更能容忍打断他们本身的工作来思考这些建议。用户工作场景设计帮助设计团队考虑产品每一部分的不同用户，并确保它能够很好地支持所有用户。

将用户工作场景设计和交互模式结构结合在一起，为设计人员的实现和交互提供了一个映射。用户工作场景设计支持执行团队中不同部分的所有者之间针对如何交付产品的对话。正如楼层平面图展示了浴室的布局：淋浴房、抽水马桶和梳妆台的位置，而互动模式则展示了焦点区域的部分是如何呈现和互动的。

*产品发布的重点在于重新设计的对话*

由多个部分组成的大型应用程序和协调完成更大的活动的多个应用程序之间的界线正在变得模糊——越来越多的移动平台上的小应用程序支持一个更大的桌面应用程序。总的来说，这些应用程序表现得就像一个更大的系统，无缝地支持跨应用程序的操作流程来完成目标活动。一个代表整个系统的用户工作场景设计，以及与每个平台的界面设计相关联的交互模式，帮助所有团队在并行工作中进行沟通。有了一个清晰的规划图，就能够说明团队成员都在做些什么，团队将能更快地做出决策，减少争论，从而克服最大的困难，准时交付。

## 18.3　驱动并行实现

通过使用用户工作场景设计和交互模式，团队可以准确地决定要交付什么，并进入下一层次的实际产品交付规范。不过，该计划还指导团队其他成员和公司中的其他团队做他们需要做的事。然后可以与实现相结合，并行启动这些活动。

**用户界面设计**：借助已验证的交互模式和发布的用户工作场景设计，界面设计人员可以着手设计和迭代与产品一起发布的真实界面。这时，用户研究人员、交互设计师、产品经理和开发人员必须紧密协作，以确保所有的东西都适用于用户、实现、整体设计和品牌推广。但每个角色都有自己的技能和可交付成果的期望，他们可以并行工作，不断地协调。在开发的最后阶段，用户研究和UI专业人员可能会开始着手进行下一个版本或开发冲刺的详细设计。这样他们就可以领先一步，准备用连贯的、令人信服的、经过验证的设计来给开发人员提供帮助。

跨职能紧密合作在实现过程中至关重要

**产品管理**：产品管理在交付的各个方面——软件实现、服务、支持、营销等方面都具有关键的协调作用。当芯片下线时，产品管理的工作将确保最终用户体验在所有方面都是一致的和有吸引力的。他们有首次推出的计划、路线图和Gantt图，但缺乏有利于保持一致性的描述。当然，根据用户故事来开发是没有帮助的，用户故事是为了将用户体验分解成小而独立的块而设计的。对于他们来说，用户工作场景设计和交互模式就像是一个施工项目经理的施工计划，他们将系统作为一个连贯的整体来展示，并要求在任何环节进度与计划一致。

**市场营销**：有了将要发布的计划和可视化陈述，市场营销人员可以开始制定自己的沟通计划以推出新产品或新版本。他们知道会有什么，了解从原型访谈结果中得到的价值主张，以及为了选择发布而进行的所有焦点小组访谈和调查工作。他们可能还需要与产品经理和业务经理协调，确定总体信息或者敲定价格。他们对于将要发布的产品已经有了一个清晰的概念，现在可以满怀信心地开始自己的工作了。我们经常邀请营销专家参与愿景规划，并给他们一个客户需求的概念。这有助于他们更早地做好准备。

**规划服务和支持**：产品设计本身就是一种服务，这意味着整个情境化设计工作需要重点关注并设计服务元素（参见“服务和用户体验设计，碰撞过程中的两种实践”，第19章）。这些产品的大部分开发工作都不是软件开发，而是定义业务流程、物理布局、服务提供者的行为规范等等。但是，即使没有设计一项服务，许多商业产品也会涉及重要的服务或加载组件。一旦团队定义了要发布的产品，负责这些流程的团队就要对产品将会做什么以及必须支持什么给出一个明确的规范。他们可以开始支持并行开发的情况，并使用用户工作场景设计和原型作为参考。

不要独立于技术重新设计流程，反之亦然

**规划业务流程**：如果用户工作场景设计代表一个业务支持系统，那么它将支持特定的业务流程。如果设计团队中没有负责业务流程设计的人员，那么他们将需要协调这些关系并重新设计流程。员工的变化很可能整合了技术支持和角色、职责和政策的变化。最好的结果是，当所有人都在努力协调合作的时候，各学科都可以相辅相成。如果流程设计人员在没有深刻理解技术如何支持员工的情况下设计流程，本来应用技术可以处理得很好的情况，可能会被他们改得很笨拙。但是，如果技术人员不理解组织可能的变化，就不能收集正确的领域数据来支持重新设计流程和技术解决方案。因此，应将业务分析人员添加到跨职能团队，并协调整个工作，以获得最佳结果。

根据经验，六西格玛和流程专业人员对于情境化设计能够如此快速地识别在需要优化的过程中待解决的问题感到惊讶。因此，共同启动，并根据可能的过程变化共同创建技术支持，努力使整个过程保持在正轨上。一旦用户工作场景设计到位，业务流程就可以通过提供技术支持的知识来设计了。当设计团队在构建发布或评估用户订单评估系统 COTS 产品时，这种情况可以并行发生。流程团队可以研究整个系统，查看它如何支持预期的过程，并在进行过程中进行调整。

**软件实现**：由于用户工作场景设计详细描述了不指定用户交互机制的行为，基于用户工作场景设计功能描述的实现可以不受 UI 规范限制，从而可以在不改变底层实现的情况下更新 UI。然后，详细的 UI 和底层实现挂钩，以便在特定于 UI 的代码和实现行为的代码之间有一个清晰的分界线。这种实现方式不仅仅是清晰的分层，而且很容易映射到现代的 SaaS（软件即服务）框架。作为实现环节的附加指南，用实现约束在用户工作场景设计中添加注释，例如，跟踪链接所需的速度，或者对焦点区域的大小或访问时间的限制。

**基础设施的开发**：特别是当交付一个 SaaS（软件即服务）产品，而且拥有重要的后端支持时，你将需要计划如何构造和部署基础设施。用户工作场景设计为后端提供了必要条件，包括后端可能需要支持的各子系统之间的通信，以及共享数据的存储需求。从用户工作场景设计中获取这些支持，并使用它们来驱动计划。

由于用户工作场景设计关注的是用户体验到的产品结构，因此它提供了一种结构化和思考整个系统的方式，无论是作为单一产品来交付，还是包括多个应用程序的套件，或是商业 IT 系统。通过指导团队内部，包括实现人员以及交付产品需要的其他组成员之间的沟通，可以帮助团队保持用户实践的一致性。

以用户体验为中心的用户工作场景设计

实现有其自身的一致性，它将在稍后出现，并可能在对象模型和其他开发构件中体现出来。但是，与用户工作场景设计和交互模式体系结构相比，产品实现的结构对于一个以用户为中心的项目没那么有用。考虑用户工作场景设计，确保产品的部分和交付的组件从用户的角度来看是一致的。这是计划中的用户工作场景设计和交互模式的关键价值：它们确保你在产品实现的混乱中不会失去用户的一致性。

因此，将产品需求呈现给所有相关人员是一种自然的结构。对于创建可以在现在和将来发布的产品的幻灯片和演示来说，这是一个很好的基础。它构成了真正的跨职能沟通和协调的基础。最后，如果一个团队采用了这种方法，作为回报，他们将得到明确的设计和交付，并且将拥有一个物理构件来支持与整个产品交付过程中涉及的其他人员进行清晰的对话。这就是情境化设计将用户的需求置于开发讨论的中心的方法。

# 第 19 章

# 项目规划与执行

> 如果你想成功，就不要忽视规划

我们现在已经完成了整个情境化设计过程。你知道如何进行访谈、建立模型、愿景规划、确定新产品概念、优化和测试。在此过程中，我们讨论了如何在采用情境化设计的情境中运行设计团队，使用沉浸式和为生活而设计的原则来保持团队的专注，并保持正轨。我们强调了跨职能团队的作用，并讨论了如何管理不同的人际关系。现在回过头来简要地讨论计划和组织情境化设计项目的几方面关键问题。应重视项目经理的价值，他有能力保持团队的组织性，能够把需要的人集中在一起，并向前推进。没有这个人将一事无成。项目规划、组织好所有的细节和人员，非常清楚项目的目标和重点，确保项目保持正轨——这些都是情境化设计团队必备的技能。本章将讨论组织项目的关键方面。与流程本身相比，这些规划方面可能没那么令人兴奋，但如果处理得不够好，就可能会使项目失败。

## 19.1 形成跨职能团队

情境化设计团队需要组合不同的知识、技能和性格类型来获得成功。它应该有一个核心团队，基本全身心地投入在这个项目上。对他们来说，这是他们的主要工作，也是衡量其工作的标准。他们不仅是项目的主要工作人员，还要把握项目的进度，并确保按明确的时间表推进。他们可能有助手来设置用户访问、安排会议室，以及其他的帮助，但是这些助手支持拥有设计的团队。团队需要由负责交付解决方案的人员来管理和运行。

让最优秀的人加入团队，不要将就

核心团队由 2 ～ 4 人组成，负责这个项目的关键职责。最好的核心团队由用户研究人员、交互设计师、产品经理（或业务中同等地位的人员），以及了解技术的工程师组成。这些人在公司中必须有足够的地位，这样团队的工作才会受到尊重。如果你认真对待以用户为中心的设计，那么你需要的是最优秀的人，而不仅仅是那些有空闲时间的人。新人也有问题，他们不了解你的公司或文化，所以他们会很难管理这个公司。

确保核心团队成员中有一位有条理的规划者。每个团队都需要一个喜欢条理的人。他们是那种会问两周后有什么访谈安排的人，因为如果现在不开始安排访谈的话，它们可能就不会发生了。他们是那些制定了周计划的人，并了解你在午餐时间安排了一名访谈者从克里夫兰赶到西雅图。有没有一个优秀的有条理的人，是判断团队能否运转顺畅的最关键的特征。这似乎并不是所有产品经理或项目负责人都具备的一种个性特征。所以，不要以为有什么工作职能可以胜任这个角色，你需要的是一个非常有条理的人，他可以让人们为这个项目做些事情。我们还注意到，好的团队通常由合作伙伴非正式地共同领导，带领团队向前推进。

在构建团队时，注意团队成员的性格特征

“气”是精力充沛、活泼、有魅力的人，让每个人都充满干劲儿。他们给团队带来能量。他们的热情使团队设计充满乐趣；他们能避免会议停滞不前；他们会时刻推动团队前进。他们是推进者。

“油”始终关注着其他人。如果团队中所有人都是“气”，可能会消耗过多精力，感觉自己被否定，疲惫，甚至互不理睬；当人们情绪激动时，“油”们会注意到在热闹的会议中，谁失控了，并确保这些情绪得到处理。“油”可以帮助“气”调节情绪。

了解那些可能成为团队成员的人，也要考虑他们的性格特征。谁会是你的“气”，谁将成为你的“油”，谁会使谈话陷入困境，谁会对新想法敞开大门，谁可能会受到威胁？尽你所能做出选择，然后管理好你所得到的团队。要发布产品，你必须与负责设计和交付的人打交道。但是，情境化设计已经把管理人员融入到这个过程中，正如我们一直描述的那样。

如果你不能从我们所说的这 4 种工作类型的成员中得到全身心

投入项目的承诺，至少他们应该是兼职的团队成员。你需要他们的知识和支持才能向前推进。辅助人员和核心团队做同样的工作，但是他们参与得较少，不期望能够推动这个项目。他们可能是内容创建者、开发人员、产品经理、用户体验人员或业务流程再造人员。兼职团队成员可能会做一两次访谈，协助完成一次 2 个小时的解读会，并花半天到两天时间帮助建立亲和图。如果他们有关键的技能，就应该参与到愿景规划和酷清单环节，帮助驱动产品概念。那么必须有良好的交互设计人员和技术人员。交互设计师一般从愿景规划开始，通过测试迭代来设计产品。在详细设计阶段，如果你的团队中没有技术人员，那么需要一个人来检查你的设想，确保你正在设计的想法是可行的。期望兼职团队成员能够将 25% ～ 40% 的时间投入到这个项目中。项目经理不是团队成员，除非他们想要亲自动手，而且根据经验，即便是他们说想要亲自动手，你也最好不要抱有期望。他们可能掌握着这个项目，但他们是利益相关者，而不是团队的成员。

让每个认为自己拥有产品的人有合适的角色和时间

确定并命名你的利益相关者：那些关心结果并将评估结果的人。利益相关者可能是依赖于这个项目的其他项目的成员、内容创建者和编辑、创建市场信息的营销人员、设计服务的人、设计实体产品的工业设计师，等等。你知道需要哪些人和团体来把产品推向市场，这些都是你的利益相关者。利益相关者将通过分享他们和企业真正关心的事情来帮助启动项目；他们想要定期更新状态，并听取你的酷见解或革新的设计理念。计划为它们定期更新项目进展情况，并研究数据、模型、故事板和原型。这些可以是正式的或非正式的互动；他们可以是一组利益相关者，也可以是一个。将利益相关者保持在圈内，并响应任何与更广泛组织沟通的请求，这是核心团队工作的一部分。

计划与利益相关者定期沟通

在项目中获得正确的业务功能是成功创新的关键。设计你的团队，就像设计其他东西一样。当每个人都以平等的方式工作，参与到情境化设计的各个方面时，他们就会沉浸于同样的用户数据中，通过结构化活动来制定产品方向。通过日复一日的合作，他们奇迹般地接受了彼此的观点，同时发展对客户、机会和产品方向的共同理解。然后，他们有了一个共同的方向，可以在相同的目标用户和产品定位的指导下独立地工作。团队本身是最重要的设计工具。花点时间在团队设计上面是值得的。

## 19.2 制定项目范围

项目开始前，需要设置好范围和焦点。只有这样，才能决定如何安排你的实地研究。一般来说，一个项目的任务是根据它将交付的解决方案来确定的：“用一个手机 App 来推广旅游网站”“产品 X 的下一个版本”“医生办公室的电子剪贴板”“把旧产品放到新平台上”。这是一种问题陈述，通常由商业或营销人员交给项目团队，设定预期的交付成果，常常会有时间框架但没有设定正确的解决方案。为公司做正确的事，有一个成功的项目，并得到准确的用户数据来指导设计，需要更好地应对团队的挑战。

确定项目对创新和变化的容忍度

先问问公司的目标是什么。从确定商业需求开始，你必须与公司的商业目标保持一致；或者，如果真的值得，就努力去改变它们。如果在项目开始时没有明确的目标，没有获得所有利益相关者的赞成，那么注定会失败。你能做的最小的事情是“寻找修复”，无论这是一个改进可用性的版本，还是找到一个很好的功能改进来交付或修复。这个焦点会告诉你，你正在查看现有产品或产品某部分的当前用户。这种小范围的修复并不是变革性的，它并不试图提供一个整体的酷的用户体验；除非你修正了系统中所有的可用性问题，否则你不会在市场上引起轰动。这是迭代改进，可能是非常重要的，但它是一个递进式的改变。收集数据，并用亲和图以及 1 或 2 个序列模型来组织它们，接下来就是预期短期内有效的修复。

对于任何更宽泛的范围，你的项目将受益于使用情境化设计模型来描述你的用户的世界。这样，一个项目不再专注于工具本身，而是改善从事目标活动的人们的实践。因此，下一个层次的影响是，项目何时要为现有的产品或系统添加一个重要的新功能，或者决定在下一个版本中构建什么有效的特性。无论何时，如果你正在向现有服务中加入一些东西，无论是新功能、相关应用程序、网站的一部分，还是要支持的新工作类型，都会受到现有的设计和系统能力的限制。这告诉你，你并没有彻底重新设计用户界面，必须依赖现有技术的能力，并且你的解决方案必须适合于当前的产品。

范围越广，用户感受到的产品创新和变化就越大

当公司知道它需要改进整个用户界面，或者表明它是真的需要重新设计时，那么我们要处理的范围将更宽泛。有时，为了明确这一点，我们会直接问：“我们能不能把所有的东西都扯下来然后重新组织？”如果他们说“是”，那么我们知道我们可能会受到他们

所能访问的内容或数据的限制，但真正思考如何重塑用户的世界将是目标的一部分。我们和他们都知道，我们不可能马上发布新产品，但是通过让设计范围更广泛，团队可以先创造一个方向，然后返回到一个实用的可以发布的版本。为此，我们经常鼓励该公司广泛考虑一系列的产品，包括同步发布的配套移动应用。现在，该团队知道他们已经正式获得认可，可以以显著的方式改变产品。

最后，你可能有机会创造出真正的新产品。公司可能正在探索一个全新的市场，看看什么对他们有好处；他们可能在寻找相近的领域，以了解他们可以向现有客户提供什么；或者他们可能已经决定，接下来要开展某个特定的活动或工作类型。他们可能有一个现成的或新的技术，希望能用于支持这个群体，所以你的项目需要理解并思考这个问题，但是在很大程度上，需要一些探索来回答这些问题："我们能扩展到这个领域吗？"或者"如何支持我们所不知道的人群或活动？"这是一个非常广泛的范围，也是团队的重大责任。他们需要了解潜在客户，找出解决方案，并在企业批准之前初步构建一个商业案例。使用客户数据的初创企业就处于类似的情况。

### 服务和用户体验设计，碰撞过程中的两种实践

**John Zimmerman**

**HCI 研究院，卡内基·梅隆大学**

服务设计师设计服务，从银行到酒店、医疗保健、旅游业、零售业。在过去的 30 年里，这种设计实践产生于市场营销和运营部门，它们对企业从制造业向服务业的转型做出了反应。用户体验和服务是肩并肩成长的，今天他们越来越需要在一起工作。

提供服务与销售产品不同。当顾客购买产品时，他们会用金钱来换取物品的所有权。当顾客购买一项服务时，他们会得到一种有价值的表现；然而，客户并不拥有任何东西。咖啡店为产品服务系统提供了一个很好的例子。顾客购买了一杯咖啡，这就是产品。那么服务呢？他们使用咖啡店的服务，包括环境、营业时间、食品供应、生产咖啡的工作人员和设备，以及员工的行为。产品和服务之间的区别大部分在于经济学层面。

服务和用户体验的设计看起来惊人的相似。它们都强烈地关注体验：UX 设计中的用户体验和服务中的客户体验。两者都遵循"以人为本"的设计流程，以了解需求。它们都参与到共同设计中，以更好地设想未来人们想要并且愿意接受的可能性。这两个原型都是为了调查和评估它们是否做出了正确的事情。两者的重要的区别在于项目范围和输出形式。

用户体验通常专注于打造一个人们想要使用的技术系统；输出一个能够捕获预期用户体验的原型。服务设计人员更全面地处理服务的各个方面，包括服务的物理环境、服务人员的策略和角色、品牌和营销，以及供应管理等。服务设计人员通常会输出一种策略，描述如何从当前的服务转变到预期的未来服务。

技术和经济的变化将用户体验和服务设计结合在一起。服务越来越多地被用于自助服务工具，从自助取款机、公交站，到商店自助结账。他们还经常创建网站和应用程序作为新的服务渠道。最近，他们开始调查实体服务现场的数字互动，使得应用程序的用户能够在实体商店使用。他们需要懂得如何使用技术的用户体验设计师。与此同时，用户体验设计师现在主要设计服务而不是产品。例如，免费的移动应用和在线工具意味着用户不是客户，他们不用付费。对等经济（peer economy）服务和社会计算服务也受益于服务视角，它解决了生态系统中许多利益相关方的价值流动问题。今天，大多数用户体验项目都受益于关注经济问题的团队成员和集成了全方位服务的新技术。

情境化设计是用户体验和服务设计人员使用的一种设计方法，为这共同工作的两种实践提供了完美的空间。用户体验设计师带来了探索新技术系统和理解数字材料方面的专业知识。服务设计者则带来了服务如何为自己和包括用户与客户在内的一系列利益相关者带来价值方面的专业知识。情境化设计帮助设计团队将整个系统可视化，以发现新技术可以在哪里产生价值，并揭示出服务创新的最佳机会。[1]

## 19.3 设置项目焦点

项目范围决定项目的焦点

一旦清楚地知道你所面临的挑战，就可以开始规划你的情境化设计项目了。你需要根据计划支持的用户实践来定义打算解决的问题，不是技术方面的问题。一旦范围超出了对工具使用的关注——不论项目是什么，这都是设计中必须始终考虑的问题——你都需要弄清楚如何在围绕着用户整体生活或工作的情境中观察目标活动。考虑到项目范围，你需要确定访谈将侧重于获得最佳数据。所以问问自己这些问题：

1 更多关于服务设计的内容请看：Andy Polaine，lavrans Løvile 和 Ben Reason（2013）. 服务设计：从洞察到实现 . 罗森菲尔德传媒 .
服务设计网站：https: // www.service-design-network.org/

新产品将支持**什么活动**？他们可以实现或改善用户的哪些关键意图？这是关于用户实践中你需要了解的内容。

在人们的工作和生活或者人们从事的这些活动中，它们承担了**什么样的角色**？年龄、行业类型，或其他人口统计学会影响这些实践吗？如果是这样，就要计划好需要多少角色和情境的样本。

这些人将与谁进行正式的和非正式的互动？其他人如何出力？谁负责输入，包括信息或指导；谁对结果负责？你需要访谈整个协作小组，还是可以从所交谈的用户那里找到足够的信息？

明确同意谁做什么，什么时候、在哪里访谈

这些活动发生在**什么生活情境**中？家庭、工作、汽车、医院、学校，还是休闲场所？地理位置有关系吗？这项活动发生在什么时候，夏天还是冬天、白天还是晚上，每天发生还是间断发生的？你需要针对不同的地点和时间进行访谈。

在这些情境中有**哪些平台**可用？台式机、平板电脑、智能手机，还是可穿戴设备？你需要使用多个平台对人员进行抽样。

考虑到你的目标活动，什么**任务或关键意图**对项目来说是重要的？如果目标活动是旅行，那么旅行计划、预订所有安排以及旅行中的活动都是你在访谈过程中可能关注的内容，或者可能决定优先考虑其中的一些内容。

**竞争对手**是谁？如果市场上有重要的竞争对手，请检查所有市场数据以确定你的优势和劣势。这有助于确定实地研究中值得关注的活动，并考虑直接访问竞争产品的用户。

这些问题可帮助你找出你需要了解的人和情况。千万不要自欺欺人地认为你的产品具有如此高的创新性，以至于没有任何相关的用户数据。你认为你发明了史无前例的东西，但其实你只是井底之蛙。总有需要收集的数据来告诉你设计方向。如果你正在做的是使新实践自动化（正如健身行业转变了锻炼方式一样）或引入新技术（比如云计算），那么你可能没有现成的产品作为指导。但即使实践发生变化，仍然有方法可以研究它。在电子表格发明出来之前，人们使用纸质表格来记账。在手机发明之前，人们使用电话亭来打电话。应明确新产品将取代的实践和体验，并研究它、学习相关内容，了解它的结构。

通过这种方式，你可以保证用户能平稳地适应你的新产品。而且它不会扼杀任何创新！第一个电子表格和第一个文字处理器都是通过深入了解潜在市场中的人们而开发出来的。寻找相似的技术，看看它们在日常生活与工作中是如何被使用的。如果你正在使某

无论你在做什么，总有一种方法可以为你的项目收集现场数据

种已经存在的东西自动化，比如声音或文字转语音，那么应在日常生活中寻找声音或语音已被有效使用的地方。看看周围的情境——当人们交谈时还会发生什么，比如眼神交流和非语言性暗示。沉默在什么时候很重要？看看新技术替代了什么东西，例如，蓝牙取代了有线传输，那么在哪里使用信号传输线？总是会有关于用户行为和经验的数据，这些数据可以告诉你项目推进的方向。

当项目范围非常宽泛时，你可能会发现目标活动有多个重要的部分，并且很难覆盖全部。简单地收集数据和分层设计是可能的。但在一个快节奏的世界里，考虑从一项广泛而浅显的研究开始，着眼于所有的关键任务和情境——可能对每一部分活动进行三次访谈——这样就能知道各个活动是如何联系起来的。最初的设计思维可以使用这个办法，并决定在何处深入研究下去。

最后，考虑哪些情境化设计模型适合于你的项目。在查看目标活动、角色和情境的性质之后，选择你要使用的模型（除了亲和图以外，这始终是非常重要的）。参考第 7 章，以了解何时使用哪种模型。建立每一种模型的前提是收集了与之相关的数据，所以一定要计划好在访谈中需要收集的数据。例如，如果你打算建立“生活中的一天”模型，那么要计划好对访谈前几天的活动做一个回顾性的叙述，来调查一个活动是如何跨越时间、场所和平台展开的。

收集的数据决定设计的方向，请做出明智的选择

这些考虑将会引导你决定由谁来访谈，如何设计和进行访谈，包括初始的情境调研和后期的原型访谈。它将进一步阐明这个项目真正想要解决的问题。如果决定只专注于旅行计划和预订，就会知道，你并不打算为旅途中的人提供解决方案。另外，也可能会是另一条路径——你收集的数据也有可能会限制你的设计。

项目范围和焦点决定了我们需要关注什么，忽略什么。它们使团队保持正轨，帮助他们实现商业预期。为了成功，你需要好好规划这个项目，这样就能得到所需要的数据来满足你的商业目标。这就是为什么明确项目范围和焦点是如此关键。

## 19.4 确定访谈情况

对该实践的初步调研让你专注于该项目，你可以了解该领域的一些特征，知道需要观察哪些任务和情况。确切地说，你将如何安排访谈，取决于这些任务的性质。因此，考虑到活动情境，现在你需要考虑访谈情景的约束条件。考虑到实际情况（比如，施

工设备上可能没有位置给第二个访谈人员）和文化障碍（打断会议或手术以寻求解释是极具破坏性的）。那么，你将怎样建立访谈的情境才能得到最好的数据呢？

确定访谈情况的关键通常是：我该如何接近工作？能有多接近？如何与用户创建共同的诠释？这里有一些建议。

调整访谈以适应你所观察到的各种工作限制

**正常的**：正常的任务可以被计划，在一个适度持续的过程中进行，并且访谈人员可以根据需要打断它。写信、几乎所有的企业员工活动、驾驶、安装软件、购物和任何类型的服务都是正常的任务。访谈人员可以计划观察一个正常的任务，并且在需要了解的时候可以随意打断（大部分情况下）它。正常的任务可以通过标准的情境访谈来研究。在访谈过程中，要求客户保存你想要学习的类型的活动很有用的；例如，在研究订购流程时，可要求用户保存他们需要订购的东西，这样我们就可以在访谈中观察他们做的事情。这确实会改变正常的流程，但改变很有限，而且获得更多的相关数据也值得你这么做。季节性的工作也是正常的，你只要在合适的时间安排访谈就可以了！

**间歇性的**：间歇性的任务在一天内时而发生。它无法被安排，也不能持续很长时间。在一个标准的情境访谈中观察到它的概率也是很低的，也许你花几个小时的时间只能得到 5 分钟的数据。比如，用智能手机在谷歌上查找一些东西，然后从系统崩溃中恢复，这是间歇性的任务。了解它们的关键是创建一条跟踪记录，让用户能够重现事件的回顾性报告。对于即时信息查询，你可以给用户一个日记本，让他们在去 Google 的时候做笔记，但是因为 Google 有历史记录，所以最好把历史记录作为日志。从每天的第一条日志开始观察，讨论用户为什么要去那个网站，以及他们在那里做了什么。

如果不能中断活动，那么请做好观察，在事后找用户解释

**不可中断**：有些任务是不能被打断来进行解释的。比如外科手术、高层管理会议和销售电话都是不能让他们停下手中的事来讨论的。在这些情况下，你必须清楚地捕捉到整个事件，以便事后可以回忆起所有的细节。因此，从通常的概述开始，介绍这个项目，找出他们计划在当天做的事情，并发现可能需要注意的所有问题。然后让他们在你的观察下做这些事。你可能会计划一次中断，比如在一个长时间的会议中安排 15 分钟的休息时间。这时，与会者可以讨论在刚刚结束的会议中发生了什么。当会议、课程或医疗程序结束时，再与用户分享你的观察和理解。一定要做好笔记以备回顾。

或者你可以把整个事件录下来，然后和用户一起回顾，停下来讨论发生的事情。这就是我们如何处理施工设备操作员访谈的情况；我们在控制室外观察的同时，对控制室拍摄了20分钟的录像。然后，站在施工现场的设备旁，一起观看录像，看看驾驶室里面发生了什么。这段视频给了我们一个更好的回顾，因为我们没有在控制室里。不要自己去解释录像带。如果在以后独自观看录像带，你将失去太多的洞察，也无法确定你的解释是否可靠。

采取跨部门、跨角色的方法来处理复杂的情况

**极其漫长而复杂的任务：**有些任务需要经历数周、数月甚至数年才能完成；有些是涉及多人协调的商业流程。保险索赔、开发新药，以及制造波音747等等，所有这些任务花的时间都比2～3小时的典型情境访谈要长得多，而且需要许多人来完成这项工作。要理解这类任务，需要采用跨部门和跨角色的方法。针对长期的任务，可以在进程的各个环节针对不同用户进行访谈。同一时间不同部门的数据可以同步收集，然后整合起来观察整个过程中发生了什么。除此之外，也可以将工作按角色划分：专注于保险代理人的工作，然后是理赔官，再是对财务后台进行访谈。当然客户的角色作为关键工作组始终包含在内。每个用户都会告诉你其他人的作用。整合起来，你将看到整个过程。如果你们正协同进行流程再造，那么你的数据可以为在会议室收集的数据提供基础。

**特别便携灵活的：**这个人可能是一名销售人员、一名在多个地点工作的审计员、一位公司的合伙人、一位用卡车传递服务或货物的人。无论他们是始终都在移动，还是有时会在不同的地点工作，答案都是一样的。在任何旅行途中或整个工作日进行访谈。如果你想在上下班途中观察设备的使用，那么上下班的时候你就需要待在车里。可以乘坐公共交通工具回家，或者让一个团队成员跟着一辆车走。如果用户在多个地方工作，那么在每个关键位置收集一些数据，并对最近在其他地点进行的活动进行回顾。现在几乎所有的项目都应该包括对移动人员的数据收集！

总有一种方法可以为你的项目收集可靠的数据

**非常集中：**有时，问题的焦点如此集中于一个人的行动细节，以至于很难进行标准的访谈程序。你可能正在研究计算机用户如何对与应用程序用户界面的详细交互进行完善，或者研究工匠如何操作工具的细节。如果你想依赖于独立观察，那么会错过太多东西；如果总是打断他们，又会妨碍工作。在这种情况下，录像会变得很有用。它可以记录下你可能会错过的细节，并且你也可以在与用户讨论的时候播放它，直到你理解了某个具体的交互。同样，你可以使用这个视频来作为回顾性报告，再次强调，与用户的互动是至关

重要的。另一种选择是使用不间断情境的技术，商定好每隔 20 分钟左右做一次周期性的中断，来讨论你所看到的情况。

**内在的：**有时候，调查需要关注内在的心理过程，例如，如何制定决策——比如，旅行计划者如何权衡不同参与者的利益。在这种情况下，当心理活动发生的时候，访谈人员必须在场——在回顾性报告中没有办法恢复足够的信息。你可能需要创造一些事件，这些事件可以使用户产生心理活动，这样你就能在场观察。可以做多次中断，对用户在思考中考虑的内容做出多个假设。预先告诉他们多次打断将是极具破坏性的，但是只要用户同意接受，就可以继续，这样你就能了解他们是怎么做的。

当然，还可以列出更多的情况。如果目标是尽可能接近正在进行的实践，那么总有一种方法可以收集目标活动中可靠的、真实的数据。

## 19.5 决定访谈对象

这时，你已经分析了访谈情况，确定了访谈对象以及他们的背景。现在你需要真正了解的是在有时间的时候你能做什么。你可能需要将项目分成几个部分，或让团队并行进行，以便按时完成工作。像下面这样建一个矩阵能帮你进行选择。请记住：要么覆盖项目所要处理的问题，要么缩小项目的范围。

访谈数量决定项目范围

我们用一个简单的矩阵来搞定这件事。下面是一个团队开始研究旅行的一个例子，使用了一些相关变量——实际上可能还有更多（见表 19-1）。确保每个变量都是重要的，它将改变用户的策略、价值、活动、意图或身份识别元素。在这个矩阵中，你会看到我们只是假设需要交叉考虑性别和年龄范围；然后根据团队认为会影响旅行体验的事物来确定访谈数量。

**表 19-1　旅行变量相关矩阵图**

| 受访者：<br>性别：男 / 女<br>年龄：25 ～ 55 | 旅行计划：<br>长假期 | 旅行计划：<br>家庭旅行 | 旅行计划：<br>回家度假 | 旅行中 | 旅客总数 |
|---|---|---|---|---|---|
| 单身 | 1 | | 1 | 2 | 4 |
| 已婚 / 同居，没有孩子 | 1 | | 1 | 2 | 4 |
| 已婚 / 同居，有年龄小的孩子 | 1 | 2 | 1 | 2 | 6 |

续表

| 受访者：<br>性别：男 / 女<br>年龄：25 ～ 55 | 旅行计划：<br>长假期 | 旅行计划：<br>家庭旅行 | 旅行计划：<br>回家度假 | 旅行中 | 旅客总数 |
|---|---|---|---|---|---|
| 已婚 / 同居，有超过 12 岁的孩子 | 1 | 2 | 1 | 2 | 6 |
| 空巢老人 | 1 | | 1 | 2 | 4 |
| 生活方式 | 5 | 4 | 5 | 10 | 24 |

即使是大项目，18 ～ 24 个访谈对象也足够了，小项目则只需要 6 个

一般来说，针对每个对焦点非常重要的角色或情境，你会想要访谈 3 或 4 人。在旅行矩阵中，每一列都代表一个重要的角色 / 情境组合；可以在最后一行中看到总数，这意味着你需要访谈 24 人，这样每一行至少能有 4 个人。其他的人口统计学特征，比如不同地域、经济收入、教育程度，等等，在每个情境中都是不一样的，如果不相关就忽略它。一个典型的小项目可能会有 8 ～ 12 个访谈，稍大一点的项目需要 15 ～ 24 个访谈，需要 25 ～ 30 个访谈的项目那就真的很大了。任何比它还大的项目，不论对于管理访谈还是管理团队来说，都太笨拙了。几乎对于任何项目，通过对 18 ～ 24 人的访谈就能得到真正有用的信息。如果你的项目只处理一种情境下的一个角色，那么 5 或 6 个访谈就够了。但是，大多数项目——即使是最聚焦的项目——都会涉及一个以上的角色和情境。

但是如果需要缩减规模怎么办？如果你处理的是个旅行项目，并且需要更快地完成，你可能需要缩小范围。你可能会认为旅行本身相关的事情可以到后面再处理，现在想把焦点放在旅行规划上。这样就可以从矩阵中把“旅行中”这整整一列删除，大约减少 10 次访谈。如果不能缩小范围，那就只考虑最重要的人口统计学特征。对于旅行本身，你可以把最初的注意力放到没有孩子的人身上，在这种情况下，矩阵看起来如表 19-2 所示。

表 19-2　旅行规划相关变量

| 受访者：<br>性别：男 / 女<br>年龄：25 ～ 55 | 旅行计划：<br>长假期 | 旅行计划：<br>家庭旅行 | 在路上 | 旅客人数 |
|---|---|---|---|---|
| 单身 | 1 或 2 | 1 或 2 | 2 | 4/6 |
| 已婚，没有小孩 | 1 | 1 | 2 | 4 |
| 空巢老人 | 1 | 1 | 2 | 4 |
| 生活方式 | 3 或 4 | 3 或 4 | 6 | 12 ～ 14 |

或者可以选择另一种方式，只对有孩子的家庭进行访谈。那该如何决定呢？看看你的市场数据，选择钱最多、数量也最多的那类人。从这里开始。当你改变焦点和计划时，再次检查你的数字，确保数据仍然真实可信。在上面，我们增加了更多的单身人士来平衡已婚人士的数量。

即使是一个相当聚焦的旅行计划，也可能会成为一个庞大的项目，包括商务旅行、海外旅行、国家公园、有计划的团队旅行，等等。所以，要清楚项目中最重要的内容，以及最能反映企业使命的内容。几乎所有的项目都要通过多次分解，来观察不同的角色和情境，而不是一次性完成所有任务。这使得项目更加敏捷友好，但即使在敏捷技术出现之前也是如此。

如果你正在制作一个商业软件，你想去至少 4 ～ 6 家公司了解不同的类型。在选择网站和个人时，要追求工作实践的多样性。你正在寻找涉及所有客户群的共同的基础结构，它可以通过研究不同的用户来达到最好的效果，而不是研究类似的用户来确认你学到了什么。底层的工作结构是常见的，所以也可以同时用一个非常不同的用户和一个相似的用户进行对比，来检查你所了解到的知识。

分层收集数据，多次迭代来扩大覆盖的范围

记住，细分市场不同于实践中的差异。金融机构、高科技和零售业可能是不同的细分市场，但在任何现代公司中，办公室工作都是非常相似的。这些不同类型的公司不会给你提供完全不同的视角。（办公室的工作是如此相似，很难得到一个不同的视角。为了发现文化差异，一个设计团队研究了军队和日本公司。结果他们发现几乎没什么新东西。）每次客户都坚持要扩大访谈的人数，与营销人员考虑客户群体的方式相匹配，结果他们得到了大量的数据重叠和冗余。这对团队来说是令人沮丧的，而对设计来说没有一点帮助。但是，如果你需要做这件事来保持企业的幸福度，那就做吧。然后他们也可以看到重叠部分。启动你的项目，对关键的不同情境进行采样，并在 15 次访谈之后整合模型，然后将其余的数据加入到该结构中。

尽可能访谈有着不同工作的人

要找到不同的实践，就要寻找不同的基本策略，比如，比较作为一个小企业的运作和作为一家大公司的部门那样的工作。寻找工作文化的差异，比如，对比货运公司和高科技公司。寻找不同的物理环境，比如一家公司遍布多个州，而另一家公司只在一个州经营。寻找规模的差异，例如小公司和大公司。

重点关注实践的区别，而不是细分市场的差异当完成这一分析时，你将进一步确定项目范围，并且知道将要访谈谁。可以做一些聪明的选择——包括销售部希望继续购买的重要客户。最后，把重心放在你认为最有可能花钱的关键市场中，不要只是因为容易参观就去大学，如果他们不买产品的话那是无效的。

根据你是否有好的供应商或内部流程，预期用户访问的时间需要 2 ～ 4 周。如果必须通过销售人员和发送电子邮件来吸引用户，那将会花费更长的时间。最好建立一个机构来处理客户访谈计划；如果做不到，那就让一个专人来处理这项工作。这是任何以用户为中心的设计过程所面临的挑战。找到合适的人去访谈，和公司里的所有人交谈，或者在客户网站上与人谈话，正确地设定每个人的期望只是需要时间。

最初的访谈计划需要时间，确保有专人做这项工作。

无论如何，不要访谈太多用户。当你研究这些数据的时候，你会改变你对下一步想要发现什么的想法。研究旅游规划的团队不想困于对 10 个即将去度假屋的人的访谈，因为他们已经研究了其中 3 个，发现由于他们经常去那里，几乎都不用做什么准备。别忘了在提前一天和用户确认好访谈安排。一定要事先和受访者做好沟通，让他们了解将会发生什么。

## 19.6 设定访谈焦点

现在你知道了要访谈谁，他们将在哪里进行访谈，以及接下来他们要做什么。访谈重点从对项目重要的事物开始，但如何发挥则取决于你的访谈对象。情境调查并没有所有人都适用的通用协议。在你笔记本页面的顶部，只记录一条焦点陈述。任何现场访谈都可以有很多方向，所以你需要明确目标，以及什么时候偏离了正轨。因此，对于每一次访谈，都要列出自己的重点：你都要言简意赅地概括观察被访者的关键任务。这句话可以由访谈人员记在他们的笔记本上，并在访谈过程中防止他们偏离轨道。比如，对于家庭旅行的主要规划者的焦点可能是：观察他们如何追踪他们的计划、获取信息、分享信息、合作做出决策、选择到哪里旅游以及如何到达那里。这样的焦点会告诉你如何进行访谈，以及在访谈过程中应该注意什么。如果焦点陈述简洁易懂那是最好不过了。寻找“待在哪里”的人会比写下陈述“选择酒店”的人从更广泛的范围来考虑用户意图。所以最好能写下恰当地反映项目范围的陈述。

在访谈过程中，根据整体的焦点和访谈结构，收集你所选择的情境化模型所需的数据，并注意工具的使用。在与用户交流以及解读会期间，初始焦点将随着实践探究不断被加以修订和扩展。

随着你对工作的深入了解，焦点也会不断发展

## 19.7 做好日程安排

一旦准备开始访谈，就需要真正的项目管理和规划。对团队成员来说，没有比不知道计划更令人沮丧的事了，即使计划会发生改变。如果人们没有掌握访谈所需要的所有信息，比如解读会和设计会议的日期、地点和时间，出了问题该找谁，等等，他们会觉得失去控制。

将项目进度落实到日计划，可以平衡好工作量以完成工作。根据项目本身、团队成员的数量、访谈的次数以及项目的长度，有无数种可能的日程表安排方案。我们的目标是确保你不会堆积太多的访谈，使得团队承担太多的工作。访谈解读会应该在 48 小时内进行，因此，你得给他们留点空间。

将项目进度落实到日计划，并提前邀请好所有必须参与的人

如果有预算，可以在某个地方安排一组访谈，你可以让整个团队外出进行访谈，并在现场附近开展解读会。这可以是一个很好的团队建设活动，从一起实地考察开始，聚焦设计问题。然后，就可以很好地开展分小组或远程的工作。这样有利于培养默契让接下来的工作更容易。以下建议将帮你制定一个可行的日程表。

**团队培训**：如果你有一两个未受过培训的成员，那么让他们加快速度，在项目开始前，对他们进行情境调查训练，包括访谈的练习。让团队成员在每一个进程中都得到训练。在培训结束后不久就进行第一次访谈，以巩固刚学到的新知识。

每周检查进程，处理新出现的问题

**从几次访谈开始**：每次采访几个人。从 2 或 3 个关键的访谈开始，并立即召开解读会，这样你马上就可以开始学习用户和数据。记住，解读会有助于重置访谈焦点，在经过几次解读会之后，访谈将可以开展得更好。

**做好日计划**：如果你的一周计划得不错，那么每个人都会知道他们应该做什么，并能据此制定计划。日计划安排你的时间，并设定某件事情要花多长时间的预期——这样，你就能知道什么时候

你的进度滞后了，并且做出相应的调整。

**一周一查**：在每周结束的时候（或者频率更高）召集团队，那么看看你的进程哪里做得不错或不够。谈谈在流程、进度和团队动态中做得好的，并说明需要改进的地方。针对存在的问题集思广益，并在下周尝试解决。公开讨论项目中的问题，并确保团队中所有人都毫无怨言。

**尊重家庭 / 工作的平衡**：没有人能一直工作下去，休息不仅仅对家庭生活很重要，而且对于保持工作的敏锐性也很重要。情境化设计是精神上的要求（这就是它的乐趣所在）。情境化设计项目非常紧张，因为人们一直在一起工作，收集、解释和思考数据与设计，所以一定要安排休息时间。

在一周和一天的水平上安排好日程安排。你正在协调整个团队，人们的活动必须紧密地联系在一起，这是一个比大多数团队的进程表安排复杂得多的问题。以下是如何安排中等规模项目进程表的建议，项目将持续几个星期，由4人团队（包括2个核心人物和2个助手）针对情境化设计的所有方面开展18次访谈（见表19-3）。

表 19-3 中等规模项目进程表

| 第 1 周 | 6 ～ 8 组实地访谈和解读会 |
|---|---|
| 第 2 周 | 再开展 4 ～ 6 次访谈和解读会；<br>在周末建立初步的亲和图（邀请助手参加！） |
| 第 3 周 | 重新聚焦，做最后 6 次访谈和解读会；<br>做好整合的准备 |
| 第 4 周 | 重建亲和图并整合 2 或 3 个目标情境化设计模型（这周，所有人都要全身心投入这项工作） |
| 第 5 周 | 整理好模型，把它们放到网上，通过图表让它们更生动、更有吸引力（求助于你的助手）<br>准备愿景规划；邀请更大的愿景规划团队。邀请利益相关者在愿景规划的第 1 天查看数据。（记得邀请他们，告诉他们日程安排） |
| 第 6 周（或是当你准备好的时候） | 通过 2 ～ 3 天的愿景规划来确定产品概念，并在最后两天（或下个星期）对 2 或 3 个概念制作酷清单。这可以开展为期 4 天的专题研讨会来完成。（本周，所有人都要全身心投入这项工作） |
| 第 7 周 | 用 3 天构建故事板；构建用户工作场景设计的第一个草模 |
| 第 8 周 | 验证用户工作场景设计，创建交互模式，开始为原型绘制 UI |
| 第 9 周 | 完成 UI，并创建纸面原型（包括复印）。（确保有人正在安排原型访谈！） |
| 第 10 周 | 进行第 1 轮 3 或 4 次原型访谈和解读会；重新设计纸面原型 |
| 第 11 周 | 进行第 2 轮 3 或 4 次原型访谈和解读会；重新设计纸面原型 |

此时，你已经准备好进入敏捷规划，请做一个视觉设计并测试它，将模型放到网上，或者进入详细设计和实现环节。关键是要计划好这个过程，并严格按计划进行（见表 19-4）。

进程计划、人员邀请，严格按照计划进行

表 19-4　项目计划的推进

| | |
|---|---|
| | 6 ～ 8 次情境访谈和解读会，可以选择建立初步的亲和图 |
| 第 2 周 | 4 ～ 6 次访谈和解读会；在周末建立并完成亲和图。（邀请助手！） |
| 第 3 周 | 整合两个情境化设计模型，将它们发布到网上并打印出来。（邀请助手！） |
| 第 4 周 | 愿景规划，确定产品概念，并针对两个概念做酷清单。不要忘记邀请利益相关者和团队！（你可以在这里暂缓进度，重新考虑潜在的可交付成果，然后执行一个更接近发布产品的约束性规划。） |
| 第 5 周 | 用 3 天构建故事板；构建用户工作场景设计 |
| 第 6 周 | 验证用户工作场景设计，制作交互模式，为原型做 UI |
| 第 7 周 | 创建纸面原型，通过 3 次原型访谈进行第 1 轮测试，开展解读会；设计纸面原型 |
| 第 8 周 | 进行 3 次原型访谈和第 2 轮解读会；重新设计纸面原型 |

然后进入敏捷开发、视觉设计以及其他各种活动。

最后，下面是你可能会考虑的访谈周的结构，以初步的亲和图结束。如果要去旅行，那么你可以周日离开家，然后在周五制作亲和图之前回家。或者在这周留下来并开展 8 次访谈，而不建立亲和图（见表 19-5）。

制定详细的日计划，并打印出来

表 19-5　制定详细的日计划

| 周一 | 周二 | 周三 | 周四 | 周五 |
|---|---|---|---|---|
| 上午：<br>在两个地方并行进行访谈；每个人进行两次访谈<br><br>下午：<br>第 2 次访谈 | 全天：<br>连续完成 4 次解读会。可能的话，捕捉选定的模型，找 3 或 4 个人帮助解读，也可以远程进行 | 上午：<br>两个并行的用户访谈<br>立即开展一次解读会<br><br>下午：<br>两次连续的解读会。<br>需要助手 | 选择 1：全天<br>建立初步的亲和图，包括约 300 ～ 400 条亲和图笔记。需要 2 ～ 4 人来帮忙。如果没有帮手，只有 2 个人，那就要到周五才能完成。<br>选择 2：本周完成 8 次访谈，以收集更多数据，周五建立亲和图 | 全天<br>选择 1：整理亲和图，确定随后访谈中存在的缺陷。重新设定下一轮访谈的焦点。<br>休息一天 |

在项目的整个过程中，通过这种方法计划好每一周。每个人都知道他们在做什么，什么时候需要他们。你会很高兴地发现制定

详细的日计划是值得的。

成功确实取决于卓越的执行

有了清晰的项目范围和焦点，就可以选择适合于项目的情境化设计模型及其变体模型。一旦合适的人才准备就绪，就有了发明创造的技能。有了一个跨职能团队，得到了所需的技能和支持，团队将理解并相信项目成果，并准备好在之后的项目中并行工作。然后，接下来就是执行力的问题——访谈计划、让团队中的每个人遵从时间表工作，安排好人员、地方和会议室——当然，还有用户。情境化设计告诉你如何创造变革性的产品——酷概念会帮助你领会、理解和支持我们的核心动机。情境化设计通过开展一系列活动来组织一个项目，帮助团队收集、解释、整合和使用有关目标人群的数据，然后用它来驱动设计思维。情境化设计引导团队设计产品结构和用户体验，然后返回给用户来迭代这些想法。但如果没有良好的项目执行，什么也不会发生。因此，让我们在这里讨论的活动来指引你走向成功。

## 19.8 团队管理

团队的多样性促进产品创新

最后介绍情境化设计的第三个核心原则：团队设计。最新的研究强调运用多样性的力量提升创新力，我们希望未来几年女性和其他弱势群体在团队中的数量会有显著的增长。但当人们聚集在一起设计和制造产品时，多样性始终是个挑战。做一个产品需要很多的工作职能，每个工作职能都有自己的技能和经验，而且每一个人都有不同的人际关系和认知风格。因此，情境化设计总是要帮助不同的人一起工作，在设计和构造方面达成共识。一旦承认与他人合作是阻碍创新产品准时发布的症结，那么，对于帮助设计会议真正有效运行的技术的需求就变得显而易见了。我们在本书中介绍了这些内容，并指出了情境化设计的每个步骤中管理团队可能出现的问题。

为了使团队有效运作，请提供帮助他们良好运行所需要的所有关键要素：通过设定项目范围和焦点，确定一个明确的共同目标；一个商定的过程，包括具体的步骤、模型和时间表。为团队获得合适的角色和技能，不仅包括为了完成工作，比如跨职能技能；还包括保持团队向前推进的技能，比如一个合适的项目经理和几位“气”和“油”。

明确地管理团队的人际关系

但即使如此，团队仍然需要好好管理，处理一个真正有创意的团队在个性和认知方面的个人差异。如果你正在尝试一个你不擅长的新技能，而且将面向用户，这只会使项目变得更加困难。当团队可以充分利用每个人的最佳技能时，成功就向你走来了。因此，我们提供了一些技巧和建议来帮助处理每个过程中的具体问题，例如处理亲和图中由于过多数据而被压垮的问题，收敛和发散思考者之间的思维方式差异，或者认知风格的差异等（参见下面的“认知风格和工作团队”部分）。我们有主持人来帮助一些人畅所欲言，或制止那些想要主导对话的人。我们有调整流程的技巧，比如周末的流程检查，也可以让人们诚实地说出什么对他们来说没什么用，确保能被团队听到并帮助他们解决这些问题。重要的是，我们要求每个人都处理好空间内的人际关系，并尊重每一位队友；希望每个成员都能理解并调整自己的风格。我们通过命名一种认知风格来使大家知道；通过创造“妈妈的回应”的概念来获得积极的反馈；通过写下每个人的话来使他们被倾听，等等。

情境化设计经常被称为是主干过程；它包括了从理解用户到设计成功的产品和用户体验所需要的一切。任何集团或公司都可决定将额外的流程纳入主干；他们可能只使用其中一部分步骤或模型；或者可以用自己的方式来代替我们的设计过程。但对于任何一个团队来说，最重要的是要有一个明确的、共同议定的工作方式和角色来完成这项工作。

在这种情况下，领导力和创新产生于结合了不同技能、背景、性别和种族的多样化团队的综合技能和创造力的基础上。在情境化设计中，我们信任团队的知识。我们依靠房间内的每个人的技能，不仅是因为这些人都需要交付产品，而是因为我们相信，在一个以用户为中心的设计过程中，经过大家群策群力、精心策划，必将会产生最好的结果。

密切观察你的员工，发挥他们的优势

这意味着要接受人与人之间独特的差异，取长补短。在解读会中，一个团队不需要每个人都能成为优秀的记录员，有两个就好；也不是每个人都必须是出色的现场访谈人员，只要有足够的人来获取数据，其他人可以帮助你捕获数据或概念；我们不需要所有人都掌握技术、交互设计、如何理解人或商业需求的方法。但如果把所有这些人聚在一起，给他们一种通过用户数据来仲裁决策的工作方法，以及一种相处的方法，就能利用所有这些优势。在整个过程的某一环节，也许你不是拥有关键技能的那个人，但因为你相信团队，所以会支持这个结果。没有一个人能独自创造出一件伟大的产品，但一个运转良好的团队可以做到。

情境化设计创建了一种新的团队文化和工作方式，致力于使用有关人们真实生活的数据来驱动需求和设计。每一步骤都嵌入了一套价值观、明确的角色、决策过程以及管理人际差异的承诺。我们不能保证你对情境化设计的每一步都感到轻松，或者每一项活动都能做得熟练。但总有你擅长的地方，其他人也会很好地帮助团队前进。你们可以一起创造出伟大而有趣的产品和服务！

## 19.9 认知风格和工作团队

多年来，我们发现认知风格会影响团队成员之间的关系，而不仅仅是其他类型的个体差异。当人们必须合作来完成一个愿景、故事板或 UI 设计时，发现具有不同认知风格的人很容易产生摩擦。当人们发生冲突时，需要进行干预来帮助他们解决问题。但认知风格往往是互补的，而且是与生俱来的。风格没有好坏之分，与智慧或创造力无关。所以，要对你得到的东西感到高兴，学会统筹管理你自己和他人身上的特长，取长补短。

为了帮助大家更好地认识团队中的认知风格，我们为一些在设计过程中表现出来的风格命了名。以下是我们发现的一些有用的特征。

**云（cloud）**：“云”是网络思考者。他们擅长把所有的东西连接起来，整合成一个关系网。他们可以看到情境化设计模型中的数据如何构建成一个更大的问题的画面，使他们产生更广泛和更复杂的反应。因为在他们的头脑中装着这种整合的思路，因此他们在墙面研究期间不喜欢被打断。但是他们的设计理念处于非常高的层次，而且易于扩展。他们在生成总体产品的概念方面总是非常出色，但是对于具体如何工作的底层细节却不怎么感兴趣，而且他们永远不会发布产品。每个项目至少需要一个“云”，但不要超过两个。他们只是会源源不断地产生越来越多的高层次的想法，而不会把它变成具体的东西。

**砖（Brick）**：每一位“云”都需要一位“砖”伙伴。当团队中的“云”产生越来越多的想法时，其他人（甚至是云）也会感到沮丧，因为他们都被这些想法淹没了。但是，一位好的“砖”会开始了解云的思想的各部分如何被汇集成可交付的或者至少是结构化的产品概念。比如，“砖”说：“我可以把这个和这个结合起来，我们可以做这个。”团队问：“真的吗？”“砖”回答说：“是的！”并开始用足够的细节（但不是太多）来构造一个产品概念。当“砖”需要一些新想法的时候，他们就找到“云”，对他说：“给我们这方面的更多的想法”——直到够了为止。在良好的合作关系中，“砖”可以帮助“云”管理他们的想法，并使之成真。“砖”有助于团队采取行动。但是如果团队内所有成员都是“砖”的话，就会缺乏创造力。找到“云”和“砖”伙伴，你将有极好的发展前景。

**波普尔**（Popper）：“云”把每个想法连接在一起；“波普尔”则不连接任何东西。每一个数据都是对新设计理念的新刺激。“波普尔”是一个发散性的思想家；在与数据对话时，他不会尝试把想法连接起来。因此，“波普尔”推动使得团队的思维更为宽泛。他们从许多视角来解决问题。但这也可能会让团队感到沮丧，因为当其他人都在努力集中注意力时，“波普尔”却总是不断抛出新的、不连贯的想法。但是发散的想法会带来创造力，如果你同时有一位“云”，那么可以将这些新的想法编织到主线中，从而使整体的结果更好。团队中更多的人是“波普尔”，而不是“云”或“砖”。好好利用他们，但不要让他们破坏你的方向或设计。

**圣诞彩灯思考者**（The Christmas Lights Thinker）：古老的圣诞灯饰与灯泡是串联在一起的；如果一个灯泡熄灭了，整条灯饰就变暗了。只有找出坏掉的灯泡并把它换掉才能重新发光。“圣诞彩灯思考者”的大脑和创造力都是线性的。他们记得所有的事实、相关的日期以及历届总统的名字。他们有条理的头脑把所有的事都串在一起，包括愿景、故事板或任何设计中的所有细节。他们看到所有的部分都是完整的，并与其他部分相关联。但是，一旦有任何疏漏，不管这个疏漏多小，他们都将阻止团队继续前进，直到找到遗漏的内容。如果他们错过了故事的一部分，或者某件事情不太对，他们就不会继续行动。他们会坚持让你填补这个漏洞，或者在考虑后面的任何事情之前，先补上遗漏的设计步骤。

想象一下，“云”和“圣诞彩灯思考者”在一起工作，他们很难成为良好的工作伙伴。“云”忽略细节，而“圣诞灯的思考者”不会在没有细节的情况下继续前进。他们会让彼此很沮丧，以至于不让他们在团队中合作，也许是最好不过的。但如果两个人都能调整自己的风格，使他们更有耐心，就可以得到更好的结果。如果一个团队成员是“圣诞彩灯思考者”，就给她一个概念，告诉她当她需要一个事实的时候告诉我们。一旦她发现少了什么，她就可以宣布：“等等！我的灯泡熄灭了！给我一点时间，你能帮我填一下这些空白吗？”如果她和我们都知道发生了什么，那么就能找到一种方法来继续改进设计，因为通常这个漏洞确实很重要。有时，我们要求她把它写下来，放在她头脑中的“某个位置”，直到我们需要细节的时候再把它取出来。这也很有效。

**潜水员**（The Diver）："潜水员"就像"圣诞彩灯思考者"一样，以同样的方式阻挠和支撑着团队。但"潜水员"通常是技术人员，有时也可能是UI设计人员，他想从一个非常松散的产品概念贸然地跳到代码、实现或UI等的最底层的细节。当试图确定高层次的产品概念或重新设计用户在故事板中的实践时，故事板实际上是在为实现环节开发需求。与实现环节尚且存在很大差距，在"潜水员"理解了代码如何工作之前不会继续开始活动。如果"潜水员"是项目经理，直到任务的每一个细节都被安排好之后，他们才会继续推进项目，而这只会让他们的团队成员感到沮丧。

所以我们告诉"潜水员"他们正在做什么，然后提出了一个挑战："你能潜在水面而不深潜吗？你能找找我们正在处理的设计层次上的漏洞（重新设计实践）而不是直接跳到实现环节吗？"如果他们知道自己正在捣乱，但当我们需要填补好所有漏洞的时候，他们会变得很重要，就会试着调整自己的行为。随着时间的推移，我们就会发现这些人学会了关注更高层次的问题！

这些是我们在团队中见过的主要的认知风格，他们在团队中互相冲突、互相帮助。最后，你不能改变你自己的认知风格，但当感到不知所措的时候，你可以认识到。你可以学着认识到这只是认知风格的冲突。你可以学会宣称自己陷入困境并需要得到帮助，一旦看到了其他类型风格的价值，你就会变得有耐心。然后你会发现问题并不在于"令人讨厌的人"，而是我们的个体差异！这些差异有助于我们取得成功。

# 第 20 章

# 总 结

本书介绍了情境化设计 2.0——这是一个有着 25 年历史的设计方法，它不断地被改造，成为普适于这个时代，始终坚持技术，使设计作为一门真正的学科而存在。虽然情境化设计的技术可以独立存在，但是，从用户研究到前端设计，它们之间相互依赖、相互结合，从而成为了一种全面的综合方法。这就意味着这种发展具有稳定的基础来确定规则，拥有足够的验证和产品定义，确保用户在任何情况下都能得到支持。每个情境化设计方法本身都很强大，都经过了精心设计，以更好地完成设计任务的一部分。一旦它们被整合在一起，将变得更加强大，能够使用户的声音在设计中始终保持强烈和清晰。

一切设计都是因用户而起，以用户而终

当我们深入介绍和分析每种设计方法时，很可能会忽略驱动该过程的原理。我们列出了三个需要特别注意的方面：为生活而设计、沉浸和团队设计。在探索如何为用户或企业设计出最佳产品的同时，还添加了场景设计和结构设计思想。在本书结束之前，我们有必要重新审视这些原则，并再次强调其他原则。因此，在这里总结一下这些原则，并指出其使用方法。

**以用户为中心的设计。** 我们所做的一切都是从用户开始，以用户验证结束。在用户进行目标活动时，通过实地调研，与用户在其生活与工作的真实情境中交谈，来形成我们对设计的理解。可以通过市场研究、调查或其他技术手段来加强实地考察效果，但是绝不会利用这些技术手段来代替实地调查。实地调查可以获得更加丰富的数据，产生更多的洞察；所以，我们永远不会放弃这种调查方法。

要让用户的关注点渗透到情境化设计中。当然，必须从用户研究开始。但是，研究和验证之间的每一种技术也都将用户置于中心位置。数据整合可以使团队从多个视角看到用户生活的结构和模式，覆盖到所有的用户。愿景讲述了用户的故事，过着他们的生活，从事他们的活动，并且随时随地使用着技术。故事板则再次讲述了这个故事，并清晰而详细地专注于一系列特定的事件。用户工作场景设计显示了用户体验系统的结构；而交互模式则显示了与用户交互的 UI 的结构。当然，最后的纸面原型访谈是这个闭环的结尾，验证了之前的设计方向，并提供了更多具体的要求。

生活没有边界，产品也应该是这样

**为生活而设计**。 用户数据是给定的，但是，“酷项目”的核心洞察是，为生活而设计与为技术或任务的设计大不相同。现今的产品，使人们比以往在更大程度上将生活和工作混在一起，尽管有时会抱怨或开玩笑，但是我们喜欢这样。我们喜欢在观看孩子的棒球比赛的同时可以处理工作危机；我们喜欢在工作的休息时间浏览度假网站。任何设计都要考虑完整的用户生活，如果它能适应生活，那么它将成为一个很酷的产品或服务设计。

通过在第 3 章中讨论的具体访谈技巧，我们开始在访谈中关注为用户生活而设计。通过体验模型，我们发展了设计焦点，并在愿景规划中始终保持该焦点，然后在酷清单中将它作为主要关注点。故事板展示了被用于用户生活中任何地方和场景下的新设计；用户工作场景设计和交互模式则展现了该设计在不同平台上的表现形式；最后，通过使用特定的原型设备，在多轮测试中验证适合于生活的设计。

帮助团队自然而然地成为以用户为中心的设计师

**沉浸**。 听取用户的意见是一回事，通过直觉来理解和表达用户知识则是另一回事。人们往往只是告诉你关于“用户”的信息，而不是真正地与你交流，这样的数据并不是在设计所需的层次上的。因此，在团队成员反复体验用户生活的过程中，设计了沉浸式的体验。无论是参与访谈、在解读会中听故事、制作或研究整合模型，还是测试设计，我们都会让设计师直面用户世界，与用户面对面地交流，使之无法忽视用户。这种“沉浸”的方法能够调动团队的“直觉”，让他们自然而然地成为以用户为中心的设计师。

**采取多个视角观察问题**。很少会只有一种有用的视角来看待问题，在情境化设计中，我们也很少只以一种方式看问题。我们记录访谈的内容，并建立模型。我们也不会只建立一个模型，因为每种模型都会提供不同的视角。在墙面研究时捕捉问题，如果人们可以在数据中观察到不同的东西，我们会非常乐意捕捉它们，甚至是一些互相矛盾的问题。当然，我们也不仅仅做一个愿景，通常会做几个，而且不需要它们之间彼此兼容。

贯穿设计阶段，交替使用“场景思维”和“结构化思维”是另一种改变视角的方式。先从使用流程的角度观察设计，然后再切换视角来观察事物本身的结构。每个视角都为另一个视角提供了不同的洞察和信息。

*释放团队成员的力量*

**人类的设计**。这是我们所有的技术的核心原则，我们必须正确应对“人”的优势和局限，而不是与他们抗争。有些方法需要大量且缓慢细致的跟踪和思考，例如初始的 QFD 法（质量功能展开）；但我们发现很少有人能坚持这样的细节处理。如果人们不愿意使用这种方法，那么无论它多么有价值，都不会被采用。同样，人们通常认为通过报告或备忘录可以传达信息；但我们不会依赖它。一些数据采集方法要求访谈者做到完全的客观，我们认为这是不可能的，而是会发挥访谈者的主观作用。几乎每个公司都认为，人们可以静静地坐在会议室，被动地参与进来；但是我们发现，在这种情况下，人们总是无法集中精力。

相反，我们会根据人的优势来定义他们所用的技术。现场调研是很难的，但与他们坐在一起谈论他们正在做的事很容易，我们都可以做得到。坐着时无法长时间集中注意力；所以，在访谈中，我们会给每个人一个互动的任务去做他们必须集中注意力做的事；这样直到访谈结束，他们都还沉迷于该任务。

要求人们变得更好是很诱人的想法。优秀的人会注意每一个细节，会时刻保持头脑清晰。有一个关于设计的类比：“优秀的人阅读文档会更仔细，甚至包括每一页的脚注都能注意到”。但是这没有什么用，也没有必要。相反，我们采取另一种方法：人们很棒，只是因为他们的方式真棒——事实上，这是我们的责任，帮人们设置场景，使得魅力能够释放出来。

*管理团队，获取创造力*

**团队设计**。在情境化设计中，管理团队的技巧绝不是事后才需要思考的问题。这一方法的每一部分都是由团队协作建立的，而不是个人完成的。当然，你可以个人去完成每一步，但这不是我们开发或考虑的方式，也不是大多数公司典型的工作方式。

由团队设计，意味着团队协作将是一个核心问题。情境化设计的核心就像是一个思想体系，如果你告诉团队要做什么和怎么做，他们就可以获得成功。因此，在情境化设计的每个步骤中，我们都会定义其流程、需要的角色或工作、如何构成优质的成果、如何有效评价，以及如何调整流程以适应他们的需要，等等。考虑到人员的多样性，以及我们聚在一起做这项工作的技巧，我们发现，明确的结构和参与规则的确可以确保产品设计的成功和团队的高效协作。

然而，即使有了一个清晰、结构良好的流程，团队仍然是由人组成的。因此，我们在这个过程中建立团队管理技巧。这些技巧在情境化设计的每个步骤中被反复使用。

**交流的具体化**。情境化设计中，每一次团队的交流都有其具体化的表现形式。在解读会上，关于访谈的意义的讨论被记录在笔记和模型中。愿景规划被记录在活动挂图上。用户工作场景设计模型则是用图表来表现的。因此，对于每一个步骤，总是会有一种方法，可以把人们的对话记录在一张纸（或者是在线文档）上，呈现出来，即使那只是一个简单的列表。

交流的具体化本身就很有价值。它使讨论变得更加容易，因为你可以看到你所讨论的内容。但是，在《罗伯特议事规则》的旧规则中曾经提出：只能对着主持人发言，参会者之间不能直接辩论。所有的分歧和议论都是针对数据或设计的，不针对人。就像对着主持人发言、对着模型、草图或是列表中的加号及减号，对着参与者应该注意的事情发言，而不是对着对面的人发言。

命名，给了你一个管理自己和他人的杠杆

**命名你想要控制的事物**。在整个设计过程中，管理团队的一个关键技巧，就是命名那些希望团队管理的概念。我们从命名角色开始：主持人、记录员、建模师等。名称赋予他们权力：主持人可以中断某个人的发言，以便让另一个人来表达他们的观点；记录员可以用简洁直接的方式重述用户的观点（如果团队的其他成员不认为这句话能表达他们的意图，也可以退回去让他们重新编写）。但是，这些权力不是强加给其他人的，而是自愿给予的权力，这样团队其他成员就不用拘束，也不用担心这些问题。

为从“我”出发的设计命名，例如“老鼠洞”（第4章）或“妈妈的回应”（ref），避免有问题的团队行为导致人际冲突或受个人局限，将其纳入分享经验的范围，使得公开讨论这些问题，而不至于尴尬。将某事称为“老鼠洞”可以增添幽默感，提醒人们不要岔开话题。名称来自于如何处理被命名的行为的规则，都经过了反复讨论，并成为了团队的规范。人们很难开口说，“我受到了打击和伤害，所以我现在需要被肯定。”而这样就容易多了：“嘿！我妈妈的回应在哪里？”

我们以同样的方式命名会影响团队运作的个人差异。“气”和“油”帮助团队良好运转；“云”“砖”“潜水员”和其他类型都定义了各自的认知风格，并提供了如何处理他们的行为的信息。命名能够提升人们的意识，诚实地告诉人们潜在的困难行为，并且在团队互动中具体表现了这些特点。命名也使他们能够在讨论和运筹帷幄时建立公平的游戏准则。不应该出现以下情况：在工程师吉姆正被技术细节困扰的时候，其他团队成员生他的气并指责他：“吉姆！不要钻牛角尖儿，现在还不是时候。现在我们正在做愿景规划，你为什么不仔细考虑一下解决方案呢？”

让用户对团队的能量场分级

**用户是仲裁者。** 我们结束了“与用户在一起”的原则清单。在情境化设计中，我们永远不会忘记用户是衡量设计唯一的真正的标准。在愿景规划之前，关于用户生活中的真实内容、任务目的以及完成它的方式，用户最有权威来解释什么是他们真正的生活；在愿景规划之后，用户也是唯一能够衡量设计构思有多好的仲裁者。原型不仅仅用于找到问题以确保好设计，原型设计也是设计过程中不可分割的一部分。如果你们在争论应该发布什么产品，那么风险就会很高，情绪也一样；如果你们争论的是要测试什么，那么风险就低得多了。用户数据和用户测试是设计的基础，没人真的想与之争论。成为一个基于数据的公司，意味着你拥有了仲裁时可能需要的用户数据，从而减少了所承担的风险；寻求外部数据来帮助决策，是消除人际关系摩擦和权力等级的另一种方式。有了数据，用户的价值就是权衡设计的标准，而不是房间里某个最聪明、最重要或是叫得最响的人的意见。

除了上述原则之外，还需要牢记一些获得成功的关键要素。你需要一个可以驱动项目的人，这个人可以保证项目有序进行，他喜欢将事物排列有序，他可能不做别的事，但可以在发现团队成员走神的时候引导他们。找到这个人，珍惜他（她），无论他们在公司中的角色是什么。如果他们没有正式的角色来组织周围每个人的秩序，那就给他们一个非正式的角色名称，使其角色合法化。或者有必要的话，给他们一个特权，比如称之为“日程表女王”，确保他们的存在感，使他们能够驱动团队成员的工作。

确保团队中有合适的设计师，正如第 19 章中讨论的那样。设计是一种需要培训的技能；它不会偶然发生。如果你有幸在一家

珍惜你的项目驱动者和设计师

重视设计的公司工作，那么你将会遇到很多这样的人。但是，现在还有许多特定行业的公司仍然将设计视为一种事后思考的事物。你需要努力寻找能够承担这部分责任的人。

以用户为中心而设计的使命远远没有结束

最后，让我们简要地谈谈企业文化来总结这本书。当本书第一版发布时，以用户为中心的设计思想还是全新的且激进的；而现在，用户研究和用户体验设计已经成为了一种标准的设计方法。但真正以用户为中心的设计公司仍然是很难得的。诚然，UX 设计师在一些公司中占有一席之地，但是许多公司仍然认为开发人员的地位更加重要。有时候，他们甚至被当作可用性测试人员，操作编译过的程序以找到界面中的问题。或者，他们被用于设计功能按钮和页面布局，而不是去理解用户和市场，寻找、定义和设计更加合适的产品。用户研究、设计和产品经理之间真正平等的伙伴关系，以及对 UX 专业人员及其开发职能的深深的敬意，对于真正的以用户为中心的设计至关重要。所以，我们还有很长的路要走，对于组织变革的工作也远远没有结束。

如果你正处于这种情况下，就必须竭尽所能。你将站在最前列，一点点地、逐步地展现出我们所做工作的价值。我们希望本书中的“请自己收集数据”的方框内容能为你提供一些想法，在没有整个公司支撑的情况下如何实现设计的一些技巧。尝试一下，谈谈本书中的一些想法，不要紧张。也不要疲于告诉大家他们是错的，即使真的是这样。你可以做一些力所能及的事情，并且分享你所做的，尤其是要着重介绍结果而非过程，让人们看到其价值。然后，当他们问你：“你是怎么做到的？”你可以回答说：“哦，这个很酷的过程！你们看……”